NEW WCDP 新文京開發出版股份有限公司
新世紀・新視野・新文京 — 精選教科書・考試用書・專業參考書

New Wun Ching Developmental Publishing Co., Ltd.
NEW WCDP
New Age · New Choice · The Best Selected Educational Publications—NEW WCDP

附 MATLAB、Pspice 實習演練電子書
MATLAB 程式檔

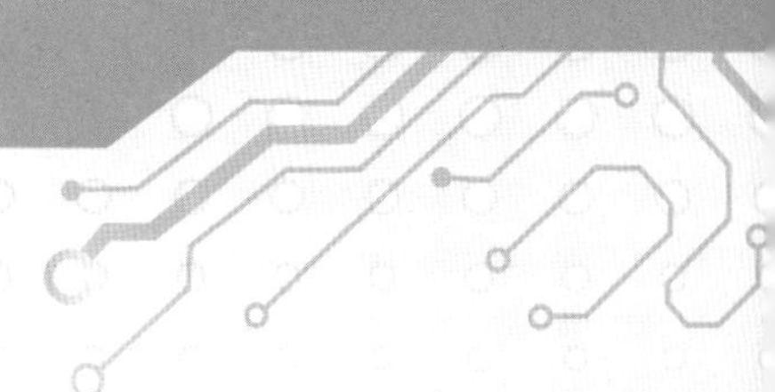

第3版

電子學 上

葉倍宏 編著

3rd Edition

ELECTRONICS

Preface

三版序

本書編寫目的，在於使用數值計算 MATLAB 與電路模擬 TINA：Pspice 兩套功能強大的軟體，來輔助學習電子學與模擬電子實習課程，內容淺顯易懂，非常適合大專以上理工學院非電子電機科系，以及電子電機科系主修電子學及其實習課程的同學研習與入門導讀所需

電子學是本書的主體，著重在對不簡單的課程能夠有簡單的呈現，全書中儘量避免使用艱深難解的數學，易讀易懂，因此，即使未曾修過基本電學課程，同樣可以輕鬆學習；至於 MATLAB 與 Pspice，必須再三強調，只是做為輔助學習電子學的工具而已，雖然在進階應用上有其必要性，在教學的立場上，當然非常鼓勵儘量使用，但是，絕對不能取代或省略筆算的過程，此訴求重點請務必確實做到，如此才能有好的學習效果，進而奠定未來繼續研習微電子學課程的基礎，為使本書更為精確與專業，三版修正勘誤處，以期增進學習效果。

持續進行多元化相關聯的學習，不僅能落實深化學習效果，更有助於未來競爭力的提昇，有鑑如此，極力推薦使用 MATLAB 與 Pspice；在學習的過程中，建議

- 確實筆算過所有範例與練習
- 快速瀏覽每一章最後一節的習題單元，複習本章內容重點是否都已經充分瞭解；若有疑問，針對該主題再重覆進行上述步驟，直到全部瞭解為止
- 行有餘力，再使用 MATLAB 撰寫程式，進行模擬數值分析
- 最後配合電子學進度，完成相關電子實習的 Pspice 電路模擬

書末內附光碟，有 Pspice 及第 10 章內容（含習題解答）與 MATLAB 模擬的內文電子檔，以及 MATLAB 程式檔案，前者為了節省篇幅，後者可備而不用，但方便讀者需要時對照學習，至於 Pspice 檔案，因要求學習者必須親自操作，因此不提供原始檔案

筆者才疏學淺，純粹以教學需要編撰，尚祈讀者、先進不吝指正，針對本書中任何問題，或有任何建議，請 email：

yehcai@mail.ksu.edu.tw

葉倍宏 謹識

About the Author

編者簡介

葉倍宏

現任：崑山科技大學光電工程系助理教授

學歷：國立中央大學光電碩士

經歷：1. 崑山工專電子科講師
2. 崑山工商電子科講師
3. 崑山技術學院電子工程系講師
4. 崑山科技大學電子工程系助理教授

Contents

目錄

【說明：章節名稱之後，標有《※》表示搭配光碟電子書中 Pspice 分析章節名稱之後，標有《＊》表示搭配光碟電子書中 Matlab 分析】

Chapter 5

電晶體 163

Chapter 9 場效電晶體 347

第 1~9 章習題解答 369

為了節省篇幅，第 10 章內容收錄至隨書教學光碟中

Chapter 10 功率放大器 395

1

Chapter

基本電路概念

研究完本章，將學會

- 戴維寧定理
- 諾頓定理
- 放大器模型
- 頻率響應概念

1-1 戴維寧定理※ *

定理解釋：任何具有兩端點的線性有源（獨立或相依皆可）網路，可由其兩端的開路電壓：V_{th}，及由此兩端看進去的阻抗：R_{th} 的串聯電路來取代。

以戴維寧定理分析下圖電路，求流經 R_L 的電流 I。

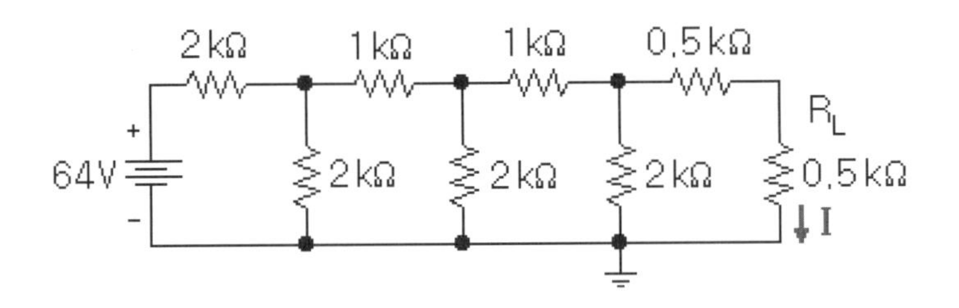

Step1 將負載電阻 R_L 去除，設定為 a、b 端。

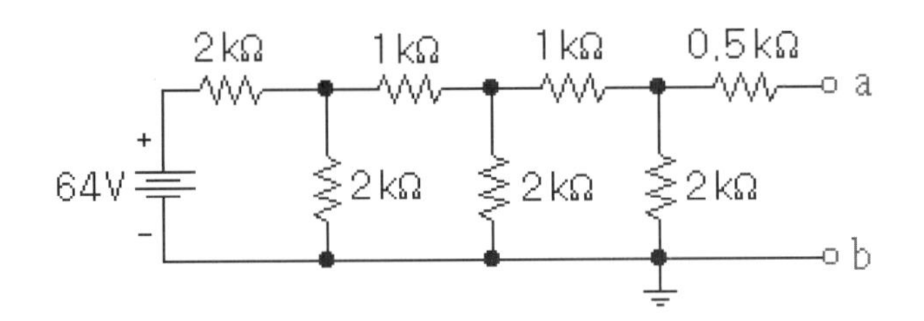

Step2 將電路化簡為 KVL 電路，其中 $V_{th} = V_{ab}$

R_{th} 為從 a、b 參考端看入的等效電阻。**電路中有電壓源，電壓源短路處理，電路中有電流源，電流源斷路處理**。

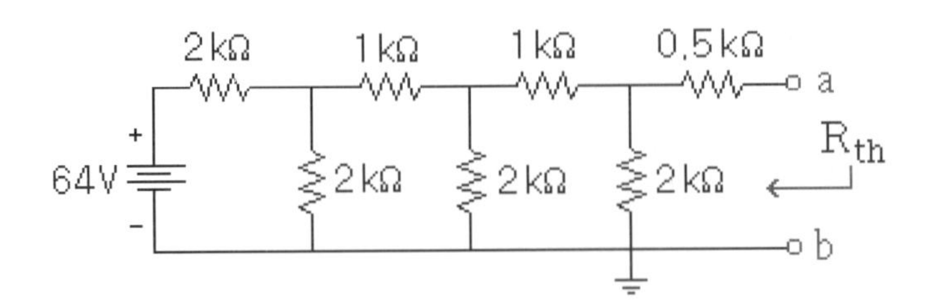

因為電路中有電壓源，所以，將電壓源短路。

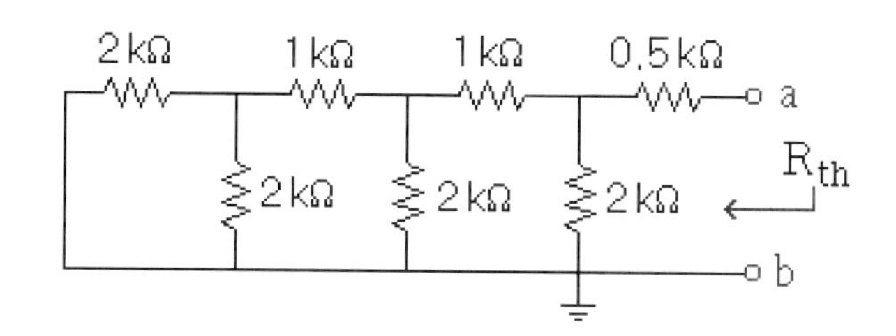

1 範例

如下圖電路，若 $R_L = 0$ 、1 kΩ，使用戴維寧定理，求流經 R_L 的電流 I 。

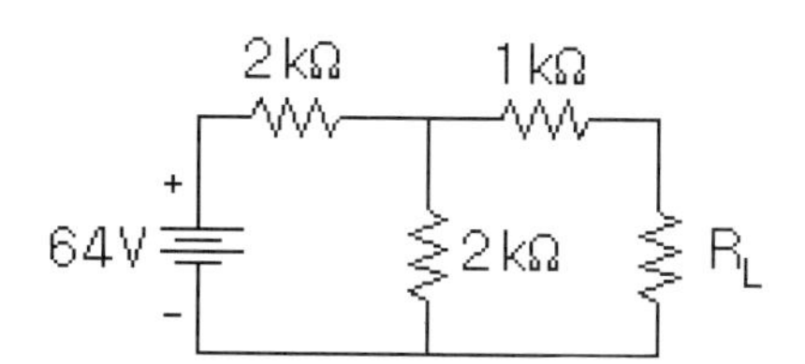

解

(a) 將負載電阻 R_L 去掉，設定為 a、b 參考端，求 V_{th} 。

由圖可知， $V_{ab} = V_{R_2}$ ，利用**分壓定理：**分壓大小與電阻值成正比。

$$V_{th} = V_{ab} = 64V \times \frac{2k}{2k + 2k} = 32\ V$$

(b) 從 a、b 參考端看入，求**戴維寧電阻** R_{th} 。

首先，將 v_s 短路，

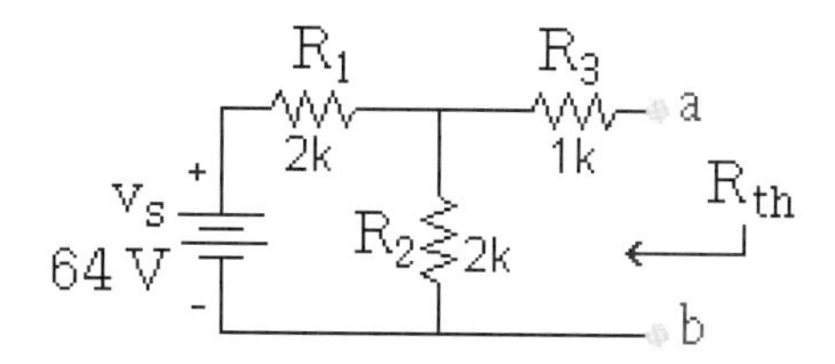

因為 R_1 與 R_2 有分流效果，可知 $R_1 \parallel R_2$ 。

$$R_{th} = (R_1 \parallel R_2) + R_3 = (2k \parallel 2k) + 1k = 1k + 1k = 2\ k\Omega$$

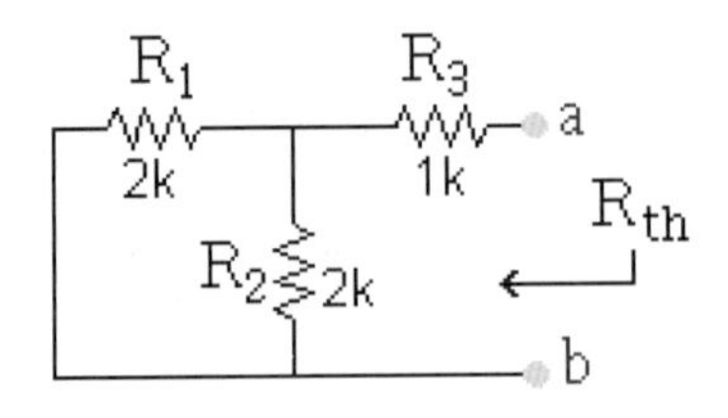

(c) 化簡後的戴維寧電路為

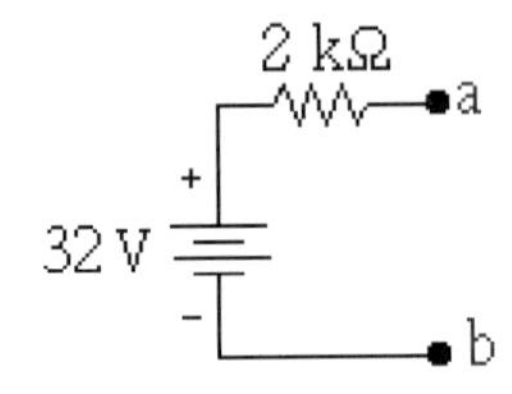

(d) 將負載電阻 R_L 擺回原來的位置，求 I 。

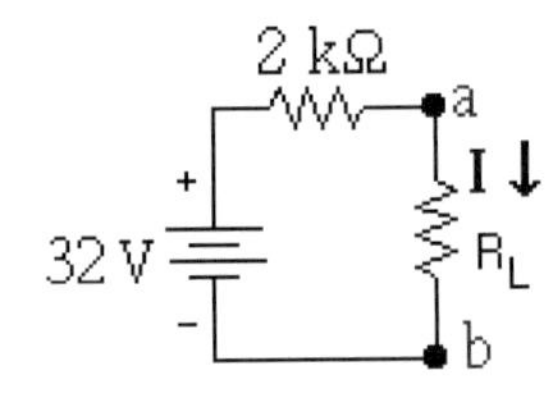

當 $R_L = 0$

$$I = \frac{32\ V}{2k + R_L} = \frac{32\ V}{2k} = 16\ mA$$

當 $R_L = 1k$

$$I = \frac{32\ V}{2k + R_L} = \frac{32\ V}{3k} = 10.67\ mA$$

經之前說明與例題後，請參考隨書電子書光碟以程式進行相關例題模擬：

1-1-A　戴維寧電路 Pspice 分析

1-1-B　戴維寧電路 MATLAB 分析

如下圖電路，使用戴維寧定理，求流經負載電阻電流 I 。

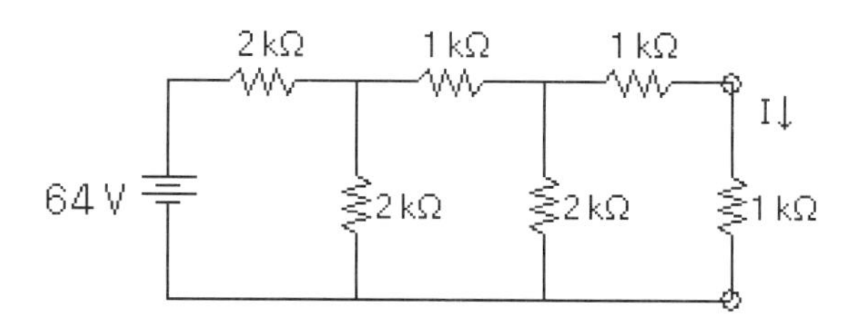

Answer $V_{th}=16\ \text{V}$ ， $R_{th}=2\ \text{k}\Omega$ ， $I=5.33\ \text{mA}$ 。

如下圖電路，使用戴維寧定理，求流經負載電阻電流 I 。

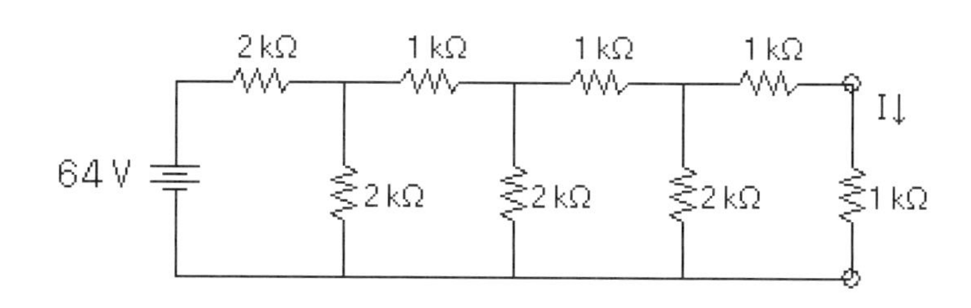

Answer $V_{th}=8\ \text{V}$ ， $R_{th}=2\ \text{k}\Omega$ ， $I=2.67\ \text{mA}$ 。

如下圖電路，使用戴維寧定理，求流經負載電阻電流 I 。

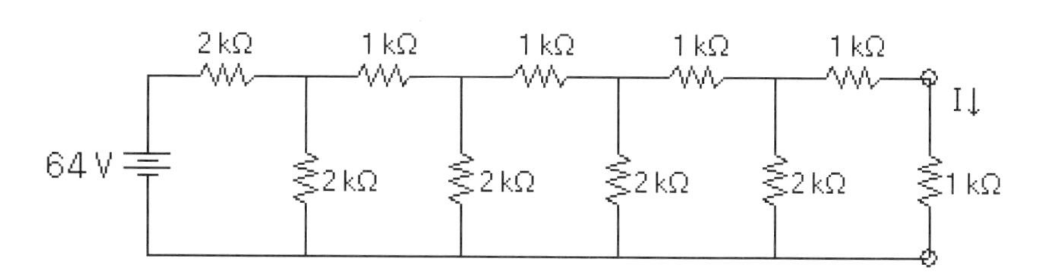

Answer $V_{th}=4\text{V}$ ， $R_{th}=2\ \text{k}\Omega$ ， $I=1.33\ \text{mA}$ 。

要迅速並且準確地量度一電阻器的電阻值，通常是採用英國科學家惠斯登(Charles Wheatstone)所發明的惠斯登電橋(Wheatstone bridge)。

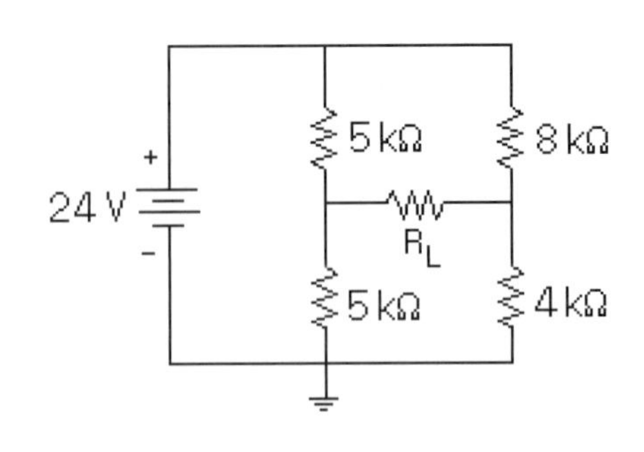

針對**惠斯登電橋電路**，同樣使用戴維寧定理，分析過程如下。求流經 R_L 的電流 I。

Step1 將負載電阻 R_L 去除，設定為 a、b 端。

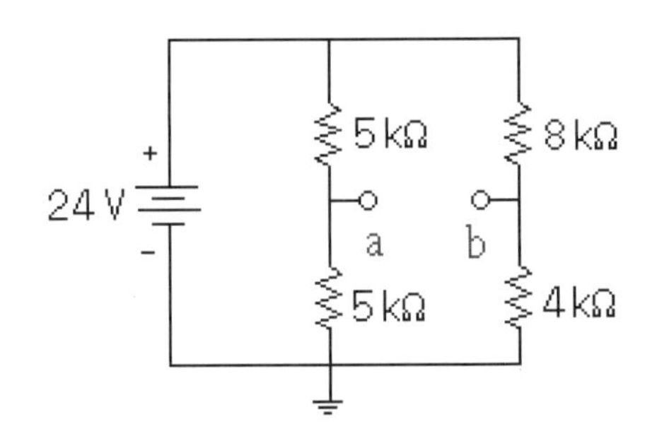

Step2 將電路化簡為 KVL 電路，其中 $V_{th} = V_{ab}$。

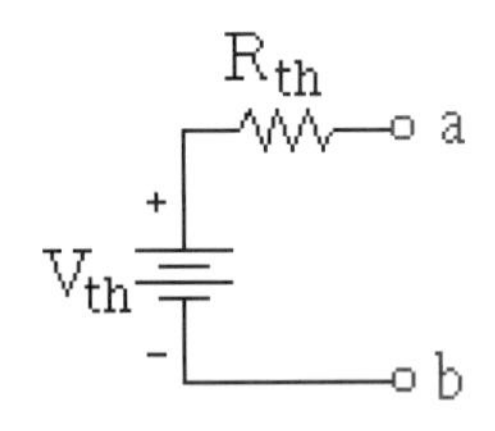

R_{th} 為從 a、b 參考端看入的等效電阻。電路中有電壓源，電壓源短路處理，電路中有電流源，電流源斷路處理。

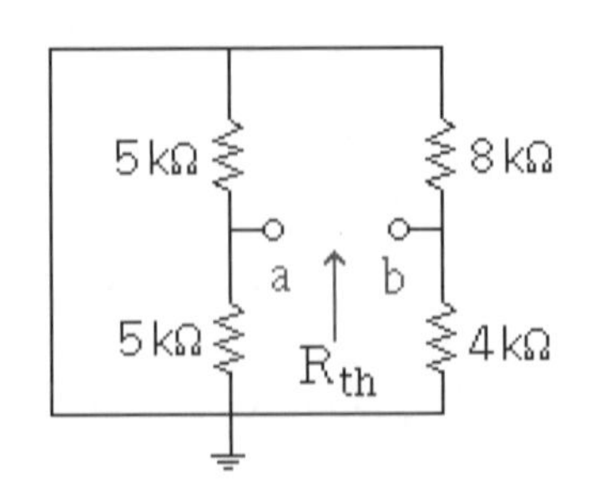

將 a、b 兩端點往兩邊拉，可得如下圖所示的電路（或者應用測試電流，使其流入節點，判斷是否有分流現象，若有則為並聯，反之則為串聯）

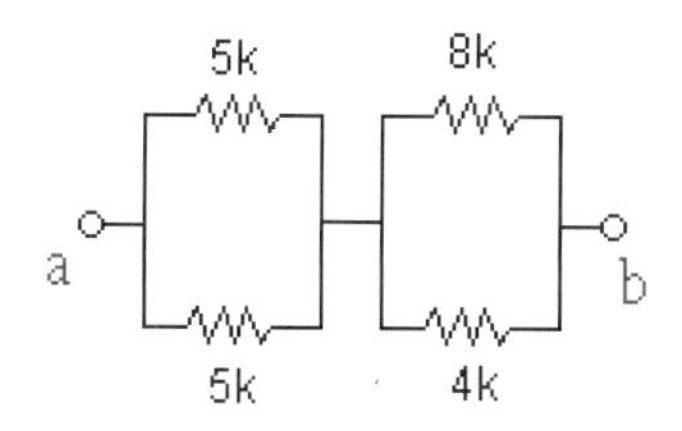

使用電阻串並聯，計算戴維寧電阻 R_{th} 。

2 範例

如下圖電路，若 $R_L = 0$ 、 $1\,k\Omega$ ，使用戴維寧定理，求流經 R_L 的電流 I 。

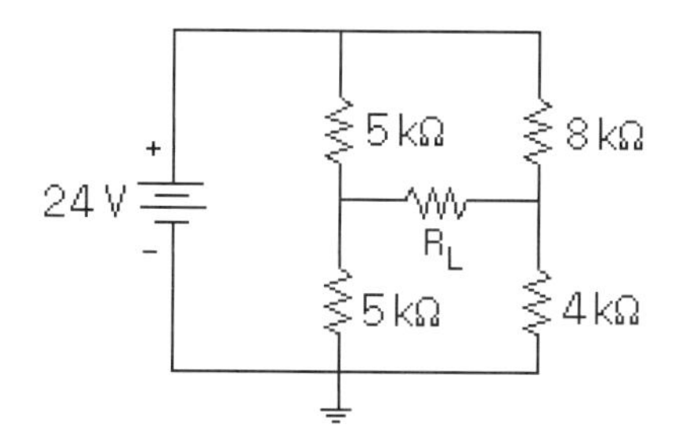

解

(a) 將負載電阻 R_L 去掉，設定為 a、b 參考端，求 V_{th} 。

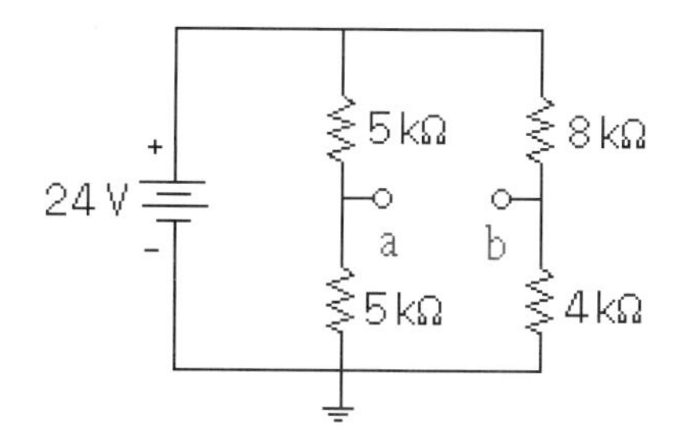

由圖可知， $V_{ab} = V_a - V_b$ ，利用**戴維寧定理**，

$$V_{th} = V_{ab} = V_a - V_b = 24V \times \frac{5k}{5k+5k} - 24V \times \frac{4k}{8k+4k}$$

$$V_{th} = 12V - 8V = 4\,V$$

(b) 從 a、b 參考端看入，求戴維寧電阻 R_{th}；首先，將 v_s 短路，因為 R_1 與 R_2，R_3 與 R_4 有分流效果，可知 $R_1 \| R_2$，$R_3 \| R_4$。

$$R_{th} = (R_1 \| R_2) + (R_3 \| R_4) = (5k \| 5k) + (8k \| 4k) = 2.5k + 2.67k$$

$$R_{th} = 5.17\ k\Omega$$

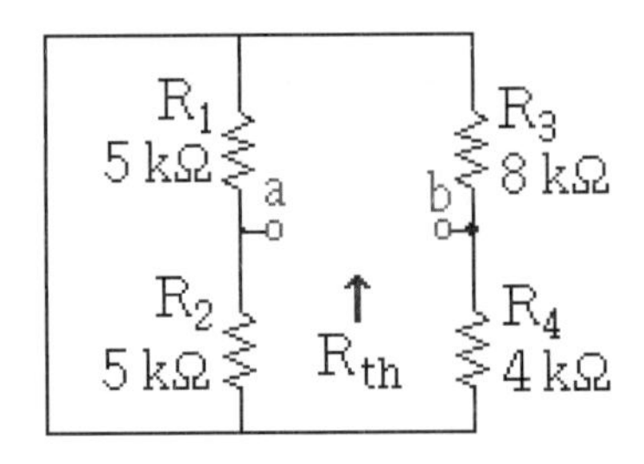

將 a、b 兩端點往兩邊拉，可得如下圖所示的電路，

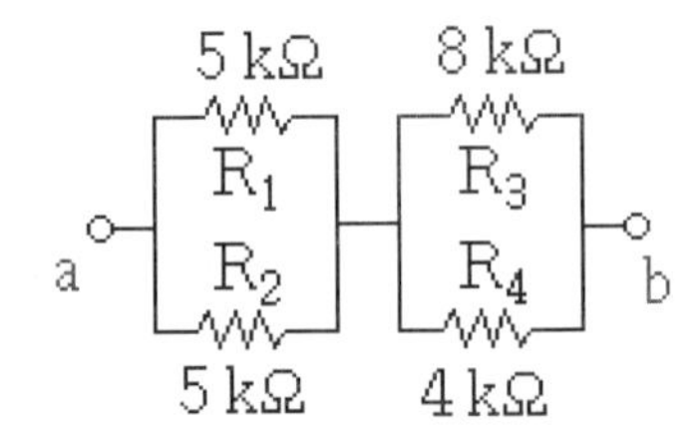

(c) 將負載電阻 R_L 擺回原來的位置，化簡後的**戴維寧電路**為

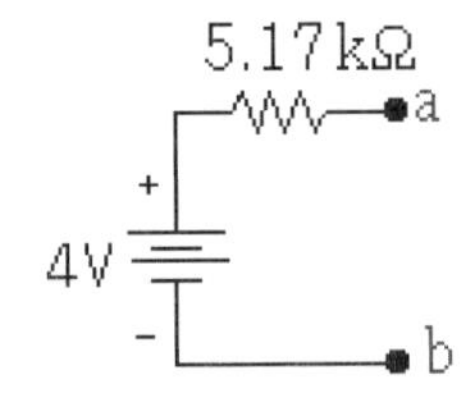

求電流 I：當 $R_L = 0$

$$I = \frac{4\ V}{5.17k + R_L} = \frac{4\ V}{5.17k} = 0.77\ mA$$

當 $R_L = 1\ k\Omega$

$$I = \frac{4\ V}{5.17k + R_L} = \frac{4\ V}{6.17k} = 0.65\ mA$$

如下圖電路，使用戴維寧定理，求流經負載電阻電流 I。

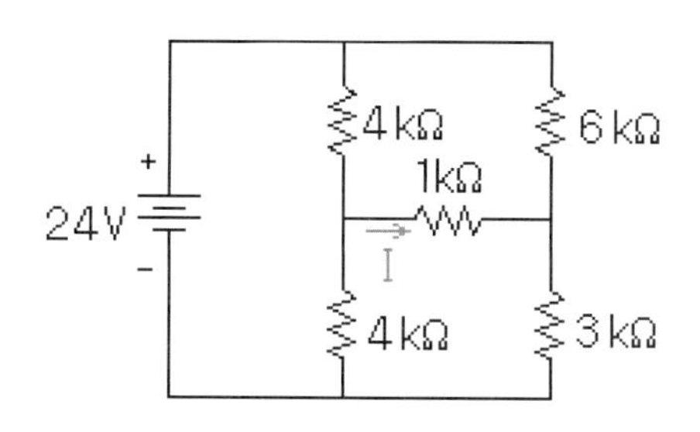

Answer $V_{th} = 4\,V$，$R_{th} = 4\,k\Omega$，$I = 0.8\,mA$。

如下圖電路，使用戴維寧定理，求流經負載電阻電流 I。

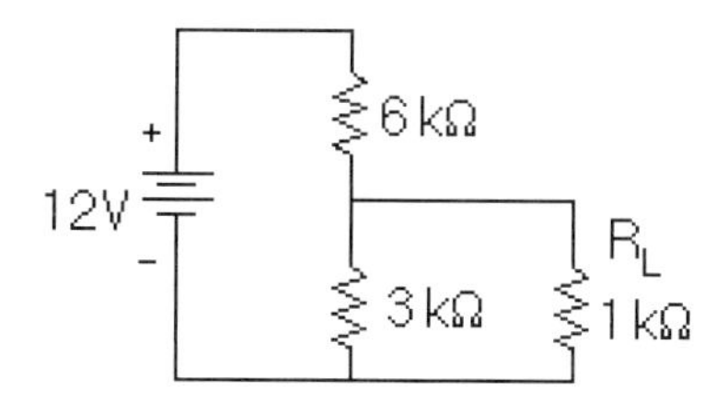

Answer $V_{th} = 4\,V$，$R_{th} = 2\,k\Omega$，$I = 1.33\,mA$。

1-2 諾頓定理

定理解釋：任何具有兩端點的線性有源（獨立或相依皆可）網路，可由其兩端的短路電流：I_{sc}，及由此兩端看進去的阻抗：Z_{th} 的並聯電路來取代。

分析

直接使用**歐姆定理**，將戴維寧電路轉換為諾頓電路。

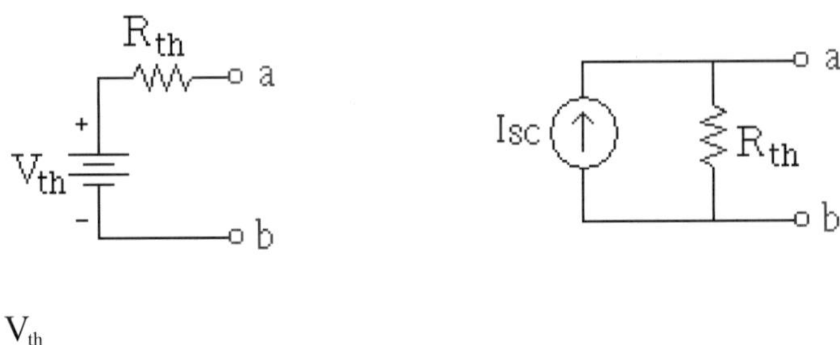

$$I_{SC}=\frac{V_{th}}{R_{th}}$$

其中諾頓電流又稱為短路電流，諾頓電阻則與戴維寧電阻相同。

3 範例

如下圖電路，若 $R_L=0$ 、 $1\ \text{k}\Omega$，使用諾頓定理，求流經 R_L 的電流 I 。

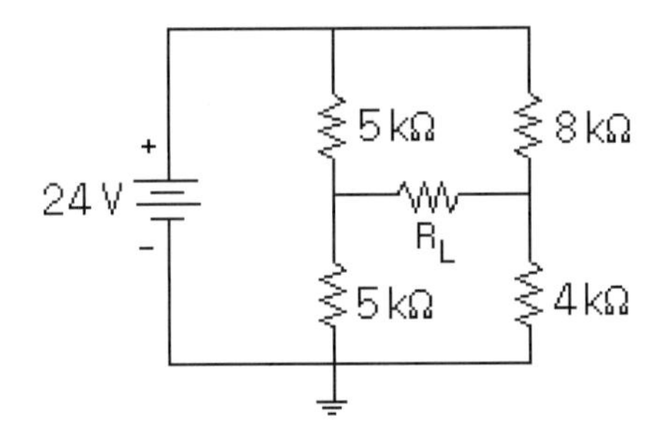

解

續範例 2，可知戴維寧電壓為 $V_{TH}=12-8=4\ \text{V}$ ，戴維寧電阻 R_{th} 為 $5.17\ \text{k}\Omega$ ，意即**戴維寧電路**為

使用歐姆定理，求諾頓電流

$$I_{SC}=\frac{4\ \text{V}}{5.17\ \text{k}\Omega}=0.774\ \text{mA}$$

因此諾頓電路為

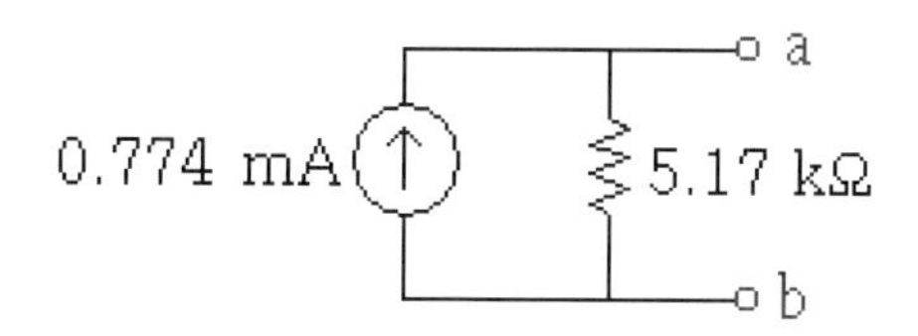

將負載電阻放回

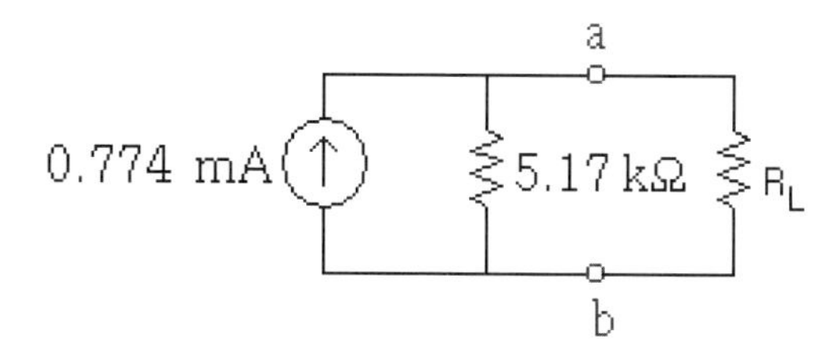

求 I：使用**分流定理**，分流大小與電阻值成反比

$$I_L = 0.774\ \text{mA} \times \frac{5.17}{5.17 + R_L}$$

當 $R_L = 0\ \text{k}\Omega$：$I_L = 0.774\ \text{mA} \times \dfrac{5.17}{5.17+0} = 0.774\ \text{mA}$

當 $R_L = 1\ \text{k}\Omega$：$I_L = 0.774\ \text{mA} \times \dfrac{5.17}{5.17+1} = 0.65\ \text{mA}$

以上計算過程並非正規做法，純粹示範將戴維寧的電壓源電路，直接套用歐姆定理，轉換成諾頓的電流源電路，此方法又稱**電源轉換法**。

如下圖電路，使用電源轉換法，求流經負載電阻電流 I。

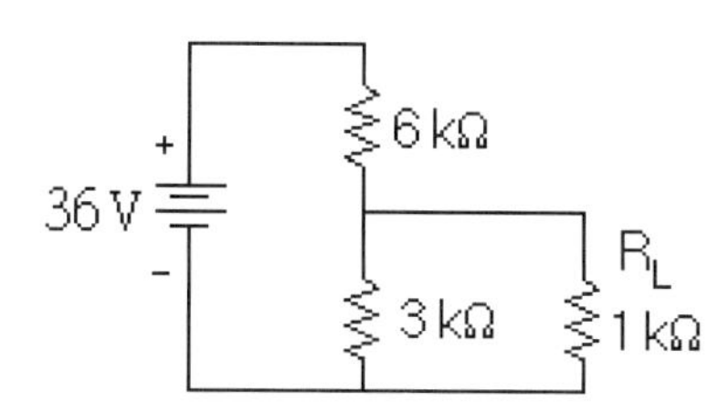

Answer　$V_{th} = 12\ \text{V}$，$R_{th} = 2\ \text{k}\Omega$，$I_{SC} = 6\ \text{mA}$，$I = 4\ \text{mA}$。

練習 7 如下圖電路，使用電源轉換法，求流經負載電阻電流 I。

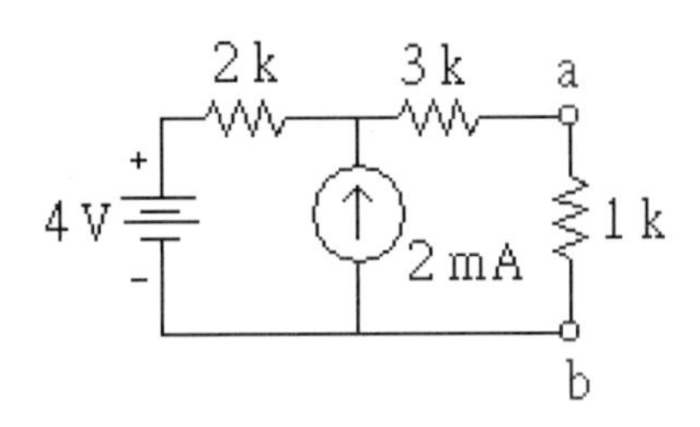

Answer $I_{SC} = 1.6\ \text{mA}$，$R_{th} = 5\ \text{k}\Omega$，$I = 1.33\ \text{mA}$。

1-3 放大器模型

放大器模型有四種：

一、電壓放大器：輸入電壓型態，輸出電壓型態。

二、轉導放大器：輸入電壓型態，輸出電流型態。

三、電流放大器：輸入電流型態，輸出電流型態。

四、轉阻放大器：輸入電流型態，輸出電壓型態。

依序分析如下：

1-3-1 電壓放大器

電壓放大器(Voltage amplifier)的模型，如下圖所示。

其總電壓增益 A_t，總電流增益 A_i，以及總功率增益 A_p 表示式為

$$A_t = \frac{v_o}{v_s} = \frac{R_i}{R_s + R_i} \times A_{vo} \times \frac{R_L}{R_O + R_L}$$

$$A_i = \frac{i_o}{i_i} = \frac{\frac{v_o}{R_L}}{\frac{v_i}{R_i}} = \frac{v_o}{v_i}\frac{R_i}{R_L} = A_v \frac{R_i}{R_L}$$

$$A_p = A_i A_v$$

其中 R_i 為輸入電阻(Input resistance)，A_{vo} 為增益因數(Gain factor)，或稱為**開路電壓增益**(Open-Circuit voltage gain)，R_o 為輸出電阻(Output resistance)。

由電路可知

$$v_o = A_{vo} v_i \times \frac{R_L}{R_o + R_L}$$

定義**電壓增益** A_v (Voltage gain)

$$A_v = \frac{v_o}{v_i} = A_{vo} \times \frac{R_L}{R_o + R_L}$$

定義**總電壓增益**(Total voltage gain) $A_t = v_o / v_s$

$$v_i = v_s \times \frac{R_i}{R_s + R_i}$$

$$A_t = \frac{v_o}{v_s} = \frac{R_i}{R_s + R_i} \times A_{vo} \times \frac{R_L}{R_o + R_L}$$

請注意上式中，**分壓**、**放大**、**分壓**的動作；定義**總電流增益**(Cuttent gain) $A_i = i_o / i_i$

$$i_o = \frac{v_o}{R_L} \quad , \quad i_i = \frac{v_i}{R_i}$$

$$A_i = \frac{i_o}{i_i} = \frac{\frac{v_o}{R_L}}{\frac{v_i}{R_i}} = \frac{v_o}{v_i}\frac{R_i}{R_L} = A_v \frac{R_i}{R_L}$$

定義**總功率增益**(Power gain)

$$A_p = A_i A_v$$

4 範例

如圖電路，求(a) $A_v = v_o / v_i$ (b) $A_t = v_o / v_s$ (c) $A_i = i_o / i_i$ (d) A_p 。

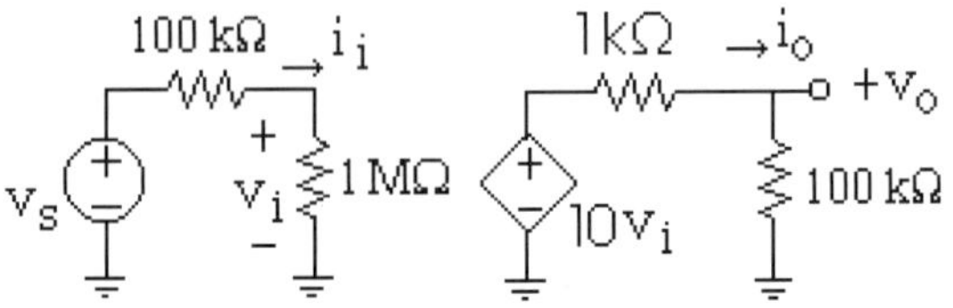

解

(a) 使用 $A_v = \frac{v_o}{v_i} = A_{vo} \times \frac{R_L}{R_o + R_L}$

$$A_v = 10 \times \frac{100}{1+100} = 9.9$$

(b) 使用 $A_t = \frac{v_o}{v_s} = \frac{R_i}{R_s + R_i} \times A_{vo} \times \frac{R_L}{R_o + R_L}$

$$A_t = \frac{1000}{100+1000} \times 10 \times \frac{100}{1+100} = 9$$

(c) 使用 $A_i = \frac{i_o}{i_i} = \frac{\frac{v_o}{R_L}}{\frac{v_i}{R_i}} = \frac{v_o}{v_i}\frac{R_i}{R_L} = A_v \frac{R_i}{R_L}$

$$A_i = 9.9 \times \frac{1000\ \text{k}\Omega}{100\ \text{k}\Omega} = 99$$

(d) 使用 $A_p = A_i A_v$

$$A_p = 99 \times 9.9 = 980.1$$

5 範例

如圖電路，求(a) $A_v = v_o / v_{i1}$ (b) $A_t = v_o / v_s$ (c) $A_i = i_o / i_i$ (d) A_p 。

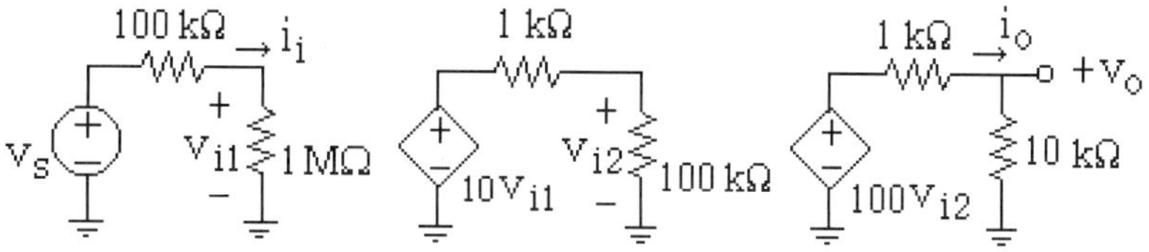

解

(a) 使用 $A_v = \frac{v_o}{v_i} = A_{vo} \times \frac{R_L}{R_o + R_L}$

$$A_{v1} = 10 \times \frac{100}{1+100} = 9.9 \quad , \quad A_{v2} = 100 \times \frac{10}{1+10} = 90.9$$

$$A_v = A_{v1}A_{v2} = 9.9 \times 90.9 = 899.91$$

(b) 使用 $A_t = \frac{v_o}{v_s} = \frac{R_i}{R_s + R_i} \times A_{vo} \times \frac{R_L}{R_o + R_L}$

$$A_t = \frac{1000}{100+1000} \times A_v = \frac{1000}{100+1000} \times 899.91 = 818.1$$

(c) 使用 $A_i = \frac{i_o}{i_i} = \frac{\frac{v_o}{R_L}}{\frac{v_i}{R_i}} = \frac{v_o}{v_i}\frac{R_i}{R_L} = A_v \frac{R_i}{R_L}$

$$A_i = 899.91 \times \frac{1000\ \text{k}\Omega}{10\ \text{k}\Omega} = 89991$$

(d) 使用 $A_p = A_i A_v$

$$A_p = 89991 \times 899.91 = 8.1 \times 10^7$$

1-3-2 轉導放大器

轉導放大器(Transconductance amplifier)的模型，如下圖所示。

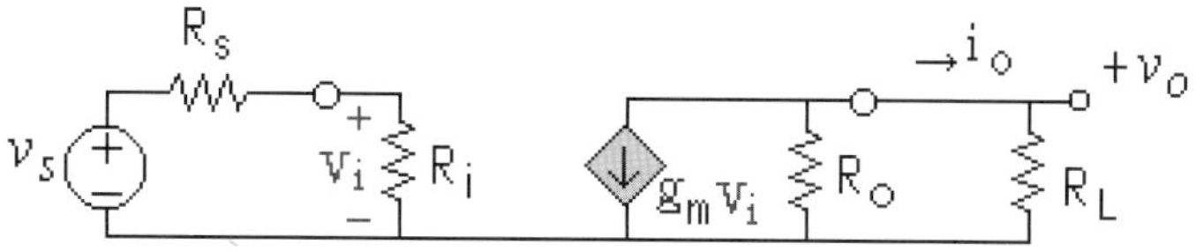

其中**短路轉導 g_m** (Short-Circuit transconductance)為

$$g_m \equiv \left.\frac{i_o}{v_i}\right|_{v_o=0}$$

理想的轉導放大器，具有輸入阻抗與輸出阻抗無窮大的特性，即

$$R_i = \infty \quad , \quad R_o = \infty$$

分析轉導放大器的方法，使用分壓定理即可。

$$v_i = v_s \times \frac{R_i}{R_s + R_i}$$

$$v_o = -g_m v_i \times (R_o \parallel R_L)$$

$$\frac{v_o}{v_s} = -\frac{R_i}{R_s + R_i} \times g_m \times (R_o \parallel R_L)$$

6 範例

如圖電路，$g_m = 15\ \text{mA/V}$，求(a) $A_t = v_o / v_s$ (b)若 $g_m v_\pi = \beta i_b$，$\beta = ?$

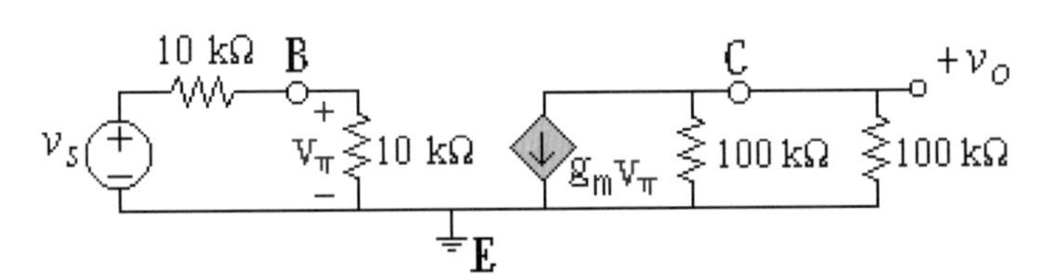

解

(a) 使用 $\frac{v_o}{v_s} = -\frac{R_i}{R_s + R_i} \times g_m \times (R_o \parallel R_L)$

$$\frac{v_o}{v_s} = -\frac{10}{10+10} \times 15 \times (100 \parallel 100) = -375$$

(b) $v_\pi = i_b \times R_i$，因此，$\beta = g_m R_i$

$\beta = (15\ \text{mA/V}) \times 10\ \text{k}\Omega = 150$

1-3-3 電流放大器

電流放大器(Current amplifier)的模型，如下圖所示。

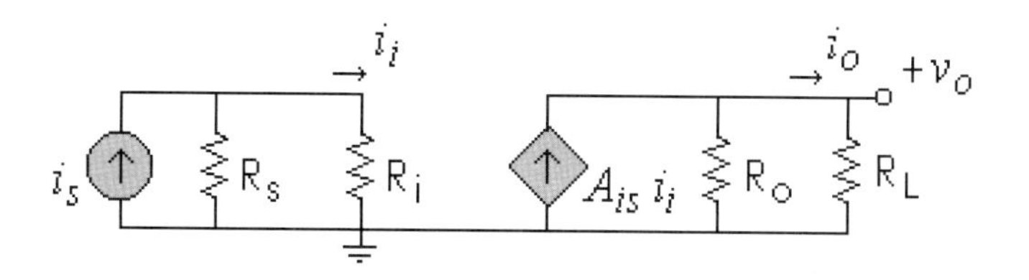

其中**短路電流增益**(Short-Circuit current gain)為

$$A_{is} \equiv \left.\frac{i_o}{i_i}\right|_{v_o=0}$$

理想的電流放大器，具有輸入阻抗等於零與輸出阻抗無窮大的特性，即

$$R_i = 0 \qquad , \qquad R_o = \infty$$

分析電流放大器的方法，使用分流定理即可。

$$i_i = i_s \times \frac{R_s}{R_s + R_i}$$

$$i_o = A_{is} i_i \times \frac{R_o}{R_o + R_L} = A_{is} i_s \times \frac{R_s}{R_s + R_i} \times \frac{R_o}{R_o + R_L}$$

$$\frac{i_o}{i_s} = \frac{R_s}{R_s + R_i} \times A_{is} \times \frac{R_o}{R_o + R_L}$$

7 範例

如圖電路，$A_{is} = 180$，求 i_o / i_s。

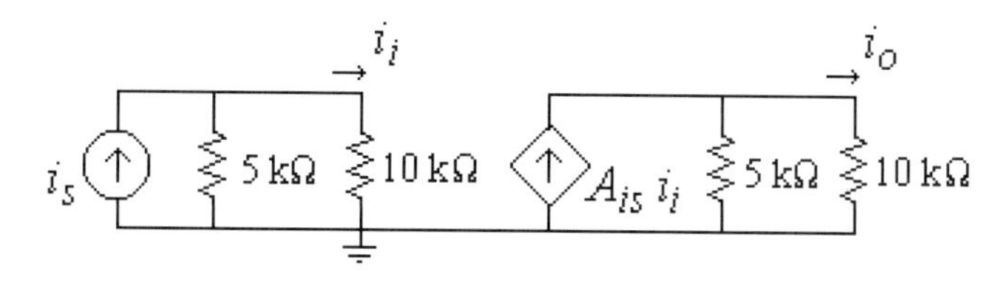

解

使用 $\frac{i_o}{i_s}=\frac{R_s}{R_s+R_i}\times A_{is}\times\frac{R_o}{R_o+R_L}$

$$\frac{i_o}{i_s}=\frac{5}{5+10}\times 180\times\frac{5}{5+10}=20$$

1-3-4 轉阻放大器

轉阻放大器(Transresistance amplifier)的模型，如下圖所示。

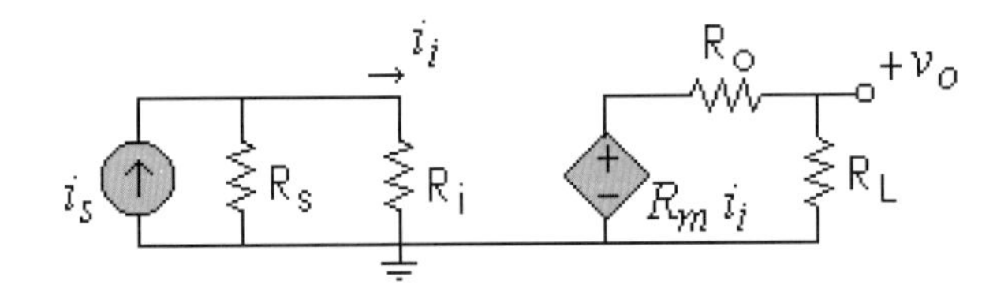

其中**開路轉阻 $\mathbf{R_m}$** (Open-Circuit transresistance)為

$$R_m\equiv\left.\frac{v_o}{i_i}\right|_{i_o=0}$$

理想的轉阻放大器，具有輸入阻抗等於零與輸出阻抗等於零的特性，即

$$R_i=0 \quad , \quad R_o=0$$

分析轉阻放大器的方法，使用分流與分壓定理即可。

$$i_i=i_s\times\frac{R_s}{R_s+R_i}$$

$$v_o=R_m i_i\times\frac{R_L}{R_o+R_L}=R_m i_s\times\frac{R_s}{R_s+R_i}\times\frac{R_L}{R_o+R_L}$$

$$\frac{v_o}{i_s}=\frac{R_s}{R_s+R_i}\times R_m\times\frac{R_L}{R_o+R_L}$$

8 範例

如圖電路，$R_m = 15\ k\Omega$，求 v_o / i_s。

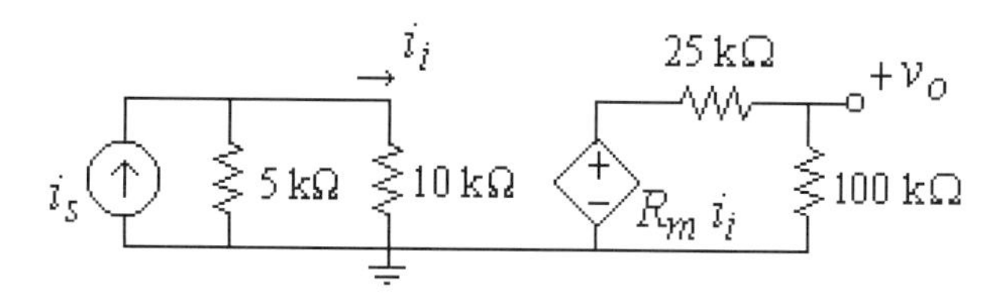

解

使用 $\dfrac{v_o}{i_s} = \dfrac{R_s}{R_s + R_i} \times R_m \times \dfrac{R_L}{R_o + R_L}$

$$\frac{v_o}{i_s} = \frac{5}{5+10} \times 15k \times \frac{100}{25+100} = 4k$$

1-4 頻率響應概念

頻率響應(Frequency response)分析最常用的方法就是單一時間常數法（Single Time Constant，簡稱 STC），簡言之，STC 網路已經化簡成單一電阻元件與電抗元件的組合，其時間常數 τ 的倒數即為 3dB 頻率 ω_0（又稱臨界角頻率），詳細對照如下表所示。

STC 網路頻率響應	低通濾波器 (Low Pass Filter)	高通濾波器 (High Pass Filter)
轉換函式 (transfer function) T(s)	$\dfrac{K}{1+\dfrac{s}{\omega_0}}$	$\dfrac{K}{1+\dfrac{\omega_0}{s}}$

轉換函式 (transfer function) $T(j\omega)$	$\dfrac{K}{1+\dfrac{j\omega}{\omega_0}}$	$\dfrac{K}{1+\dfrac{\omega_0}{j\omega}}$
振幅響應 (magnitude response $\lvert T(j\omega)\rvert$	$\dfrac{\lvert K\rvert}{\sqrt{1+\left(\dfrac{\omega}{\omega_0}\right)^2}}$	$\dfrac{\lvert K\rvert}{\sqrt{1+\left(\dfrac{\omega_0}{\omega}\right)^2}}$
phase response $\angle T(j\omega)$	$-\tan^{-1}\left(\dfrac{\omega}{\omega_0}\right)$	$\tan^{-1}\left(\dfrac{\omega_0}{\omega}\right)$
transmission at $\omega=0$ (DC)	K	0
transmission at ω_0	0	K
3dB frequency ω_0	$\omega_0=\dfrac{1}{\tau}$ $\tau=RC$ 或 $\tau=\dfrac{L}{R}$ τ：時間常數	$\omega_0=\dfrac{1}{\tau}$ $\tau=RC$ 或 $\tau=\dfrac{L}{R}$

9 範例

如圖電路，轉換函式 $T(\omega)=\dfrac{V_o(\omega)}{V_i(\omega)}$，求頻率響應。

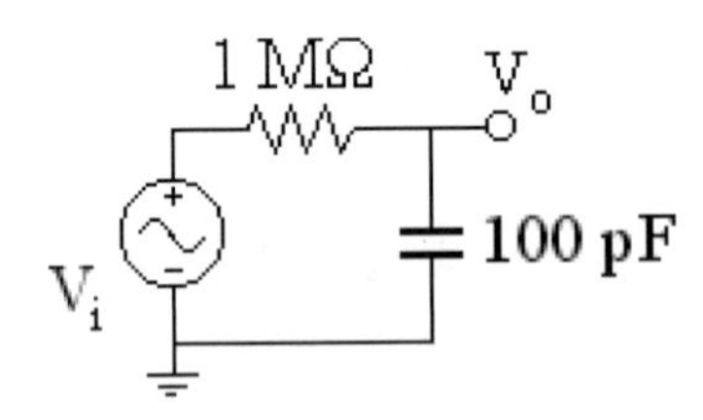

解

當 $\omega=0$，$Z_C=\dfrac{1}{j\omega C}=\dfrac{1}{0}=\infty$，所以直流增益(DC gain)為

$$K=\frac{\infty}{R+\infty}=1$$

使用 STC 法：求時間常數

$$\tau=RC=1\times10^{6}\times100\times10^{-12}=10^{-4}$$

3dB 頻率：時間常數的倒數

$$\omega_0 = \frac{1}{\tau} = \frac{1}{10^{-4}} = 10^4 \text{ rad / sec}$$

頻率響應圖：顯見 RC 網路為低通濾波器的特性，並且是落後網路，相位 $0 \sim -90$ 度。

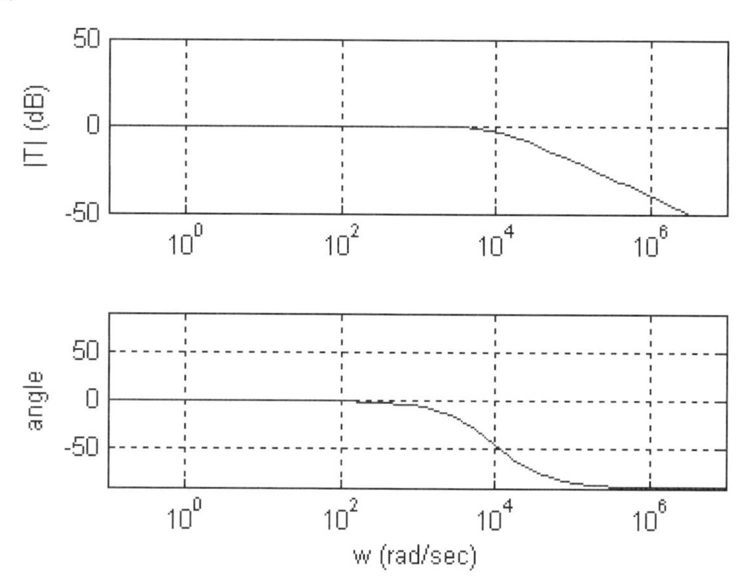

10 範例

如圖電路，轉換函式 $T(\omega) = \dfrac{V_o(\omega)}{V_i(\omega)}$，求頻率響應。

100 pF
V_o
1 MΩ
V_i

解

當 $\omega = 0$，$Z_C = \dfrac{1}{j\omega C} = \dfrac{1}{0} = \infty$，所以直流增益(DC gain)為

$$K = \frac{R}{\infty + R} = 0$$

使用 STC 法：求時間常數

$$\tau = RC = 1\times10^{6}\times100\times10^{-12} = 10^{-4}$$

3dB 頻率：時間常數的倒數

$$\omega_0 = \frac{1}{\tau} = \frac{1}{10^{-4}} = 10^{4}\ \text{rad / sec}$$

頻率響應圖：顯見 CR 網路為高通濾波器的特性，並且是領先網路，相位 90～0 度。

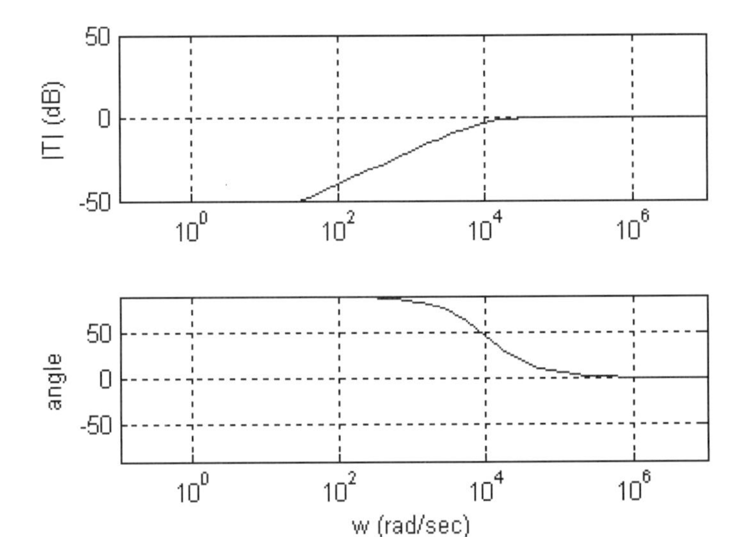

11 範例

如圖電路，轉換函式 $T(\omega) = \dfrac{V_o(\omega)}{V_i(\omega)}$，求頻率響應。

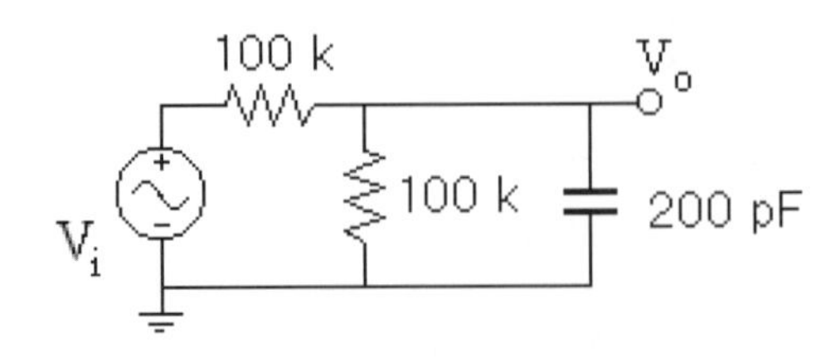

解

當 $\omega=0$，$Z_C=\frac{1}{j\omega C}=\frac{1}{0}=\infty$，所以直流增益(DC gain)為

$$K=\frac{100}{100+100}=\frac{1}{2}$$

取分貝值

$$K'=20\log_{10}\frac{1}{2}=-6\ \text{dB}$$

使用 STC 法：求時間常數

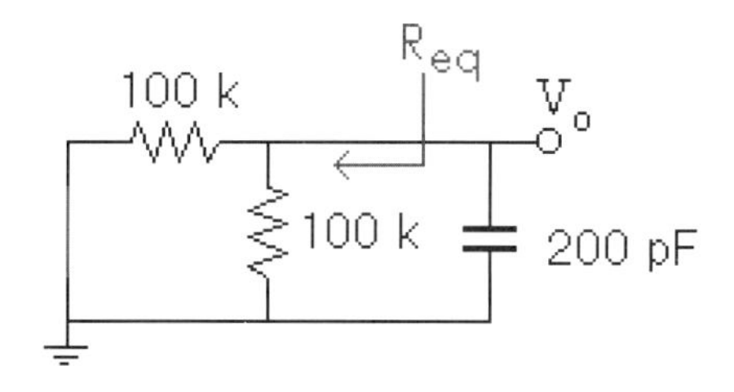

$$R_{eq}=100\ \text{k}\Omega \,||\, 100\ \text{k}\Omega=50\ \text{k}\Omega$$

$$\tau=R_{eq}C=50\times10^{3}\times200\times10^{-12}=10^{-5}$$

3dB 頻率：時間常數的倒數

$$\omega_0=\frac{1}{\tau}=\frac{1}{10^{-5}}=10^{5}\ \text{rad/sec}=100\ \text{krad/sec}$$

求轉換函式：使用 $T=\dfrac{K}{1+\dfrac{j\omega}{\omega_0}}$

$$T=\frac{\frac{1}{2}}{1+\frac{j\omega}{10^{5}}}$$

頻率響應圖：顯見此類 RC 網路為低通濾波器的特性，並且是落後網路，相位 $0 \sim -90$ 度。

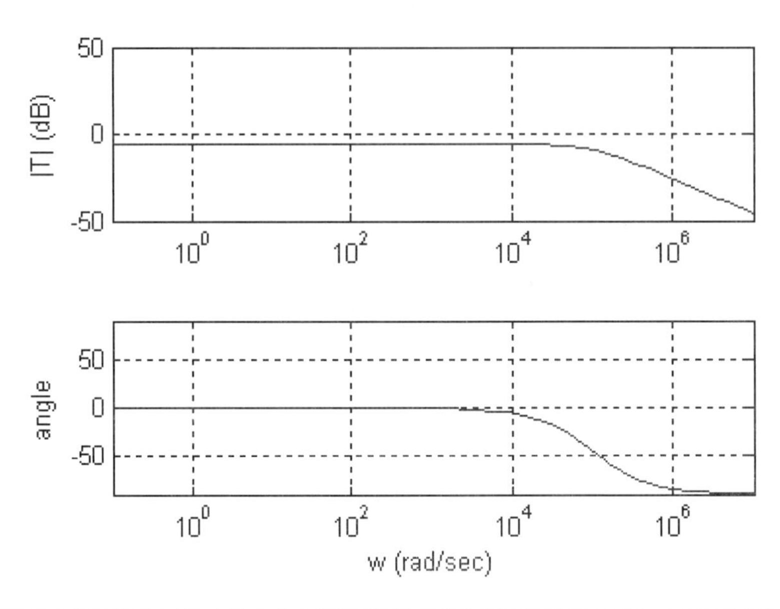

12 範例

如圖電路，求(a)時間常數 τ (b)臨界頻率 ω_{3dB} (c) $T(\omega) = \dfrac{V_o(\omega)}{V_i(\omega)}$ (d)輸入電壓為 $1\sin(10^5 t)$ ， $\omega = 10^5$ rad/sec ， $V_o(t) = ?$

100 k　　500 Ω　　+ V_o

V_s　+ V_i −　100 k　200 pF　300 V_i　1 k

解

(a) 輸入端等效電阻：

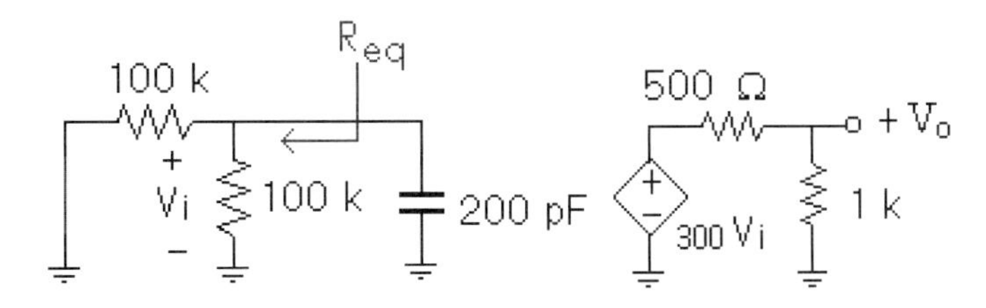

$R_{eq} = 100\ \text{k}\Omega \,||\, 100\ \text{k}\Omega = 50\ \text{k}\Omega$　　　　$\tau = R_{eq}C = 50 \times 10^3 \times 200 \times 10^{-12} = 10^{-5}$

(b) 3dB 頻率：

$$\omega_0 = \frac{1}{\tau} = \frac{1}{10^{-5}} = 10^5\ \text{rad/sec} = 100\ \text{krad/sec 1}$$

(c) $\omega = 0$ ，$Z_C = \dfrac{1}{j\omega C} = \dfrac{1}{0} = \infty$

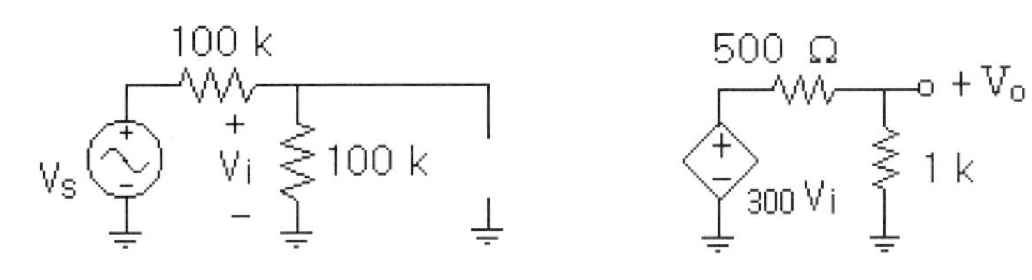

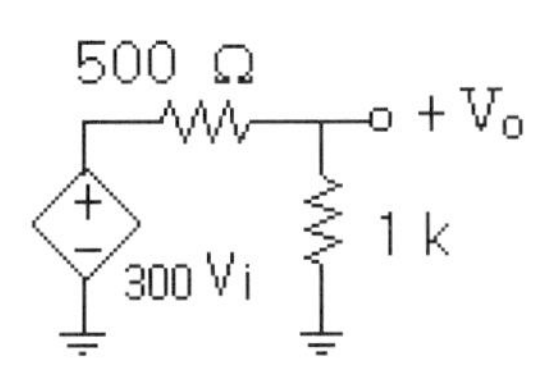

所以直流增益(DC gain)為

$$K = \frac{100}{100+100} \times 300 \times \frac{1}{0.5+1} = 100$$

取分貝值 $K' = 20\log_{10} 100 = 40\ \text{dB}$ ，求轉換函式：使用 $T = \dfrac{K}{1+\dfrac{j\omega}{\omega_0}}$

$$T = \frac{100}{1+\dfrac{j\omega}{10^5}}$$

振幅頻率響應圖：

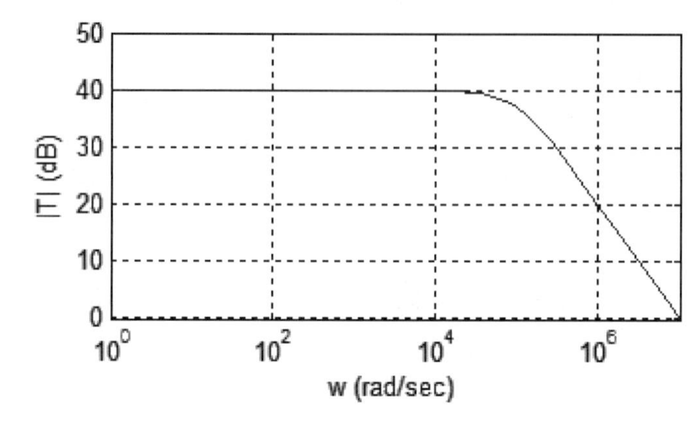

(d) 使用 $|T| = \dfrac{100}{\sqrt{1+\left(\dfrac{\omega}{10^5}\right)^2}}$ ，$\theta = -\tan^{-1}\left(\dfrac{\omega}{10^5}\right)$ ，當 $\omega = 10^5\ \text{rad/sec} = \omega_0$

$$|T| = \frac{100}{\sqrt{1+\left(\dfrac{10^5}{10^5}\right)^2}} = \frac{100}{\sqrt{2}} = 70.7$$

$$\theta = -\tan^{-1}\left(\frac{10^5}{10^5}\right) = -45°$$

使用 $v_o = |T| \times v_s = |T| \times v_p \sin(\omega t + \theta)$

$$v_o = 70.7 \times 1 \sin(10^5 t - 45°) = 70.7 \sin(10^5 t - 45°)$$

1-1 如下圖所示電路，求負載電阻電流 I 。

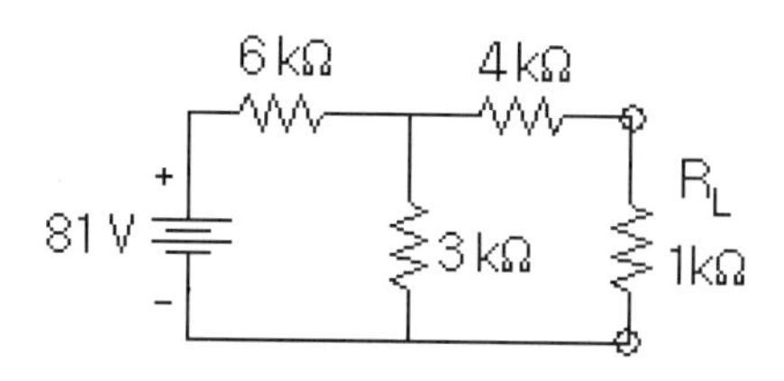

1-2 如下圖所示電路，求負載電阻電流 I 。

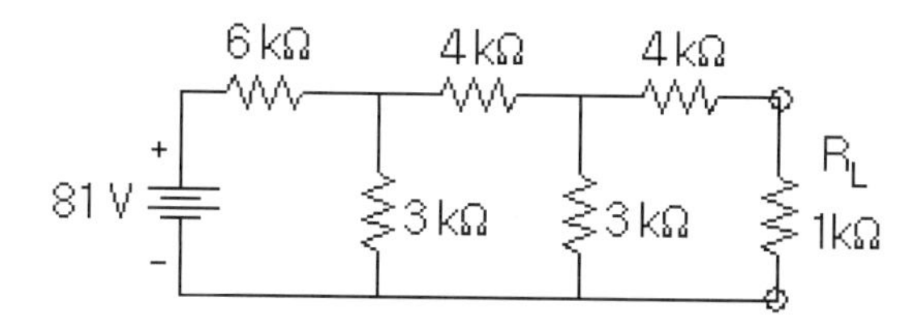

1-3 如下圖所示電路，求負載電阻電流 I 。

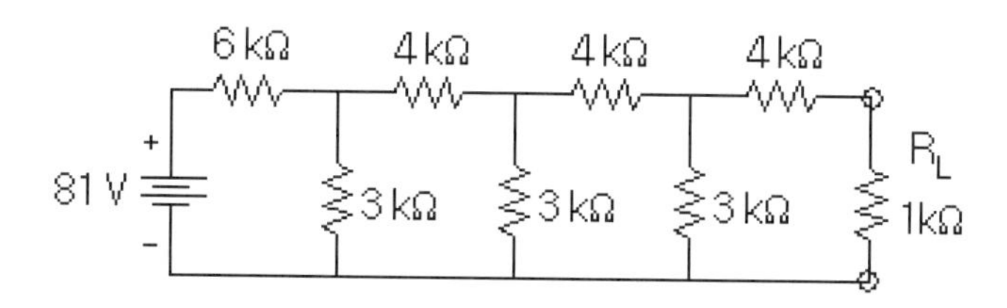

1-4 如下圖所示電路，求負載電阻電流 I 。

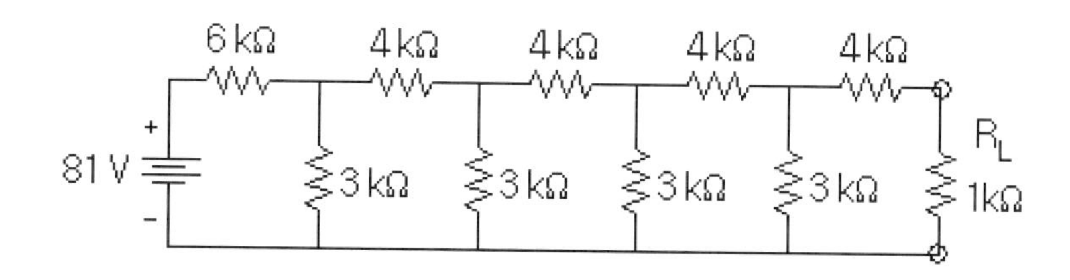

1-5　如圖電路，若 $R_L = 1\,k\Omega$，求流經 R_L 的電流 I 。

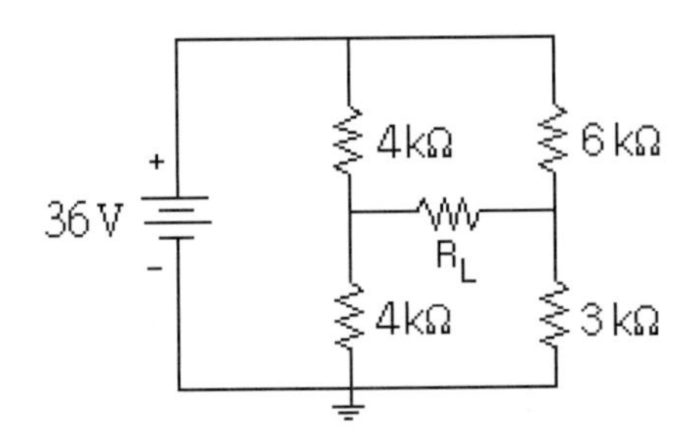

1-6　如下圖所示的放大器交流等效電路，求電壓增益 $A_t = v_o / v_s$ 。

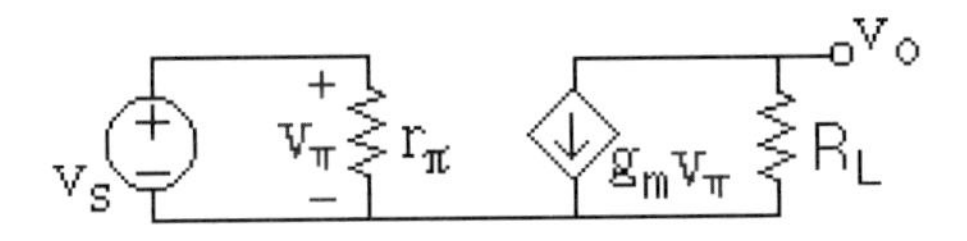

1-7　如下圖所示的放大器交流等效電路，求電壓增益 $A_t = v_o / v_s$ 。

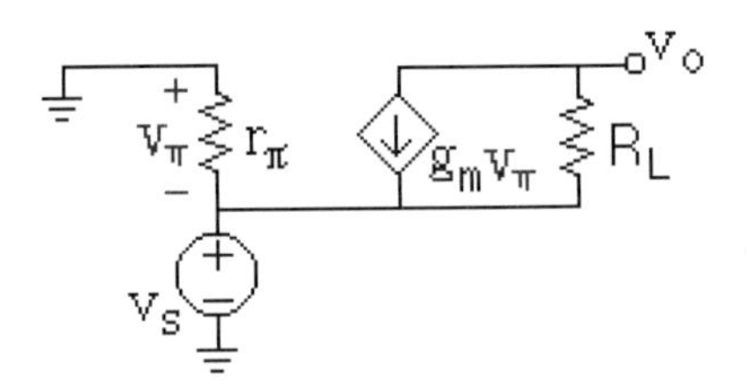

1-8　如下圖所示的放大器交流等效電路，求電壓增益 $A_t = v_o / v_s$ 。

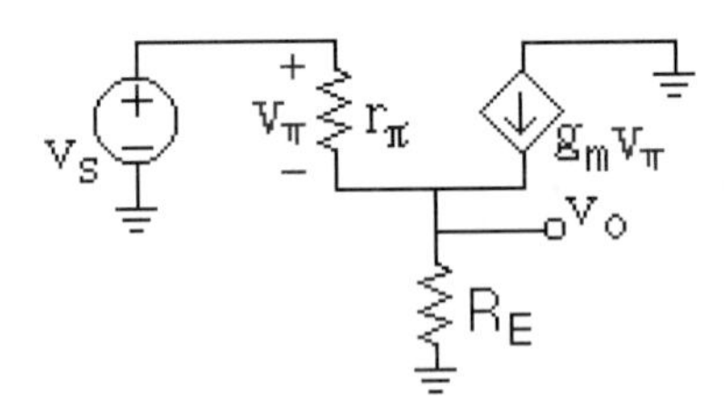

1-9　如下圖所示的放大器交流等效電路，求等效阻抗 $R_o = v_x / i_x$ 。

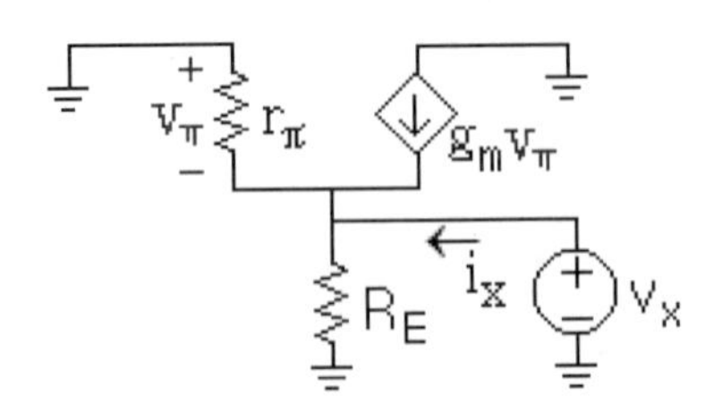

半導體物理與 pn 接面

研究完本章，將學會

- 原子結構與能帶
- 半導體導電性與 n 型、p 型
- 電荷傳輸
- pn 接面
- 加偏壓的 pn 二極體
- 二極體 I-V 特性圖
- 二極體
- 二極體的電阻

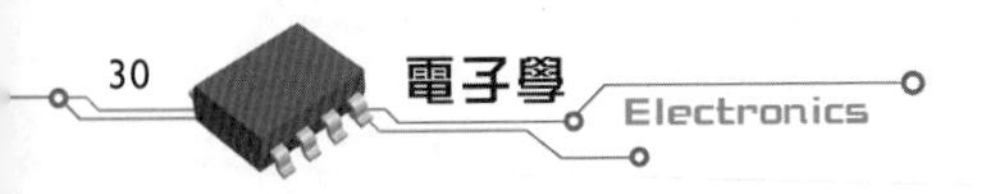

2-1 原子結構與能帶

2-1-1 原子結構

原子結構(Atomic structure)描述原子由原子核與環繞原子核的電子所構成，每一層所填入的電子，按照 $2n^2$ 方式排列。

$$N_e = 2n^2$$

例如，Si^{14} 表示原子核有 14 個質子，原子核外有 14 個電子，即 k 層：n = 1

$$N_e = 2\times1^2 = 2$$

L 層： n = 2（累計共 10 個電子）

$$N_e = 2\times2^2 = 8$$

M 層： n = 3

$$N_e = 2\times3^2 = 18$$

雖然 M 層可填入 18 個電子，然而只剩 4 個電子可填入，可知 Si^{14} 原子為 4 價原子，意即最外層有 4 個價電子，其原子結構圖如下所示，圖中+14 代表原子核，有 14 個帶正電的質子。

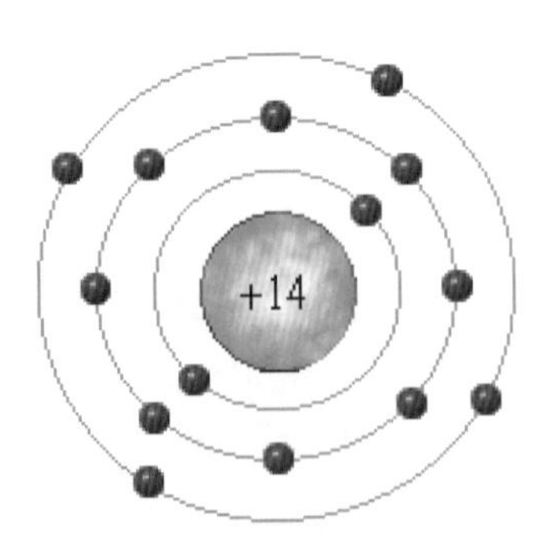

若忽略被束縛的電子部分，直接顯示決定物質特性的價電子數，簡圖如下。

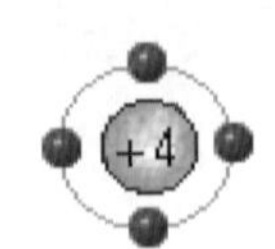

常見的半導體材料，如下表所示。

3 價原子	4 價原子	5 價原子
B^{5}	?	?
Al^{13}	Si^{14}	P^{15}
Ga^{31}	Ge^{32}	As^{33}

2-1-2 共價鍵

Si 原子以共價鍵型態結合成 8 耦體的 Si 物質：即本身有 4 顆價電子，再加上「上、下、左、右」各提供 1 顆，總共 8 顆電子。

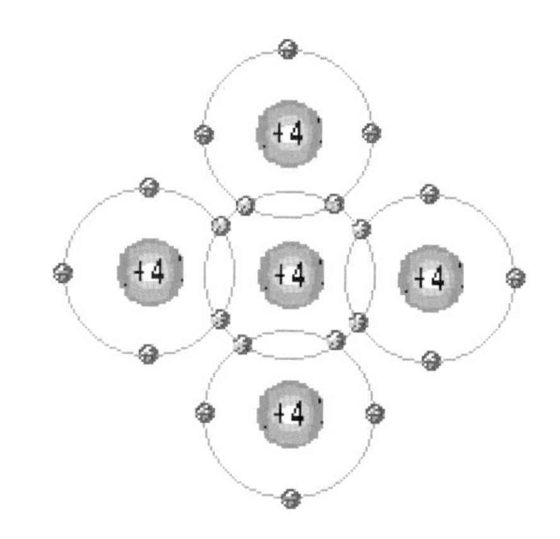

當外加能量（譬如說溫度上升），將使共價電子脫離原來的位置，形成**自由電子**(free electron)，此時，共價鍵斷裂，原本的位置留下一個空位，這個空位就叫做**電洞**(hole)，以一小圓圈表示，如下圖所示。

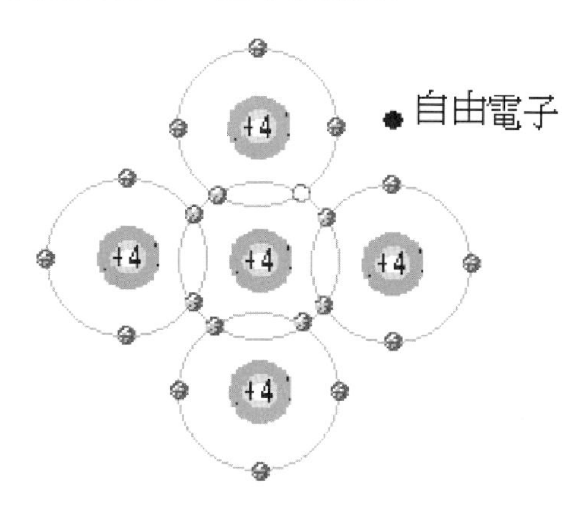

2-1-3 能階與能帶

單一原子中不同的電子軌道，對應不同的能階，如右圖所示。

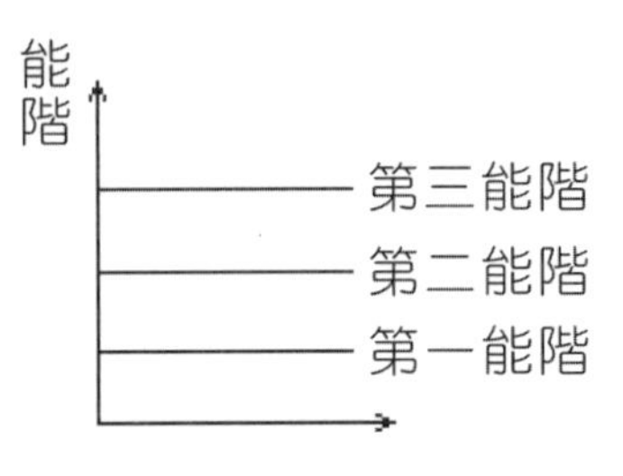

電子從較小軌道移至較大軌道，必須給予足夠能量，使電子能夠克服原子核的吸引力；當光、熱或輻射能加諸在原子上，軌道上的電子便會獲得能量而提升到較大的軌道，此時電子處於**受激態**，但是受激態並不能維持長久，電子還是會跳回原來的能階，過程中釋放光、熱或輻射能。

單一原子以能階觀念解釋，屬於個別行為，若是物質則屬於群體行為，各原子的電子軌道會受到鄰近原子的影響，導致能階會互相調整，所以必須改用**能帶**觀念解釋物質的特性。能帶圖示如下，其中

價電子 → 價電帶(Valence band)

自由電子 → 傳導帶(Conductin band)

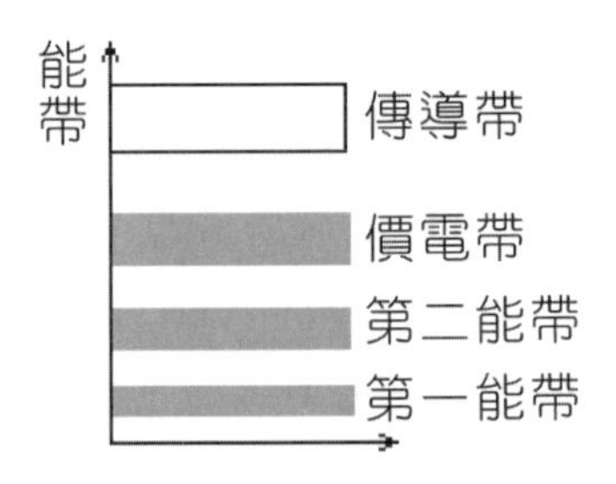

這是決定物質特性的兩個重要能帶，請特別留意。

2-1-4 物質三大分類

一、**導體**(Conductor)：價電帶與傳導帶之間的能隙非常小，甚至重疊。

二、**半導體**(Semiconductor)：價電帶與傳導帶的能隙介於導體與絕緣體之間。

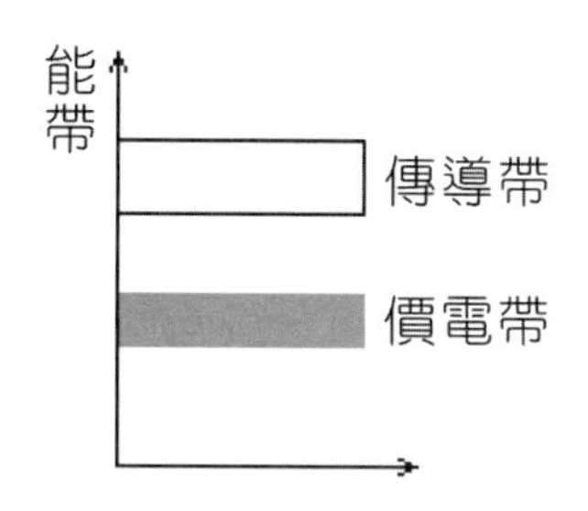

三、**絕緣體**(Insulator)：價電帶與傳導帶之間的能隙非常大。

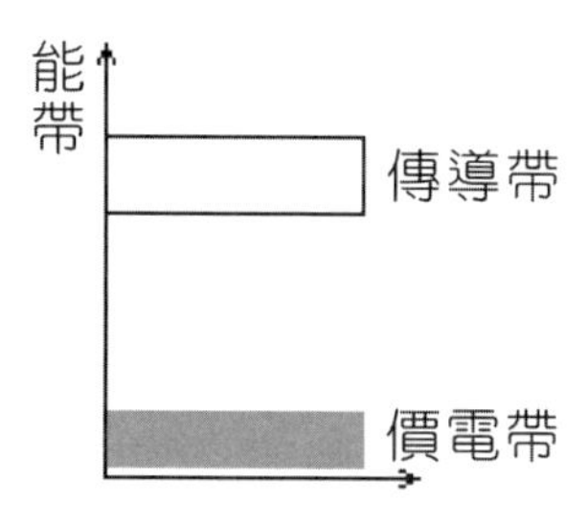

1 範例

畫出 Si^{14} 的原子結構圖。

解

原子核有 14 個帶正電的質子，相對有 14 個電子，其第一層電子軌道可排入，

$$N_e = 2 \times 1^2 = 2$$

+14

第二層電子軌道可排入，

$$N_e = 2 \times 2^2 = 8$$

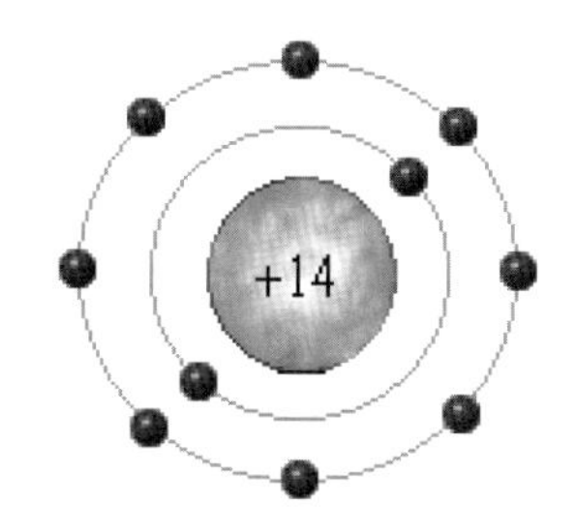

第三層電子軌道可排入，

$$N_e = 2 \times 3^2 = 18$$

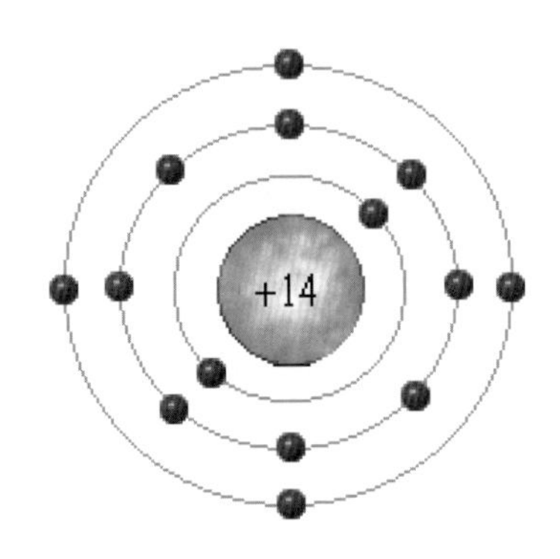

但是，Si^{14}只有 14 個帶負電的電子，因此，第三層電子軌道（又稱**價電子軌道**）只能填入 4 個電子，故為 4 價原子。

2 範例

畫出 Ge^{32}的原子結構圖。

解

原子核有 32 個帶正電的質子，相對有 32 個電子，第一層電子軌道可排入，

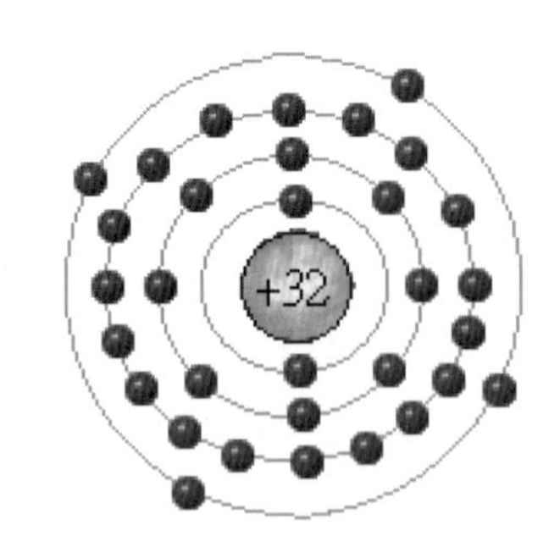

$$N_e = 2 \times 1^2 = 2$$

第二層電子軌道可排入，

$$N_e = 2 \times 2^2 = 8$$

第三層電子軌道可排入，

$$N_e = 2 \times 3^2 = 18$$

目前已填入 28 個電子，只剩 4 個電子未填入，因此，可知 Ge^{32}能填至第四電子軌道（又稱**價電子軌道**），故為 4 價原子。

畫出物質三大分類的能帶圖。

Answer 略。

(a) As^{33} 為？價原子 (b)畫原子結構圖。

Answer 略。

(a) Ga^{31} 為？價原子 (b)畫原子結構圖。

Answer 略。

2-2 半導體導電性與 n 型、p 型

2-2-1 未激發與激發狀態

未激發狀態為

1. 矽 Si 晶體中所有電子均被束縛住，傳導帶無任何自由電子（參考下圖左）。
2. 能帶之間稱為**能隙**，其間不存在任何電子（參考下圖右）。

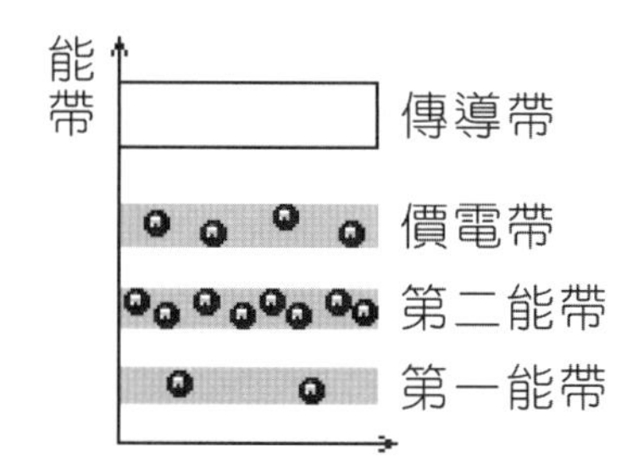

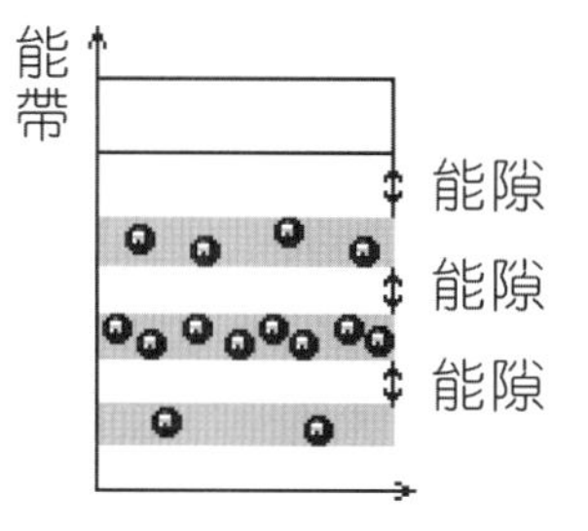

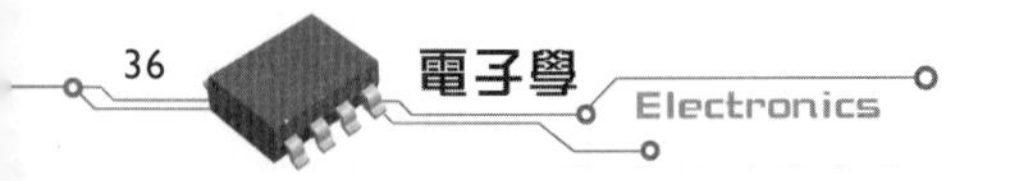

激發狀態則是針對

溫度升高：破壞共價鍵，使價電子從價電帶進入傳導帶，形成**電子－電洞對**(Electron-hole pair)，此時電子在傳導帶，電洞在價電帶，如下圖所示。

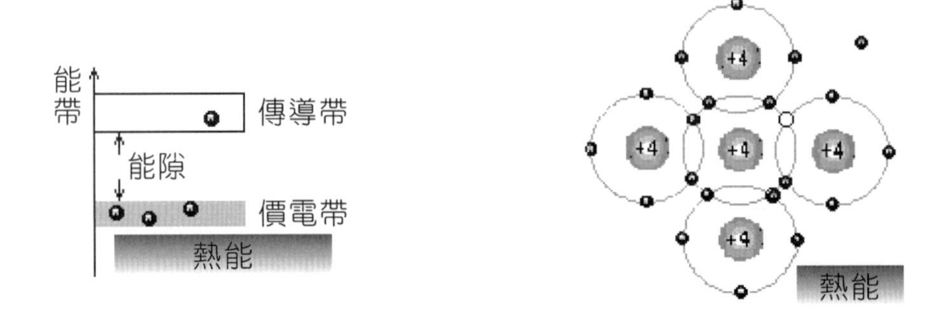

2-2-2 電子－電洞流

熱能的加入，會產生許多電子電洞對，意即傳導帶有一電子存在，則價電帶必有一相對的電洞存在。如下圖所示，顯見電子、電洞成雙成對，並且沒有方向性。

在傳導帶的電子，若失去動能，將落回價電帶，與電洞**復合**成為價電子，此動作稱為**電子－電洞對復合**。

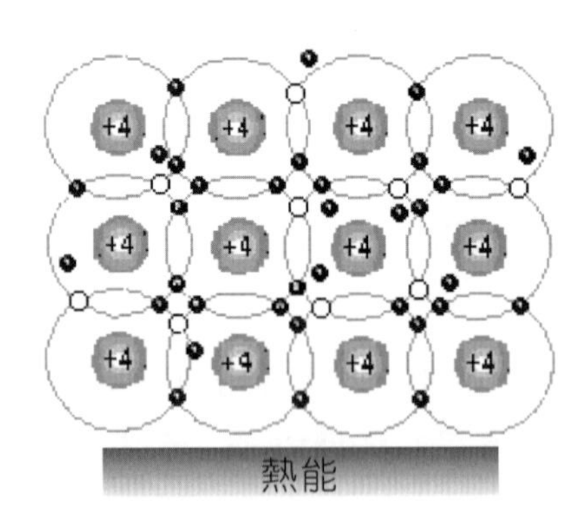

Si 晶體外加電源，會形成電子流與電洞流，兩者方向相反，大小一樣，標示如下圖所示。

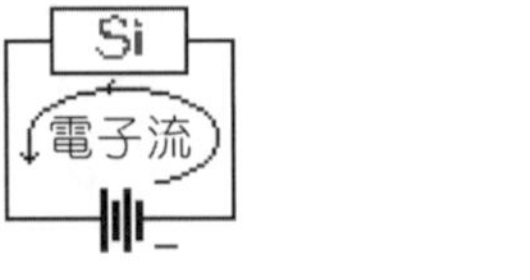

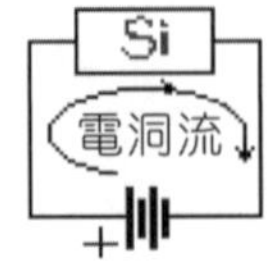

其中電子流有 2 個流通管道，電洞流只有 1 個流通管道，示意圖如下所示。

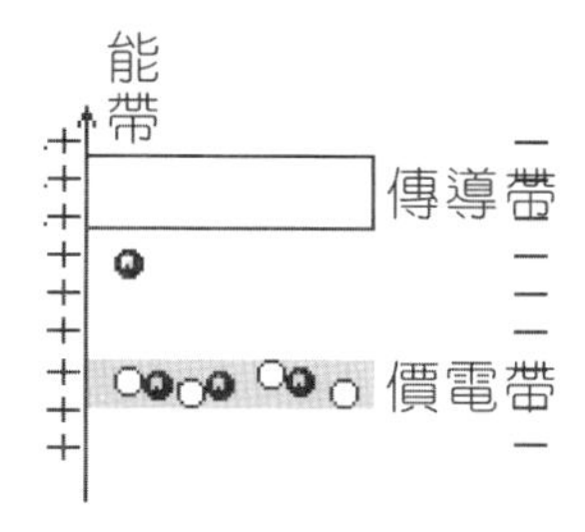

2-2-3 n 型半導體

以上所介紹的半導體是為**本質半導體**(Intrinsic semiconductor)，其電子-電洞的數目太少，不足以做為應用所需，因此必須額外加入載子而成為**外質半導體**(Extrinsic semiconductor)，此種外加載子的動作即為所謂的摻雜(Doping)。

本質半導體的載子濃度可以表示成

$$n_i = BT^{\frac{3}{2}} e^{\left(\frac{-E_g}{2KT}\right)}$$

上式中 n_i 為本質載子濃度(Carrier concentration)，B 為半導體材料相關常數，E_g 為能隙(eV)，T 為溫度(°K)，k 為波茲曼常數(86×10^{-6} eV/°K)，常用半導體常數如下表所示。

	E_g(eV)	B
矽(Si)	1.1	5.23×10^{15}
砷化鎵(GaAs)	1.4	2.10×10^{14}
鍺(Ge)	0.66	1.66×10^{15}

例如 T = 300°K ，計算鍺的本質載子濃度為

$$n_i = (1.66\times10^{15})(300)^{\frac{3}{2}} e^{\left(\frac{-0.66}{2(86\times10^{-6})(300)}\right)} = 2.4\times10^{13}\ cm^{-3}$$

鍺的本質載子濃度等於 $2.4\times10^{13} cm^{-3}$ 似乎很大，事實上相對於鍺原子中的濃度是很小的，因此才需要摻雜的動作。根據前述的討論，得知電子與電洞必定成雙成對，由此可以推論在熱平衡狀態下，電子濃度 n_0 與電洞濃度 p_0 相同，並且乘積等於本質載子濃度的平方，此關係稱為**質量作用定律**(Mass action law)，數學表示式如下

$$n_0 p_0 = n_i^2$$

對 n 型半導體而言，

1. n 代表負，是指額外加入的載子帶負電。
2. **多數載子**(Majority carriers)為電子，**少數載子**(Minority carriers)為電洞。
3. Si 為 4 價原子，形成 8 耦體，欲多出一個電子，則需摻雜一 5 價原子，因為 4 個價電子共用，多出的一個電子很容易形成自由電子，示意圖如下所示。
4. 此 5 價原子稱為**施體**(Donor)，摻雜的載子濃度稱為施體濃度 N_D。

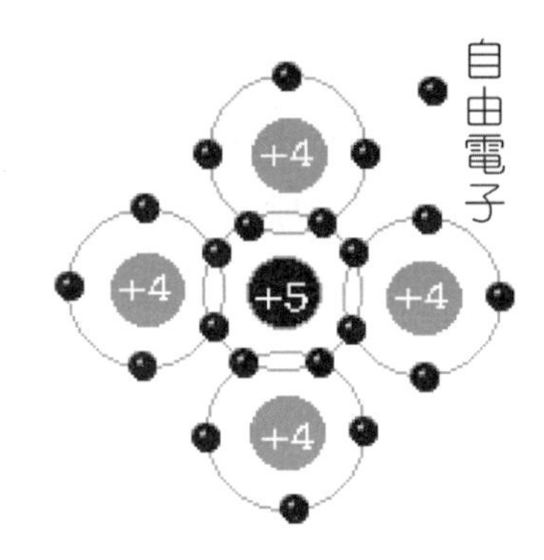

此時摻雜的施體濃度 N_D 遠大於本質載子濃度 n_i，可知多數載子為電子(electron)，即

$$n_0 \cong N_D$$

少數載子為電洞(hole)

$$p_0 = \frac{n_i^2}{N_D}$$

2-2-4 p 型半導體

1. p 代表正，是指額外加入的載子帶正電。
2. **多數載子**為電洞，**少數載子**為電子。
3. Si 為 4 價原子，形成 8 耦體，欲多出一個電洞，則需摻雜一 3 價原子，因為需要 4 個價電子共用，因此少了一個電子而形成多出一個電洞，示意圖如下頁所示。
4. 此 3 價原子稱為**受體**(Acceptor)，摻雜的載子濃度稱為受體濃度 N_A。

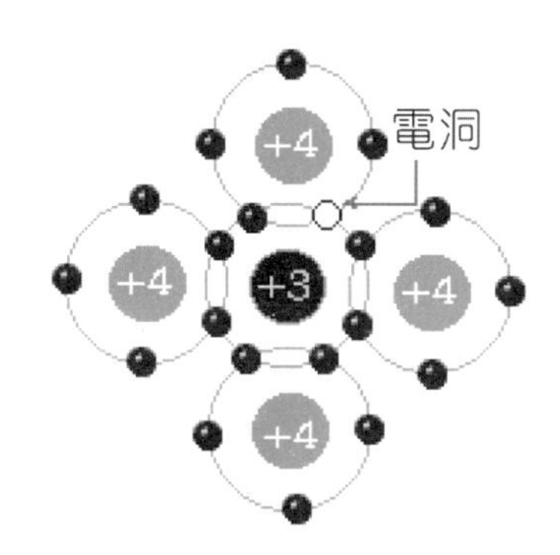

此時摻雜的受體濃度 N_A 遠大於本質載子濃度 n_i，可知多數載子(Majority carrier)為電洞，即

$$p_0 \cong N_A$$

少數載子為電子

$$n_0 = \frac{n_i^2}{N_A}$$

例如 $T = 300°K$ ， $N_A = 10^{17} cm^{-3}$ ，由前述結果 $n_i = 2.4\times10^{13}\ cm^{-3}$ ，可知其值比 N_A 小，判斷此為 p 型，因此多數載子濃度為

$$p_0 \cong N_A = 10^{17}\ cm^{-3}$$

少數載子濃度為

$$n_0 = \frac{n_i^2}{p_0} = \frac{\left(2.4\times10^{13}\right)^2}{10^{17}} = 5.76\times10^9\ cm^{-3}$$

顯見多數與少數載子的數量級數相差很多。

總結

	n 型半導體	p 型半導體
多數載子(Majority carriers)	電子	電洞
少數載子(Minority carriers)	電洞	電子
摻雜？價原子	5 價	3 價

4 練習 何謂 n 型半導體與 p 型半導體？

Answer 略。

2-3 電荷傳輸

由前述內容可知，半導體中有兩種載子(Carrier)，即帶正電的電洞與帶負電的電子，當帶電的載子移動時，就會產生電流，其機制主要有：

一、漂移(Drift)：由電場促使載子移動。

二、擴散(Diffusion)：載子濃度不同所造成。

2-3-1 漂移

假設 n 型半導體中有電場作用在載子上，促使其移動，對電子而言，由於帶負電，因此移動方向與電場相反，其漂移速度 v_{dn} 可以表示為

$$v_{dn} = -\mu_n E$$

上式 μ_n 為電子漂移率(Electron mobility)，代表電子在半導體中移動的效率，對低摻雜的矽半導體而言，典型值為 $1350 cm^2 / V\text{-}s$。電子漂移所產生的漂移電流密度 J_n 為

$$J_n = -qnv_{dn} = qn\mu_n E$$

上式 q 為電子電荷，n 為電子濃度，方向與電場相同。若是 p 型半導體中有電場作用在電洞上，因為電洞帶正電，因此移動方向與電場相同，其漂移速度 v_{dp} 可以表示為

$$v_{dp} = \mu_p E$$

上式 μ_p 為電洞漂移率(Hole mobility)，對低摻雜的矽半導體而言，典型值為 $480cm^2/V\text{-}s$，電洞漂移所產生的漂移電流密度 J_p 為

$$J_p = qpv_{dp} = qp\mu_p E$$

上式 q 為電子電荷，p 為電洞濃度，方向與電場相同。總和以上電子的漂移電流密度 J_n 與電洞的漂移電流密度 J_p，可得總電流密度 J 為

$$J = qn\mu_n E + qp\mu_p E = (qn\mu_n + qp\mu_p)E = \sigma E$$

$$\sigma = qn\mu_n + qp\mu_p$$

上式 σ 為傳導率(Conductivity)，其值等於電阻率 ρ 的倒數，由此可以知道傳導率相關於載子的濃度與漂移率。舉實例說明，假設矽在 300°K 時摻雜濃度 $N_D = 8\times10^{15}cm^{-3}$，所施加的電場為 $100V/cm$，可知電子濃度 $n \cong N_D = 8\times10^{15}cm^{-3}$，相對的電洞濃度為

$$p \cong \frac{n_i^2}{N_D} = \frac{(1.5\times10^{10})^2}{8\times10^{15}} = 2.81\times10^4 cm^{-3}$$

顯見電子濃度遠大於電洞濃度，因此傳導率的計算可以忽略電洞的項目，即

$$\sigma \cong qn\mu_n = (1.6\times10^{-19})(8\times10^{15})(1350) = 1.728\ (\Omega - cm)^{-1}$$

代入 $J = \sigma E$ 計算總電流密度

$$J = (1.728)(100) = 172.8\ A/cm^2$$

2-3-2 擴散

載子移動的擴散機制，簡單地說就是載子從高濃度區域與低濃度區域互相移動的現象，但是高濃度區域的濃度較高，導致最終淨電流為高濃度區域流向低濃度區域，例如下圖所示的電子與電洞擴散的示意圖，其中斜線代表濃度分佈的梯度。

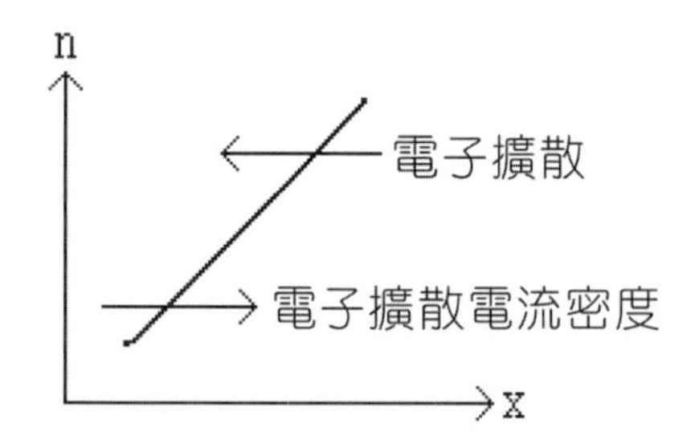

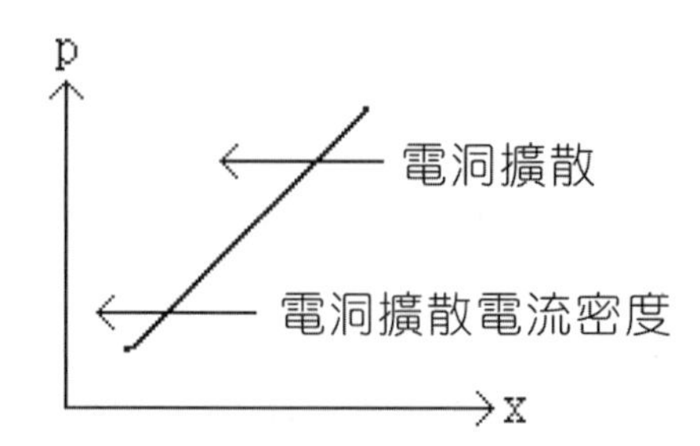

上圖左顯示電子擴散由高濃度區域（右邊）流向低濃度區域（左邊），電子擴散電流密度因電子帶負電的緣故，由左向右邊流動，其值大小可以表示成

$$J_n = q D_n \frac{dn}{dx}$$

上式 D_n 為電子擴散係數(Electron diffusion coefficient)，dn/dx 為電子濃度梯度，斜率為正。如同上述電子擴散的動作相對應於電洞擴散（參考上圖右），電洞擴散電流密度可以表示成

$$J_p = -q D_p \frac{dp}{dx}$$

上式 D_p 為電洞擴散係數(Hole diffusion coefficient)，dp/dx 為電洞濃度梯度，斜率為正，例如對本質矽而言，電子的 $D_n = 35\ cm^2/s$，電洞的 $D_p = 12\ cm^2/s$。總和上述電子與電洞擴散電流密度，即為總電流密度

$$J = q(D_n \frac{dn}{dx} - D_p \frac{dp}{dx})$$

其值通常由一主要機制與分項所主宰。最後補充漂移機制的漂移率與擴散機制的擴散係數之間的關係，方程式寫成

$$\frac{D_n}{\mu_n} = \frac{D_p}{\mu_p} = \frac{kT}{q} = V_T \cong 26\ mV$$

上式稱為愛恩斯坦關係(Einstein relation)，V_T 為熱電壓，室溫時值大約為 26 mV，此數學式說明載子擴散係數與漂移率並非是互不相關的參數，其關係為比值等於常數 V_T。

舉實例說明，假設矽在 300°K 時電子濃度梯度條件為(0，10^{12} cm^{-3})（4 μm，10^{16} cm^{-3}），$D_n = 35\,cm^2/s$，計算電子擴散電流密度為

$$J_n = (1.6\times10^{-19})(35)(\frac{10^{16}-10^{12}}{4\times10^{-4}-0}) = 140\,A/cm^2$$

這是電子濃度線性分佈的結果。假若電子濃度函式為 $n(x) = N\ \exp(-x/L_d)$，則電子擴散電流密度為

$$J_n = qD_n\frac{dn(x)}{dx} = -\frac{qD_n}{L_d}Ne^{-x/L_d}$$

2-4 pn 接面

2-4-1 空乏層

由上一節介紹可知，p 型半導體的多數載子是電洞，少數載子是電子，前者在價電帶，後者在傳導帶，如下圖所示。

若是 n 型半導體，其多數載子是電子，少數載子是電洞，前者在傳導帶，後者在價電帶，如下圖所示。

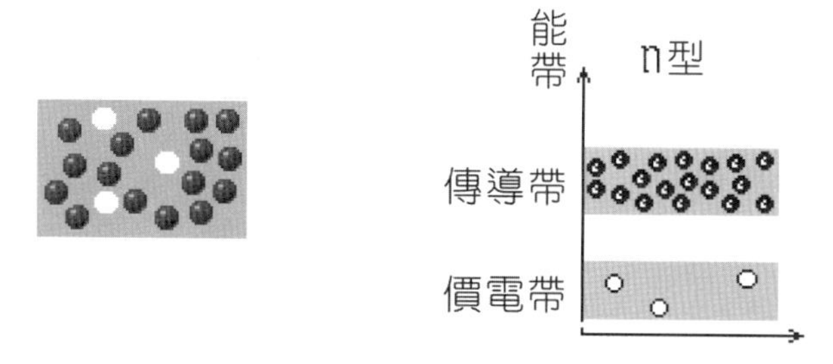

p 型半導體與 n 型半導體結合成 pn 二極體，在接面附近，因電洞和電子相互擴散而形成束縛的價電子，此區域沒有任何載子活動，稱為**空乏區**(Depletion region)，或者稱為**空間電荷區**(Space charge region)，其示意圖如右所示。

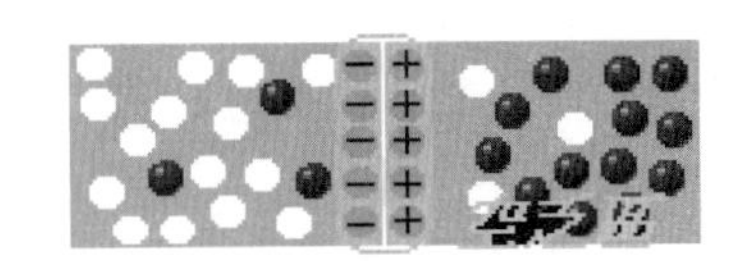

對左邊的 p 型半導體而言，電洞得到電子形成陰離子，反之對右邊的 n 型半導體而言，電子與電洞復合，形同失去電子而成為陽離子，因此在此區域會產生電場，方向由正指向負，也因為有電場的作用，可知有內部電位的存在。

因為電荷守恆，空乏區摻雜濃度與所佔寬度關係表示如下。

$$N_A W_p = N_D W_n$$

其中 N_A 為 p 型區摻雜濃度，W_p 為 p 型區空乏區寬度，N_D 為 n 型區摻雜濃度，W_n 為 n 型區空乏區寬度，意即摻雜濃度高的區域，空乏區的寬度小。

2-4-2 障壁電位差

空乏區對載子而言是一種障礙，其間的電位差就稱為障壁電位差(Barrier potential)，其值表示式為

$$V_B = V_T \ln(\frac{N_A N_D}{n_i^2})$$

上式中 V_T 為熱電壓，N_A 為受體濃度，N_D 為施體濃度，n_i 為本質濃度，例如已知鍺製半導體，$V_T = 26\text{ mV}$，$N_A = 5\times10^{15}\text{cm}^{-3}$，$N_D = 5\times10^{19}\text{cm}^{-3}$，$n_i = 3.2\times10^{15}\text{cm}^{-3}$，將數據代入上式，可得障壁電位差為

$$V_B = (0.026)\ln(\frac{(5\times10^{15})(5\times10^{19})}{(3.2\times10^{15})^2}) = 0.263\text{V}$$

在 25°C 時的典型值大約為矽 Si = 0.7 V，鍺 Ge = 0.3 V，而且接面溫度會影響障壁電位差，關係式可以寫成

$$\frac{\Delta V}{\Delta T} = -2\ \text{mV}/{^\circ\text{C}}$$

或

$$\Delta V = \left(-2\ {}^{mV}\!/_{^\circ C}\right)\Delta T$$

關係式中，ΔV 是電壓的變化量，ΔT 是溫度的變化量，由此可以計算任何溫度下的障壁電位差值。

2-4-3 能帶

能帶(Energy band)：p 型比 n 型半導體稍高，不論是傳導帶或價電帶皆是如此，示意能帶圖如右。

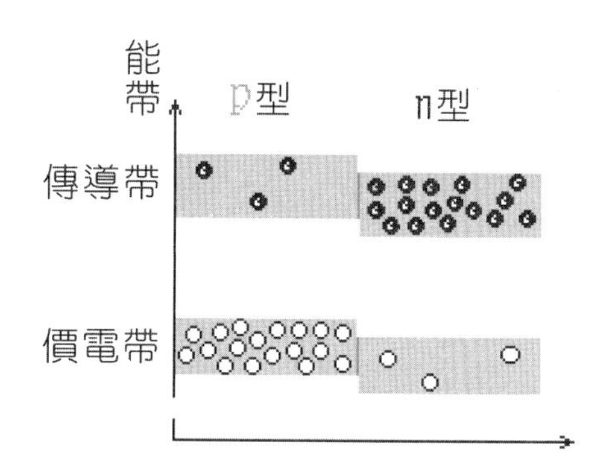

n 型半導體中，高於 p 型半導體能帶最低的傳導帶電子，移至 p 型半導體傳導帶，而後落到 p 型半導體價電帶，進行電子-電洞對復合。

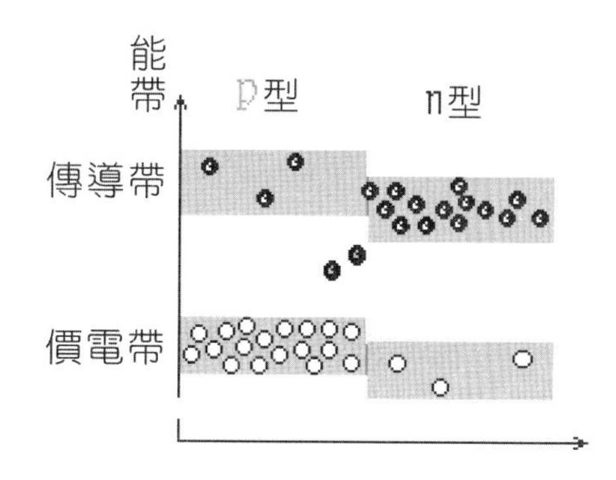

過程中 n 型半導體的能帶逐漸降低。

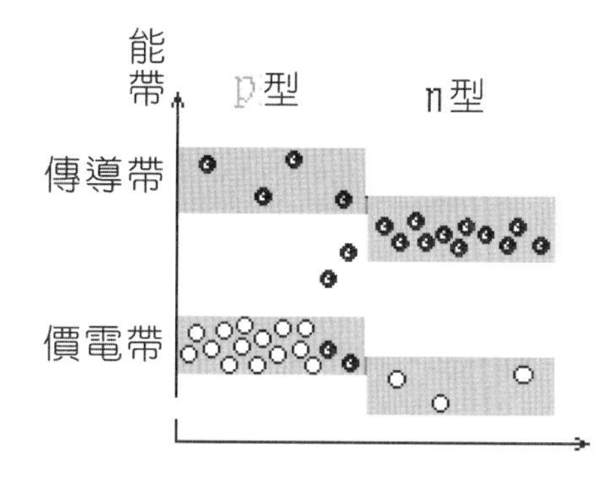

最後 n 型半導體傳導帶的最高與 p 型半導體能帶的最低同一位階，此時達到平衡。

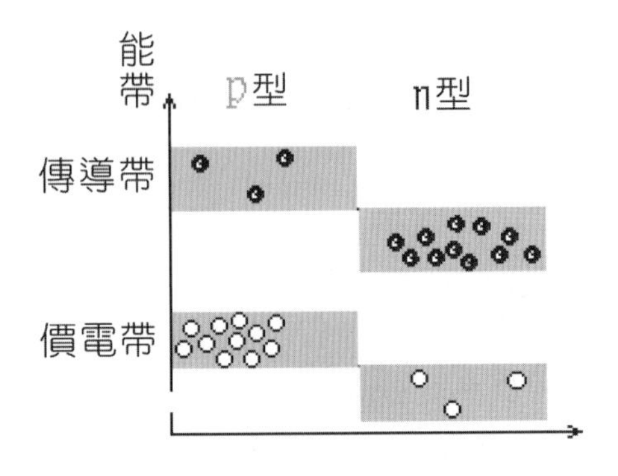

達到平衡時，pn 接面形成位能坡，如同電子傳導的障礙。

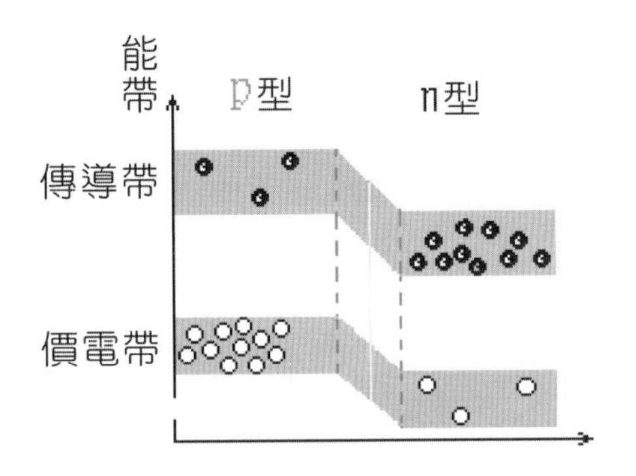

平衡時空乏區與障壁電位差形成，電子若想進入 p 型區就需要足夠的能量來克服位能坡，因此，外加偏壓無疑是使 pn 二極體工作的關鍵。例如右圖所示的外加偏壓狀況，n 型區域接負，致使排斥多數載子向位能坡移動，到達 p 型區域後又受到正電壓吸引，形成所謂多數載子所組成的電子流。

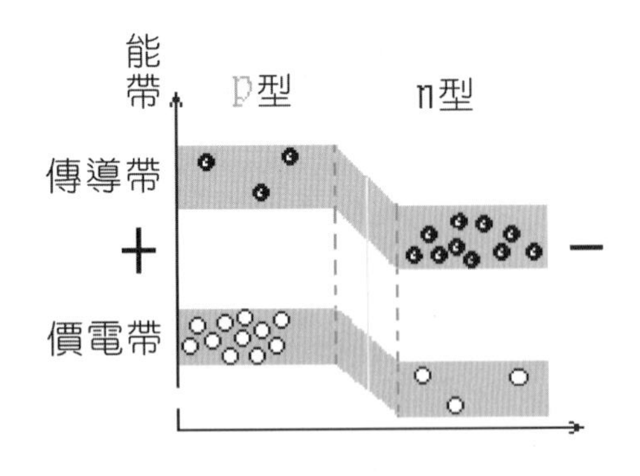

在此狀況下，空乏區寬度與載子摻雜濃度以及障壁電位差的關係表示如下。

$$W_{dep} = W_P + W_N = \sqrt{\frac{2\varepsilon_s}{q}\left(\frac{1}{N_A} + \frac{1}{N_D}\right)V_B}$$

其中矽的 $\varepsilon_s = 11.7\ \varepsilon_0 = 1.04 \times 10^{-12}\,F/cm$， W_{dep} 典型值在 $0.1 \sim 1\,\mu m$ 之間。

3 範例

p 型空乏區寬度大於 n 型區，請問 p 型區 doping 濃度與 n 型區 doping 濃度的關係。

解

因為 $N_A W_p = N_D W_n$，已知 $W_p > W_n$，得 $N_A < N_D$。

4 範例

在 25°C，矽二極體的障壁電位差為 0.7 V，求(a) 100°C (b) 0°C 時的障壁電位差。

解

使用 $\dfrac{\Delta V}{\Delta T} = -2\ \text{mV}/{}^\circ\text{C}$ 或 $\Delta V = \left(-2\ \text{mV}/{}^\circ\text{C}\right)\Delta T$

(a) $\Delta T = 100 - 25 = 75^\circ\text{C}$

$$\Delta V = \left(-2\ \text{mV}/{}^\circ\text{C}\right)\left(75\ {}^\circ\text{C}\right) = -150\ \text{mV}$$

原 25°C，障壁電位差為 0.7 V，負號代表減少，因此

$$V_B = 0.7\ \text{V} - 0.15\ \text{V} = 0.55\ \text{V}$$

(b) $\Delta T = 0 - 25 = -25\ {}^\circ\text{C}$

$$\Delta V = \left(-2\ \text{mV}/{}^\circ\text{C}\right)\left(-25\ {}^\circ\text{C}\right) = 50\ \text{mV}$$

原 25°C，障壁電位差為 0.7 V，正號代表增加，因此

$$V_B = 0.7\ \text{V} + 0.05\ \text{V} = 0.75\ \text{V}$$

5 練習 描述空乏區的特性。

Answer 略。

pn 接面的能帶圖，為何 p 型區比 n 型區的能帶略高？

Answer 略。

在 25°C，鍺二極體的障壁電位差為 0.3 V，求(a) 90°C　(b) 0°C 時的障壁電位差

Answer (a)0.17 V　(b)0.35 V。

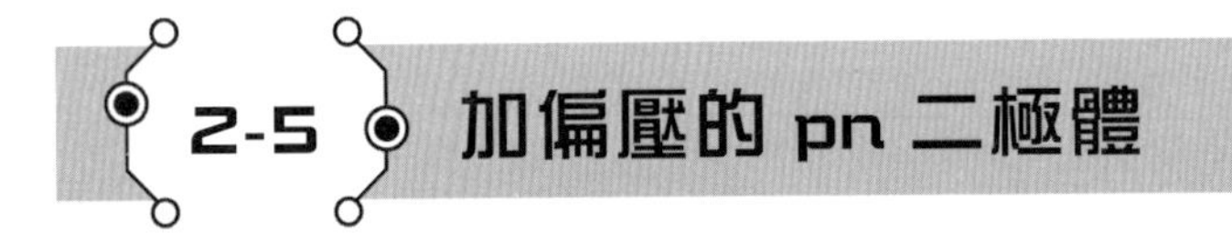

2-5 加偏壓的 pn 二極體

2-5-1　順向偏壓

如右圖所示的二極體，p 接正，n 接負，此種電路接法稱為順向偏壓(Forward bias)。(以下請配合示意圖瞭解)

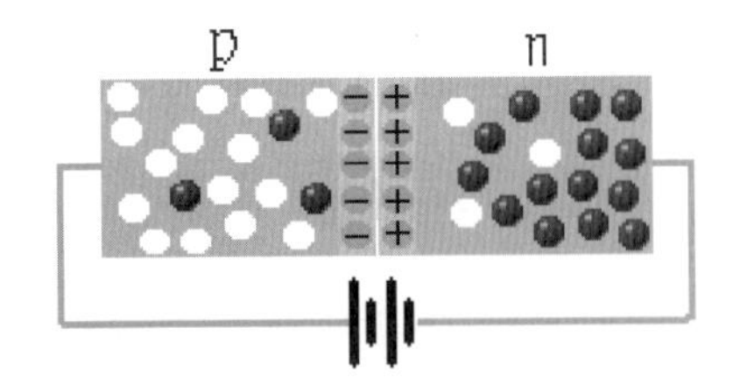

產生大電流：電子從電源負端進入 n 型區，以自由電子的型態排斥其他載子向左移動。

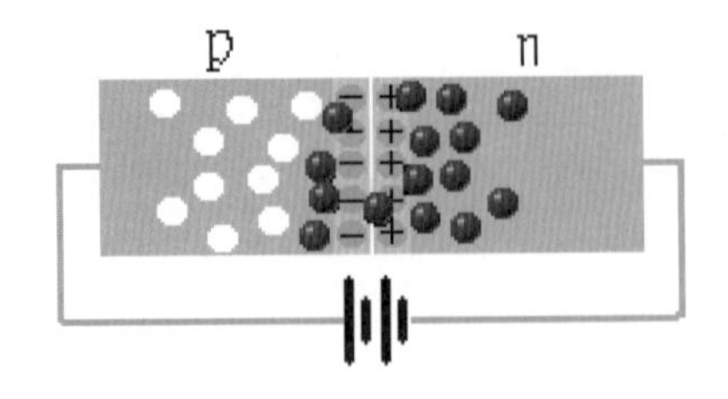

到了接面附近，從高能帶的傳導帶跳至低能帶與價電帶的電洞復合，並且釋放出光、熱。

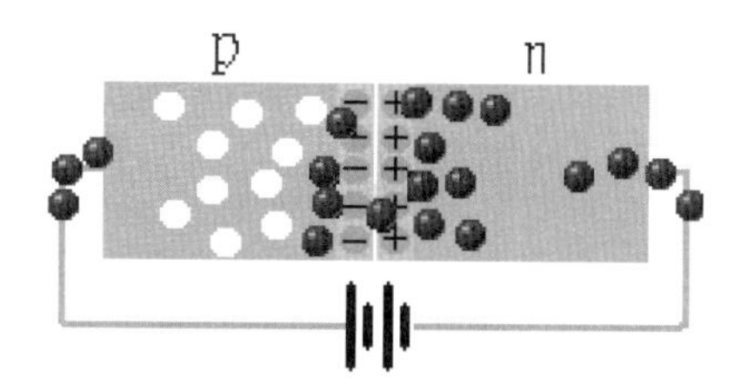

在 p 型區中，以價電子型態藉由電洞的幫助，繼續向左移；到了電源正端附近，受其吸引而移出 p 型區，再還給 p 型區一個電洞。

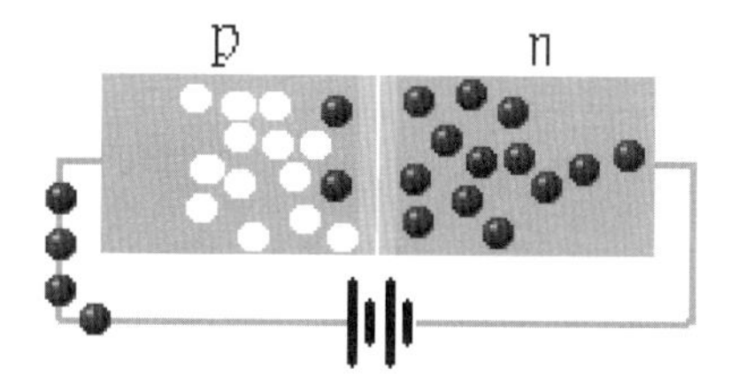

導通時，空乏區縮小，示意圖如下所示。

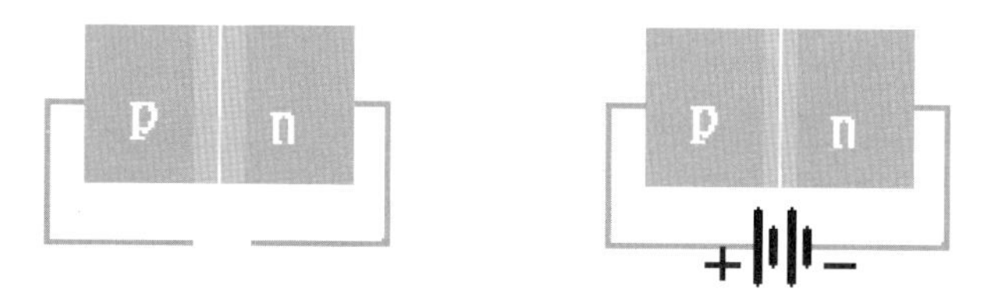

如下圖左邊的能帶圖為未加偏壓，右邊的能帶圖則是施加順向偏壓時，電子流通的示意圖。從圖可以清楚看出位能坡縮小的現象。

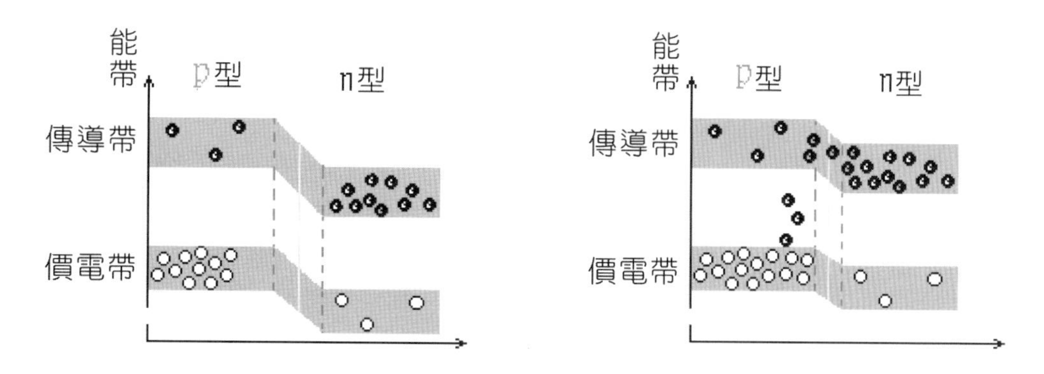

假設 p 型區比 n 型區重摻雜，意即 N_A 遠大於 N_D，pn 二極體少數載子濃度分佈圖如下所示。

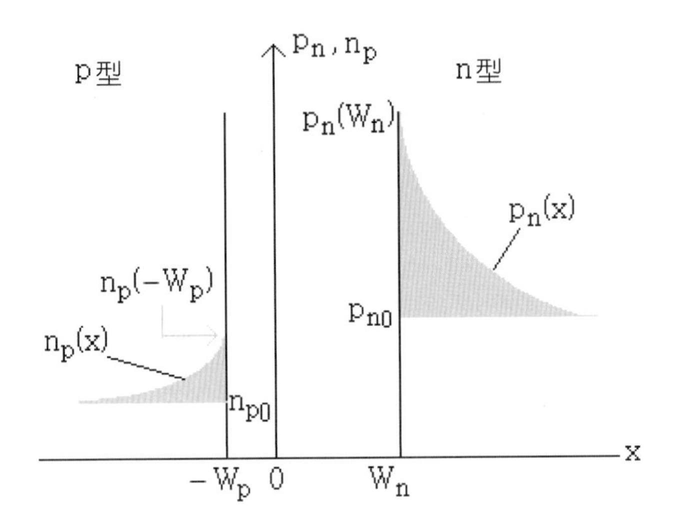

已知 N_A 遠大於 N_D，因此在 n 型區內的熱平衡少數載子 p_{n0} 大於在 p 型區內的熱平衡少數載子 n_{p0}，並且在 n 型區的空乏區寬度 W_n 也大於在 p 型區的空乏區寬度 W_p。在 p 型區的多數載子因順向偏壓，快速通過空乏區來到 n 型區，即變為少數載子，但對 n 型區而言，這些是多出的少數載子(以陰影表示)，其載子濃度 $p_n(x)$ 在邊界上數值最大，表示式寫為

$$p_n(W_n) = p_{n0}\, e^{\frac{V_F}{V_T}}$$

隨著 x 距離的增加，少數載子濃度逐漸變小，最後達到熱平衡時的少數載子 p_{n0} 值。在 p 型區內的少數載子 $n_p(x)$ 的現象，類似上述在 n 型區內的少數載子 $p_n(x)$，各相關數值如上圖中顯示。

2-5-2 逆向偏壓

如下圖所示的二極體，p 接負，n 接正，此種電路接法稱為逆向偏壓(Reverse bias)。

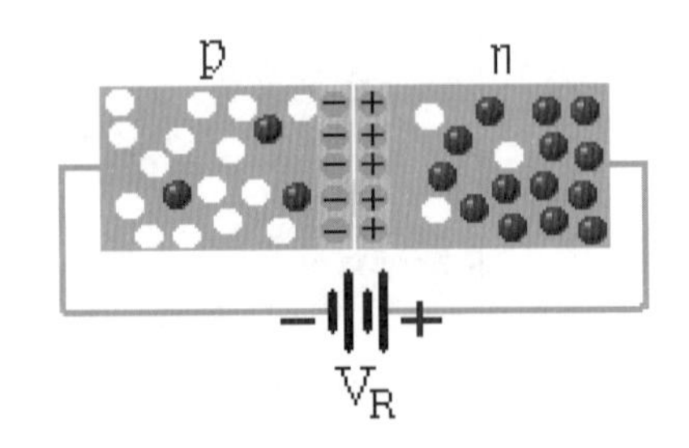

產生小電流：p 型區的少數載子是電子，n 型區的少數載子則是電洞，現在反過來從左邊分析，同樣是以自由電子的型態排斥其他載子向右移動，只是數量不多，意即電流很小，這一小電流稱為**少數載子流**，又名**逆向飽和電流**(Reverse saturation current)，以 I_s 表示。

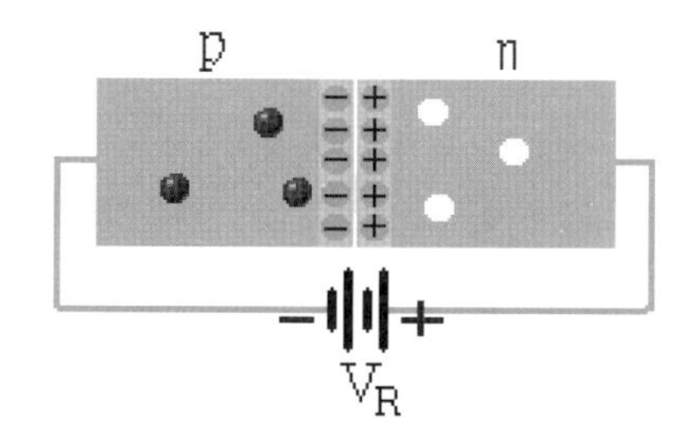

電路不導通，空乏區擴大，示意圖如下所示。

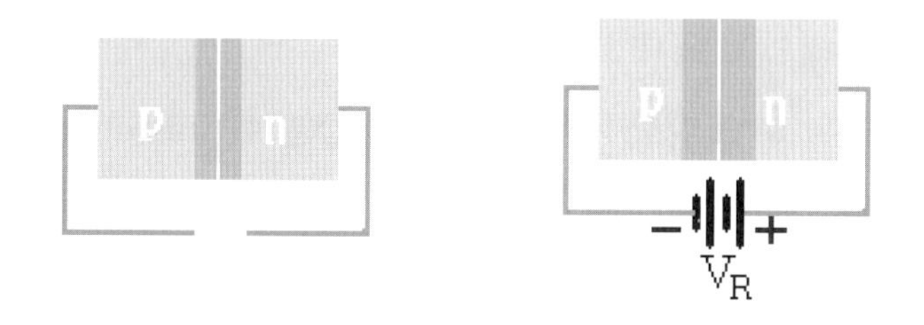

在此狀況下，空乏區寬度表示式為

$$W_{dep} = \sqrt{\frac{2\varepsilon_s}{q}\left(\frac{1}{N_A} + \frac{1}{N_D}\right)(V_B + V_R)}$$

如下所示的能帶圖為加上逆向偏壓情況，從圖可以清楚看出位能坡變陡的現象，相對於空乏區變寬，致電子流通更形困難。

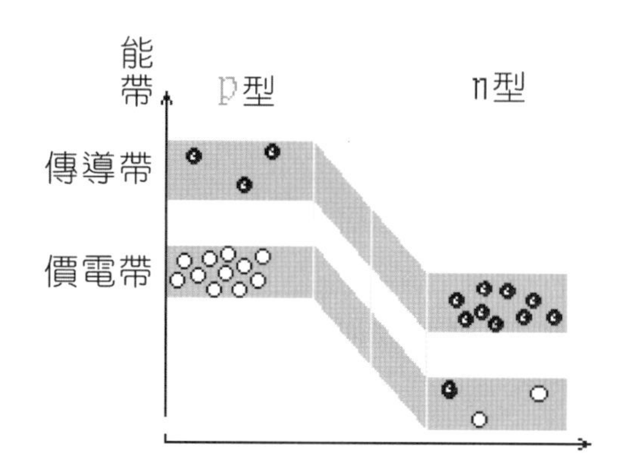

同時空乏區內的正負電荷會隨逆向偏壓增加而產生變化，可見 pn 接面有電容特性，此電容稱為**接面電容**(Junction capacitance)，或者稱為**空乏區電容**，其表示式可以寫成為

$$C_j = C_{j0}\left(1+\frac{V_R}{V_B}\right)^{-0.5}$$

上式中 C_{j0} 為偏壓等於零時的接面電容值；根據數學式可知，外加電壓可以控制電容，例如，當逆向偏壓 V_R 增加時，接面電容值變小，意即接面電容值與外加逆向偏壓成反比（或者這樣考慮：逆向偏壓 V_R 增加，空乏區寬度變寬，接面電容值變？）。利用這樣的電容－電壓關係所製作的二極體稱為**變容二極體**(Varactor diode)，此類變容二極體在電控可調共振電路中扮演非常重要的角色，相關內容的討論在振盪器章節中詳述。

二極體另外還有一種電容特性，稱為**擴散電容**(Diffusion capacitance)，形成的原因簡單地說，就是順向偏壓時直流與交流電交互作用下，造成少數載子電荷量改變，其簡易示意圖與數學式如下所示。

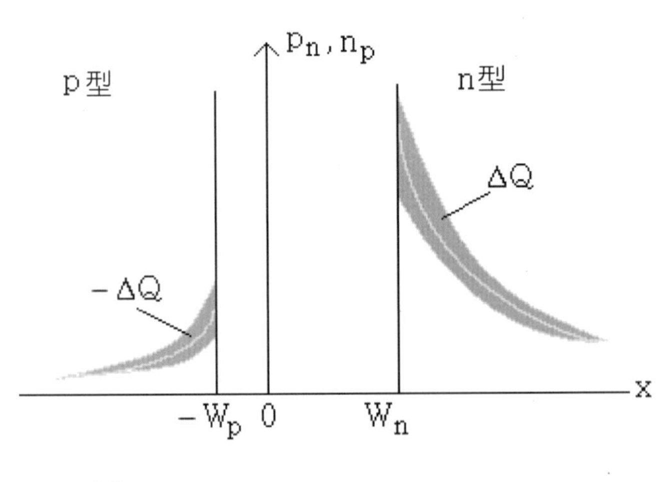

$$C_d = \frac{dQ}{dV_D}$$

這些注入電荷所造成的電荷量改變遠大於接面電容所相關的電荷量，因此擴散電容 C_d 值遠大於接面電容值 C_j 。

如前所述，逆向飽和電流源自少數載子的流動，所以，其值大小只跟溫度有關；通常，**溫度每上升 10°C，逆向飽和電流 I_s 就加倍**，例如，在 25°C 時，飽和電流 $I_s = 5nA$，求 65°C 的 I_s。

$$I_s = 5\ nA \times 2^{(65-25)/10} = 5\ nA \times 2^4 = 80\ nA$$

藉由逆向飽和電流的觀點，可以解釋為什麼矽比鍺有用：因為鍺由熱能所產生的電子電洞對比矽多，使得鍺的逆向飽和電流 I_s 比矽大，而這種本來就不需要有的電流，當然越大越不理想。

前述順向偏壓條件下的 pn 接面少數載子濃度分佈圖，假設 N_A 遠大於 N_D，得知在 p 型區的多數載子因順向偏壓，快速通過空乏區來到 n 型區，即變為少數載子，隨著 x 距離的增加，少數載子濃度逐漸變小，最後達到熱平衡時的少數載子 p_{n0} 值。在 p 型區內的少數載子 $n_p(x)$ 的現象，類似上述在 n 型區內的少數載子 $p_n(x)$。相反的，逆向偏壓條件下的 pn 二極體少數載子濃度分佈圖（示意簡圖如下），顯示在空乏區邊緣載子濃度為零，但隨著 x 距離的增加，少數載子濃度逐漸變大，最後達到熱平衡時的少數載子值。

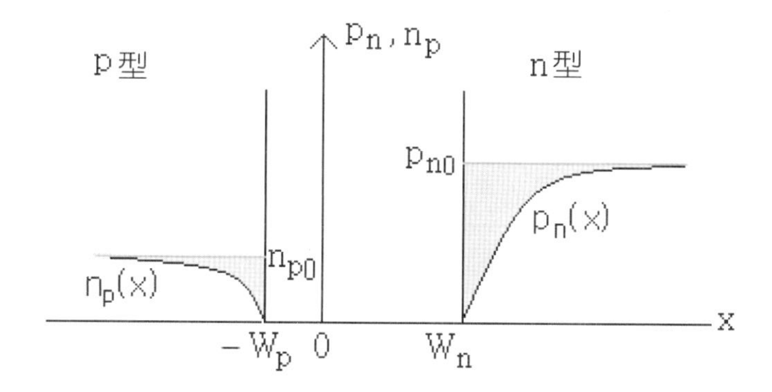

2-5-3 表面漏電電流與逆向電流

除了在二極體中有逆向飽和電流 I_s 外，還是另一股很小的電流經過二極體表面，這就是所謂的**表面漏電電流**(Surface-Leakage current)，簡稱 I_{SL}，此電流生成的可能有：

1. 二極體表面的雜質。
2. 表面有許多不完整的斷裂共價鍵，其所產生的電洞正是電子流通的管道。

所謂逆向電流，就是將逆向飽和電流 I_S 與表面漏電電流 I_{SL} 相加，簡稱 I_R，因此，溫度與逆壓的變動均會影響逆向電流，其中 I_S 受溫度控制，I_{SL} 則受逆壓控制。

5 範例

矽二極體在 20°C 逆向偏壓時，飽和電流 $I_S = 10$ nA，求 50°C 的 I_S。

解

每上升 10°C 增加 2 倍。

	20°C	30°C	40°C	50°C
I_s	10nA	20nA	40nA	80nA

可得 50°C 時，$I_S = 80$nA。

描述二極體兩種偏壓方式與所造成的結果。

Answer 略。

繪出 n 型矽的能帶圖，其多數載子有 12 個，少數載子有 3 個。

Answer 略。

繪出 p 型鍺的能帶圖，其多數載子有 9 個，少數載子有 3 個。

Answer 略。

矽二極體在 25°C 時，逆向飽和電流 $I_S = 3$ nA，求(a) 85°C (b) 125°C 時的 I_S。

Answer (a) 192 nA (b) 3.072 μA。

2-6 二極體 I-V 特性圖※

電子的電流電壓 I-V 特性圖(I-V characteristic curve)是直線者，稱為線性元件，例如電阻器，否則就是非線性元件，例如二極體。

2-6-1 順向偏壓

矽二極體的 p 型區接直流電的正端，n 型區接直流電的負端，如下左圖所示；結果如下右圖所示，其中 0.7 V 稱為**膝點電壓**(Knee voltage)。

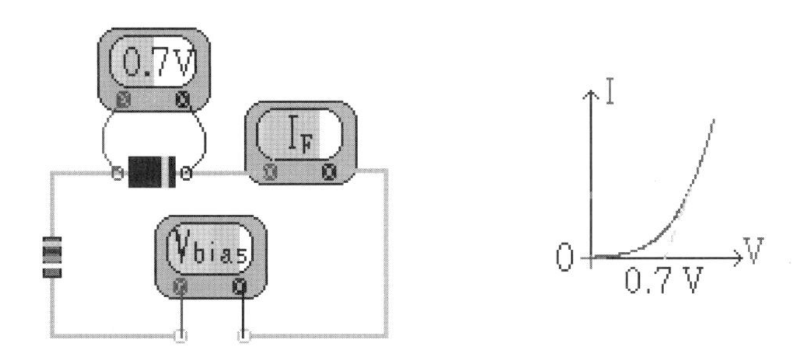

順向電壓由零開始調大，當接近膝點電壓 0.7 V 時，順向導通電流會逐漸產生，直到大於膝點電壓後，二極體視為導通，電流迅速增加，此部分電流-電壓關係的計算，將於下一小節中示範說明。

2-6-2 逆向偏壓

矽二極體的 p 型區接直流電的負端，n 型區接直流電的正端，如下左圖所示，而其結果如下右圖所示，其中逆向電流很小，幾乎等於零，直到達到崩潰電壓後，電流才快速增加。pn 接面的崩潰現象主要有兩種可能的機制，簡單說明如下。

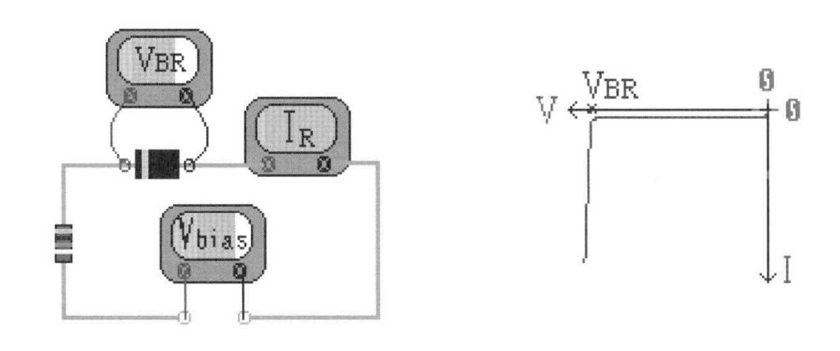

一、**稽納(Zener)崩潰**：條件為逆向偏壓電壓 3 ~ 8 V，以及高達 10^6 V/cm 的電場強度，因此需要窄空乏區，換言之，接面兩邊必須是高摻雜水平。

二、**雪崩(Avalanche)崩潰**：具有中級或低級摻雜水平 ($<10^{15}\text{cm}^{-3}$) 的接面，通常不會產生稽納崩潰效應，但是會產生雪崩崩潰；此崩潰效應，顧名思義就是電子進入空乏區後被電場加速，使其有足夠的能量再去碰撞出其他的電子，恰如雪崩般的連鎖反應。

綜合以上結果，二極體的 I-V 特性圖如右所示，其中電壓大於零的區域，稱為順向區。當電壓大於 0.7 V，二極體視為導通，電路中有電流，反之電壓小於零的區域稱為逆向區，二極體視為開路，電路中沒有電流，但是有逆向電流。

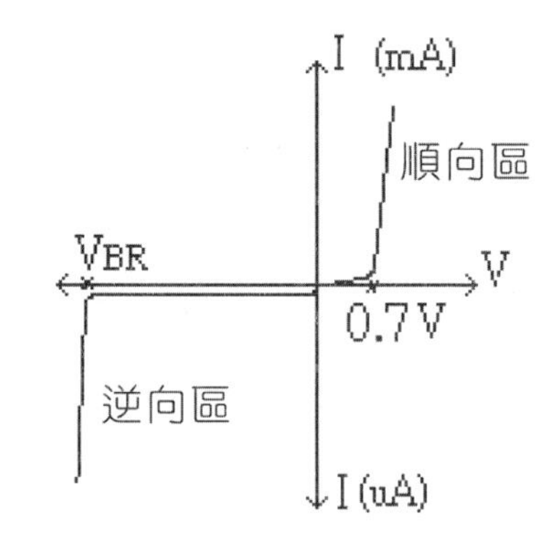

二極體的 I-V 特性方程式，可以寫成

$$I = I_S\ (e^{\frac{V}{\eta V_T}} - 1)$$

其中 I_S 為逆向飽和電流，η 介於 1~2 之間，通常設定為 1。V_T 為熱電壓 (Thermal voltage)，在室溫下，值為 25 mV ~ 26 mV，通常假設為 25 mV。例如，$V = 0.3$ V，$I_S = 10^{-14}$ A。

$$I = 10^{-14}(e^{\frac{0.3}{25\times10^{-3}}} - 1) = 1.63\times10^{-9}\ \text{A}$$

$$V = 0.4\ \text{V}：I = 10^{-14}(e^{\frac{0.4}{25\times10^{-3}}} - 1) = 8.89\times10^{-8}\ \text{A}$$

$$V = 0.5\ \text{V}：I = 10^{-14}(e^{\frac{0.5}{25\times10^{-3}}} - 1) = 4.85\times10^{-6}\ \text{A}$$

$$V = 0.6\ \text{V}：I = 10^{-14}(e^{\frac{0.6}{25\times10^{-3}}} - 1) = 2.65\times10^{-4}\ \text{A}$$

$$V = 0.7\ \text{V}：I = 10^{-14}(e^{\frac{0.7}{25\times10^{-3}}} - 1) = 14.5\ \text{mA}$$

$$V = 0.8\ \text{V}：I = 10^{-14}(e^{\frac{0.8}{25\times10^{-3}}} - 1) = 0.79\ \text{A}$$

由實際的數值計算可知，二極體電壓在 0.6 V 以下，電流幾乎為零，只有電壓在 0.7 V 以上，電流才會快速增加，如同定性分析的結果。

另外一種 I-V 表示方式：當 $I=I_1$，$V=V_1$時 $I=I_S\ (e^{\frac{V}{\eta V_T}}-1)$

$$I_1=I_S(e^{\frac{V_1}{\eta V_T}}-1)\cong I_S e^{\frac{V_1}{\eta V_T}}$$

當 $I=I_2$，$V=V_2$時，

$$I_2=I_S(e^{\frac{V_2}{\eta V_T}}-1)\cong I_S e^{\frac{V_2}{\eta V_T}}$$

將 I_2除以 I_1

$$\frac{I_2}{I_1}=\frac{I_S e^{\frac{V_2}{\eta V_T}}}{I_S e^{\frac{V_1}{\eta V_T}}}=e^{\frac{V_2-V_1}{\eta V_T}}$$

$$\ln\left(\frac{I_2}{I_1}\right)=\frac{V_2-V_1}{\eta V_T}\quad,\quad V_2-V_1=\eta V_T\ln\left(\frac{I_2}{I_1}\right)$$

$$V_2-V_1=2.3\eta V_T\log_{10}\left(\frac{I_2}{I_1}\right)$$

例如，$V_T=25\text{ mV}$，$I_2=10\ I_1$

$$\log_{10}\left(\frac{I_2}{I_1}\right)=\log_{10}\left(\frac{10I_1}{I_1}\right)=\log_{10}(10)=1$$

$$\Delta V=V_2-V_1=2.3\eta V_T$$

若 $\eta=1$，

$$\Delta V=V_2-V_1=2.3V_T=57.5\text{ mV}$$

若 $\eta=2$，

$$\Delta V=V_2-V_1=2.3\times2\times V_T=115\text{ mV}$$

2-6-3 溫度效應

溫度 T 上升時，

1. **順向區**：膝點電壓降低，曲線往左邊移動，如右圖所示。圖中 F 代表順向，R 代表逆向；其數值是每升高1°C，膝點電壓降低約 2 mV。

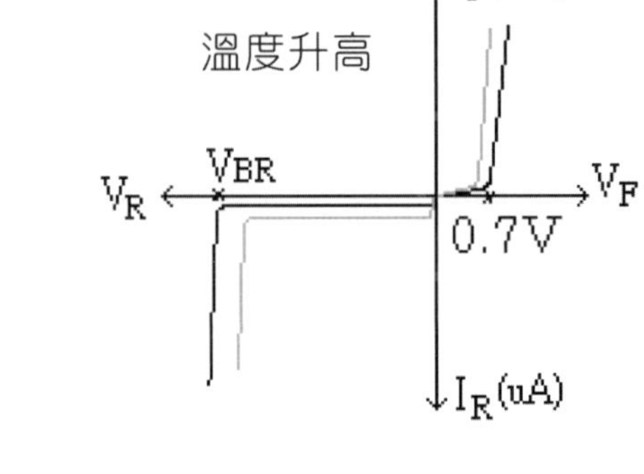

2. **逆向區**：逆向飽和電流 I_S 只跟溫度有關，因此其值變大，其數值是每升高10°C，逆向飽和電流增加一倍。
   逆向飽和電流 I_S 可以表示成

$$I_S = Aqn_i^2\left(\frac{D_p}{L_pN_D}+\frac{D_n}{L_nN_A}\right)$$

上式中 A 接面面積，n_i 為本質載子濃度，D 為擴散係數，L 為擴散長度。由數學關係式可以清楚看到逆向飽和電流 I_S 正比於 $n_i = BT^{\frac{3}{2}}e^{\left(\frac{-E_g}{2KT}\right)}$ 的平方，意即為溫度愈高，逆向飽和電流也愈大。

經之前說明與例題後，請參考隨書電子書光碟以程式進行相關例題模擬：

2-6-A　二極體 I-V 特性圖 Pspice 分析

練習 12　畫出矽、鍺的 I-V 特性圖。

Answer　略。

2-7 二極體※*

二極體(Diode)的結構，可以簡易表示成

其符號如下所示，p 接正+，n 接負−，代表二極體順向偏壓，箭頭方向同時代表電流方向。

2-7-1 順向偏壓

偏壓係指加上直流電，以兩端點元件二極體為例，偏壓狀態可以區分為兩種，順向偏壓與逆向偏壓。當矽二極體的 p 型區接直流電的正端，n 型區接直流電的負端，此時二極體順向偏壓，如下圖所示。

當順向電壓大於膝點電壓 0.7 V 時，二極體視為導通，電路中有電流流通。反之，當矽二極體的 p 型區接直流電的負端，n 型區接直流電的正端，如下圖所示，則是二極體處於逆向偏壓的狀態，結果造成電流幾乎等於零，電路形同開路。

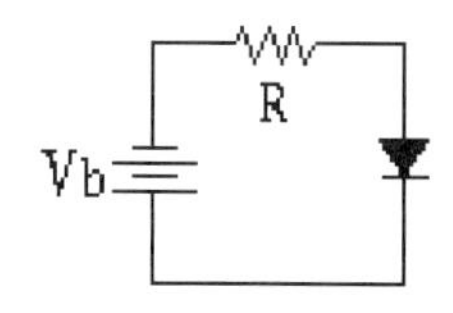

二極體從逆向偏壓 off 的狀態切換到順向偏壓 on 的狀態，反應速度很快，但是若二極體從順向偏壓 on 的狀態切換到逆向偏壓 off 的狀態，反應速度就深受 p 區與 n 區內大量多出少數載子分佈的影響，在不考慮空乏區寬度變化的情況下，必須被移走的電荷如下圖所示。

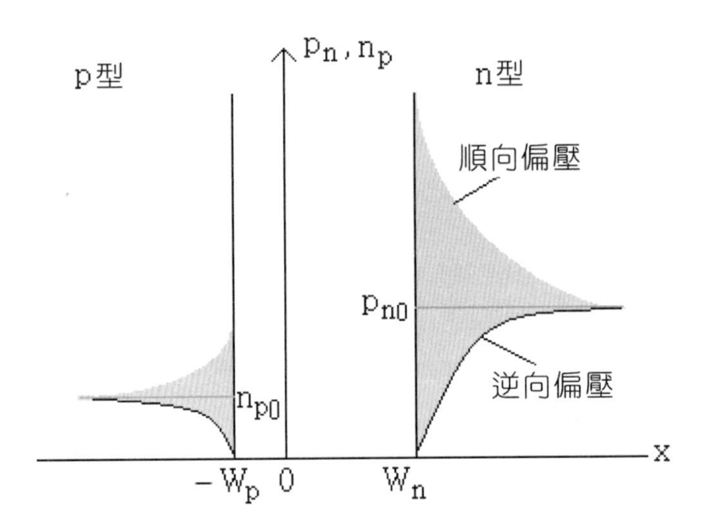

簡言之，從順向偏壓多出少數載子分佈曲線開始，隨著時間變化電荷被移走，少數載子分佈曲線逐漸變成逆向偏壓多出少數載子分佈曲線，過程中所需要的時間簡稱為關閉時間。

2-7-2 二極體模型

由以上分析結果可知，二極體有單向導通特性，意即順向偏壓時，二極體導通，電路中有電流流通，而逆向偏壓時，二極體不導通，電路中沒有電流流通。

通常針對不同的狀況與需要，選擇適當的近似模型進行分析計算，例如二極體有三種近似模型。

一、**第一種近似**(The first approximation)：此模型最簡單，可以視為理想二極體，只要有順向電壓就導通，逆向電壓則不導通。

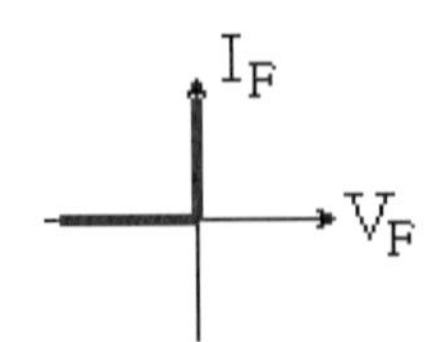

二、 **第二種近似**(The second approximation)：類似第一種近似模型，但是順向電壓必須大於 0.7 V（鍺為 0.3 V），二極體才可以視為導通，逆向電壓一樣不導通；爾後若無特別指定近似模型，均用此近似模型來計算。

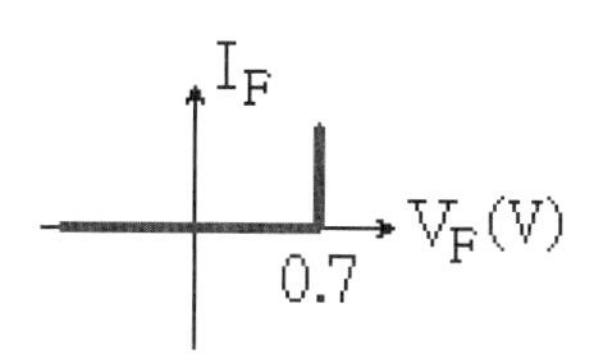

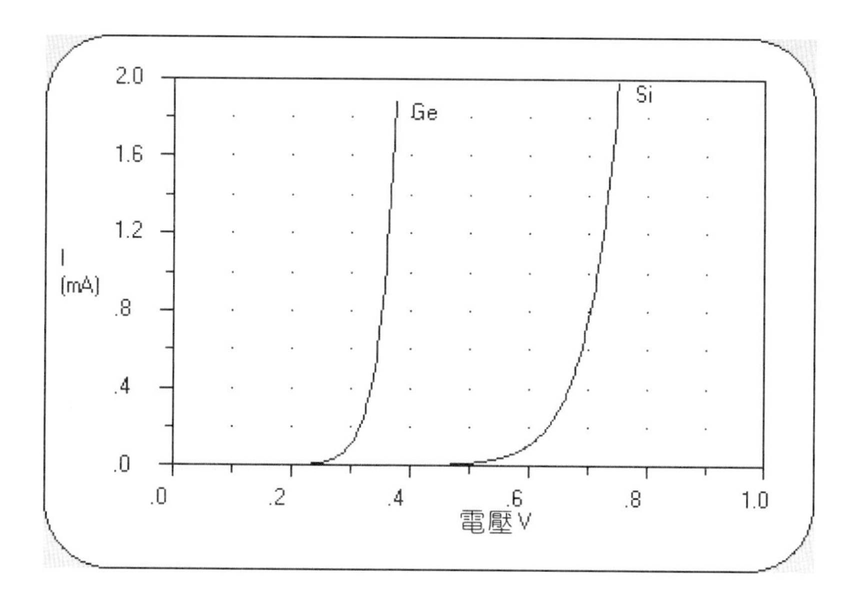

三、 **第三種近似**(The third approximation)：類似第二種近似模型，但是含有內電阻。

三種近似模型，若是需要快速檢修，當然是採用第一種近似模型最為方便。但是若需要更精確的計算，第二種近似非常符合中庸之道。至於第三種近似，不建議使用。以上所有近似，均固定二極體兩端的壓降為 0.7V，數值計算上很容易，但是，若不採用近似模型，則需要使用**疊代法**，以嘗試錯誤的方式找出最接近的答案，此法計算繁瑣，通常無法即時求得可接受的答案，因此建議使用電腦配合模擬計算求值。

2-7-3 直流負載線

二極體電路如下圖所示。

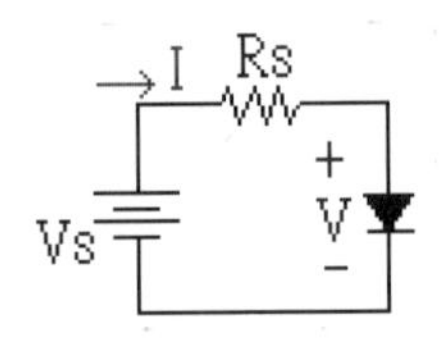

由 KVL 可知， $I=\frac{(V_S-V)}{R_S}$

直流負載線(dc load line)為一直線，直線可由兩點決定：

一、**飽和點**(Saturation point)：電流最大，電壓最小。

$$I_{(sat)}=\frac{V_S}{R_S}$$

二、**截止點**(Cut-Off point)：電流最小，電壓最大。

$$V_{(off)}=V_S$$

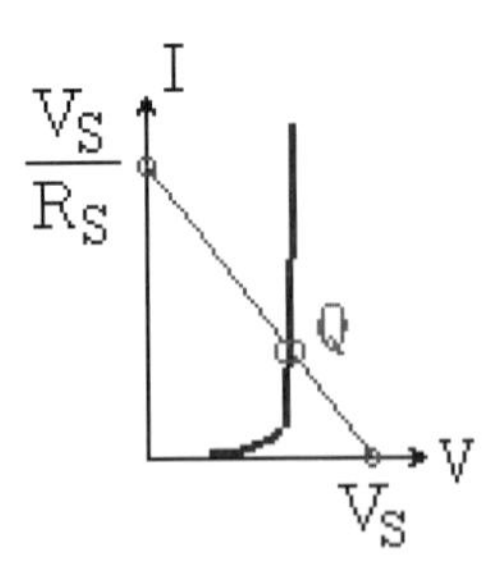

連接飽和點與截止點，形成一直線，如上圖所示，即為**直流負載線**，其中Q點為靜態工作點。

2-7-4 Q 點

二極體特性曲線與直流負載線的交點稱為 Q 點，此點所對應的電壓、電流，稱為工作電壓、電流，意即圖解電路中的電壓與電流。不過圖解法並不建議使用，目前我們仍以 Si 的第二種近似代替二極體特性曲線，因此不需要解一元二次方程式。

例如，$V_S = 2\ V$，$R_S = 0.1\ k\Omega$，二極體內阻為 7Ω，其負載線與 Q 點如下所示。

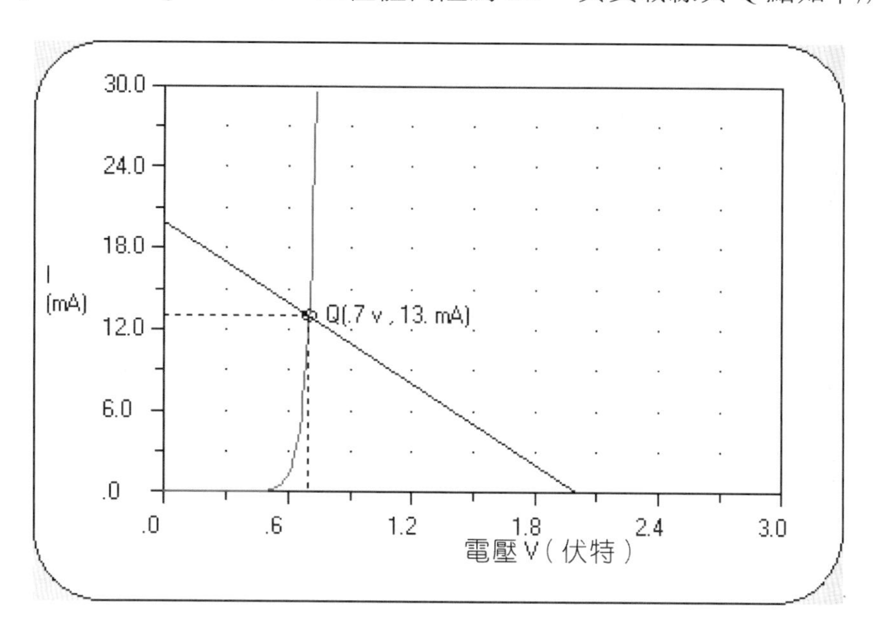

若是改變電源為 2、4、 6 V，其負載線變化如下所示。

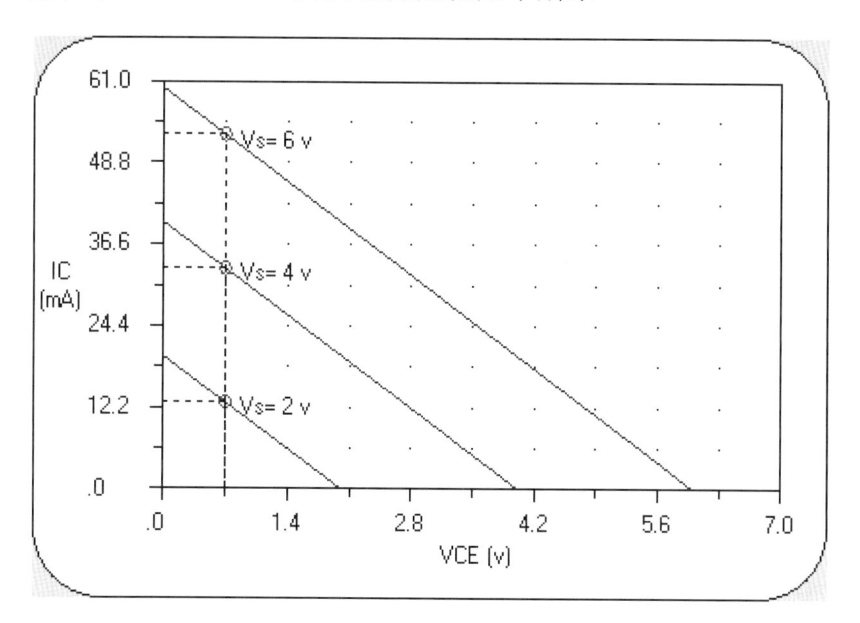

若是改變電阻為 0.1、0.2、 0.4 kΩ，其負載線變化如下所示。

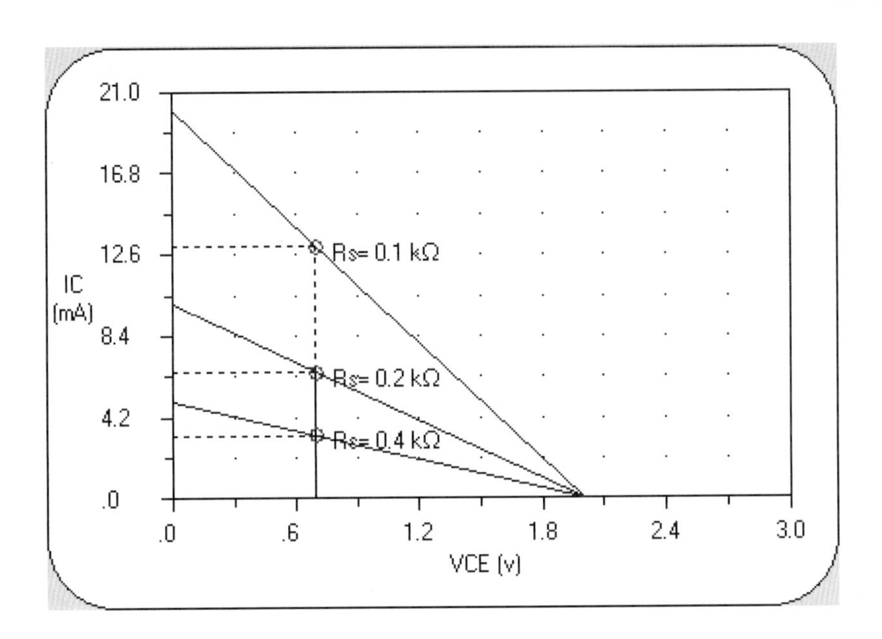

6 範例

如圖電路，求 I。

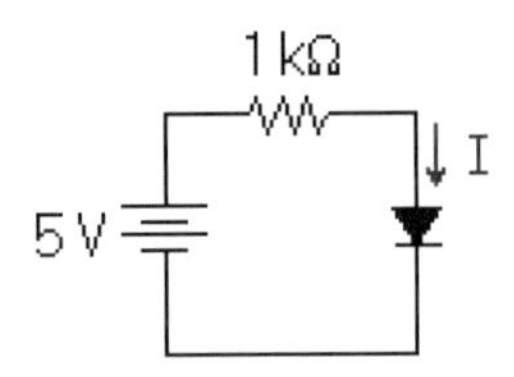

解

(a) 第一近似，

$$I = \frac{5V - 0}{1\,k\Omega} = 5\,mA$$

(b) 第二近似，

$$I = \frac{5V - 0.7V}{1\,k\Omega} = 4.3\,mA$$

(c) 第三近似：若內電阻 $r'_d = 10\,\Omega$，

$$I = \frac{5 - 0.7}{1k + r'_d} = \frac{5 - 0.7}{1k + \frac{10}{1000}k} = 4.26\,mA$$

補充

疊代法：假設二極體兩端電壓 $V_D = 0.7\ V$ 時，電流 $I_D = 1\ mA$，電流每10倍，$\Delta V = 0.1\ V$，意即 $V_D = 0.6\ V$ 時，電流 $I_D = 0.1\ mA$，$V_D = 0.8\ V$ 時，電流 $I_D = 10\ mA$，將以上數據代入電流方程式

$$I = I_D = \frac{5 - V_D}{1\ k\Omega} = I_S e^{\frac{V_D}{\eta V_T}}$$

可得兩電流方程式

$$1\ mA = I_S e^{\frac{0.7}{\eta V_T}} \neq \frac{5 - 0.7}{1\ k\Omega} = 4.3\ mA$$

$$10\ mA = I_S e^{\frac{0.8}{\eta V_T}} \neq \frac{5 - 0.8}{1\ k\Omega} = 4.2\ mA$$

聯立上述兩電流方程式，可以求出二極體參數 η（稱為放射係數，或者理想因子），以及逆向飽和電流 I_S，並且可以判斷出 V_D 介於 0.7 V ~ 0.8 V 之間，因此使用二分法，首先嘗試代入 $V_D = 0.75\ V$ 計算，再比較等號兩邊數值，重複此步驟，直到等號兩邊數值最接近為止。

7 範例

如圖電路，求 I。

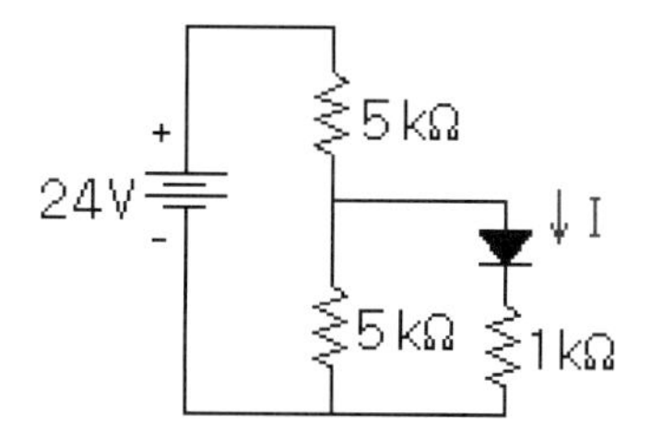

解

(a) 戴維寧化：

$$V_{th} = 24V \times \frac{5k}{5k + 5k} = 12\ V \quad , \quad R_{th} = \frac{5k \times 5k}{5k + 5k} = 2.5\ k\Omega$$

(b) 求 I，

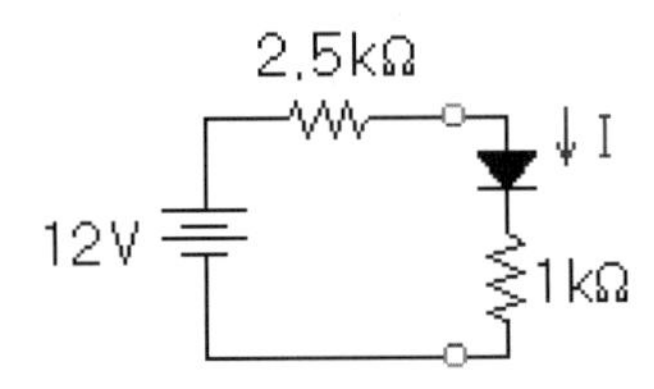

$$I = \frac{12-0.7}{(2.5+1)k\Omega} = 3.23\text{ mA}$$

8 範例

如圖電路，求(a)直流負載線　(b)若 $R_S = 2\ k\Omega$，直流負載線如何變化？

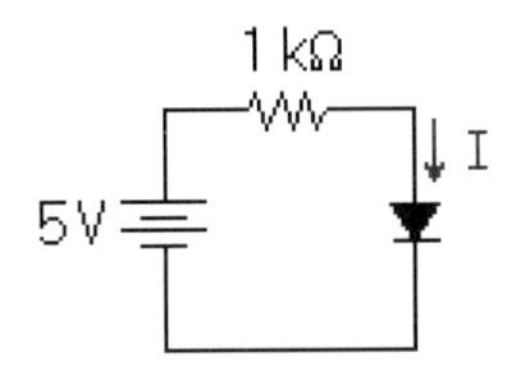

解

(a) 飽和點：電流最大，電壓最小

$$I_{(sat)} = \frac{V_S}{R} = \frac{5V}{1k} = 5\text{ mA}$$

(b) 截止點：電流最小，電壓最大

$$V_{(off)} = V_S = 5\ V$$

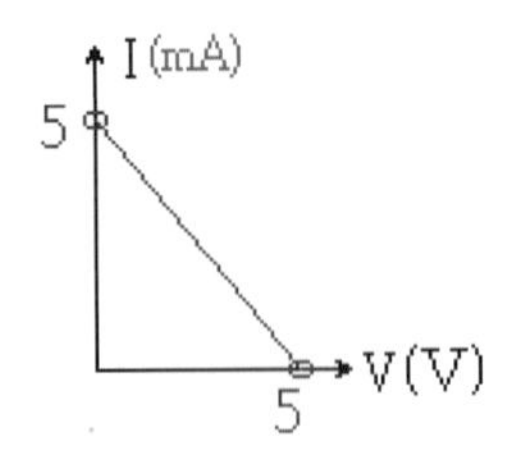

(c) $R_S = 2\ \text{k}\Omega$：由 KVL 可知，飽和點值會改變，截止點值不變。

$$I_{(sat)} = \frac{V_S}{R_S} = \frac{5V}{2k} = 2.5\ \text{mA}$$

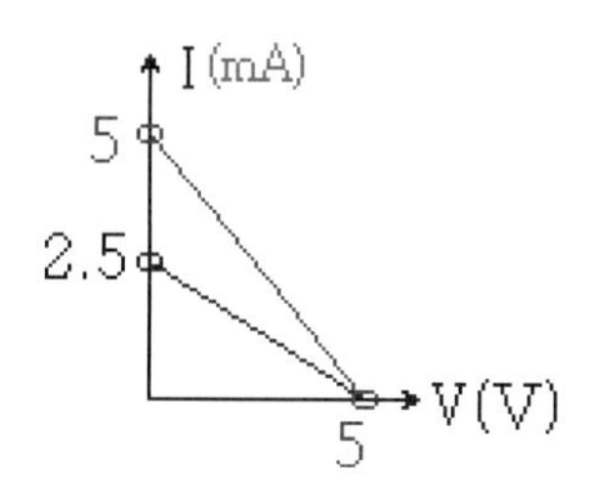

9 範例

如圖電路，求 I。

解

應用戴維寧定理：設定參考端。

使用重疊原理，求戴維寧電壓

(a) 10 V 存在

$$V_{ab} = 10 \times \frac{10}{10+10} = 5\ \text{V}$$

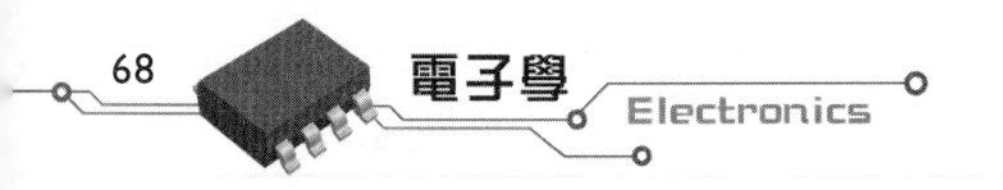

(b) 20 V 存在

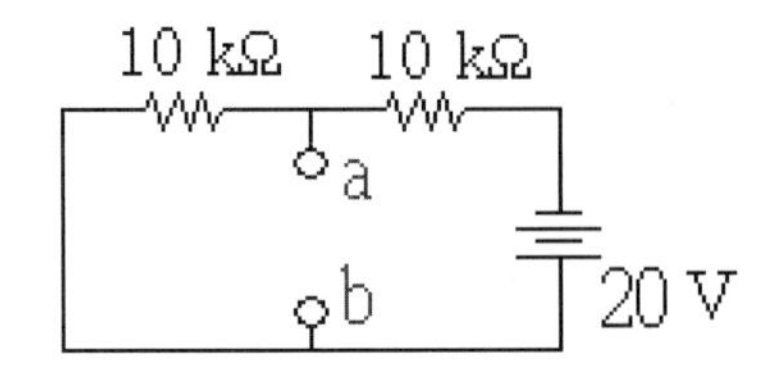

$$V_{ab} = -20 \times \frac{10}{10+10} = -10\ \text{V}$$

綜合以上

$$V_{th} = V_{ab(a)} + V_{ab(b)} = 5\ \text{V} - 10\ \text{V} = -5\ \text{V}$$

戴維寧電阻：$R_{th} = 10\ \text{k}\Omega \| 10\ \text{k}\Omega = 5\ \text{k}\Omega$，因此可得戴維寧電路為

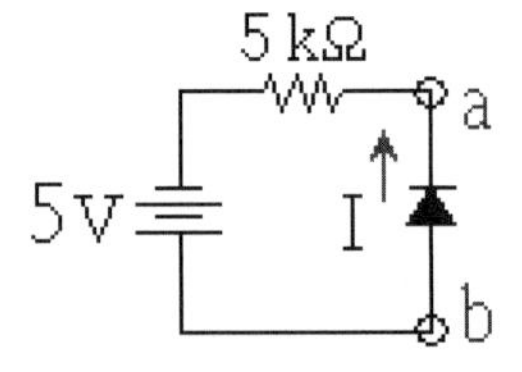

$$I = \frac{5-0.7}{5\text{k}\Omega} = 0.86\ \text{mA}$$

10 範例

如圖電路，$v_{out} = 2.4\ \text{V}$，假設二極體兩端電壓 0.7 V 時電流 1 mA，電流每 10 倍，$\Delta V = 0.1\ \text{V}$，求(a)二極體參數 η (b)電阻值 R。

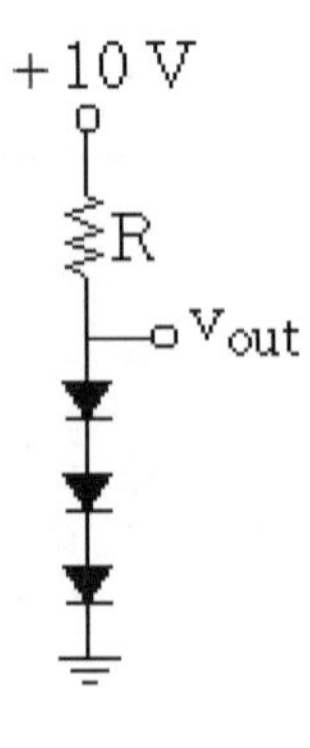

解

3 顆二極體串聯，其壓降為 $3\times0.8=2.4\text{ V}$，意即每一顆二極體壓降 0.8 V，利用

$$V_2-V_1=2.3\eta V_T\log_{10}\left(\frac{I_2}{I_1}\right)$$

代入已知條件，

$$0.8-0.7=0.1=2.3\eta V_T\log_{10}\left(\frac{I_2}{1\text{ mA}}\right)$$

因為電流每 10 倍，$\Delta V=0.1\text{ V}$，可知 $I_2=10I_1=10\text{ mA}$，$2.3\eta V_T=0.1$，即

$$\eta=\frac{0.1\text{V}}{2.3\times25\text{mV}}=1.739$$

使用節點分析法，求解電阻值

$$R=\frac{10-2.4}{10\text{mA}}=0.76\text{ k}\Omega$$

11 範例

如圖電路，求(a)流經各元件的電流　(b) V_{out}。

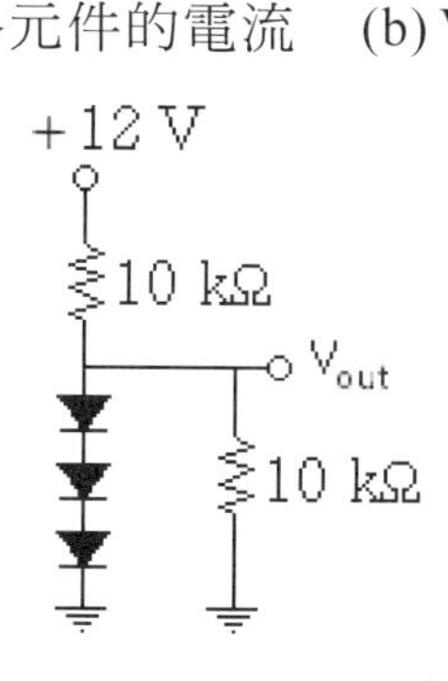

解

應用戴維寧定理：設定 a、b 參考端

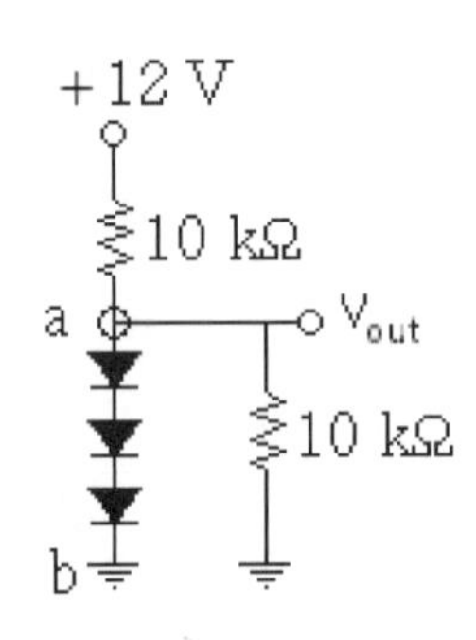

戴維寧電壓：

$$V_{th}=V_{ab}=12\times\frac{10}{10+10}=6\text{ V}$$

求戴維寧電阻：

$$R_{th}=10\text{ k}\Omega\,||\,10\text{ k}\Omega=5\text{ k}\Omega$$

(a) 戴維寧電壓大於 3 顆二極體串接的電壓值 2.1 V，表示二極體正常工作，處於導通狀態，因此，可得負載端 10 kΩ 的電流為

$$I_{10\text{ k}}=\frac{2.1}{10}=0.21\text{ mA}$$

電源端 10 kΩ 的電流為

$$I_{10\text{ k}}=\frac{12-2.1}{10}=0.99\text{ mA}$$

根據 KCL，計算流經二極體的電流為

$$I_D=0.99-0.21=0.78\text{ mA}$$

(b) 因為戴維寧電壓大於 3 顆二極體串接的電壓值 2.1 V，表示二極體正常工作，處於導通狀態，因此，可得 V_{out} 為 2.1 V。

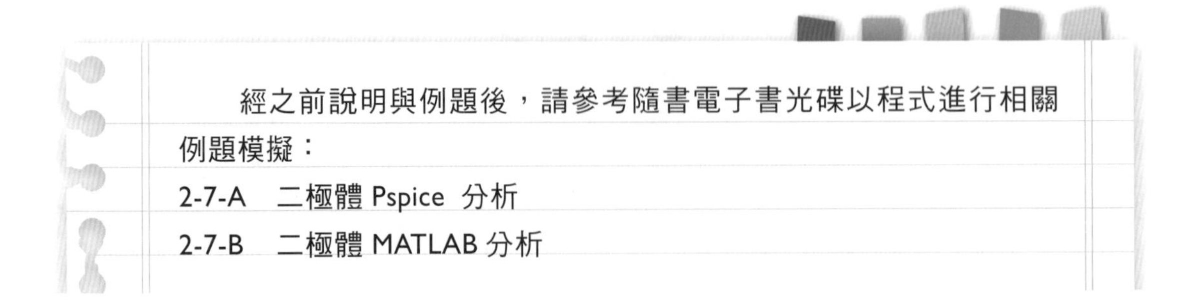

如圖電路，何者導通？

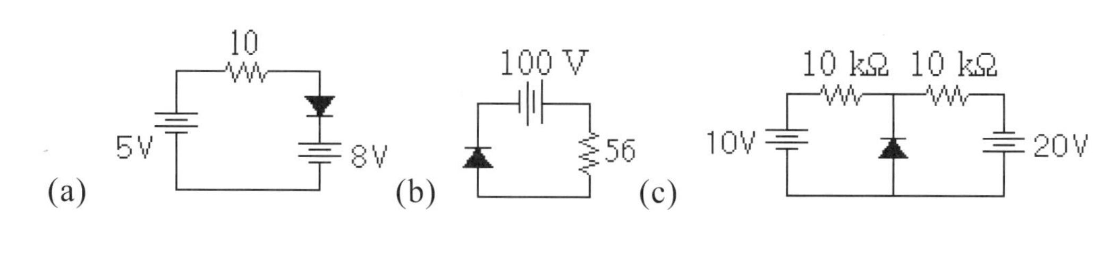

Answer (b)(c)。

如圖電路，求流經二極體電流 I。

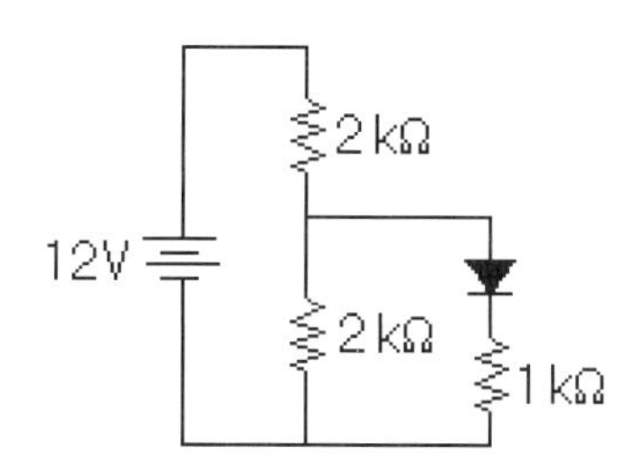

Answer $I = 2.65$ mA 。

如圖電路，求流經二極體電流 I。

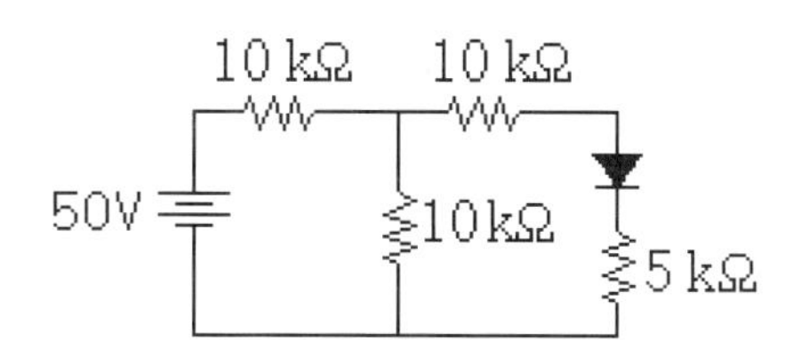

Answer $I = 1.22$ mA 。

如圖電路，求電流 I，電壓 V_o。

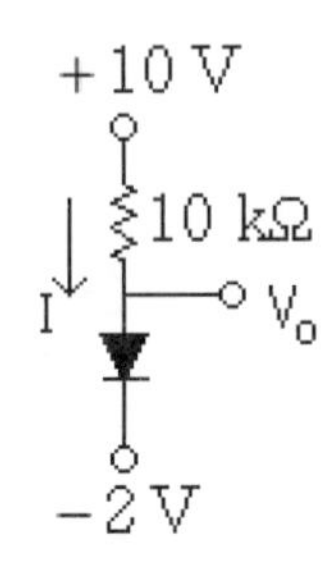

Answer　$I = 0.73$ mA，$V_o = 2.7$ V。

17 練習

如圖電路，求流經元件的電流，以及電壓 V_o。

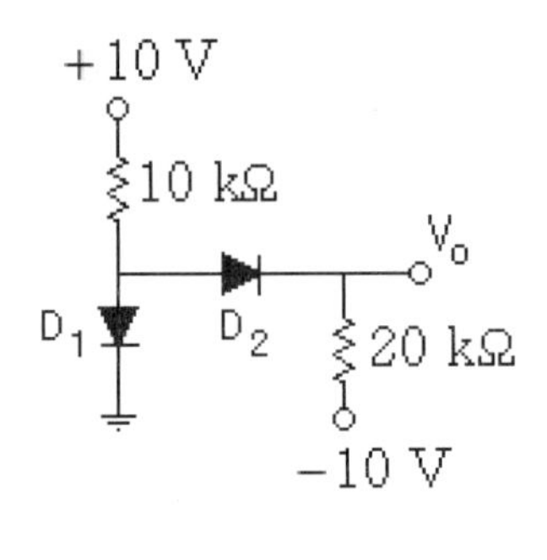

Answer　$I_{10k} = 0.93$ mA，$I_{D_1} = 0.43$ mA，$I_{20k} = 0.5$ mA，$I_{D_2} = 0.5$ mA。

如圖電路，假設 3 顆二極體的障壁電位差總和為 2 V，求(a)流經各元件的電流，(b) V_{out}。

+12 V
10 kΩ
V_{out}
2 kΩ

Answer (a) $I_{2k} = 1\ mA$，$I_{10k} = 1\ mA$，$I_D = 0\ mA$ (b) $V_{out} = 2\ V$。

2-8 二極體的電阻

直流電阻就是直流電壓除以直流電流，當二極體導通時的電阻稱為**順向直流電阻** R_F，不導通時的電阻則稱為**逆向直流電阻** R_r；交流電阻係指輸入小訊號時，附在靜態工作點 Q 所對應的直流準位上的交流電壓除以交流電流，因為是小訊號狀態，故可以視為線性動作。

2-8-1 直流電阻

由二極體的 I-V 特性曲線可知，其順向直流電阻將隨電流的增加而遞減，其直流電阻可以表示為

$$R_F = \frac{V_{DQ}}{I_{DQ}}$$

上式中 Q 為靜態工作點上，F 代表順向；以 1N914 二極體為例，當順向偏壓 $V_{DQ} = 0.65\ V$ 時，有順向電流 $I_{DQ} = 10\ mA$，$V_{DQ} = 0.75\ V$ 時，順向電流 $I_{DQ} = 30\ mA$，$V_{DQ} = 0.85\ V$ 時，順向電流 $I_{DQ} = 50\ mA$，因此，在各點的順向直流電阻值為

$$R_F = \frac{0.65\ \text{V}}{10\ \text{mA}} = 65\ \Omega \quad , \quad R_F = \frac{0.75\ \text{V}}{30\ \text{mA}} = 25\ \Omega$$

$$R_F = \frac{0.85\ \text{V}}{50\ \text{mA}} = 17\ \Omega$$

逆向偏壓下的二極體，其逆向電阻值很高，通常都在幾百萬歐姆左右，然而，由 I-V 特性曲線判斷得知，愈接近崩潰電壓，逆向電阻一樣有遞減的現象；再以 1N914 二極體為例，當逆向偏壓 $V_R = 20\ \text{V}$ 時，電流 $I = 25\ \text{nA}$ ，$V_R = 75\ \text{V}$ 時，電流 $I = 5\ \mu\text{A}$ ，因此，在各點的逆向直流電阻值為

$$R_r = \frac{20\ \text{V}}{25\ \text{nA}} = 800\ \text{M}\Omega \quad , \quad R_r = \frac{75\ \text{V}}{5\ \mu\text{A}} = 15\ \text{M}\Omega$$

2-8-2 交流電阻

交流電阻又稱為**小訊號增量電阻**(Small-Signal incremental resistance)，或稱為**擴散電阻**(Diffusion resistance) r_d ，其產生的示意圖與方程式如下所示。如圖可知，擴散電阻 r_d 係在靜態工作點 Q 處 I 對 V 微分的倒數，意即在靜態工作點處斜率的倒數。

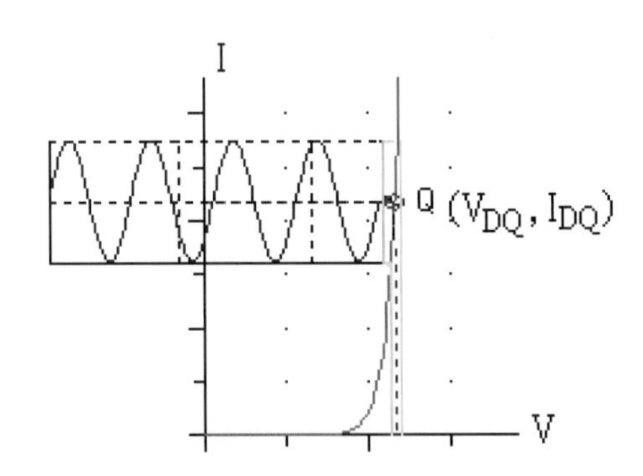

$$r_d^{-1} = \frac{dI}{dV}$$

根據上式可知 V 對 $I = I_S\ (e^{\frac{V}{\eta V_T}} - 1)$ 微分並代入 Q 值，結果為

$$r_d^{-1} = \frac{d}{dv}(I_s e^{\frac{V}{\eta V_T}} - 1)\bigg|_Q = I_s e^{\frac{V_{DQ}}{\eta V_T}} \frac{1}{\eta V_T} \quad , \quad r_d = \frac{\eta V_T}{I_S e^{\frac{V_{DQ}}{\eta V_T}}} = \frac{\eta V_T}{I_{DQ} + I_S} \cong \frac{\eta V_T}{I_{DQ}}$$

例如下圖所示的電路，假設二極體參數 $\eta = 2$，熱電壓 $V_T = 26\ \text{mV}$（爾後除非特別註明，否則 V_T 一律代入 26 mV）

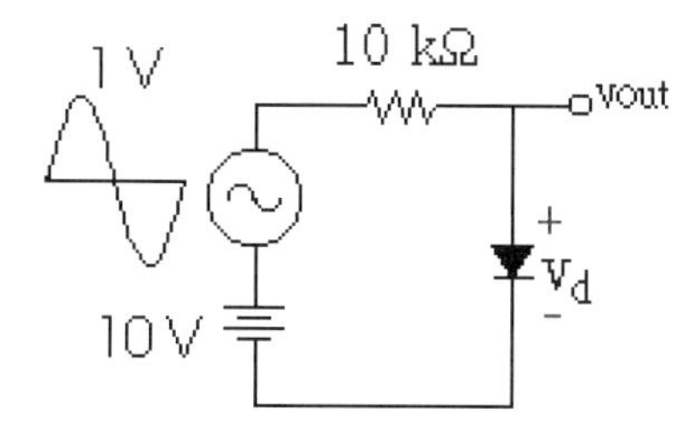

其增量電阻 r_d 為

$$I_D = \frac{10 - 0.7}{10\ \text{k}\Omega} = 0.93\ \text{mA} \quad , \quad r_d = \frac{2 \times 26\ \text{mV}}{0.93\ \text{mA}} = 55.91\ \Omega$$

12 範例

如圖電路，$\eta = 2$，求輸出電壓變化量 Δv_{out}。

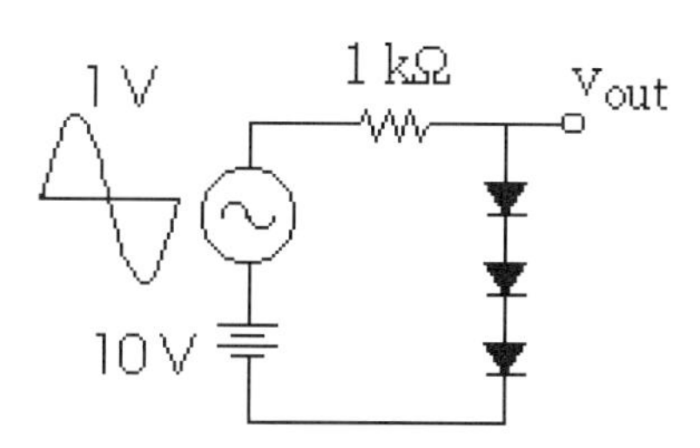

解

3 顆二極體串聯，其壓降為 $3 \times 0.7 = 2.1\ \text{V}$

$$I_D = \frac{10 - 3 \times 0.7}{1\ \text{k}\Omega} = 7.9\ \text{mA}$$

因為交流信號變化為 ±1 V，相對於直流 10 V，可視為小信號，因此，使用 $r_d = \eta V_T / I_{DQ}$。

$$r_d = \frac{2 \times 26\ \text{mV}}{7.9\ \text{mA}} = 6.58\ \Omega$$

二極體 3 顆的總增量電阻為

$$r = 3r_d = 19.74\ \Omega$$

當輸入信號 ±1 V 變化時，輸出信號變化量為

$$\Delta v_{out} = \pm 1\ \text{V} \times \frac{3r_d}{R + 3r_d} = \frac{19.74\ \Omega}{(1000 + 19.74)\ \Omega} = \pm 19.36\ \text{mV}$$

意即每一顆二極體有 ±6.46 mV 的變化量，符合小信號的要求。

習題

2-1 簡述並畫出二極體的三種模型。

2-2 如圖所示電路，求 V_D，V_R，與 I。

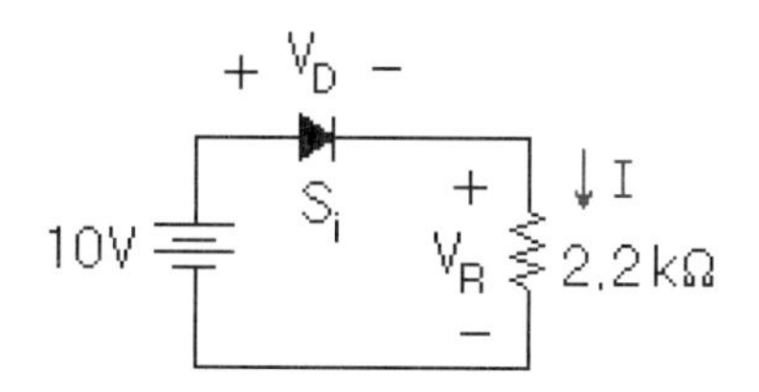

2-3 如圖所示電路，求 V_{out} 與 I。

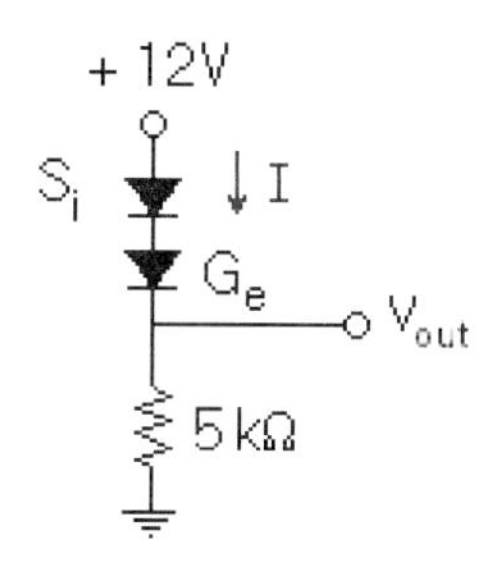

2-4 如圖所示電路，求 V_D，V_{out} 與 I。

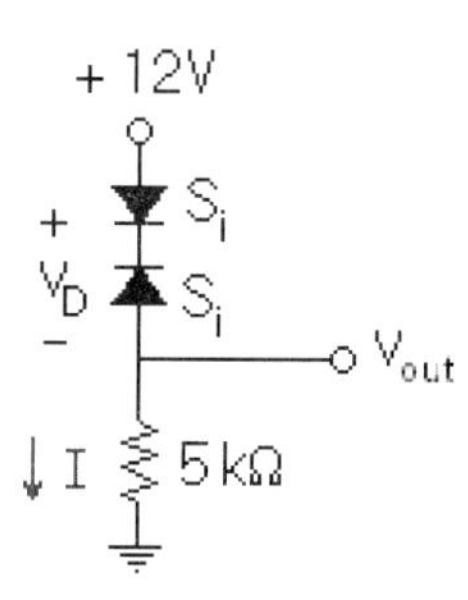

2-5 如圖所示電路，求 V_{out} 與 I。

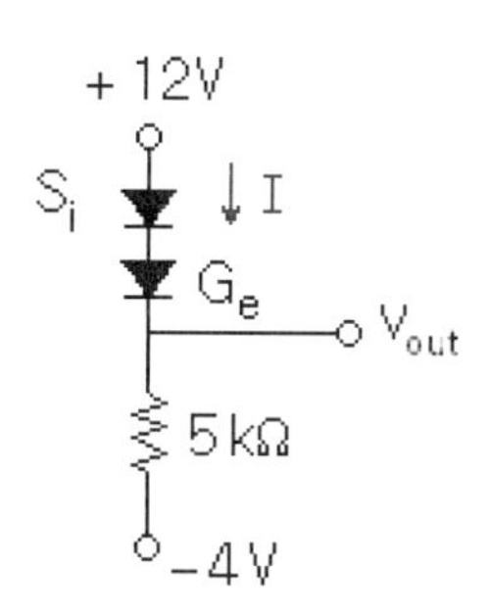

2-6　如圖所示電路，求 V_{out} 與 I。

2-7　如圖所示電路，求 I。

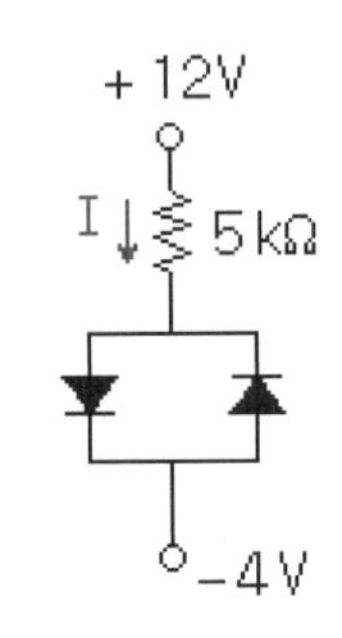

2-8　如圖所示電路，求 V_{out} 與 I。

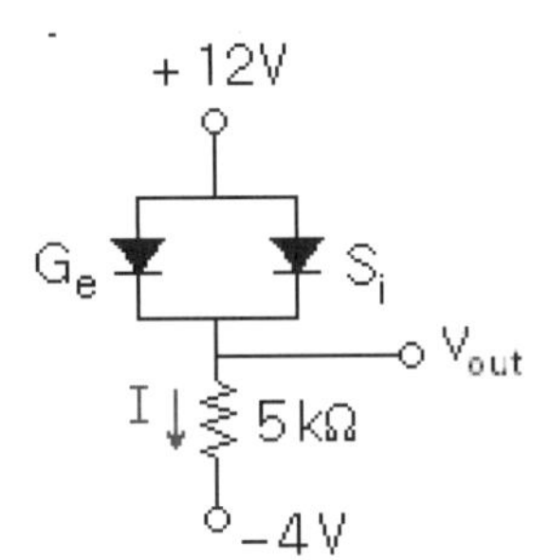

2-9　如圖所示電路，求 V_{out} 與 I。

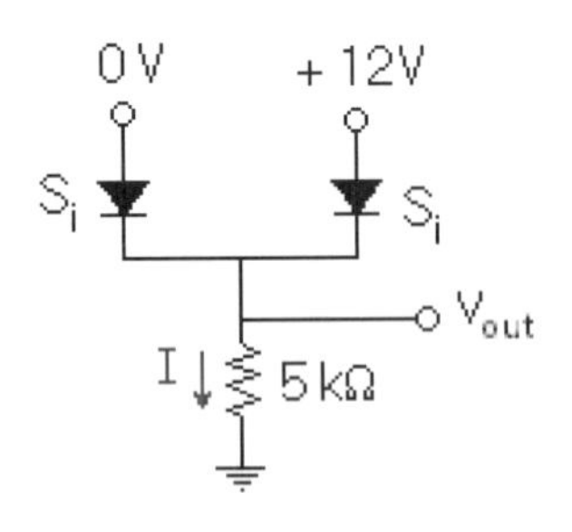

2-10　如圖所示電路，求 I。

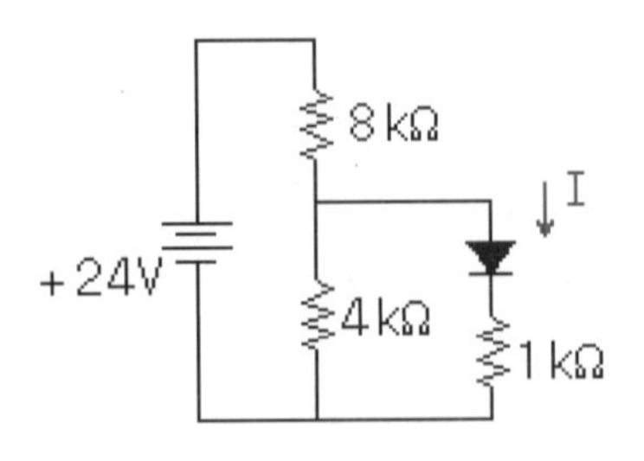

二極體電路

研究完本章，將學會

- 半波整流器
- 中間抽頭式全波整流器
- 橋式全波整流器
- 濾波器
- 截波器
- 定位器
- 倍壓器

3-1 半波整流器※＊

所謂**整流器**(Rectifier)就是將 ac 交流轉換為 DC 直流的動作；其工作原理的關鍵在於利用二極體單向導通的特性，使得 v_{out} 只有半週期的輸出，故稱為**半波整流器**(Half- Wave rectifier)。

例如下圖所示的半波整流器電路，假設二極體為理想二極體。

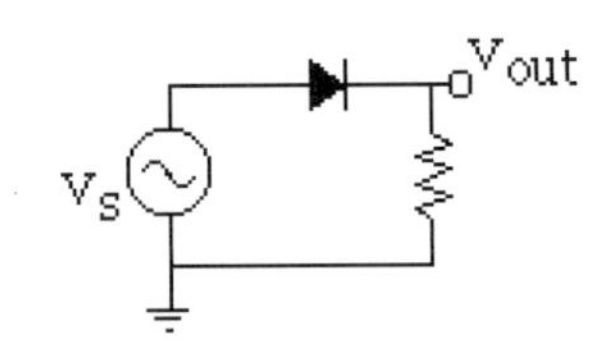

電源正半週時，二極體順偏壓導通，形同短路，電阻值為零，使用分壓定理，輸出電壓等於輸入電壓，結果如下圖所示。

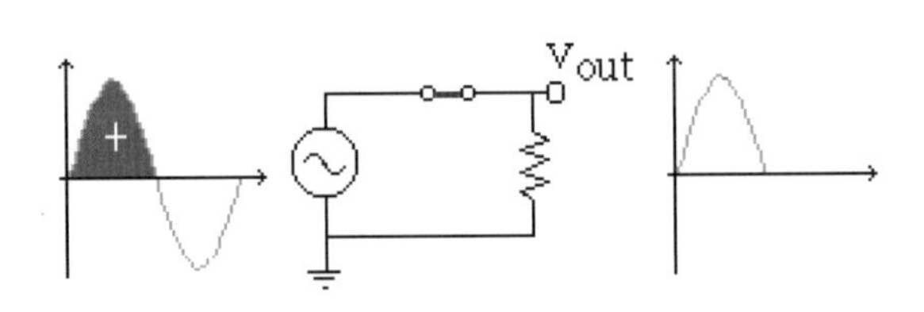

電源負半週時，二極體逆偏壓不導通，形同開路，電阻值為無窮大。使用分壓定理，輸出電壓等於零，結果如下圖所示。

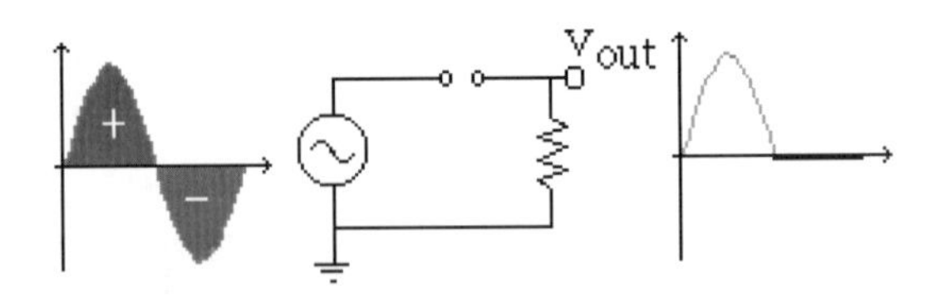

使用 MATLAB 模擬結果如下所示：假設峰值電壓等於10 V，下頁圖左顯示輸入與輸出電壓波形圖，下頁圖右則顯示輸出電壓 v_{out} 與輸入電壓 v_s 的關係，即為所謂電壓轉換特性曲線，由曲線圖可知輸入電壓小於0 V，輸出電壓等於零，輸入電壓大於等於0 V，輸出電壓等於輸入電壓。

半波整流器

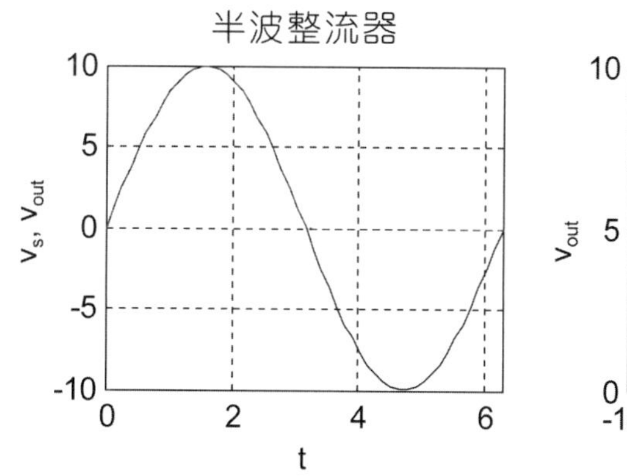

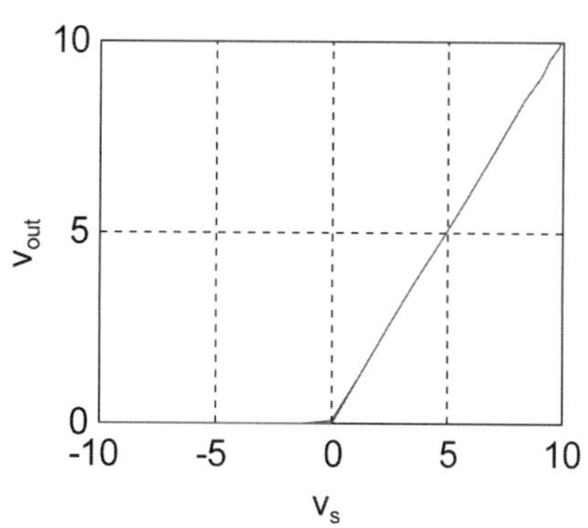

3-1-1 平均直流電壓值 V_{DC}

平均直流電壓值 V_{DC} 表示式可以寫成

$$V_{DC} = \frac{V_p}{\pi} = 0.318\ V_p$$

其中 V_p 為輸出電壓的峰值，示意圖如下所示。

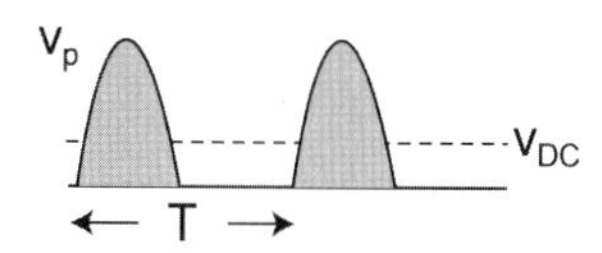

Proof 平均值 $= A/T$，其中 A 為週期內的面積，T 為週期，正弦波的面積必須以積分算出。

$$A = \int_0^{\pi} V_p \sin\theta d\theta = -V_p \cos\theta \Big|_0^{\pi}$$

$$A = -V_p(\cos\pi - \cos 0) = -V_p(-1-1) = 2\ V_p$$

因為 $T = 2\pi$，代回 $V_{DC} = \frac{A}{T}$

$$V_{DC} = \frac{A}{T} = \frac{2\ V_p}{2\pi} = \frac{V_p}{\pi} \cong 0.318\ V_p$$

3-1-2 障壁電位差

以上所使用的二極體是理想二極體的狀況，若是二極體改用第二種近似，則二極體導通時，需要 0.7 V 來克服障壁電位差(Barrier potential)，因此理想的平均直流電壓 $V_{DC} = \frac{V_p}{\pi} = 0.318\ V_p$ 必須改寫為

$$V_{DC} = \frac{(V_p - 0.7)}{\pi} = 0.318\,(V_p - 0.7)$$

其輸出波形示意圖如下所示。

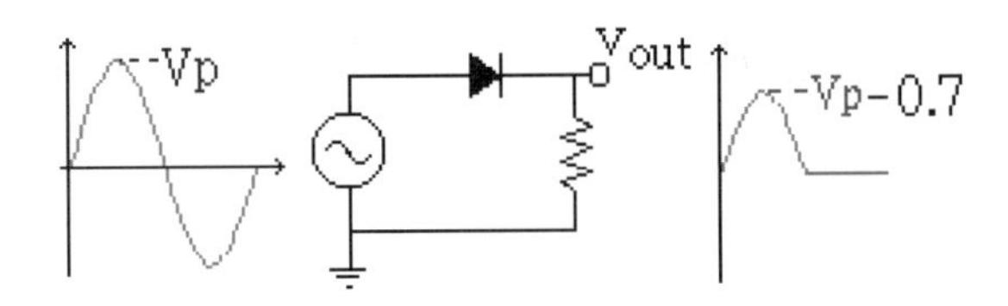

下圖顯示使用 MATLAB 模擬的結果：假設峰值電壓等於 10 V，圖左顯示輸入與輸出電壓波形圖，圖右則顯示輸出電壓 v_{out} 與輸入電壓 v_s 的關係，由曲線圖可知輸入電壓小於 0.7 V，輸出電壓等於零，輸入電壓大於等於 0.7 V，輸出電壓等於輸入電壓 −0.7。

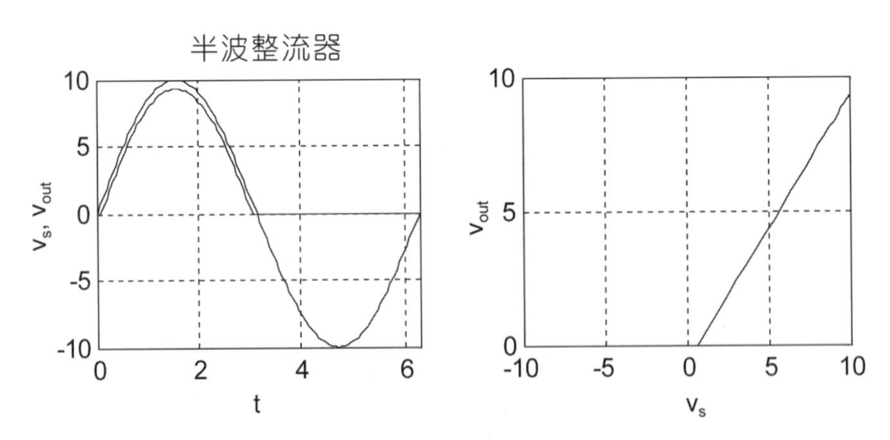

3-1-3 逆向峰值電壓 PIV

當二極體逆向偏壓時，電路形同斷路（電流＝0），此時二極體兩端的電壓稱為**逆向峰值電壓**（Peak Invert Voltage，簡稱 PIV）。根據 KVL 定理，電路中標示電壓極性，以順時針環繞封閉環路。

$$-\mathrm{PIV} + 0 + \mathrm{V_p} = 0$$

$$\mathrm{PIV} = \mathrm{V_p}$$

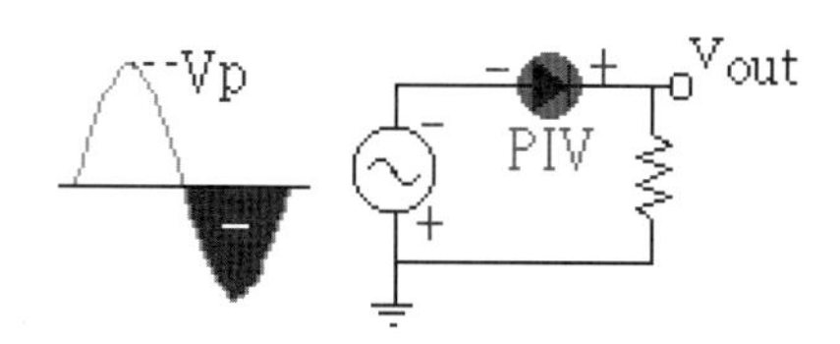

上圖顯示二極體逆向偏壓時，逆向峰值電壓 PIV 落在二極體上的情況，習慣上使用圓圈將二極體的電子符號圈圍並且加註 PIV 字樣。

3-1-4 變壓器

如下圖所示的變壓器(Transformer)電路，可以將線電壓予以升壓或降壓處理。

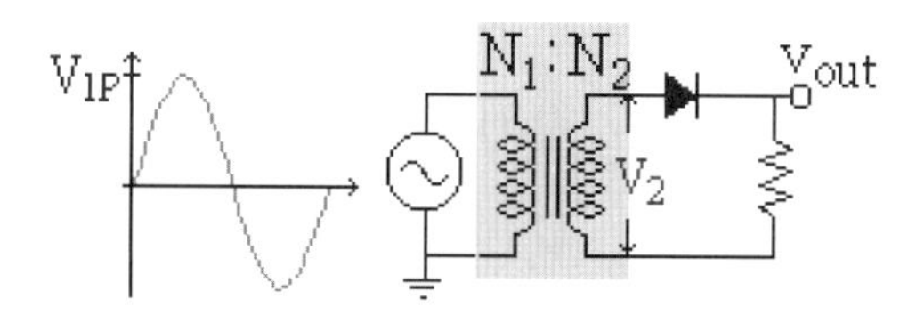

變壓器的左邊為初級圈，代號為 1，右邊為次級圈，代號為 2，圈數比 N_1/N_2，其變壓關係：

$$\frac{V_1}{V_2} = \frac{N_1}{N_2}$$

若是需要昇壓，$N_1 < N_2$，反之若是需要降壓，則必須 $N_1 > N_2$；例如，線電壓為 115V，初級圈與次級圈的圈數比為 9:1，可得次級圈電壓為

$$V_2 = \frac{N_2}{N_1}\ V_1 = \frac{1}{9} \times 115 = 12.78\ \mathrm{V}$$

再換算為峰值

$$V_{2p} = \sqrt{2}\ \ V_2 = \sqrt{2} \times 12.78 = 18.07\ \mathrm{V}$$

1 範例

如圖電路，若輸入電壓之頻率 $f_{in}=60$ Hz，求(a) V_{DC} (b) I_{DC} (c)PIV (d) f_{out}。

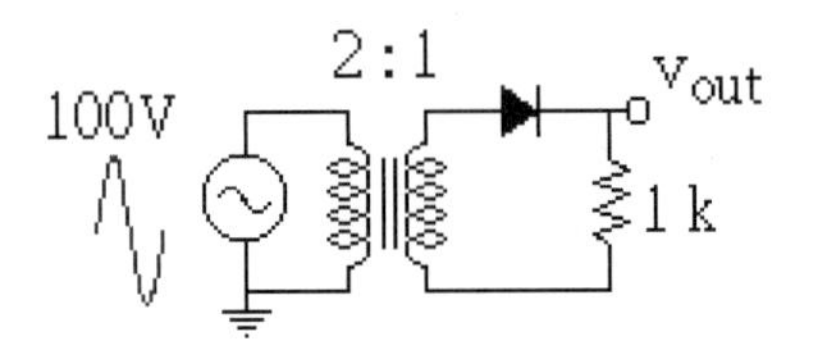

解

已知：$V_{1P}=100$ V，$f_{in}=60$ Hz

$$V_{2p}=100\text{V}\times\frac{1}{2}=50\text{ V}$$

(a) 使用 $$V_{DC}=\frac{(V_p-0.7)}{\pi}=0.318(V_p-0.7)$$

$$V_{DC}=0.318\times(50-0.7)=15.68\text{ V}$$

(b) $I_{DC}=\dfrac{V_{DC}}{R_L}=\dfrac{15.68\text{ V}}{1\text{k}}=15.68\text{ mA}$

(c) $PIV=V_{2P}=50$ V（練習列出 KVL 方程式）

(d) $f_{out}=f_{in}=60$ Hz（v_{out}與 V_1：週期相同）。

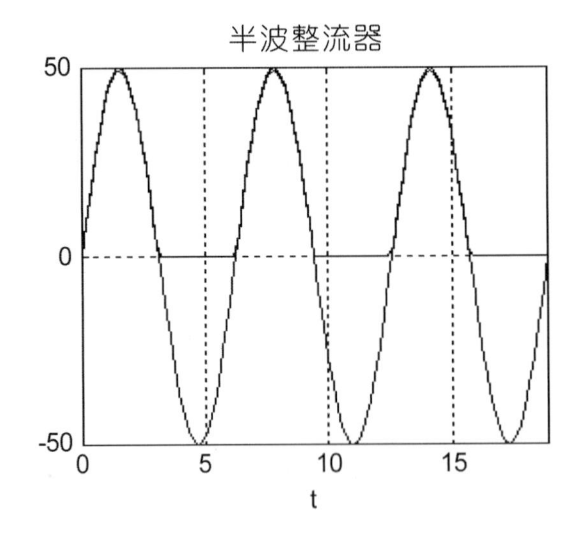

經之前說明與例題後，請參考隨書電子書光碟以程式進行相關例題模擬：

3-1-A　半波整流器 Pspice 分析

3-1-B　半波整流器 MATLAB 分析

如圖電路，若輸入電壓之頻率 $f_{in} = 60$ Hz，求(a) V_{DC}　(b) I_{DC}　(c)PIV　(d) f_{out}。

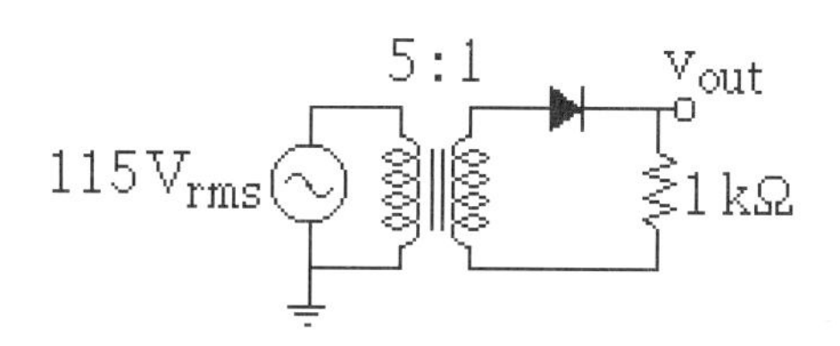

Answer　(a) 10.12 V　(b) 10.12 mA　(c) 32.53 V　(d) 60 Hz。

如圖電路，若輸入電源之頻率 $f_{in} = 60$ Hz，求(a) V_{DC}　(b) I_{DC}　(c)PIV　(d) f_{out}。

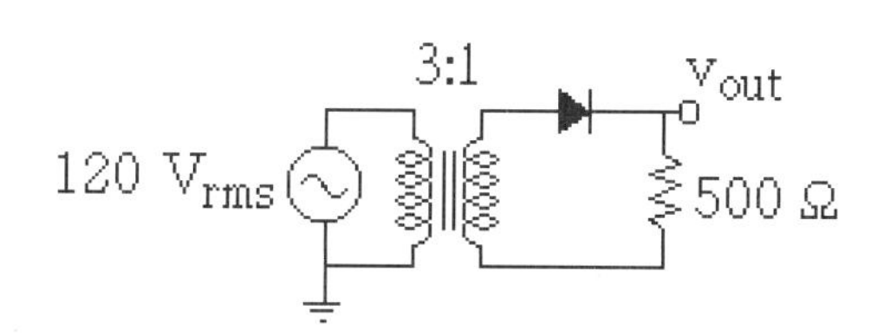

Answer　(a) 17.76 V　(b) 35.53 mA　(c) 56.56 V　(d) 60 Hz。

3-2 中間抽頭式全波整流器※＊

由前述討論得知，半波整流器的整流效果，只達到平均直流電壓等於峰值電壓 31.8%的轉換效率，嚴格來說，整流效果不佳，因此為了改善轉換效率，必須考慮使用全波整流器－中間抽頭式與橋式全波整流器。

3-2-1 平均直流電壓值 V_{DC}

如右圖所示，當輸入正弦波，輸出也是正弦波，即 360 度均有輸出，具有此特性的整流器稱為全波整流器(Full-Wave rectifier)。

全波
整流

由於輸出電壓週期縮小為一半，但是週期內面積不變，因此在不考慮二極體有 0.7 V 的效應下，其平均直流電壓值為

$$V_{DC} = \frac{2\,V_p}{\pi} = 0.636\,V_p$$

次級圈經變壓後，一分為二，峰值電壓等於次級圈峰值電壓的一半，此種整流器稱為**中間抽頭式全波整流器**，電路如下所示。

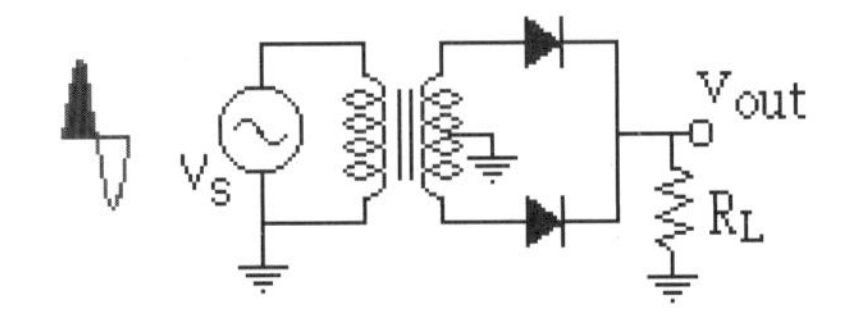

其工作原理為正半週時，上正下負的極性，使得下方的二極體處於 PIV 狀態，而上方的二極體則是導通狀態，如下圖所示。

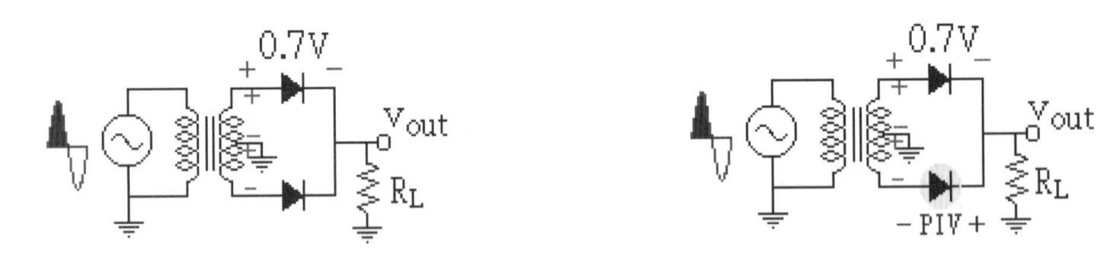

當二極體 PIV 時，二極體形同斷路，電流自然無法流過，意即唯一的路徑就只有流經電阻一途，方向由上而下，流出接地端後，再由中間抽頭式的接地端流出回到原來的出發點，形成完整的導通電路，因此電阻上的電壓極性為上正下負，可得 v_{out} 輸出為正的波形。

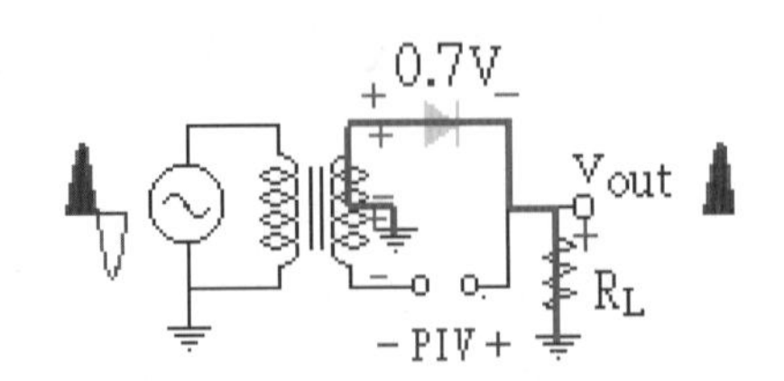

負半週時，上負下正的極性，使得上方的二極體處於 PIV 狀態，而下方的二極體則是導通狀態，如下圖所示。

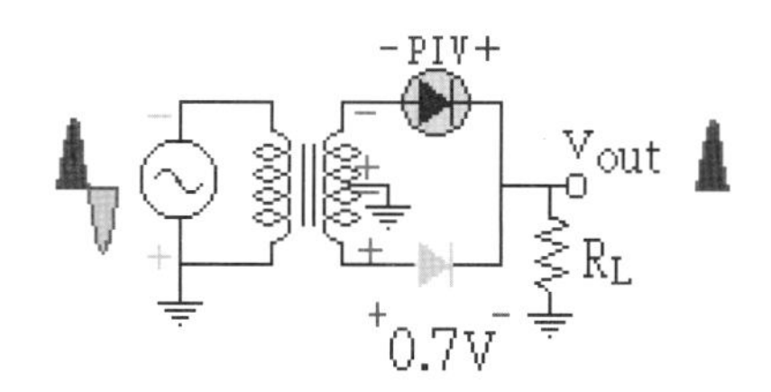

電流從正端流出，流到 v_{out} 節點，因上面的二極體 PIV，形同斷路，因此只剩流經電阻一途，方向也是由上而下，流出接地端後，再由中間抽頭式的接地端流出回到原來的出發點，形成完整的導通電路，因此電阻上的電壓極性同樣是上正下負，可得 v_{out} 輸出為正的波形。

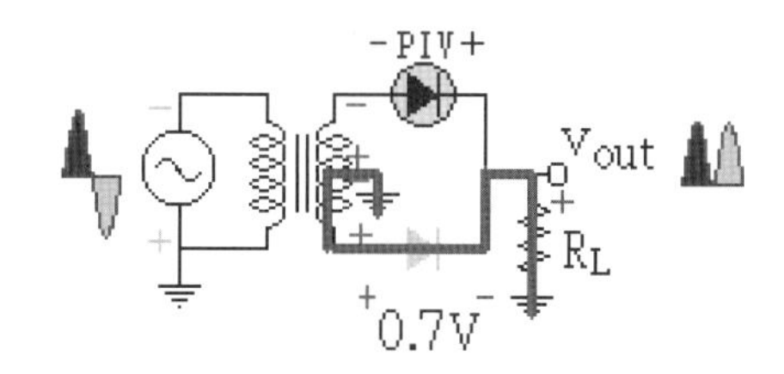

3-2-2 障壁電位差

因為是中間抽頭式的全波整流器，變壓後分成兩半，故峰值取 $0.5\,V_{2P}$，而正、負半週只有一個二極體導通，必須扣掉 0.7 V，並且是全波整流，故乘上 0.636，最後可得平均直流電壓表示式為

$$V_{DC} = \frac{2(0.5V_{2P} - 0.7)}{\pi} = 0.636(0.5V_{2P} - 0.7)$$

觀察上式可知，全波 0.636 的兩倍效果被中間抽頭的 $0.5V_{2P}$ 抵消掉，換言之，還是只有半波整流的效果而已。下圖顯示使用 MATLAB 模擬的結果。假設峰值電壓等於 10 V，下頁圖左顯示輸入與輸出電壓波形圖，下頁圖右則顯示輸出電壓 v_{out} 與輸入電壓 v_s 的關係，由曲線圖可知輸入電壓在 –0.7 V ~ 0.7 V 之間，輸出電壓等於零，輸入電壓小於等於 –0.7 V 或大於等於 0.7 V，輸出電壓等於輸入電壓 $0.5V_{2P} - 0.7$。

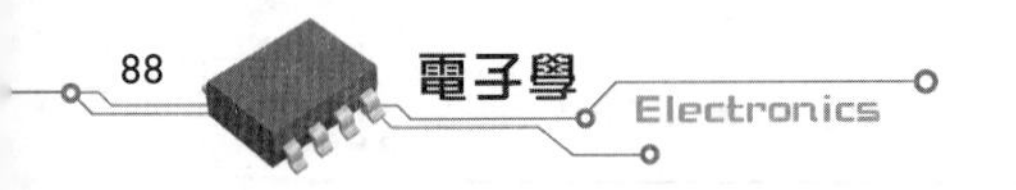

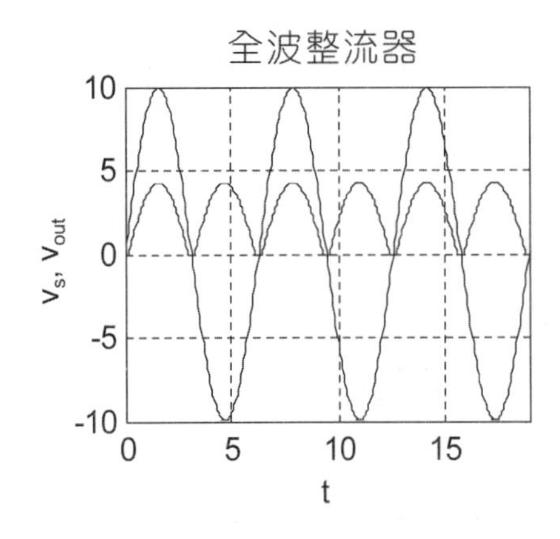

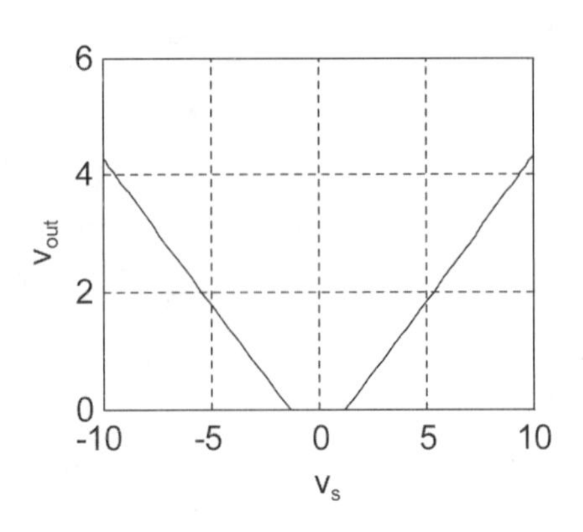

3-2-3 逆向峰值電壓 PIV

因為是中間抽頭式的全波整流器，變壓後分成兩半，故峰值取 $0.5V_{2P}$，如下圖左所示；下圖右考慮輸入電壓正半週，電壓極性上正下負，可知位在上方的二極體導通，其壓降 0.7 V，而位在下方的二極體不導通，故標示 PIV，其極性左負右正。

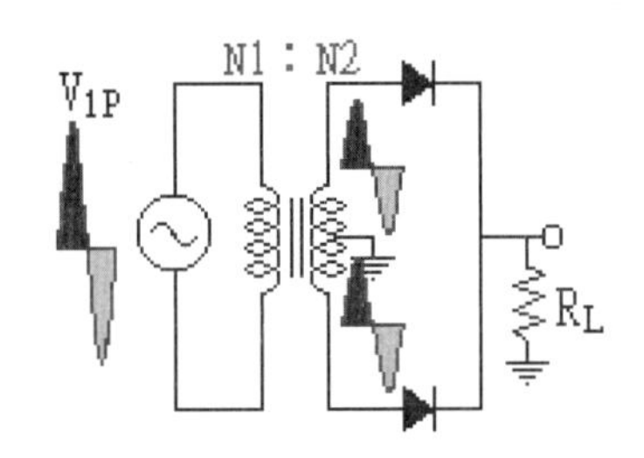

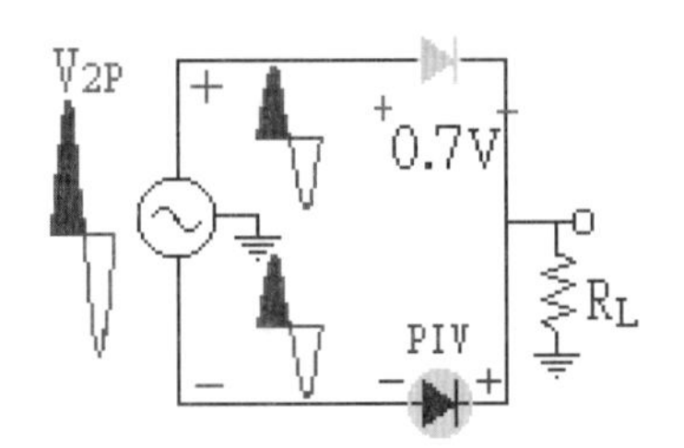

由 KVL（順時針方向）可得方程式為

$$+0.7 + PIV - V_{2p} = 0 \qquad , \qquad PIV = V_{2p} - 0.7$$

若是考慮輸入電壓的負半週，亦可求出相同的 PIV 值，此部分不再示範說明，請自行練習。

2 範例

如圖電路，若輸入電源之頻率 $f_{in} = 60$ Hz，求(a) V_{DC} (b) I_{DC} (c)PIV (d) f_{out}。

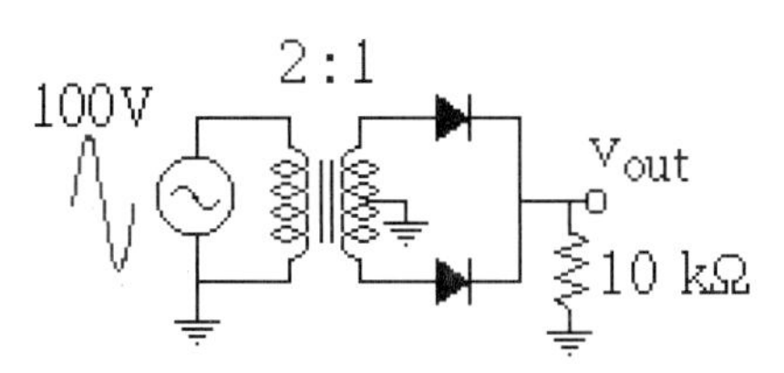

解

已知：$V_{1P} = 100$ V，$f_{in} = 60$ Hz

$$V_{2P} = 100\text{V} \times \frac{1}{2} = 50 \text{ V}$$

(a) $V_{DC} = 0.636 \times (0.5V_{2P} - 0.7) = 0.636 \times (25 - 0.7) = 15.46$ V

(b) $I_{DC} = \dfrac{V_{DC}}{R_L} = \dfrac{15.46\text{V}}{10\text{k}} = 1.546$ mA

(c) $\text{PIV} = V_{2P} - 0.7 = 49.3$ V（練習列出 KVL 方程式）

(d) $f_{out} = 2f_{in} = 120$ Hz（v_{out} 週期 $= \pi$，$f = \dfrac{1}{T}$）。

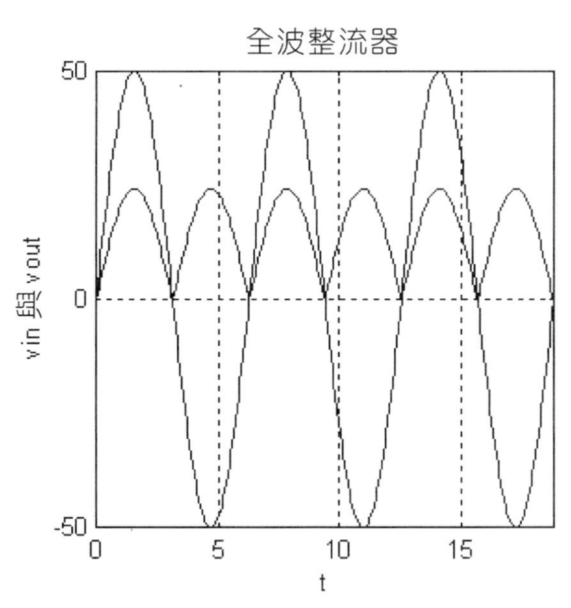

上圖中 v_{in} 代表次級圈電壓波形，波值電壓等於 50 V。

經之前說明與例題後，請參考隨書電子書光碟以程式進行相關例題模擬：

3-2-A　中間抽頭式全波整流器 Pspice 分析

3-2-B　中間抽頭式全波整流器 MATLAB 分析

如圖電路，若輸入電源之頻率 $f_{in}=60$ Hz，求(a) V_{DC} (b) I_{DC} (c)PIV (d) f_{out}。

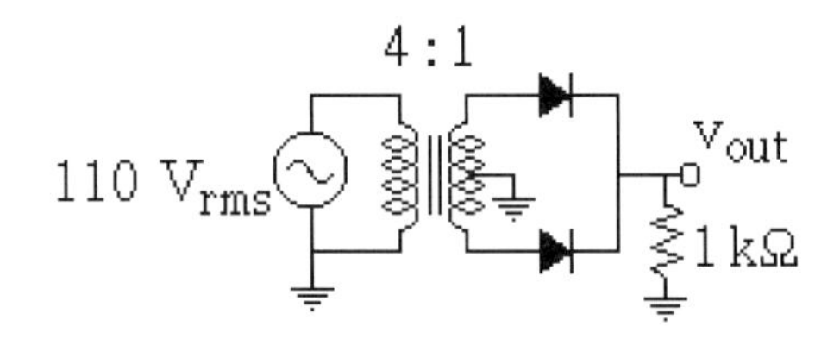

Answer　(a) 11.92 V　(b) 11.92 mA　(c) 38.19 V　(d) 120 Hz。

如圖電路，若輸入電源之頻率 $f_{in}=60$ Hz，求(a) V_{DC} (b) I_{DC} (c)PIV (d) f_{out}。

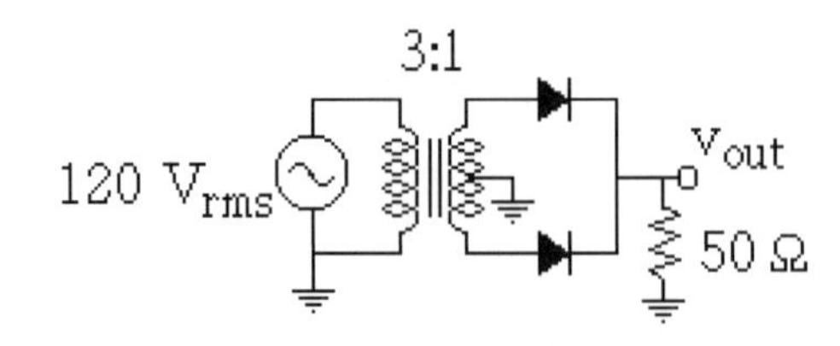

Answer　(a) 17.54 V　(b) 350.84 mA　(c) 55.86 V　(d) 120 Hz。

3-3 橋式全波整流器※＊

前述的中間抽頭式全波整流器，整流效果並沒有兩倍於半波整流器，原因在於變壓後分成兩半的電路安排，因此要得到真正的全波整流效果，就必須改善電路設計。如右圖所示的**橋式整流器**(Bridge rectifier)電路，才是真正的全波整流，因為變壓為次級圈電壓 V_{2P} 之後，沒有中間抽頭式的接法，故不需要除 2。

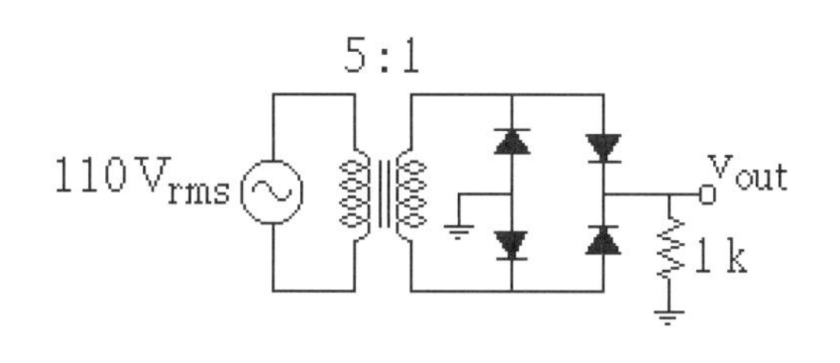

3-3-1 工作原理

正半週時，上正下負的極性，使得左上與右下方的二極體處於 PIV 狀態，而右上與左下方的二極體則是導通狀態，其電流的路徑依序如右所示。

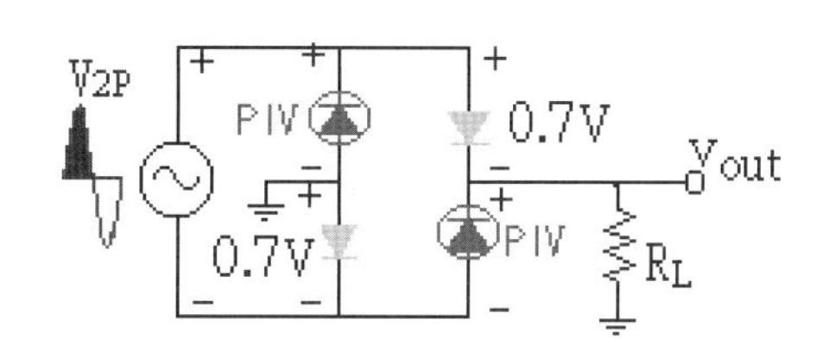

二極體 PIV 形同斷路，電流無法流過，可知電流方向如右所示，其中特別注意流過負載電阻的方向是由上往下，意即電壓極性上正下負。

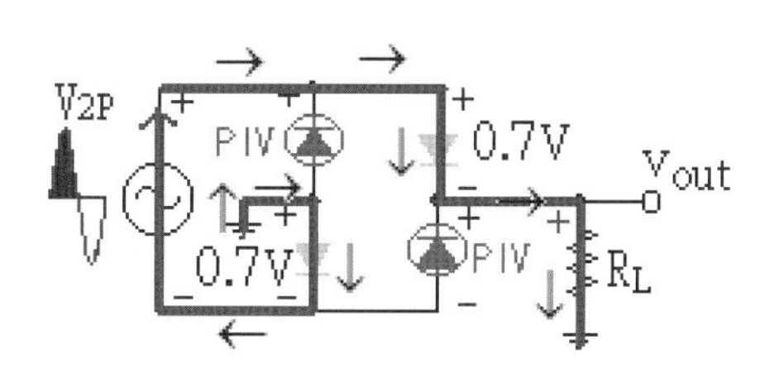

負半週時，上負下正的極性，使得左下與右上方的二極體處於 PIV 狀態，而右下與左上方的二極體則是導通狀態，其電流的路徑如下圖所示。

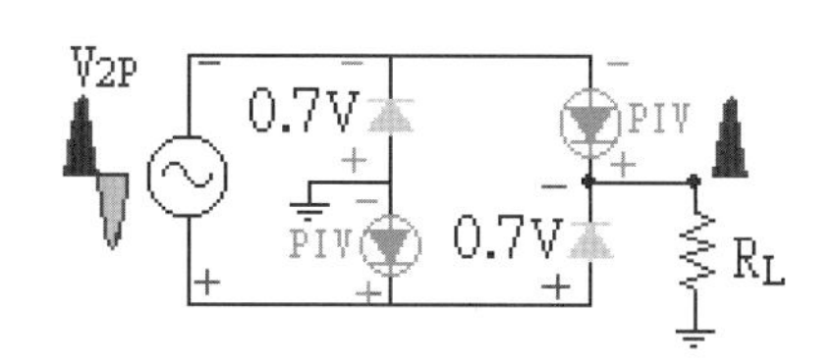

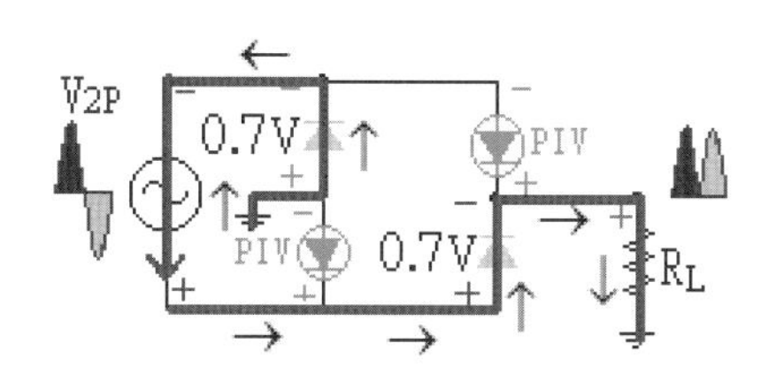

綜合以上，可知正、負半週均有兩個二極體導通 (0.7V + 0.7V = 1.4 V)，兩個二極體 PIV，因此輸出電壓峰值 $V_{p(out)}$ 等於 $V_{2p} - 1.4$。

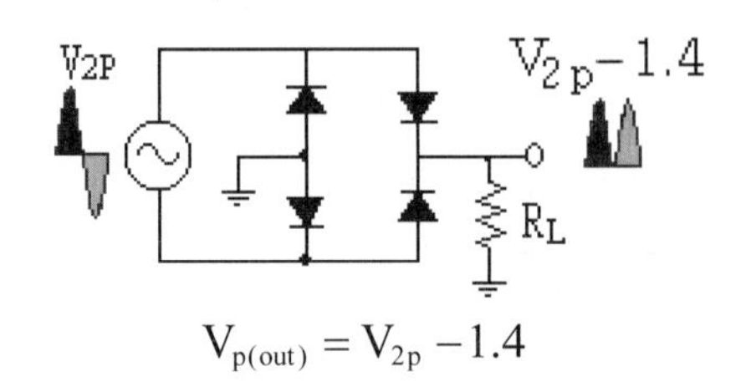

$V_{p(out)} = V_{2p} - 1.4$

3-3-2 平均直流電壓值 V_{DC}

觀察橋式整流器，很明顯可以看到變壓後的次級圈峰值電壓 V_{2p} 全部使用，但因正、負半週各有二個二極體導通，因此必須扣掉1.4 V，再總合全波整流的結果，乘上 0.636，最後可得平均直流電壓表示式為

$$V_{DC} = 0.636\,(V_{2p} - 1.4)$$

由上式可知，橋式整流器確實有 0.636 兩倍於半波整流器的效果。下圖顯示使用 MATLAB 模擬的結果：假設峰值電壓等於10 V，圖左顯示輸入與輸出電壓波形圖，圖右則顯示輸出電壓 v_{out} 與輸入電壓 v_s 的關係，由曲線圖可知輸入電壓在 −1.4V ~ 1.4 V 之間，輸出電壓等於零，輸入電壓小於等於 −1.4 V 或大於等於 1.4 V，輸出電壓等於輸入電壓 $V_{2P} - 1.4$。

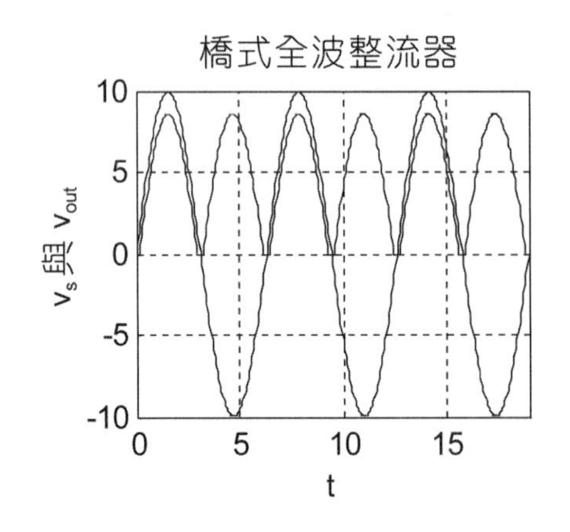

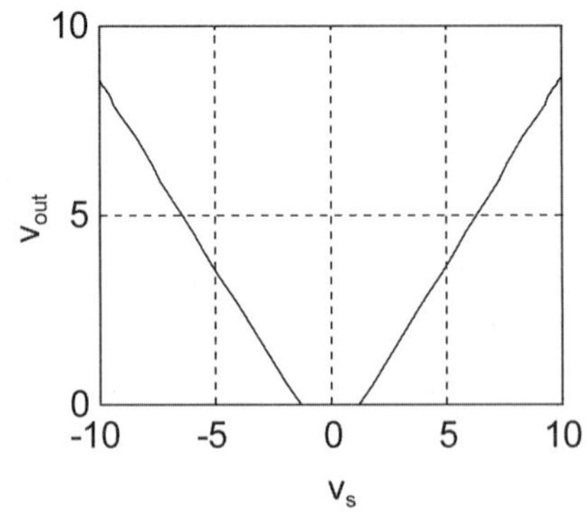

3-3-3 逆向峰值電壓 PIV

因為是橋式整流器，變壓後取用全部 V_{2P}，如右圖所示，若先考慮輸入電壓正半週的狀況，標示電壓極性上正下負，可知位在右上方的二極體導通，其壓降 0.7 V，而位在右下方的二極體不導通，故標示 PIV，其極性上正下負。

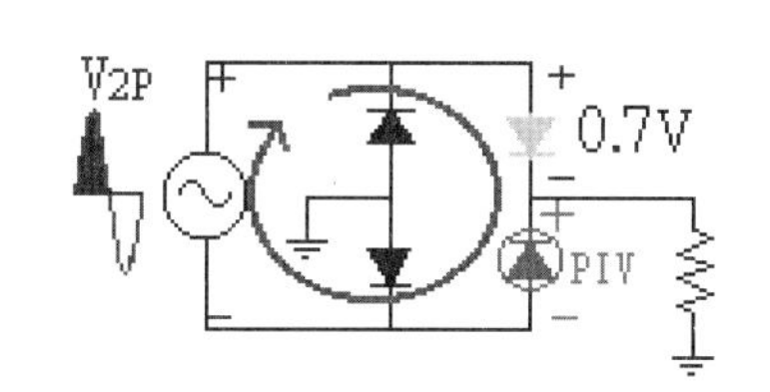

由 KVL（順時針方向）可得方程式為

$$+0.7+\text{PIV}-V_{2p}=0 \quad , \quad \text{PIV}=V_{2p}-0.7$$

若是考慮輸入電壓的負半週或者示不同路徑的封閉環路，亦可求出相同的 PIV 值，此部分不再示範說明，請自行練習。

3 範例

如圖電路，若輸入電源之頻率 $f_{in}=60\text{ Hz}$，求(a) V_{DC} (b) I_{DC} (c)PIV (d) f_{out}。

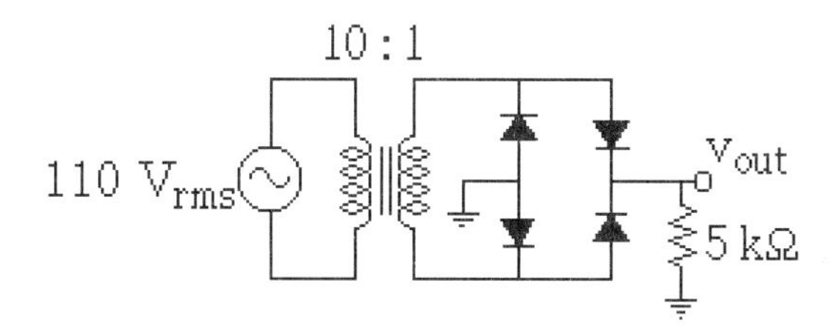

解

已知：$V_1=110\text{ V}_{rms}$，$f_{in}=60\text{ Hz}$

$$V_{2P}=\sqrt{2}\times 110\text{ V}\times\frac{1}{10}=15.56\text{ V}$$

(a) $V_{DC}=0.636\times(V_{2P}-1.4\text{V})=0.636\times(15.56-1.4)=9\text{ V}$

(b) $I_{DC}=\dfrac{V_{DC}}{R_L}=\dfrac{9\text{V}}{5\text{k}}=1.8\text{ mA}$

(c) $\text{PIV}=V_{2P}-0.7=15.56-0.7=14.86\text{ V}$（練習列出 KVL 方程式）。

(d) $f_{out}=2f_{in}=120\text{ Hz}$（ v_{out} 週期 $=\pi$，$f=\dfrac{1}{T}$ ）。

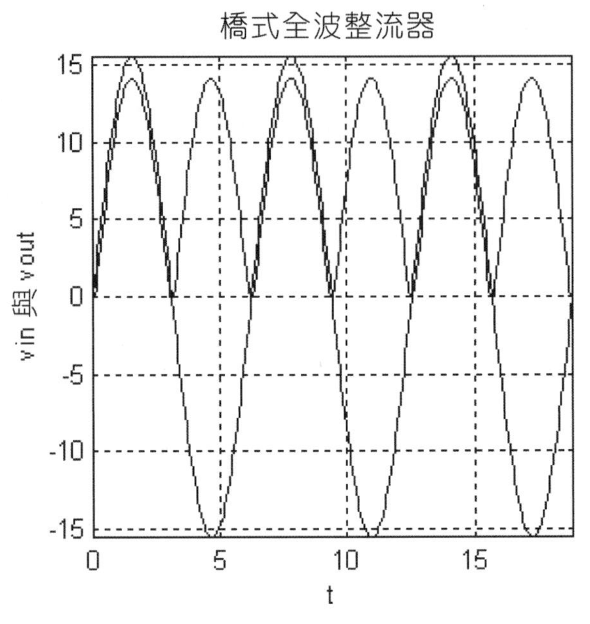

上圖中 v_{in} 代表次級圈電壓波形，峰值電壓等於 15.56 V 。

經之前說明與例題後，請參考隨書電子書光碟以程式進行相關例題模擬：

3-3-A　橋式全波整流器 Pspice 分析

3-3-B　橋式全波整流器 MATLAB 分析

5 練習

如圖電路，若輸入電源之頻率 $f_{in} = 60$ Hz ，求(a) V_{DC} (b) I_{DC} (c)PIV (d) f_{out} 。

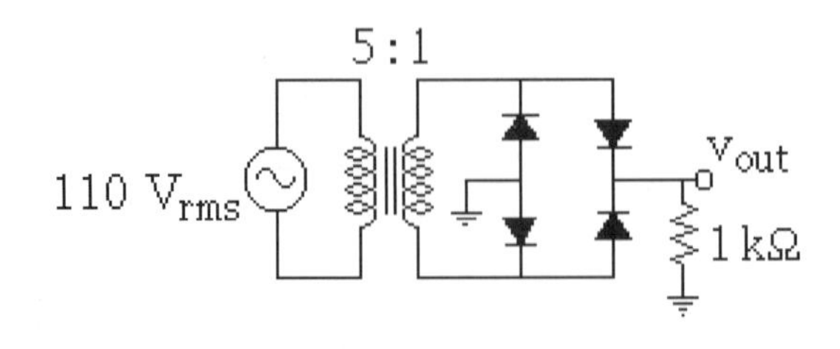

Answer　(a) 18.9 V　(b) 18.9 mA　(c) 30.41 V　(d) 120 Hz 。

如圖電路，若輸入電源之頻率 $f_{in} = 60$ Hz，求(a) V_{DC} (b) I_{DC} (c)PIV (d) f_{out}。

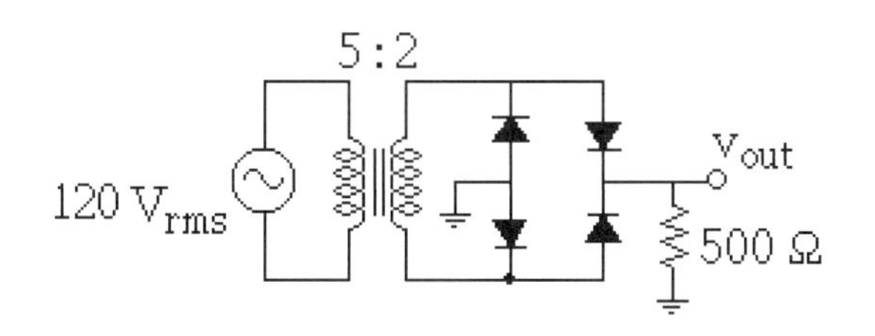

Answer (a) 42.28 V (b) 84.57 mA (c) 67.18 V (d) 120 Hz。

最後比較以上所討論的三種整流器，表列如下。其中 V_{2p} 的下標 2，表示變壓器的次級圈，因此若無變壓器裝置，則改用 V_p 即可。

	半波整流器	全波整流器	橋式整流器
二極體數目	1	2	4
次級圈峰值電壓	V_{2p}	$0.5\ V_{2p}$	V_{2p}
輸出直流電壓	$0.318\,(V_{2p} - 0.7)$	$0.636\,(\frac{V_{2p}}{2} - 0.7)$	$0.636\,(V_{2p} - 1.4)$
二極體直流電流	I_{DC}	$0.5\ I_{DC}$	$0.5\ I_{DC}$
逆向峰值電壓	V_{2p}	$V_{2p} - 0.7$	$V_{2p} - 0.7$
輸出頻率	f_{in}	$2\ f_{in}$	$2\ f_{in}$
V_{DC}/V_{rms}	0.45	0.45	0.9

表格中數據，請特別注意最後一欄，該欄可供檢修電路參考，同時也說明為什麼橋式整流器是最常用的整流器。

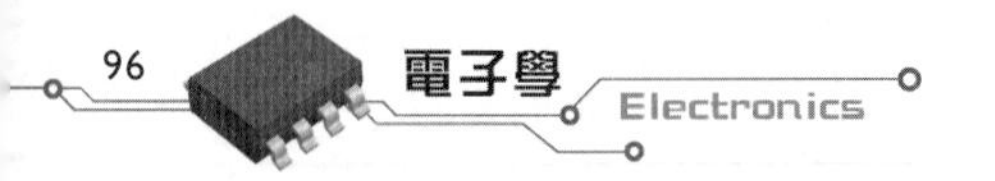

3-4 濾波器※＊

上述整流器不論是半波或者是全波整流器，將交流整流轉換為直流的最佳轉換效率為 90%，同時輸出電壓的波形上下變動劇烈，換句話說，距離理想的直流電尚有很大的改善空間，因此有必要進階處理，使能降低輸出電壓波形上下變動的幅度，此方法就是所謂的濾波(Filter)。

3-4-1 工作原理

整流： ac 交流轉換為直流的動作。

濾波： 將脈動直流轉換為理想的直流。

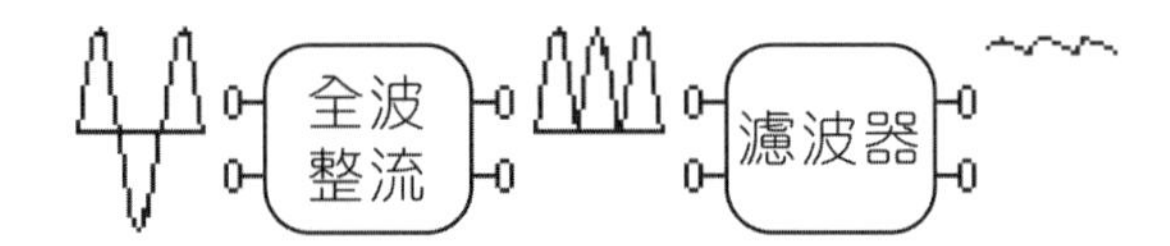

動作： 將電容與負載電阻 R_L 並聯，例如下圖所示的橋式全波整流濾波器(Filter)的電路。

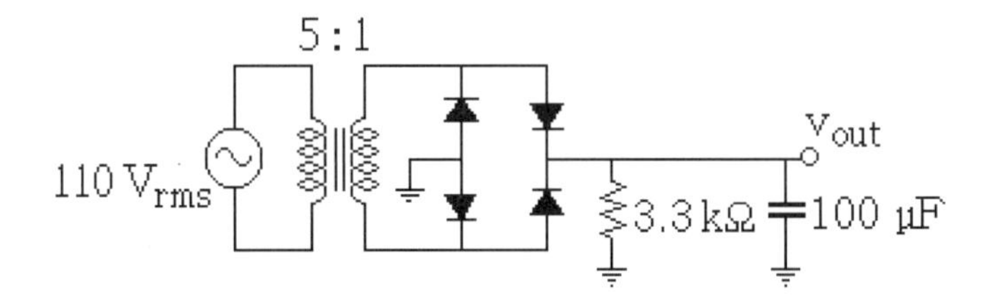

3-4-2 漣波電壓

理想的直流電壓為一水平直線，欲達到此一目標，必須將漣波電壓(Ripple voltage)盡可能的降低，通常最常用的方法就是在負載電阻處並聯電容；其動作原理係利用電容 C 充、放電的特性：時間常數 $\tau = R_L \times C$，意即 C 值愈大，充放電愈慢，換言之，漣波愈小。

半波濾波

大電容值比小電容值有更佳的濾波效果，例如下頁圖左的半波整流濾波(Half - Wave Rectifier with a capacitor filter)效果，因 C 值小，導致時間常數 $\tau = R_L \times C$ 小，充放電速度快，換言之，漣波也愈大；下頁圖右的濾波效果佳，可見 C 值較大，其時間常數 $\tau = R_L \times C$ 長，以致充放電速度慢，所以漣波也愈小。

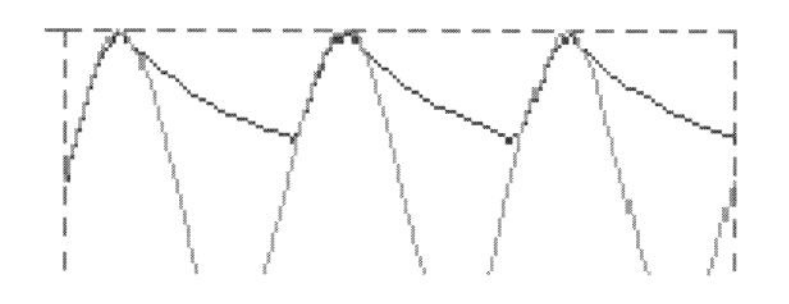

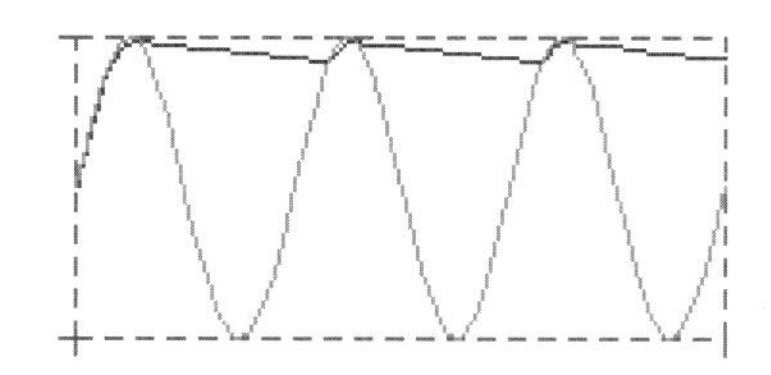

全波濾波

大電容值比小電容值有更佳的濾波效果，例如下圖左的全波整流濾波(Full-Wave rectifier with a capacitor filter)效果，因 C 值小，以致濾波效果差。

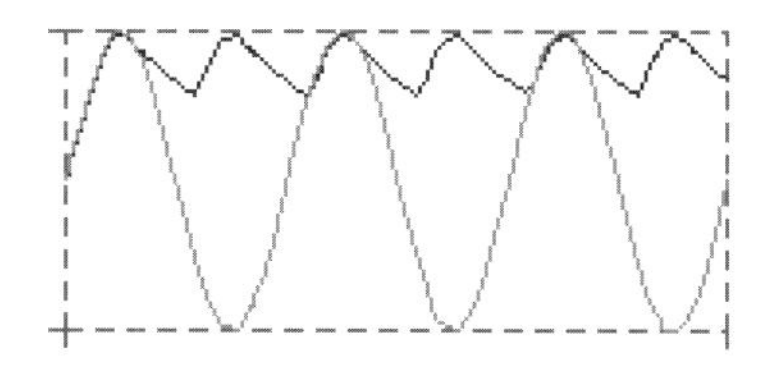

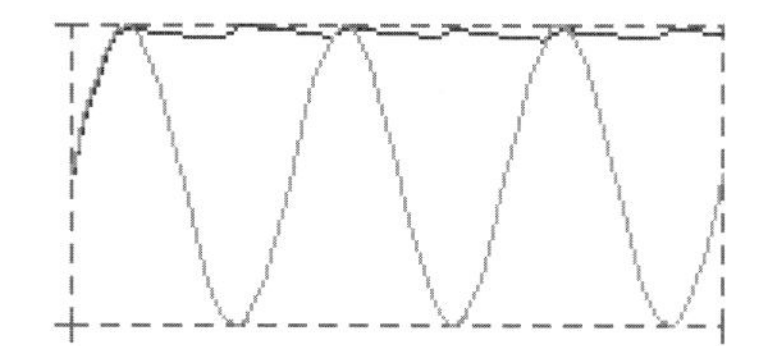

漣波電壓方程式可以表示為

$$V_{rip} = \frac{I_{DC}}{f\,C}$$

其中 V_{rip} 為漣波電壓，I_{DC} 為平均直流電流，$I_{DC} = \frac{V_{p(out)}}{R_L}$ (why？)，f 為頻率，C 為電容值。

說明

$V_{p(out)}$ 下標註明(out)，代表負載輸出，不管有無使用變壓器，省略初級圈、次級圈的下標 1、2 之區分。

V_{rip} 與 f 成反比，可知全波濾波比半波濾波效果佳。

f（全波濾波）= 2 f（半波濾波）

V_{rip} 與 C 成反比，可知大電容值比小電容值有更佳的濾波效果。

電容 C 大，充放電慢。

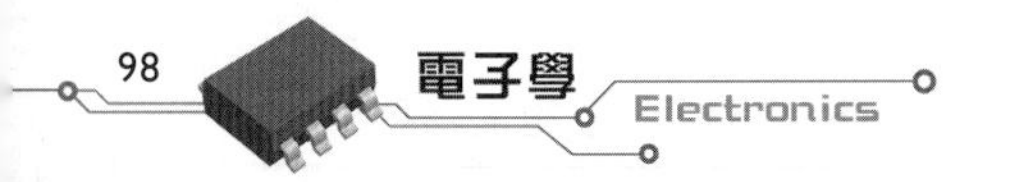

3-4-3 V_{DC}精確值

$$V_{DC(精確值)} = V_{p(out)} - 0.5V_{rip}$$

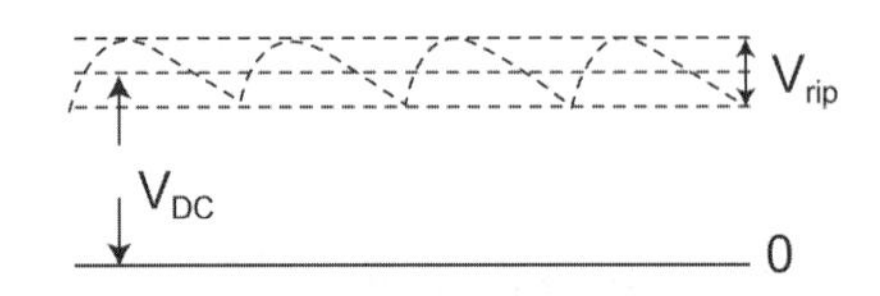

	半波整流	全波整流	橋式整流
$V_{p(out)}$	$V_{2P} - 0.7$	$0.5V_{2P} - 0.7$	$V_{2P} - 1.4$

比較以上所討論的 3 種整流濾波器，表列如下。其中V_{2p}的下標 2，表示變壓器的次級圈，因此，若無變壓器裝置，則改用V_p即可。

	半波整流濾波器	全波整流濾波器	橋式整流濾波器
二極體數目	1	2	4
輸出峰值電壓	V_{2p}	$0.5\ V_{2p}$	V_{2p}
理想輸出直流電壓	$V_{2p} - 0.7$	$0.5\ V_{2p} - 0.7$	$V_{2p} - 1.4$
二極體直流電流	I_{DC}	$0.5\ I_{DC}$	$0.5\ I_{DC}$

4 範例

如圖電路，若輸入電源的頻率$f_{in} = 60\ Hz$，求(a) V_{rip}　(b) $V_{DC(精確值)}$。

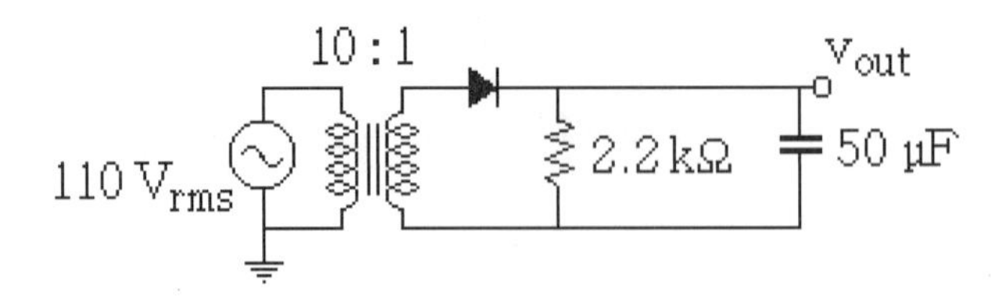

解

已知：$V_1 = 110\ V$，$f_{in} = 60\ Hz$　（峰值 $= \sqrt{2}V_{rms}$）

$$V_{2p} = \sqrt{2} \times 110V \times \frac{1}{10} = 15.56\ V$$

$$f = f_{out} = f_{in} = 60\ Hz$$

$$f \times C = 60 \times 50\mu F = 3000 \times 10^{-6} = 3 \times 10^{-3}\ F = 3\ m$$

$$V_{p(out)} = V_{2P} - 0.7 = 15.56 - 0.7 = 14.86\ V$$

$$I_{DC} = \frac{V_{p(out)}}{R_L} = \frac{14.86}{2.2\ k\Omega} = 6.76\ mA$$

(a) $V_{rip} = \frac{I_{DC}}{f\ C} = \frac{6.76\ m}{3\ m} = 2.25\ V$

(b) $V_{DC(精確值)} = V_{p(out)} - V_{rip} / 2 = 14.86 - 0.5 \times 2.25 = 13.74\ V$

使用 MATLAB 模擬結果如下所示。

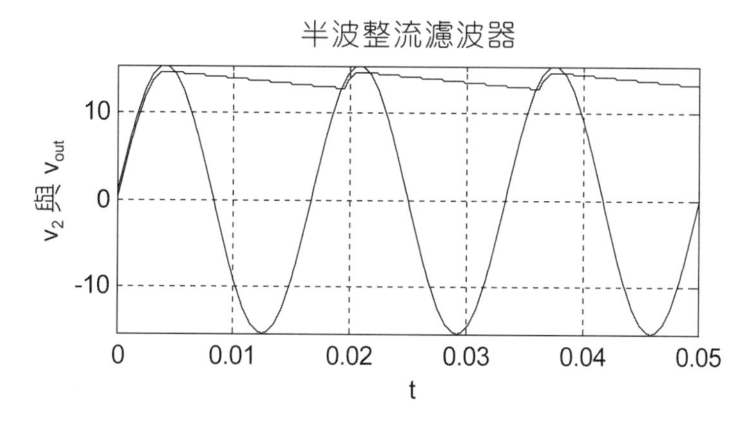

電容值改為 10 μF，顯見漣波愈加嚴重（參考下圖），其漣波電壓值為何，請自行練習。

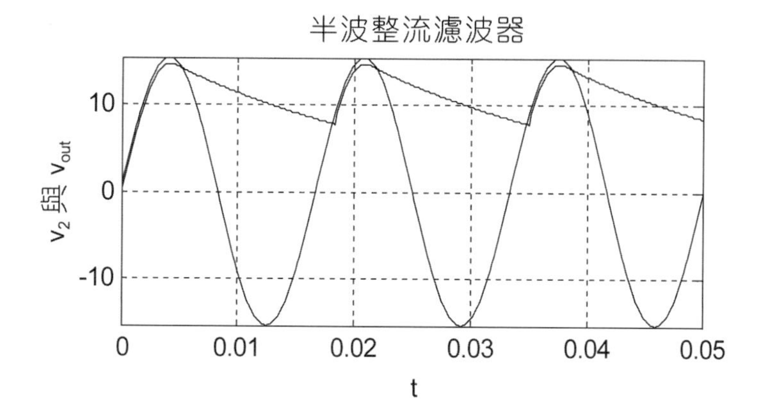

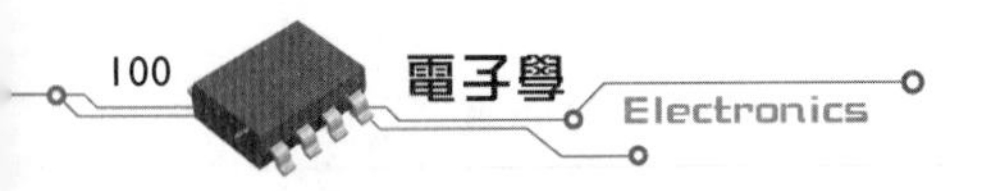

5 範例

如圖電路，若輸入電源的頻率 $f_{in} = 60$ Hz，求(a) V_{rip} (b) $V_{DC(精確值)}$。

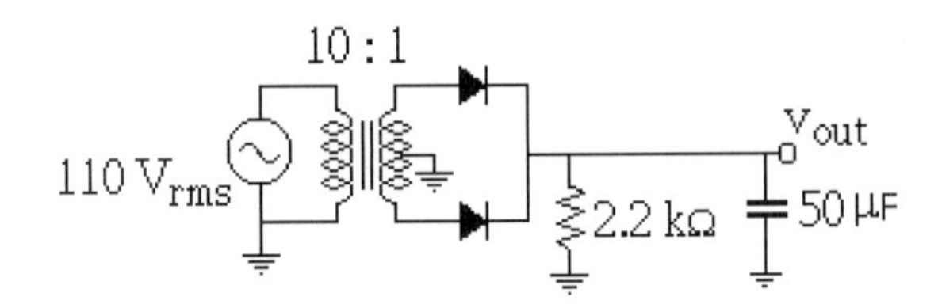

解

已知：$V_1 = 110$ V，$f_{in} = 60$ Hz （峰值 $= \sqrt{2}V_{rms}$）

$$V_{2p} = \sqrt{2} \times 110\text{V} \times \frac{1}{10} = 15.56\text{ V}$$

$$f = f_{out} = 2f_{in} = 120\text{ Hz}$$

$$f \times C = 120 \times 50\mu\text{F} = 6000 \times 10^{-6} = 6 \times 10^{-3}\text{F} = 6\text{ m}$$

因為中間抽頭式，所以 $\frac{V_{2p}}{2}$

$$V_{p(out)} = \frac{V_{2p}}{2} - 0.7 = 7.78 - 0.7 = 7.08\text{ V}$$

$$I_{DC} = \frac{V_{p(out)}}{R_L} = \frac{7.08}{2.2\text{ k}\Omega} = 3.22\text{ mA}$$

(a) $V_{rip} = \frac{I_{DC}}{f\,C} = \frac{3.22\text{ m}}{6\text{ m}} = 0.54\text{ V}$

(b) $V_{DC(精確值)} = V_{p(out)} - V_{rip}/2 = 7.08 - 0.5 \times 0.54 = 6.81\text{ V}$

使用 MATLAB 模擬結果如下所示。

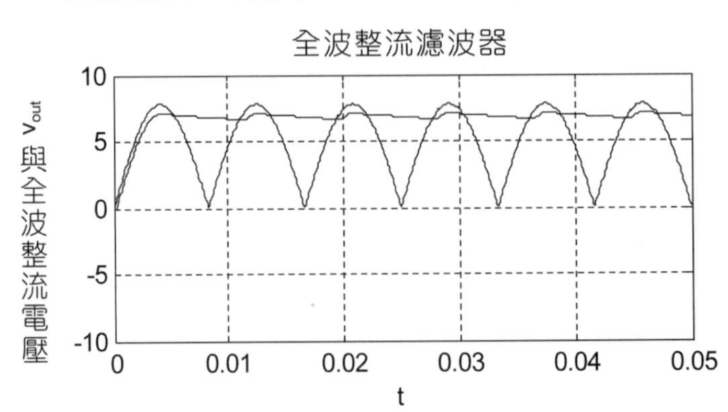

6 範例

如圖電路，若輸入電源的頻率 $f_{in} = 60$ Hz，求(a) V_{rip} (b) $V_{DC(精確值)}$。

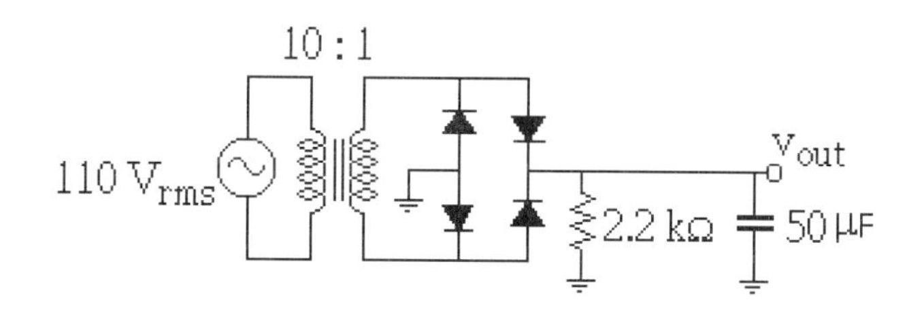

解

已知： $V_1 = 110$ V，$f_{in} = 60$ Hz （峰值 $= \sqrt{2}V_{rms}$）

$$V_{2p} = \sqrt{2} \times 110\text{V} \times \frac{1}{10} = 15.56\text{ V}$$

$$f = f_{out} = 2f_{in} = 120\text{ Hz}$$

$$f \times C = 120 \times 50\mu\text{F} = 6000 \times 10^{-6} = 6 \times 10^{-3}\text{F} = 6\text{ m}$$

$$V_{p(out)} = V_{2P} - 1.4 = 15.56 - 1.4 = 14.16\text{ V}$$

$$I_{DC} = \frac{V_{p(out)}}{R_L} = \frac{14.16\text{ V}}{2.2\text{k}} = 6.44\text{ mA}$$

(a) $V_{rip} = \dfrac{I_{DC}}{f\,C} = \dfrac{6.44\text{ mA}}{6\text{ m}} = 1.07\text{ V}$

(b) $V_{DC(精確值)} = V_{p(out)} - V_{rip}/2 = 14.16 - 0.5 \times 1.07 = 13.63\text{ V}$

使用 MATLAB 模擬結果如下所示。

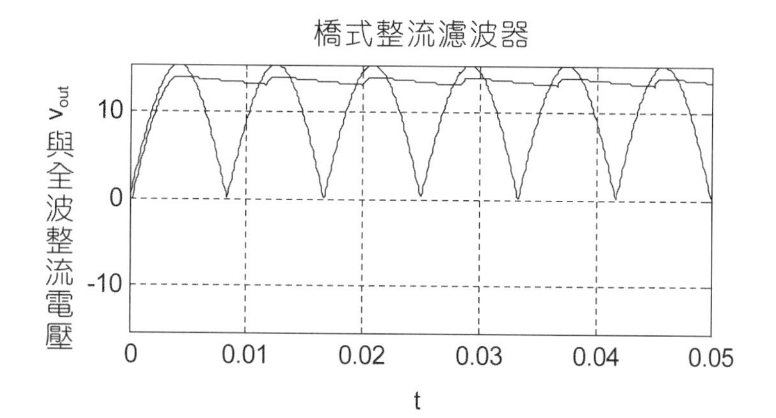

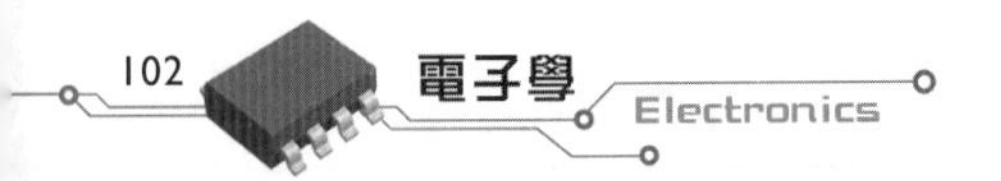

經之前說明與例題後，請參考隨書電子書光碟以程式進行相關例題模擬：

3-4-A　半波整流濾波器 Pspice 分析

3-4-B　半波整流濾波器 MATLAB 分析

3-4-C　全波整流濾波器 Pspice 分析

3-4-D　全波整流濾波器 MATLAB 分析

3-4-E　橋式全波整流濾波器 Pspice 分析

3-4-F　橋式全波整流濾波器 MATLAB 分析

練習 7　如圖電路，若輸入電源的頻率 $f_{in} = 60$ Hz，求(a) V_{rip}　(b) $V_{DC(精確值)}$。

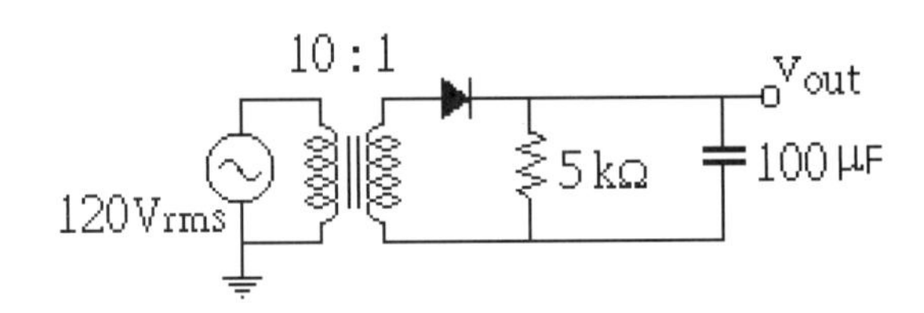

Answer　$I_{DC} = 3.25$ mA　(a) 0.54 V　(b) 16 V。

練習 8　如圖電路，若輸入電源的頻率 $f_{in} = 60$ Hz，求(a) V_{rip}　(b) $V_{DC(精確值)}$。

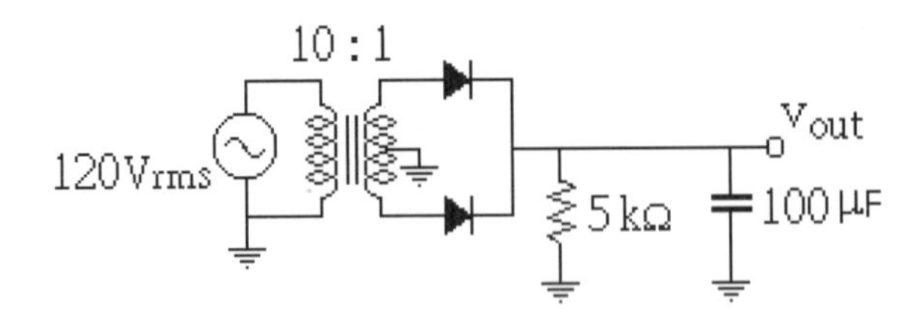

Answer　$I_{DC} = 1.56$ mA　(a) 0.13 V　(b) 7.72 V

如圖電路，若輸入電源的頻率 $f_{in} = 60$ Hz，求(a) V_{rip} (b) $V_{DC(精確值)}$。

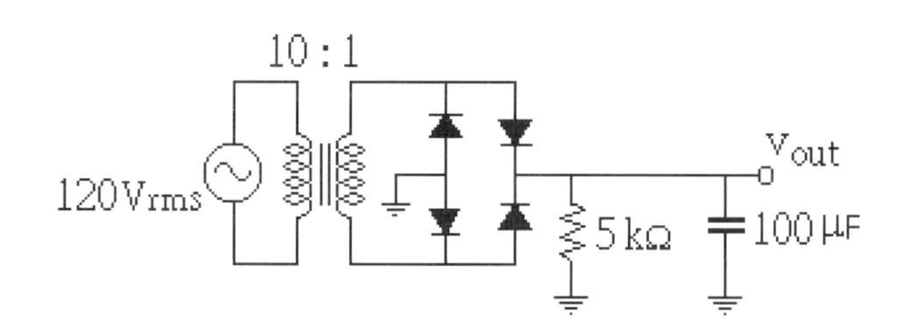

Answer $I_{DC} = 3.11$ mA (a) 0.26 V (b) 15.44 V。

3-5 截波器※＊

二極體電路有時用來截去高於或低於某特定電壓準位部分的訊號，而使其他部分的訊號不會產生失真，此種電路稱為**截波器**(Clipper)或**限制器**(Limiter)。

3-5-1 正截波器

輸入 ac 交流正弦波，輸出波形**正半週部分**被切掉，此種電路稱為正截波器(Positive limiter)。

v_{out} 跨在二極體上，當二極體導通時：$v_{out} = 0.7$ V。

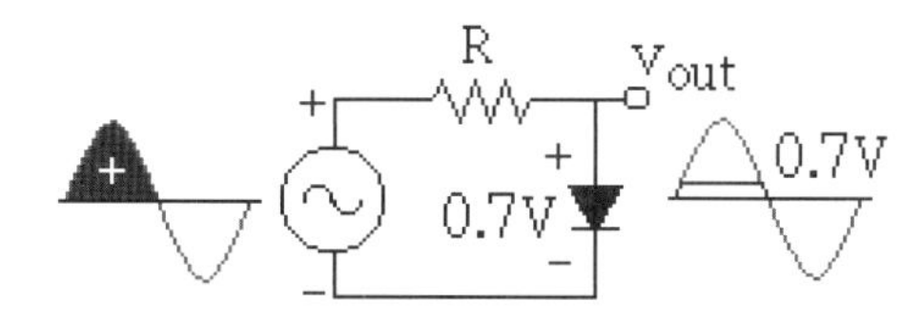

當二極體不導通時：v_{out} 複製原來的輸入波形。

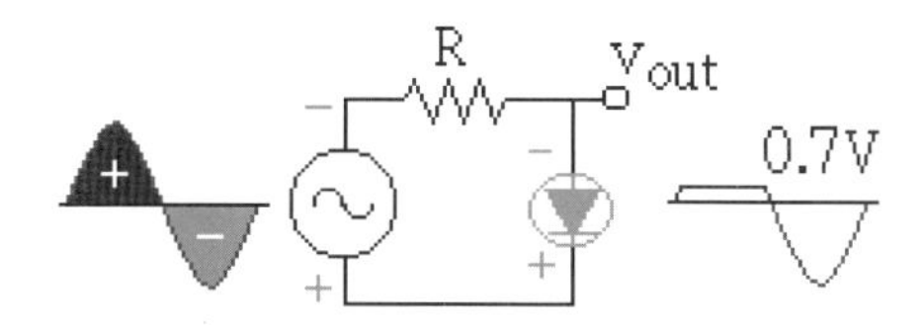

使用 MATLAB 模擬結果如下所示，圖中同時顯示電壓轉換特性曲線：假設輸入交流電壓源 v_i 的峰值為 5 V。

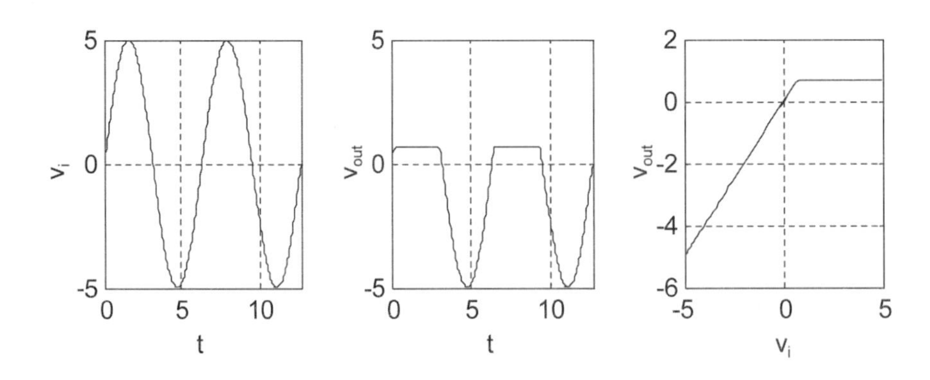

3-5-2 負截波器

輸入 ac 交流正弦波，輸出波形**負半週部分**被切掉，此種電路稱為負截波器(Negative limiter)。

二極體方向向上，當輸入**負半週**時：二極體**導通**，電壓極性上負下正，因此 v_{out} 輸出 –0.7V 。

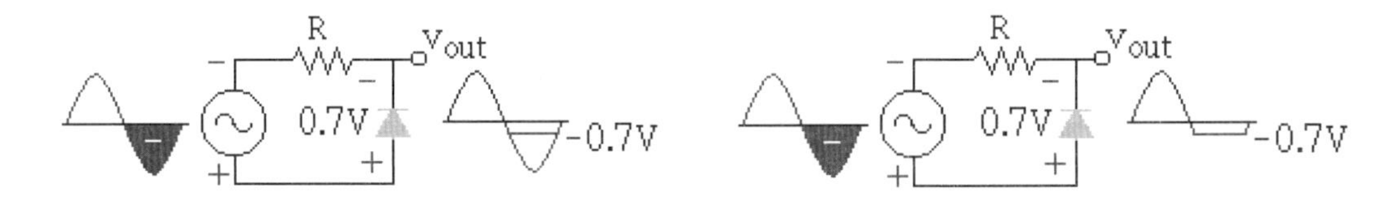

二極體方向向上，當輸入**正半週**時：二極體**不導通**， v_{out} 輸出複製原來的輸入波形。

使用 MATLAB 模擬結果如下所示，圖中同時顯示電壓轉換特性曲線：假設輸入交流電壓源 v_i 的峰值為 5V 。

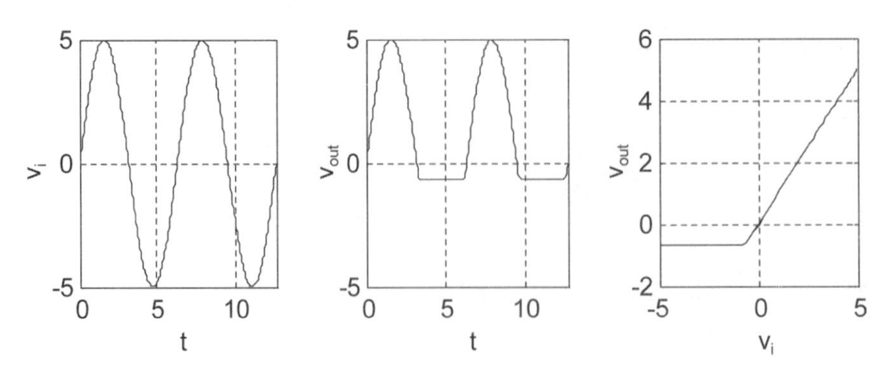

3-5-3 偏壓正截波器

v_{out} 跨在二極體與偏壓 V_b 上，當二極體導通時：輸入必須大於 $V_b+0.7V$，$v_{out}=V_b+0.7V$；當二極體不導通時：v_{out} 複製原來的輸入波形。

二極體方向向下，當輸入電壓讓二極體導通時：

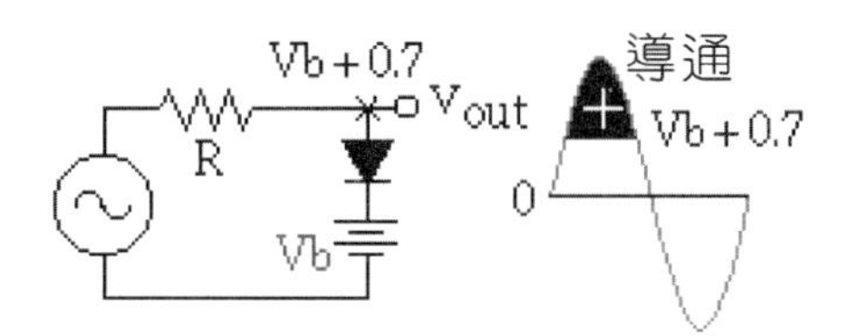

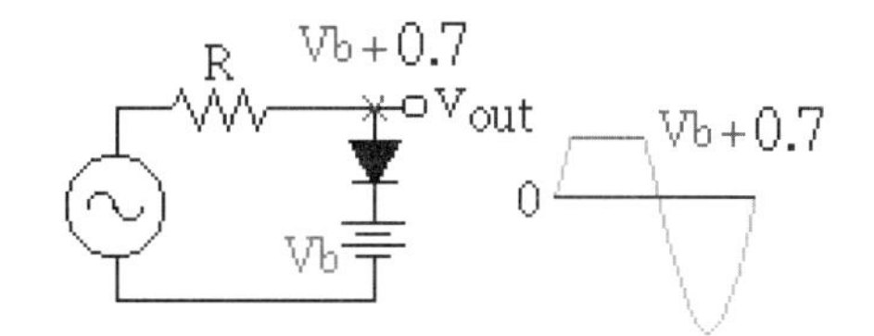

切換另一種角度瞭解：輸出電壓 v_{out} 以 $(V_b+0.7)$ 為新直流準位，在此準位之上可視為正半週，在此準位之下則為負半週。因為二極體方向向下，可知為正截波特性，因此當二極體導通，也就是輸入電壓在新直流準位之上時，輸出電壓截切在 $V_b+0.7$；反之，輸出屬於負半週狀態，意即二極體不導通，輸出電壓複製輸入電壓

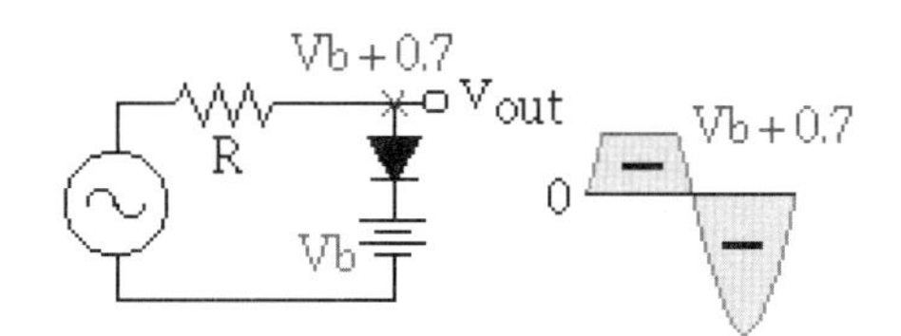

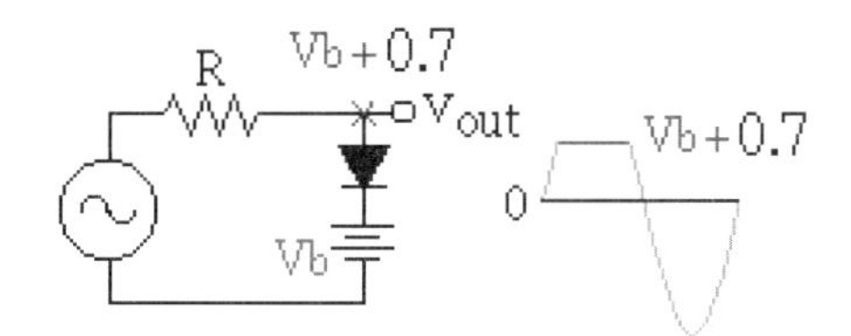

例如輸入交流電壓源 v_i 的峰值為 5V，直流偏壓 $V_b=3V$，輸出結果如下所示。

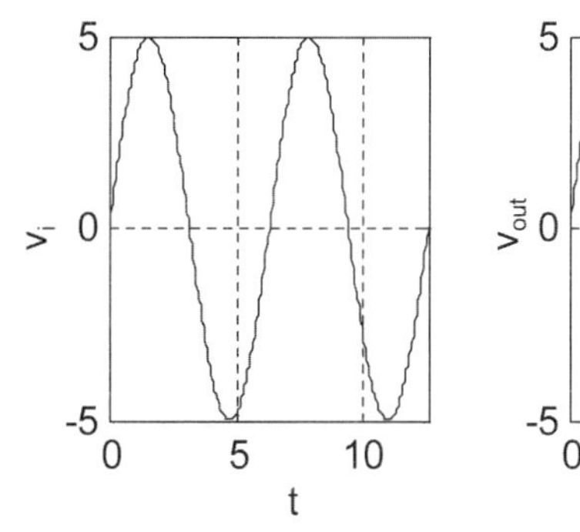

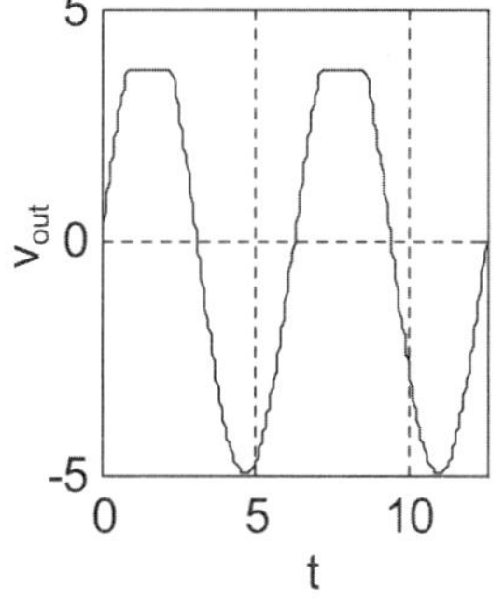

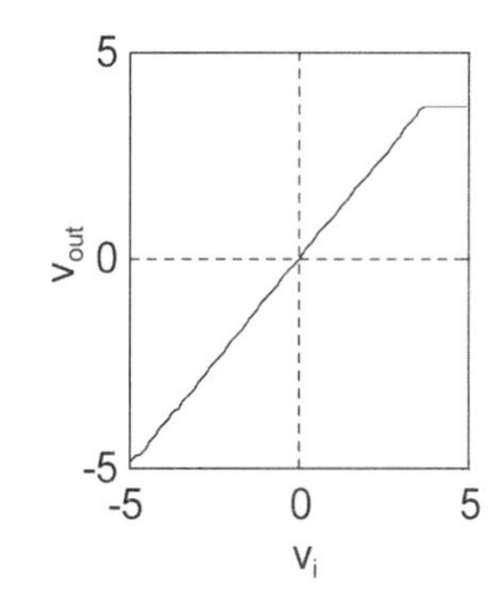

另一類偏壓正截波器：簡易圖解如下

二極體方向向下，可知是正截波器，新直流準位位置在 $(-V_b+0.7)V$。

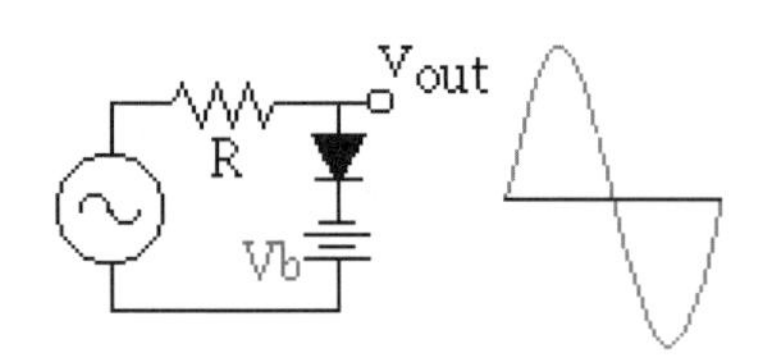

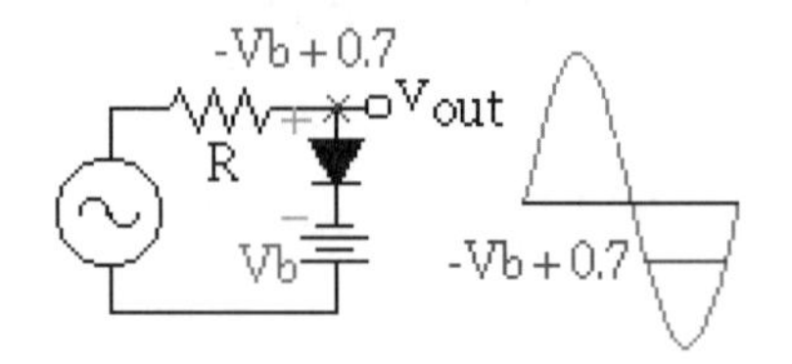

換言之，輸入在新直流準位之上，二極體導通，輸出為新直流準位值；反之，若輸入在新直流準位之下，二極體不導通，輸出等同輸入。

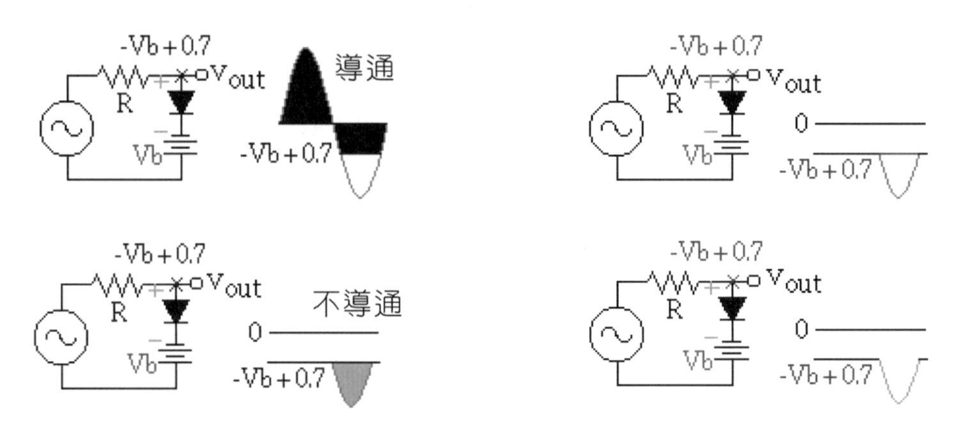

例如輸入交流電壓源 V_i 的峰值為 5V ，直流偏壓 $V_b = 3V$ ，輸出結果如下所示。

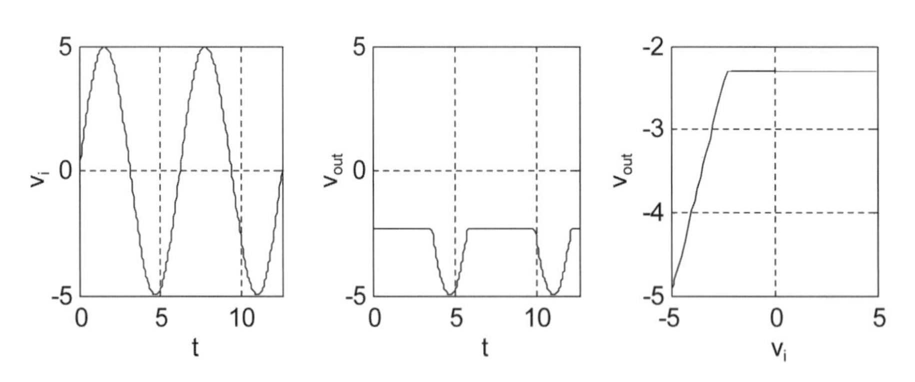

3-5-4　偏壓負截波器

簡易圖解如下：二極體方向向上，可知是負截波器，位置在 $(-V_b - 0.7)V$ 。

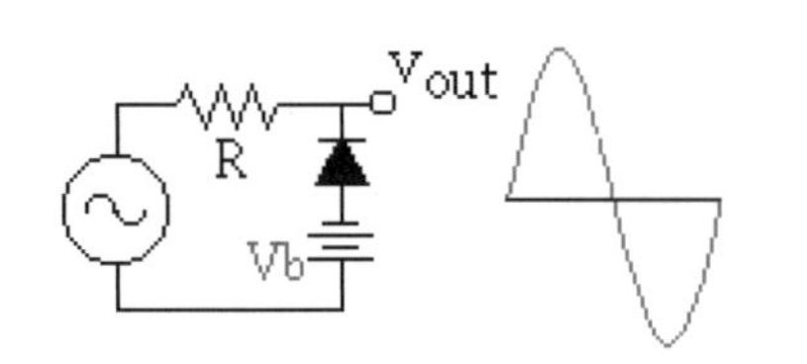

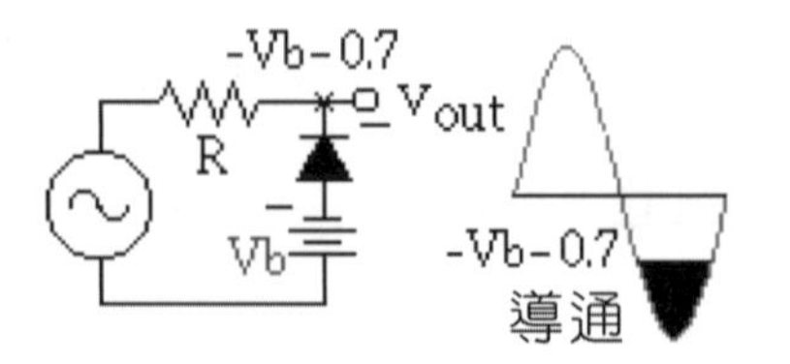

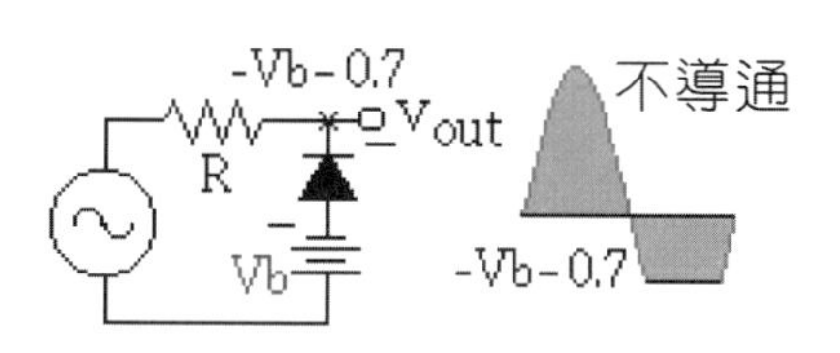

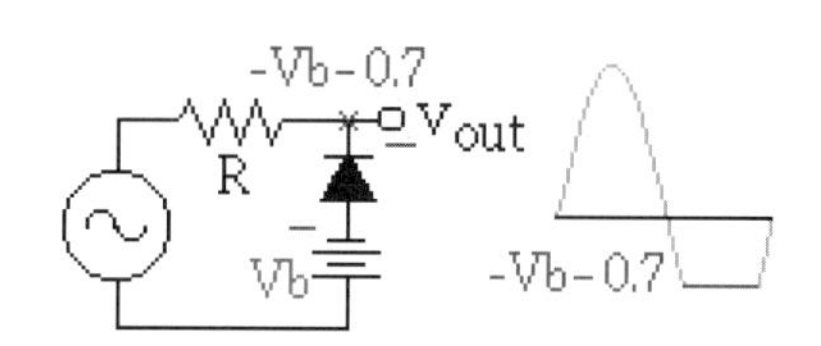

例如輸入交流電壓源 v_i 的峰值為 5V，直流偏壓 $V_b = 3V$，輸出結果如下所示。

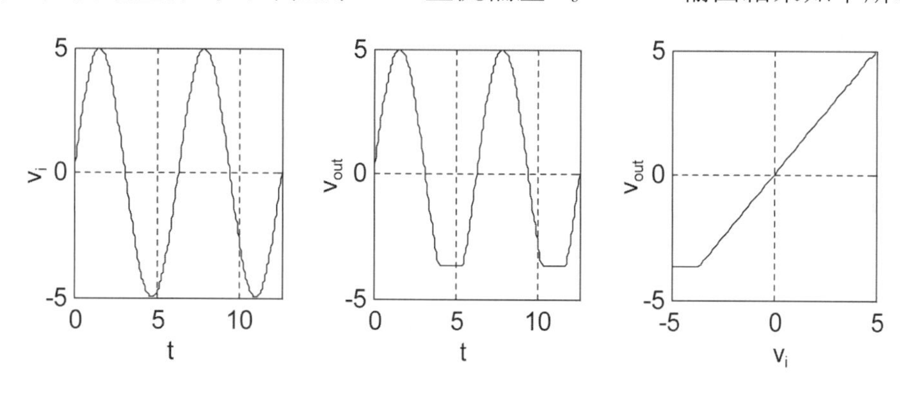

另一類偏壓負截波器：簡易圖解如下

二極體方向向上，可知是負截波器，位置在 $(V_b - 0.7)V$。

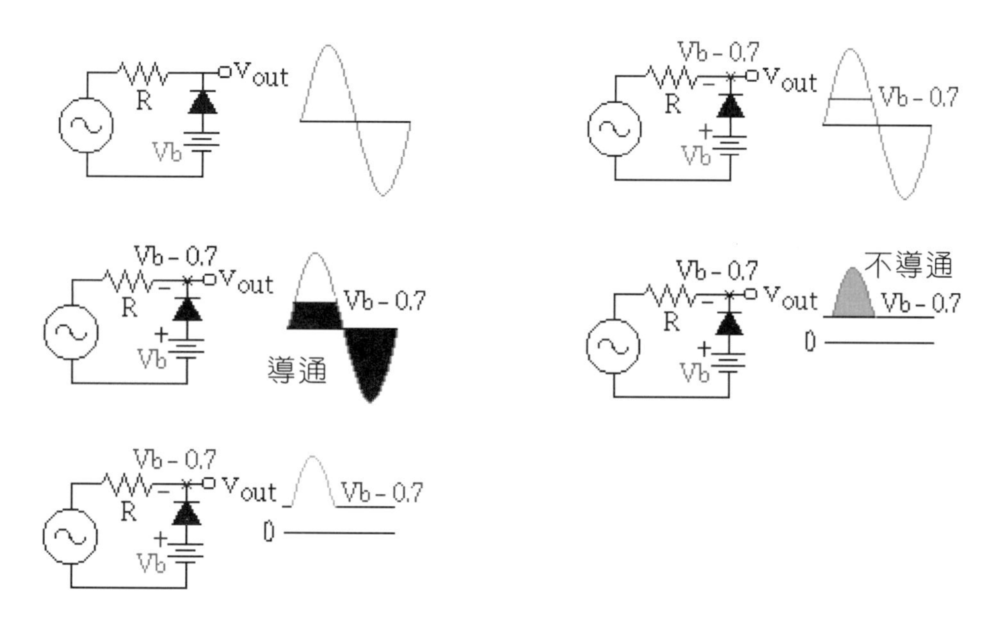

例如輸入交流電壓源 V_i 的峰值為 5V，直流偏壓 $V_b = 3V$，輸出結果如下所示。

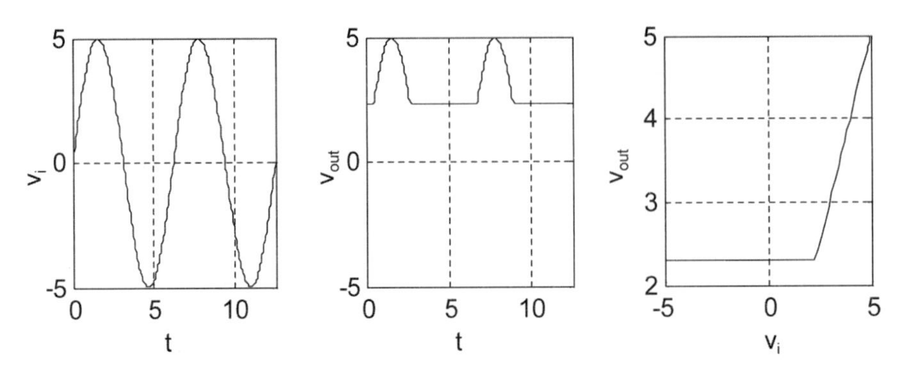

3-5-5 簡易模型

若是不考慮二極體 0.7V 的效應，只要將 0.7V 代換為 0V 即可，如偏壓正截波器，

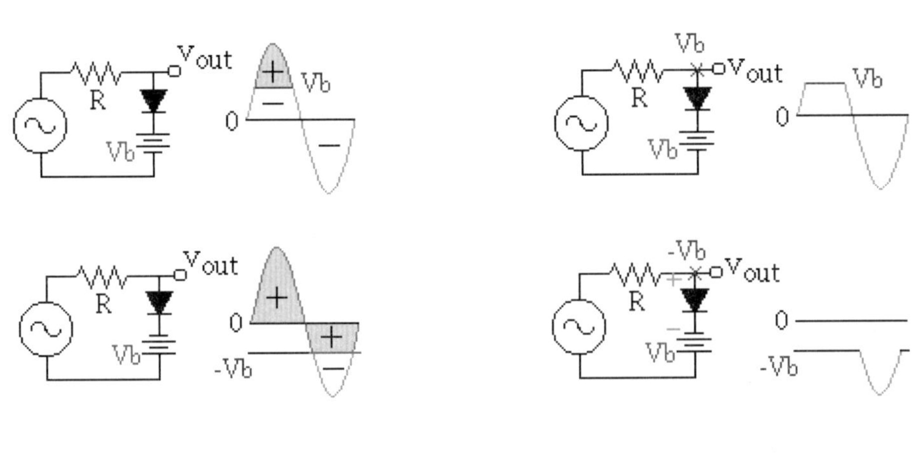

或者是偏壓負截波器。

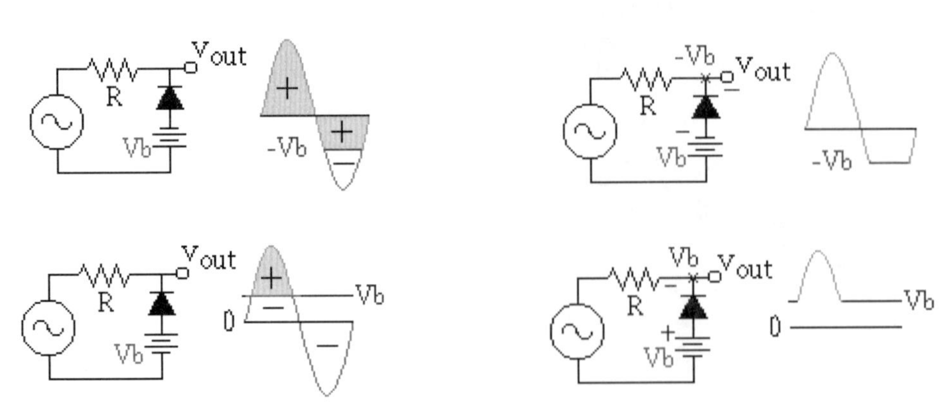

7 範例

求 v_{out} 波形。

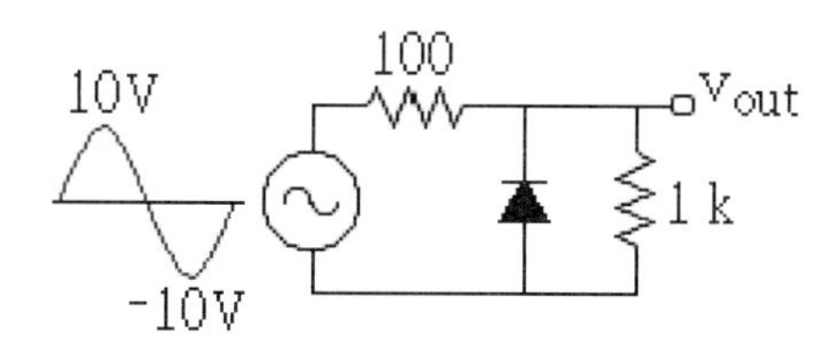

解

(a) 二極體向上：屬於負截波，截波位置在 –0.7 V

(b) 負載電阻 $R_L = 1\text{ k}\Omega$，並非無窮大，因此，以分壓方式算 v_{out}

$$V_{p(out)} = 10\text{V} \times \frac{1\text{k}}{0.1\text{k} + 1\text{k}} = 9.09\text{ V}$$

(c) v_{out} 波形為

9.09V
0
-0.7V

8 範例

求 v_{out} 波形。

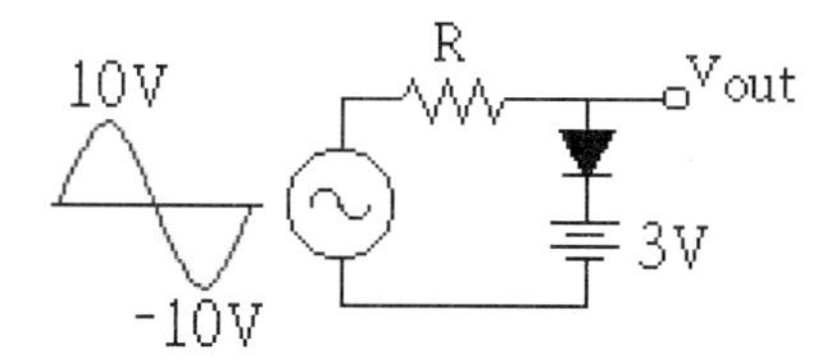

解

(a) 二極體向下：屬於正截波，連同偏壓部份，截波位置在 $(0.7+3)\text{V} = 3.7\text{ V}$ 。意即 3.7 V 以上為正半週，其餘為負半週。

(b) 二極體斷路，電阻值視為無窮大，因此，負半週全部 copy。

(c) v_{out} 波形為

3.7V
0
-10V

使用 MATLAB 模擬結果如下所示，圖中同時顯示電壓轉換特性曲線。

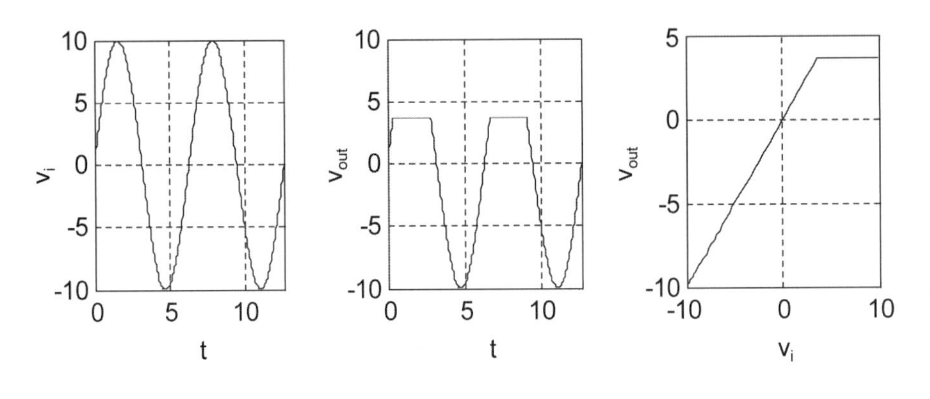

9 範例

求 v_{out} 波形。

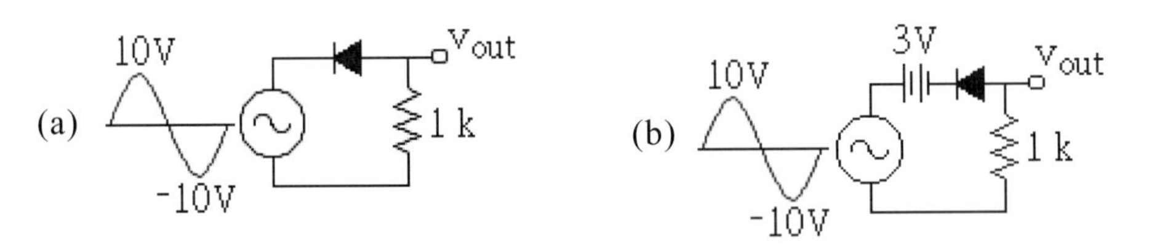

解

(a) v_{out} 跨在負載電阻 R_L 上

當二極體導通時：負半週，v_{out} 才有輸出（宛如波形往上提高 0.7V）

$$V_{p(out)} = 10 - 0.7 = 9.3\text{ V}$$

正半週：二極體不導通，形同斷路，沒有電流流過負載電阻。

$$v_{out} = 0$$

綜合以上，可知此為正截波電路。

0

-9.3V

(b) V_b 極性：左正+，右負－，對電源而言，可視為"壓降"，意即輸入波形下降 3 V。

將狀況(a)正截波電路套用，可得波形。

-3V 0 -13V 第二近似→ -2.3V 0 -12.3V

補充

輸入電源端有直流電壓的截波電路，可視為輸入電源的直流準位移動，V_b 極性左正右負：壓降往下移動（反之，V_b 極性左負右正：壓昇往上移動），但是輸出端的直流準位沒有改變，仍然在 0 的位置，以此為基準，之上為正半週，之下為負半週。

10 範例

求 v_{out} 波形。

10V R Vout

-10V 5V 7V

解

(a) 二極體向上：屬於負截波，連同偏壓部份，截波位置在 $(-0.7-5)\text{V}=-5.7\ \text{V}$。

(b) 二極體向下：屬於正截波，連同偏壓部份，截波位置在 $(0.7+7)\text{V}=7.7\ \text{V}$。

(c) v_{out} 波形為

7.7V

0

-5.7V

使用 MATLAB 模擬結果如下所示，圖中同時顯示電壓轉換特性曲線。

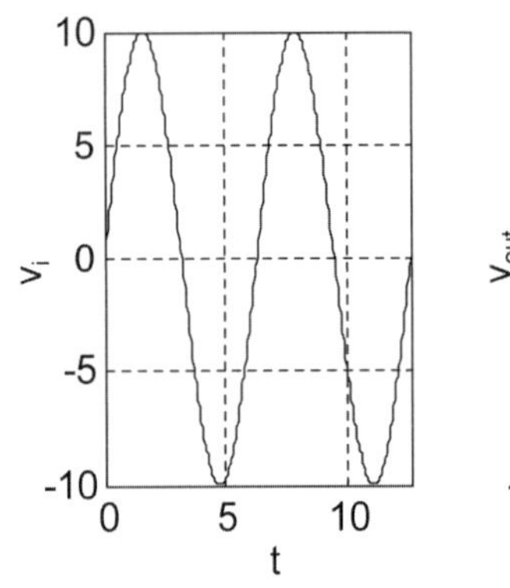

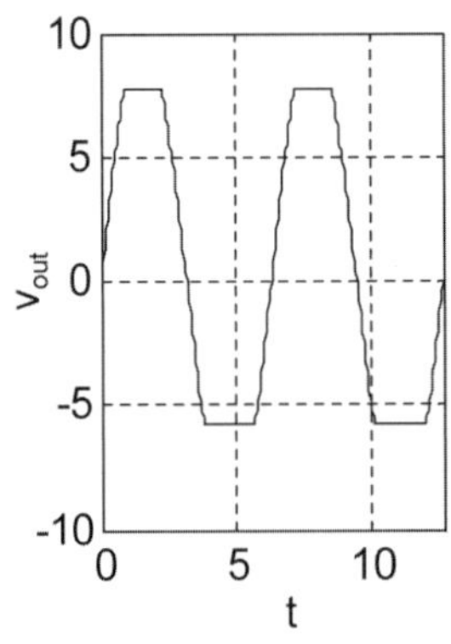

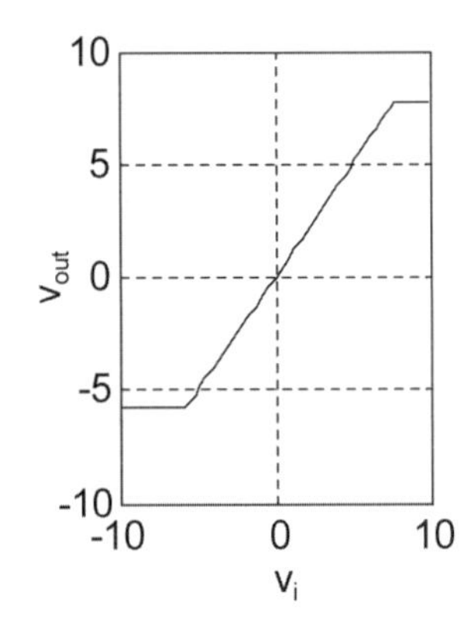

補充

包括電阻作用的雙截波器。

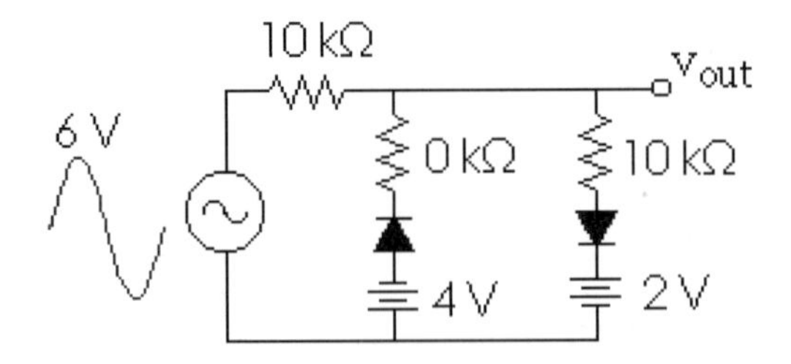

(a) 正截波部分：

$$v_{out} = \frac{v_s - 0.7 - 2}{20\ k\Omega} \times 10\ k\Omega + (0.7 + 2)$$

當輸入電壓為最大值時

$$v_{out} = \frac{6 - 0.7 - 2}{20\ k\Omega} \times 10\ k\Omega + (0.7 + 2) = 4.35\ V$$

(b) 負截波部分：因為電阻值 = 0，因此，截波在 − 4.7 V 處

$$v_{out} = -4.7\ V$$

v_{out} 輸出波形如下所示

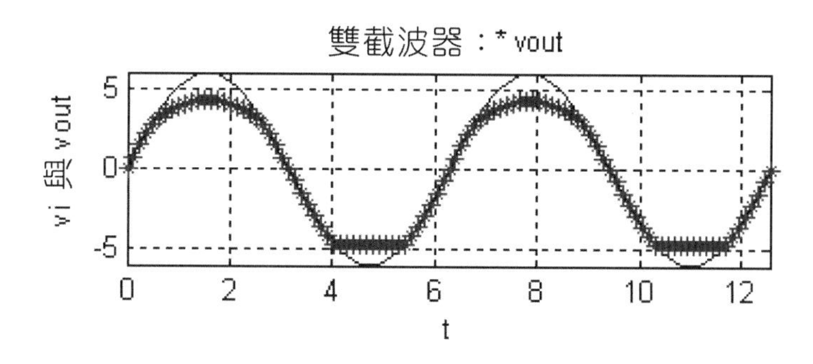

經之前說明與例題後，請參考隨書電子書光碟以程式進行相關例題模擬：

3-5-A　輸出端直流偏壓 Pspice 分析
3-5-B　輸出端直流偏壓 MATLAB 分析
3-5-C　輸入端直流偏壓 Pspice 分析
3-5-D　輸入端直流偏壓 MATLAB 分析
3-5-E　雙截波器 Pspice 分析
3-5-F　雙截波器 MATLAB 分析

輸入電源為峰值 10V 的正弦波，求 v_{out} 波形。

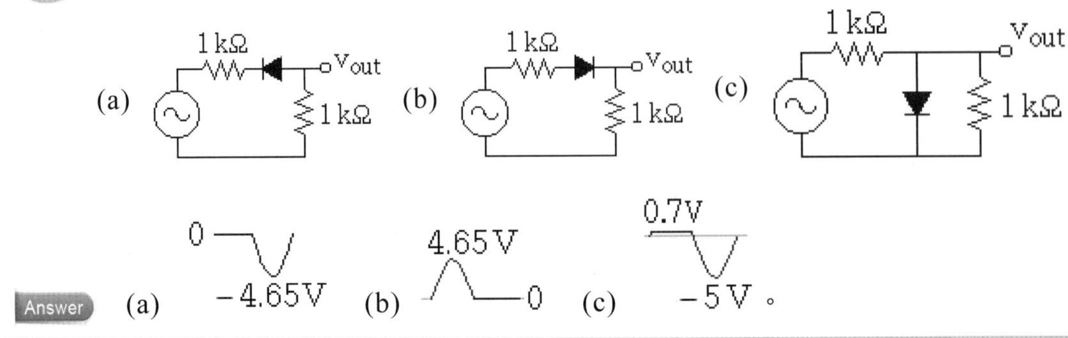

11 練習

輸入電源為峰值 10V 的正弦波，求 v_{out} 波形。

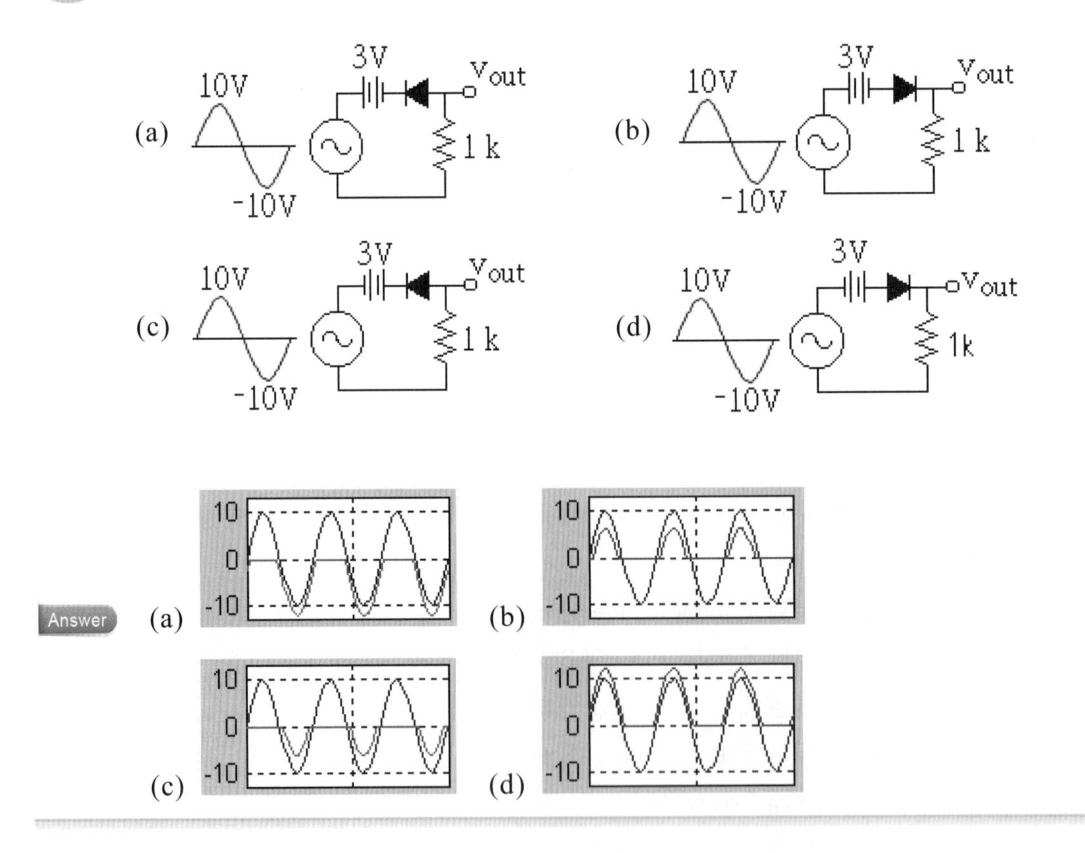

輸入電源為峰值 10V 的正弦波，求 v_{out} 波形。

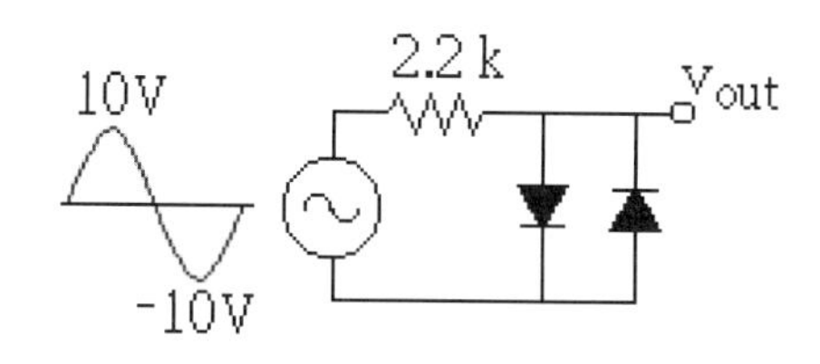

Answer 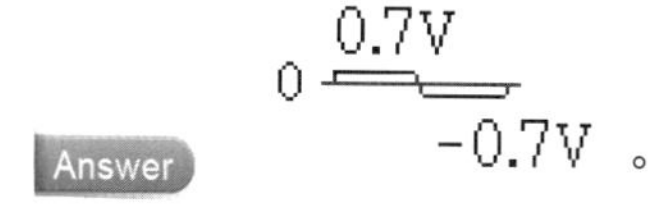

。

13 練習 輸入電源為峰值 15V 的正弦波，求 v_{out} 波形。

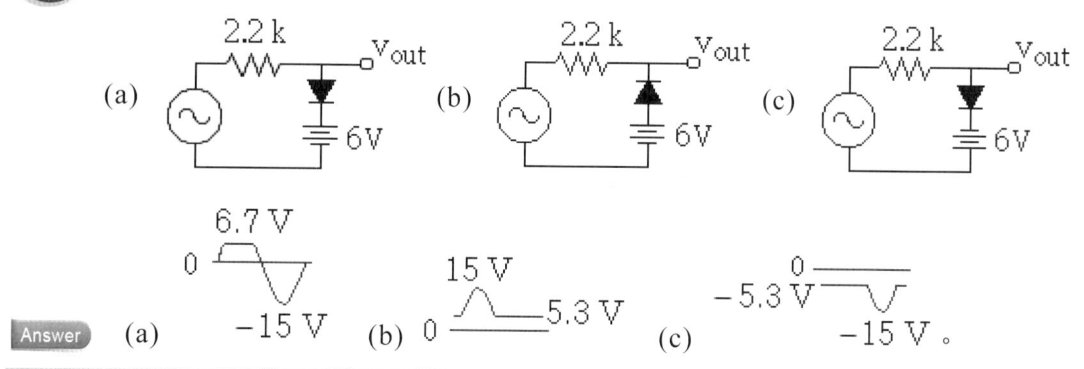

Answer (a) (b) (c) 。

3-6 定位器※＊

上述的截波器主要區分為正截波器與負截波器兩種，電路由電阻、二極體、以及直流電壓源所構成，而所謂定位器，係指直流準位移動至某一位置，但波形並不會有截波現象的裝置，因此電路中必須使用電容，藉由電容充、放電的特性，將直流準位移至所設計的位置。

3-6-1 正定位器

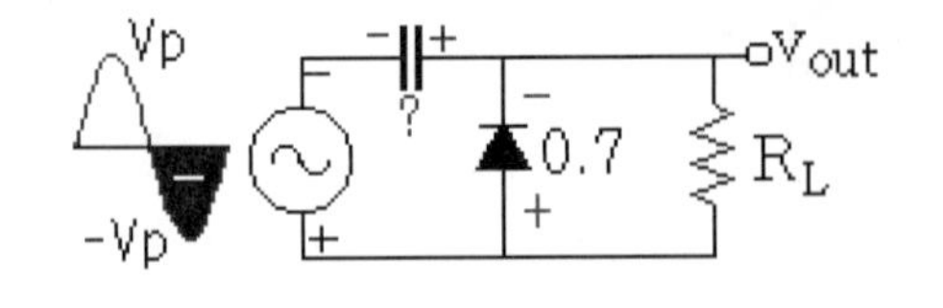

如右圖所示的正定位器電路，當輸入電壓正半週時，二極體逆偏不導通，形同斷路，以致電容無法充電，因此先從負半週開始討論，分述如下。

觀察二極體方向，可知負半週才導通，其電壓值 0.7V，極性上正 + 下負 − 。
v_{out} 跨在二極體上，當輸入為負半週 $-V_p$ 時， $V_{out} = -0.7\ V$ ，此時，電容充電至 $(V_p - 0.7)$ ，極性右正 + 左負 − 。

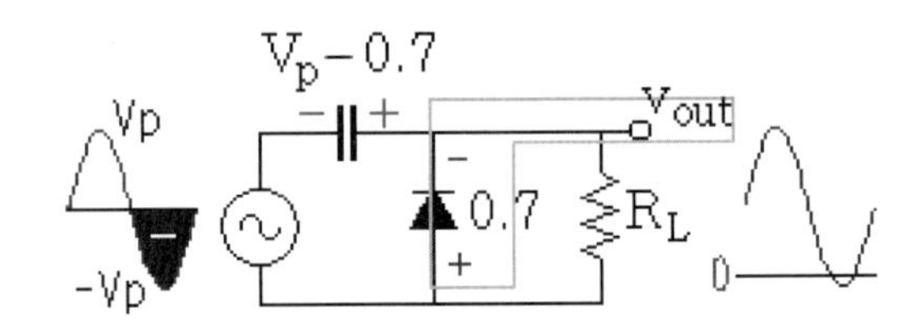

正半週時，二極體 PIV，形同斷路，根據 KVL（順時針方向）

$$-(V_p - 0.7) + PIV - V_p = 0 \quad , \quad v_{out} = PIV = 2V_p - 0.7$$

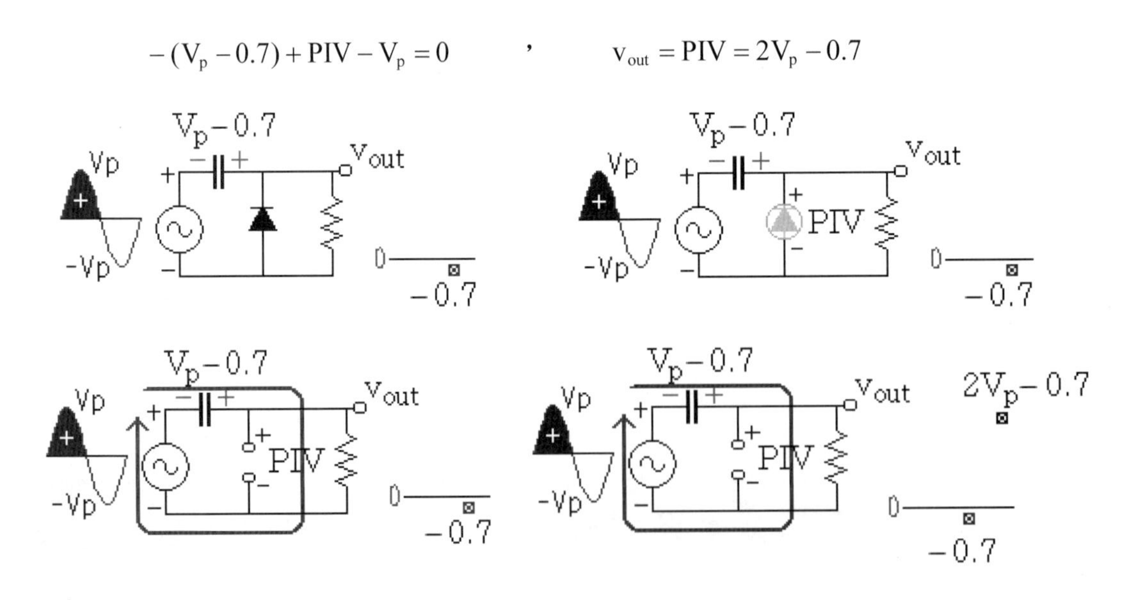

結論

1. 注意二極體方向，向上代表**向上定位器**(Positive clamper)。
2. 定位位置為電容 C 所充的電，亦即 $(V_p - 0.7)$V 。請自行練習在下圖中標示此數值。

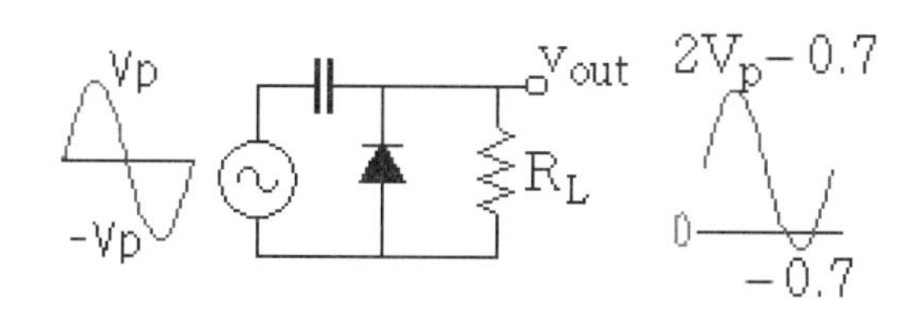

3. 二極體負半週導通，極性上負下正，其值為 − 0.7 V ，因為二極體方向向上，因此基準位往上移動 $(V_p - 0.7)$ ，峰值為 $(2V_p - 0.7)$ 。

以上討論結果並未處理暫態，若要瞭解暫態部分，只要使用 KVL 即可快速求解，例如輸入電壓 v_s 峰值 10 V ，正半週並且 v_s 大於 −0.7 V ，二極體不導通，此時輸出電壓 $v_{out} = v_s$ ，負半週峰值之前並且 v_s 小於 −0.7 V ，二極體導通，電容開始充電，充電至穩態最大值 −9.3 V 為止，此時輸出電壓 v_{out} 等於 −0.7 V ；大於四分之三週期，假設電路時間常數很大，意即電容幾乎維持最大值 −9.3 V ，此時輸出電壓 $v_{out} = v_s - v_c$ ，其波形如下所示。

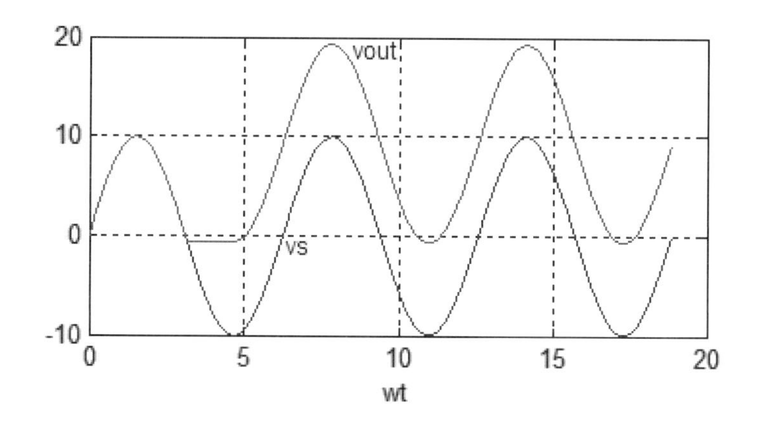

若二極體串接直流電壓 − 可以正電壓或負電壓，電路安排與定位輸出結果如下圖所示。

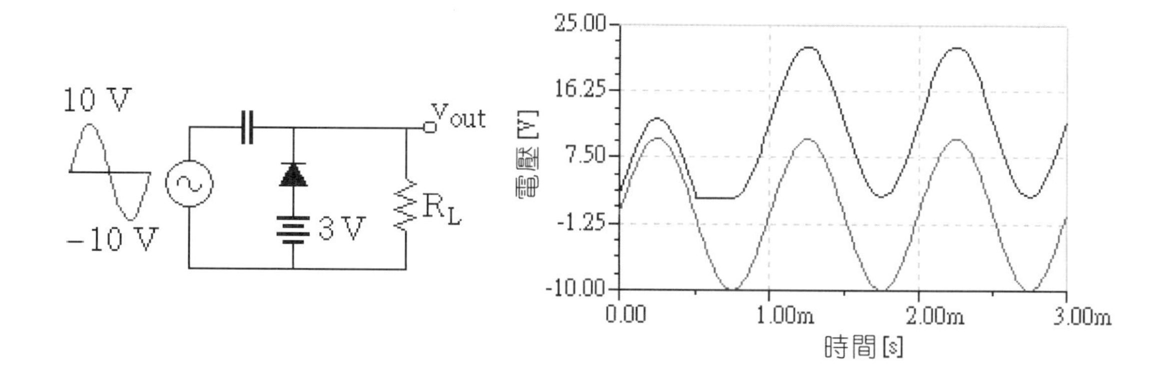

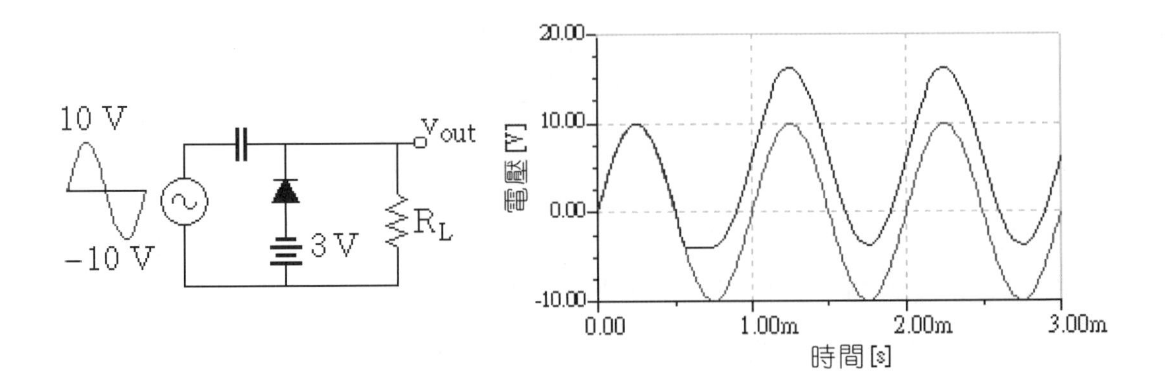

3-6-2 負定位器

如下圖所示的負定位器電路，二極體方向向下，當輸入電壓正半週時，二極體順偏導通，可知為**向下定位器**(Negative clamper)，因此可以從正半週開始討論，比照上述向上定位器的分析可知，二極體正半週導通，極性上正下負，其值為 0.7 V ，因為二極體方向向下，因此基準位往下移動 $(V_p - 0.7)$ ，峰值為 $(2V_p - 0.7)$ 。

以上討論結果並未處理暫態，若要瞭解暫態部分，同樣使用 KVL 即可快速求解，例如輸入電壓 v_s 峰值 10 V ，正半週 ωt 小於四分之一週期並且 v_s 大於 0.7 V ，二極體導通，電容開始充電，充電至穩態最大值 9.3 V 為止，此時輸出電壓 v_{out} 等於 0.7 V ；大於四分之一週期，假設電路時間常數很大，意即電容幾乎維持最大值 9.3 V ，此時輸出電壓 $v_{out} = v_s - v_c$ ，其波形如下所示

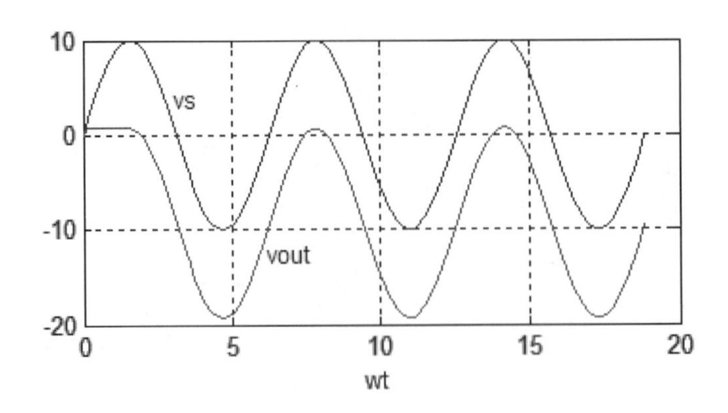

若二極體串接直流電壓－可以正電壓或負電壓，電路安排與定位輸出結果如下圖所示。

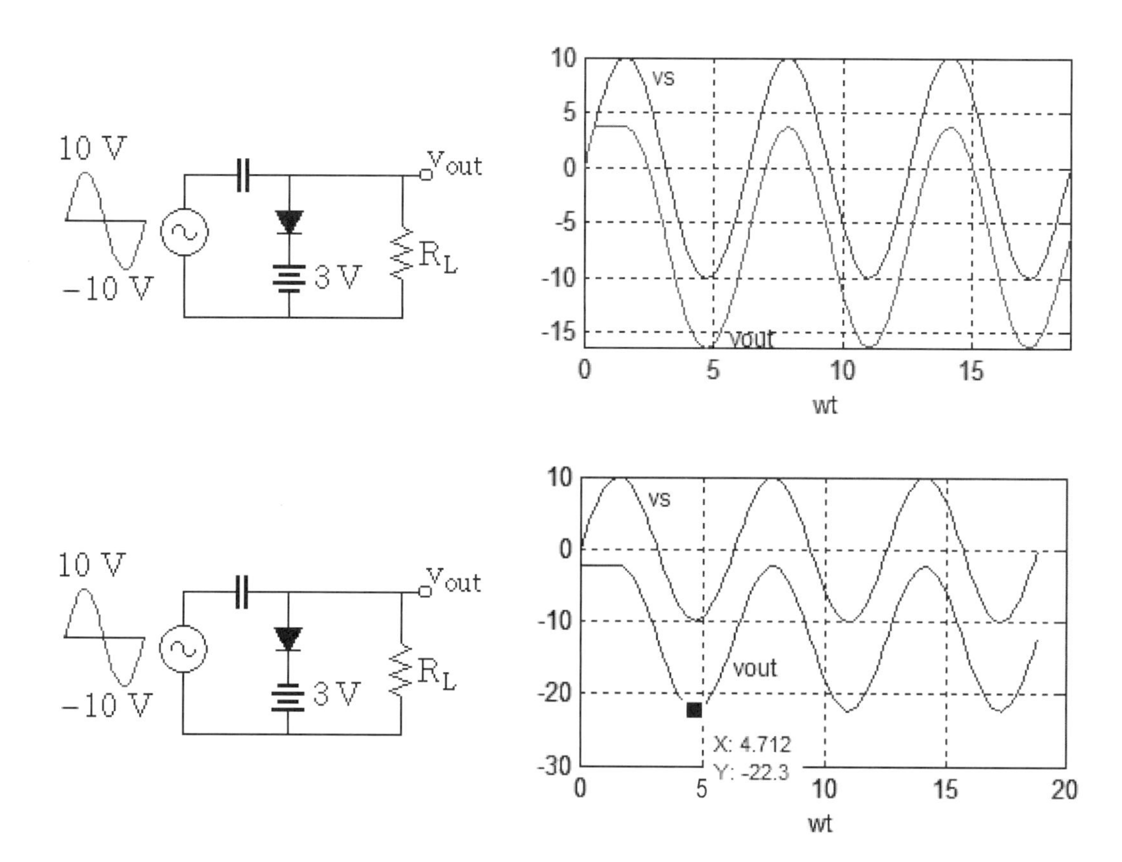

簡易模型

若是不考慮二極體 0.7V 的效應，只要將 0.7V 代換為 0V 即可。

時間常數 $\tau = RC$ 最好能夠大於 100 倍以上信號源的週期。

11 範例

求 v_{out} 穩態波形。

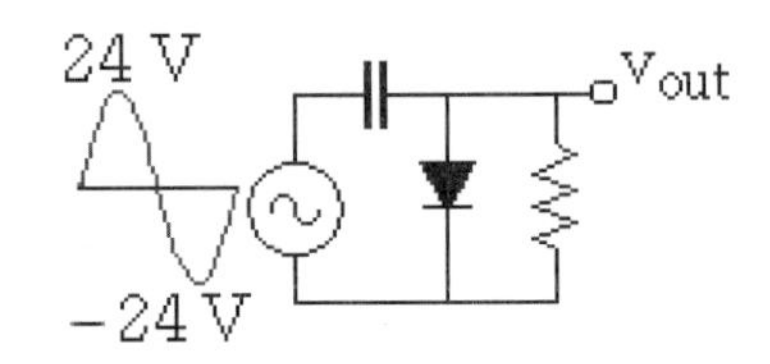

解

(a) 二極體方向向下，確定是向下定位器

(b) 二極體導通時， v_{out} 接到 +0.7 V ，可知從此向下定位。

(c) 輸入的峰對峰值 $V_{pp} = 48$ V ，扣掉 0.7 V ，得知波谷值為 −47.3 V 。

(d) 新基準位值自然是 $-47.3 + 24 = -23.3$ V 或 $0.7 - 24 = -23.3$ V 。

12 範例

求 v_{out} 穩態波形。

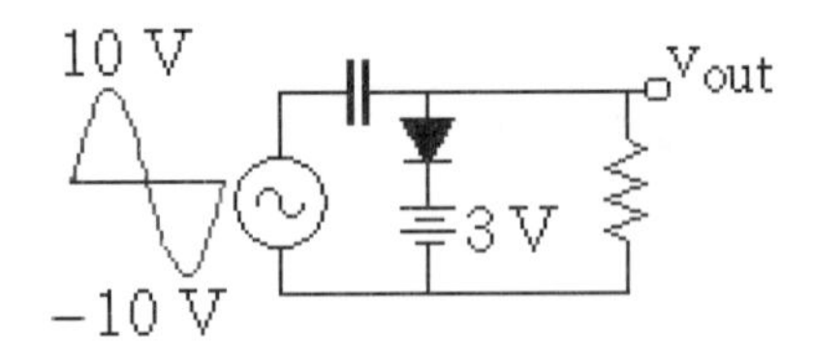

解

(a) 二極體方向向下，確定是向下定位器

(b) 二極體導通時， v_{out} 接到 $+0.7 + 3 = 3.7$ V ，可知從此向下定位。

(c) 輸入的峰對峰值 $V_{pp} = 20$ V ，扣掉 3.7 V ，得知波谷值為 −16.3 V 。

(d) 新基準位值自然是 $-16.3+10=-6.3$ V 或 $3.7-10=-6.3$ V。

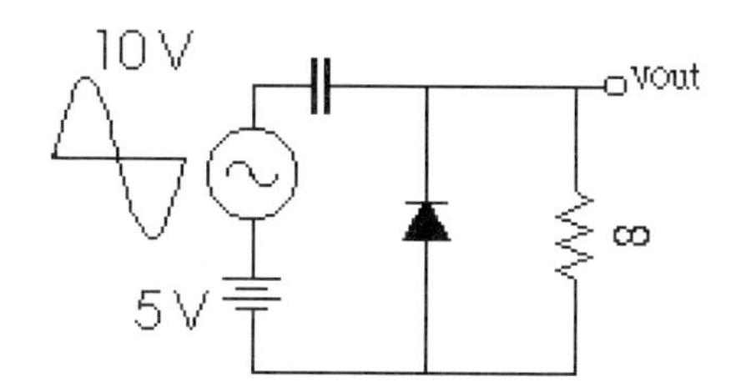

補充

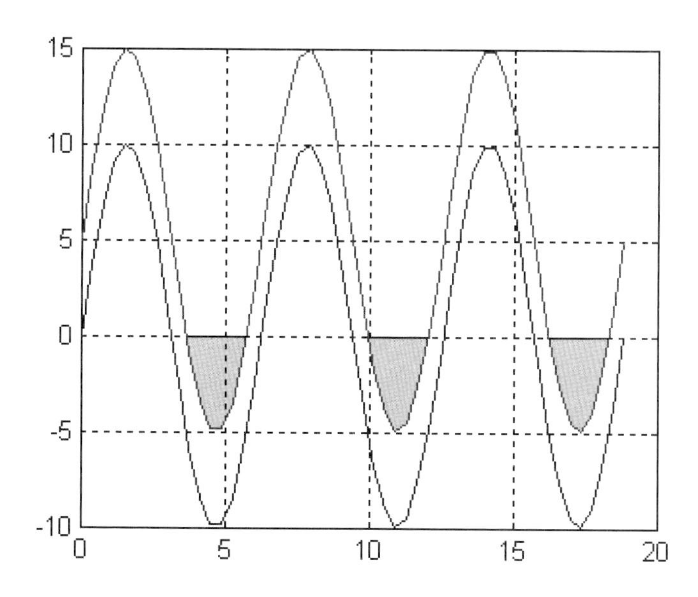

(a) 將交流 ac 與直流 dc 合成，波形如下圖所示。

由電路可知，二極體在負半週才導通，即上圖陰影的週期，當 $ac+dc=0$ 時，令 $t=t1$

$$t1=180+\sin^{-1}\left(-\frac{5}{10}\right)=210^{\circ}$$

(a) $t \le t1$：二極體不導通，形同斷路，因此

$$v_{out} = v_{in} + 5$$

(b) $t1 \le t \le 270°$：二極體導通，形同短路，假設其值為 0，因此，$v_{out} = 0$

(c) $t \ge 270°$：二極體導通，形同短路，並且電容充電到最大值，意即達到穩態，因此，

$$v_{out} = v_p + v_p \sin(\omega t - 2\pi)$$

綜合以上結果，v_{out} 輸出波形，如下圖所示。

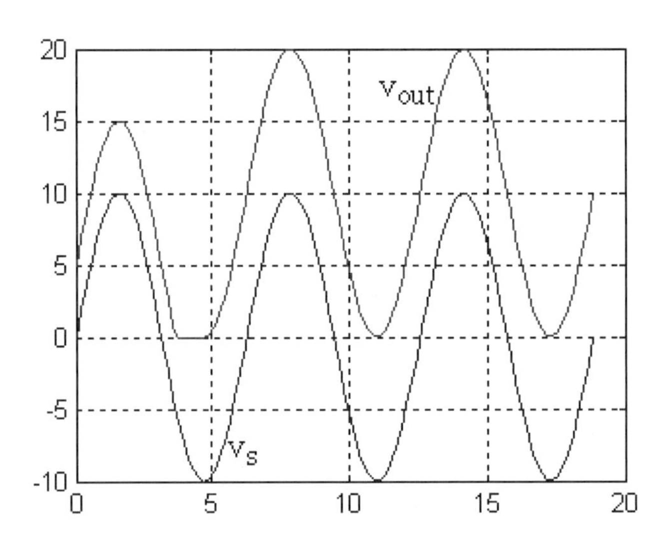

若二極體位障值為 0.7V，v_{out} 輸出波形為何？

經之前說明與例題後，請參考隨書電子書光碟以程式進行相關例題模擬：

3-6-A　定位器 Pspice 分析

3-6-B　定位器 MATLAB 分析

求 v_{out} 穩態波形。

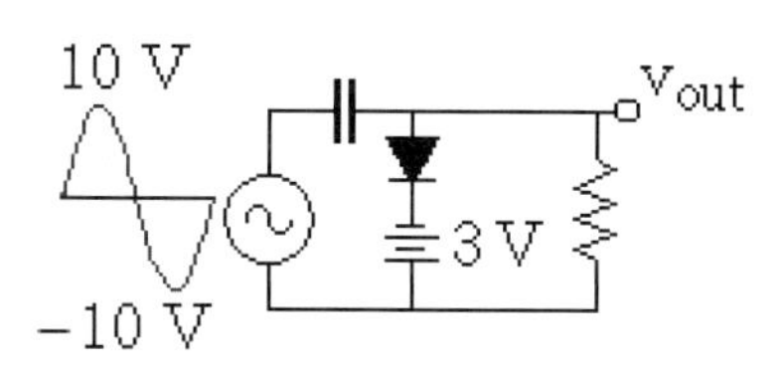

Answer −2.3 V, −12.3 V, −22.3 V。

求 v_{out} 穩態波形。

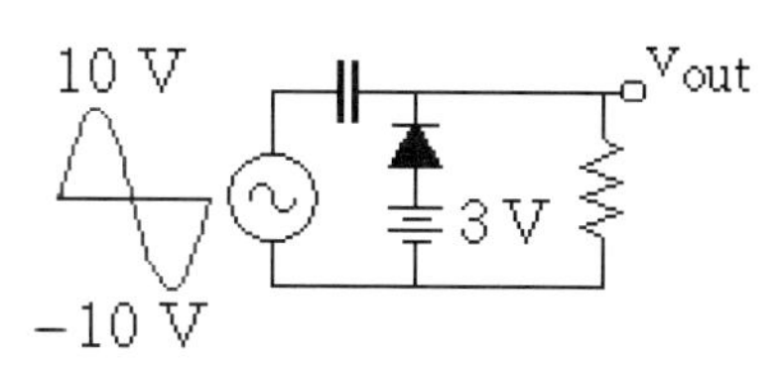

Answer

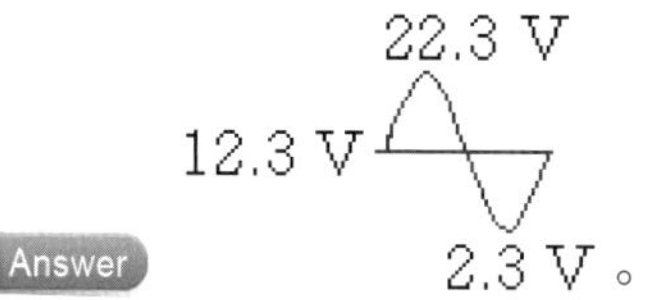

16 練習

求 v_{out} 穩態波形。

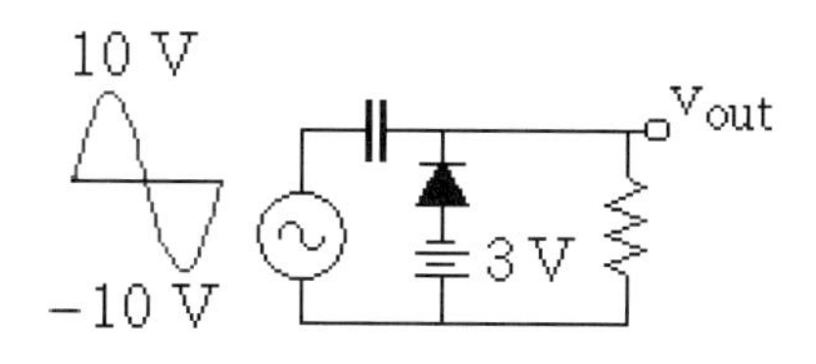

Answer

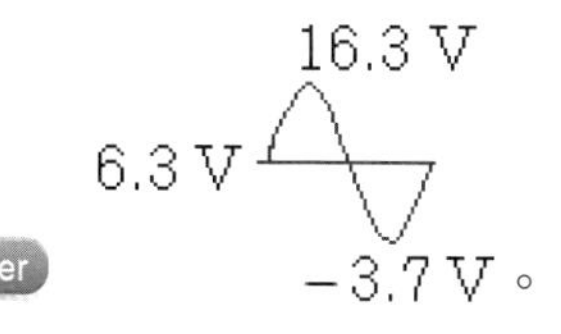

3-7 倍壓器※

如同定位器利用電容充、放電的特性以移動輸出電壓的直流準位，倍壓器電路安排使用多個電容，依序充電並設法讓電路的時間常數很大，使能維持住穩態電壓，如此即可達到倍數輸入電壓的目的。

3-7-1 二倍器

如下圖所示的電路，正半週時，箭頭方向**向下**的二極體導通，左上方的電容才能充電，其電壓值為 $(V_p - 0.7)V$

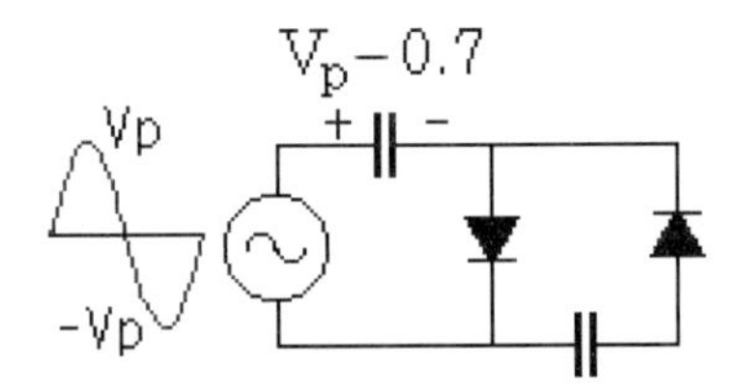

負半週時，箭頭方向**向上**的二極體導通，右下方的電容才能充電，其電壓值根據KVL（順時針方向）。

$$+(V_p - 0.7) - 0.7 - ? + V_p = 0$$

$$? = 2V_p - 1.4$$

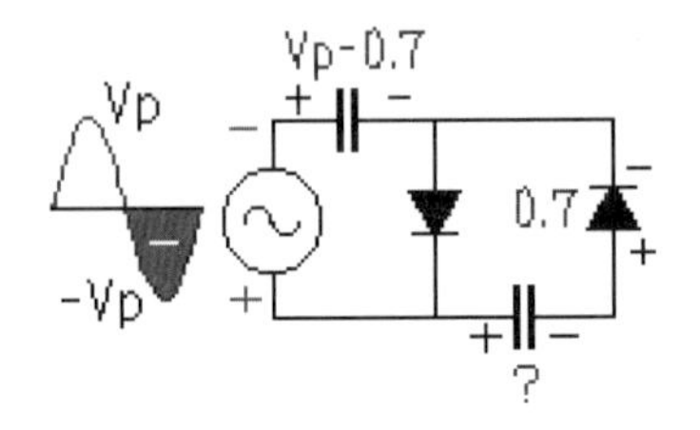

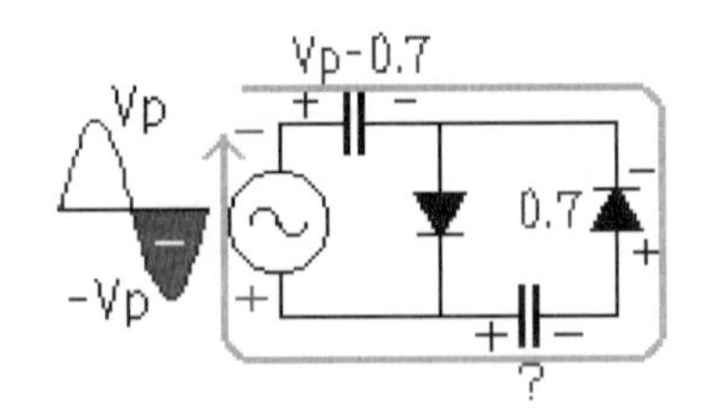

由以上分析可知，右下方的電容可充電至 $(2V_p - 1.4)$，因此電壓從其兩端接出，即為兩倍器(Voltage doubler)。

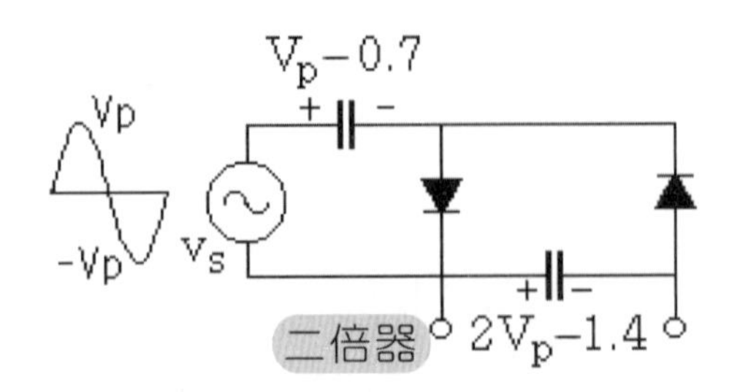

例如，輸入電壓 v_s 的峰值 10 V，頻率 1 kHz，電容 0.1 μF，二極體 1N4148，模擬二倍器暫態結果如下所示。

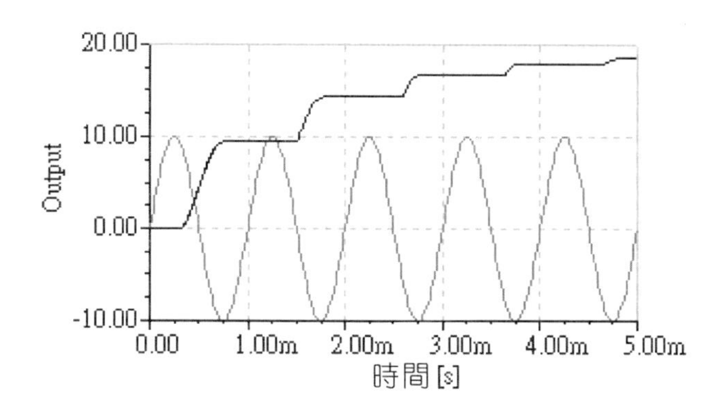

由輸出結果可以清楚看到，二倍器的穩態輸出電壓，必須扣掉 1.4V。

3-7-2 三倍器

延續**兩倍器**的做法：正半週時，第三顆電容充電，其電壓值為數 $(2V_p - 1.4)$

KVL 求解：（順時針方向）

$$+(V_p - 0.7) + ? + 0.7 - (2V_p - 1.4) - V_p = 0$$

$$? = 2V_p - 1.4$$

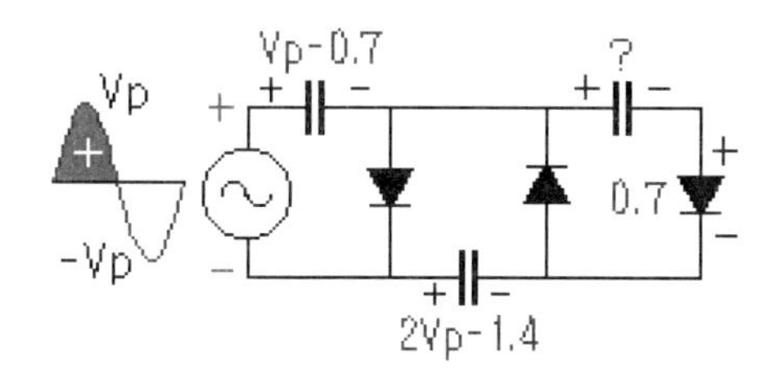

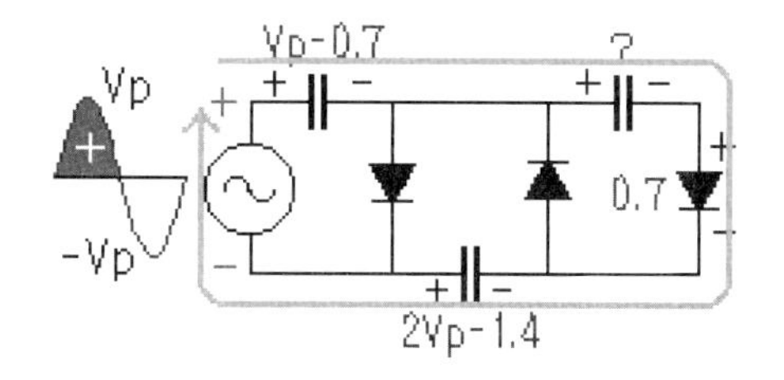

觀察電路可知：上方兩個電容充電極性均為左正右負，因此從其兩端接出的電壓值為 $(3V_p - 2.1)$，即為**三倍器**(Voltage tripler)。

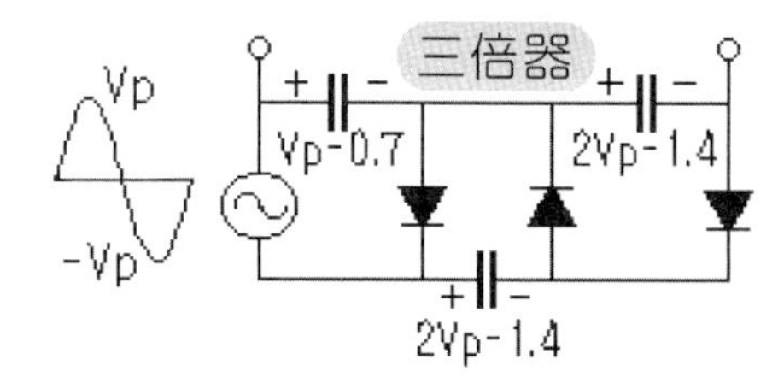

例如，輸入電壓 v_s 的峰值10V，頻率1 kHz，電容0.1 μF，二極體1N4148，模擬三倍器暫態結果如下所示。

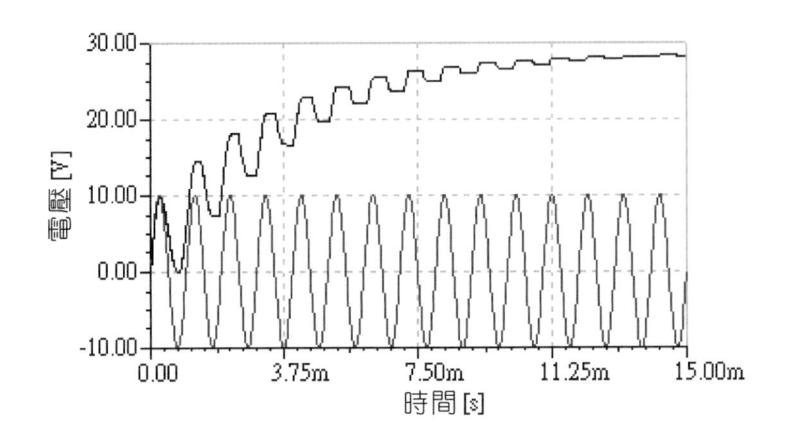

由輸出結果可以清楚看到，三倍器的穩態輸出電壓，必須扣掉 2.1V。

3-7-3 四倍器

延續**三倍器**的做法：負半週時，第四顆電容充電，其電壓值為 $(2V_p-1.4)$。

KVL 求解：(順時針方向)

$$+(V_p-0.7)+(2V_p-1.4)-0.7-?-(2V_p-1.4)+V_p=0$$

$$?=2V_p-1.4$$

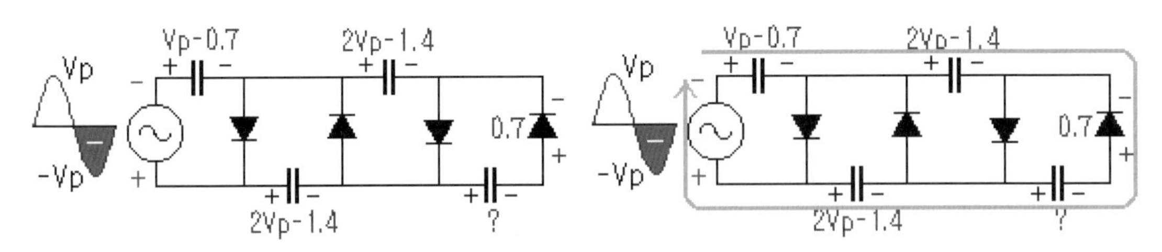

觀察電路可知：下方兩個電容充電極性均為左正右負，因此從其兩端接出的電壓值為 $(4V_p-2.8)$，即為**四倍器**(Voltage quadrupler)。

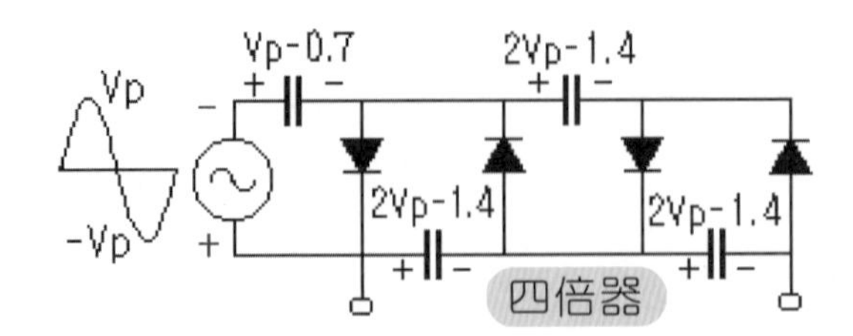

例如，輸入電壓 v_s 的峰值 10V，頻率 1 kHz，電容 0.1 μF，二極體 1N4148，模擬四倍器暫態結果如下所示。

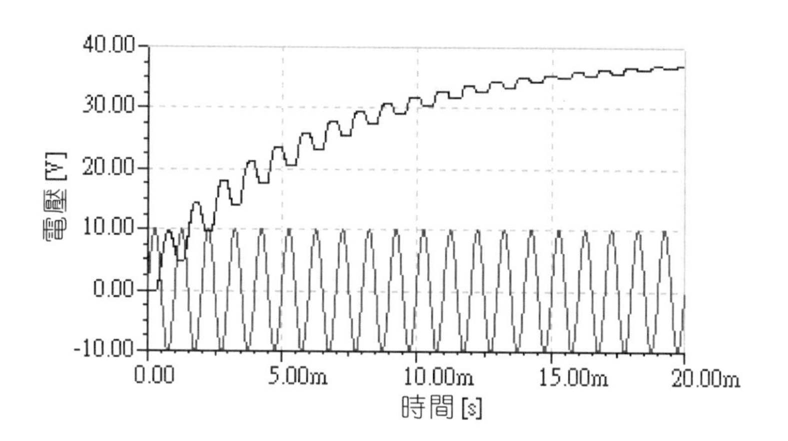

由輸出結果可以清楚看到，四倍器的穩態輸出電壓，必須扣掉 2.8 V。

3-7-4 逆向峰值電壓 PIV

一、二倍器

有兩個方向相反的二極體，所以，不論正、負半週均有一個二極體 PIV。

以正半週為例，右邊的二極體 PIV，極性上正下負。

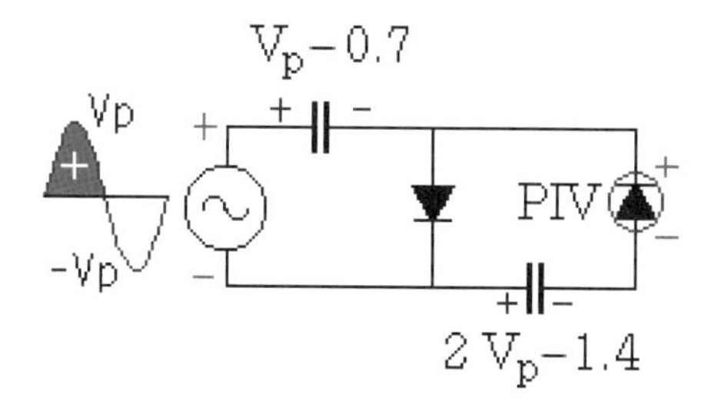

以 KVL 求解：(順時針方向)

$$+(V_p-0.7)+PIV-(2V_p-1.4)-V_p=0$$

$$PIV=2V_p-0.7$$

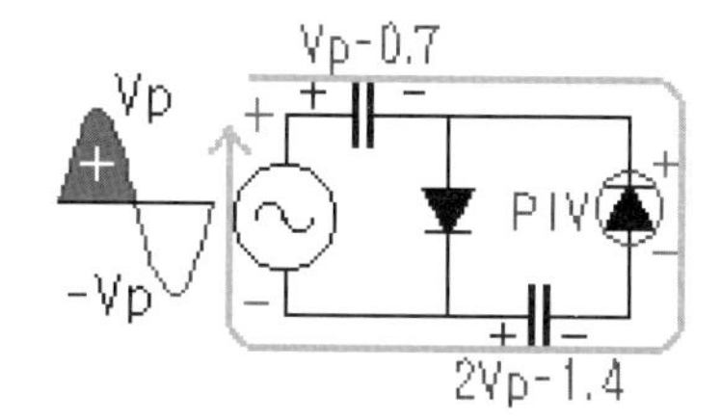

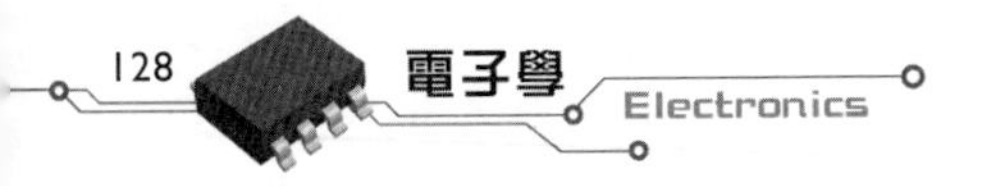

二、三倍器

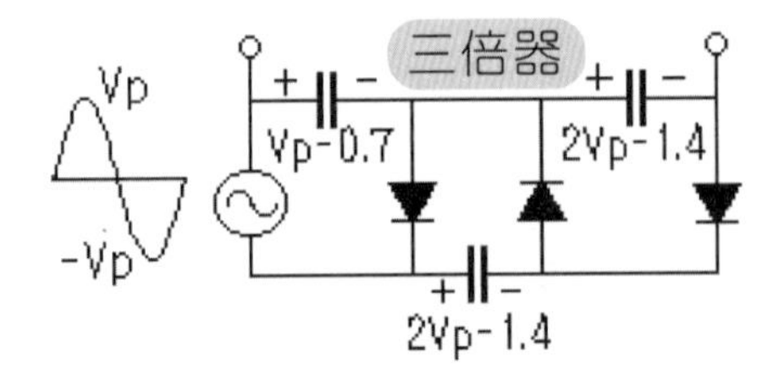

以負半週為例，最右邊的二極體 PIV，極性上負下正。

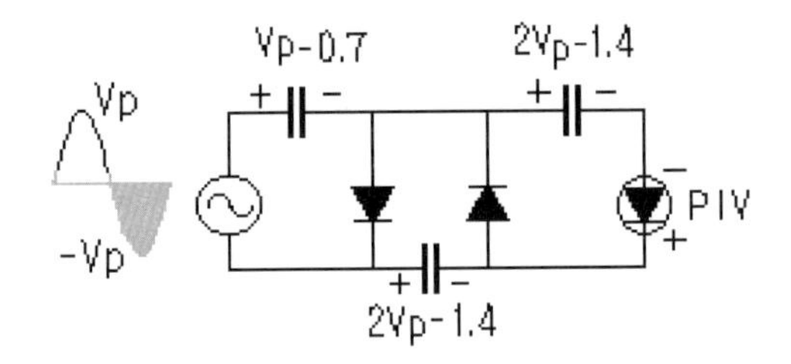

以 KVL 求解：(順時針方向)

$$+(V_p-0.7)+(2V_p-1.4)-PIV-(2V_p-1.4)+V_p=0$$

$$PIV=2V_p-0.7$$

三、四倍器

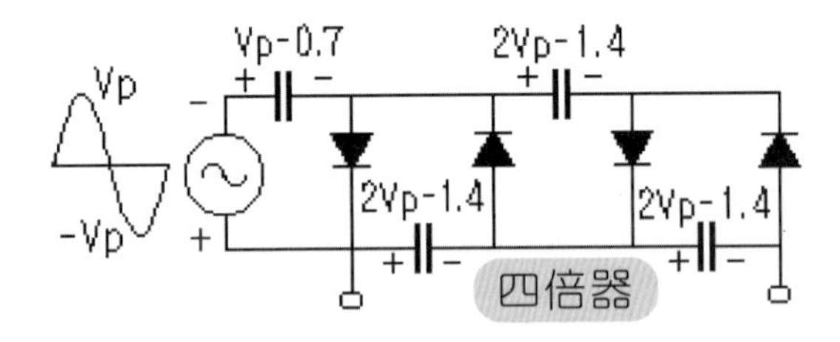

以正半週為例，最右邊的二極體 PIV，極性上正下負。

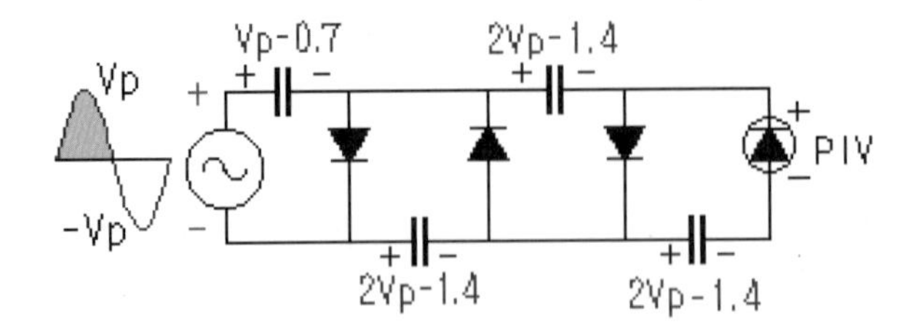

以 KVL 求解：(順時針方向)

$$+(V_p-0.7)+(2V_p-1.4)+PIV-(2V_p-1.4)-(2V_p-1.4)-V_p=0$$

$$PIV=2V_p-0.7$$

簡易模型

若是不考慮二極體 0.7 V 的效應，只要將 0.7 V、1.4 V、2.1 V 代換為 0 V 即可。

一、二倍器

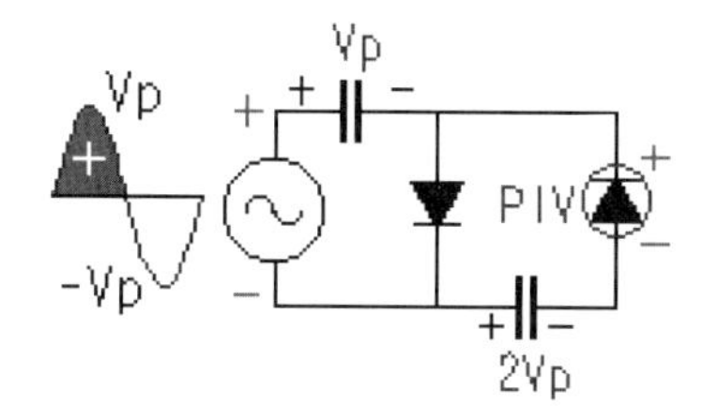

二、三倍器

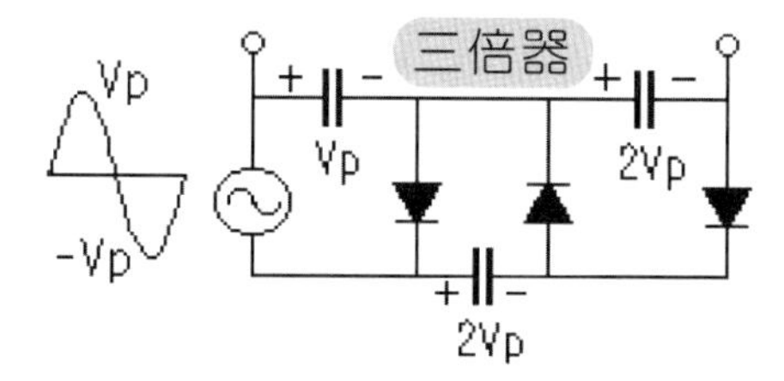

三、四倍器

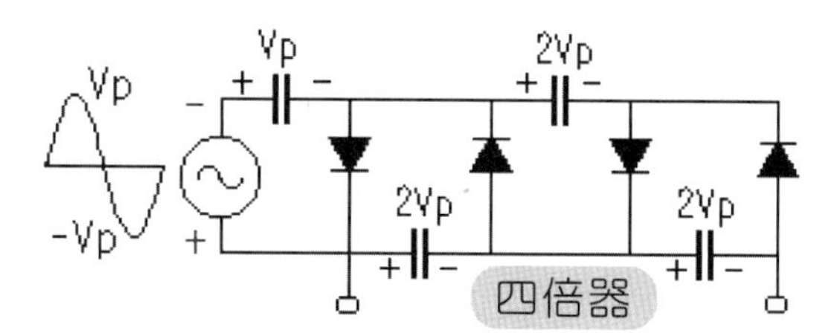

13 範例

如圖電路，求(a)負載電壓 (b)每一顆二極體的 PIV。

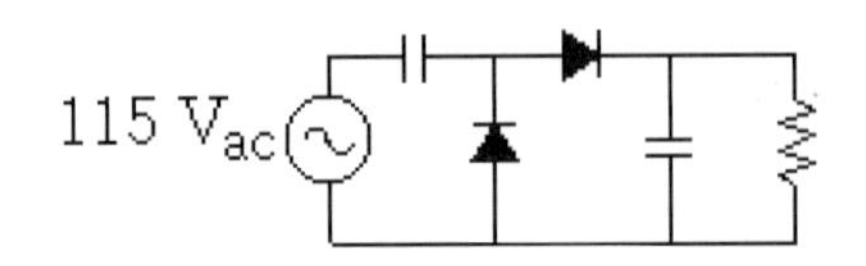

解

輸入峰值電壓為

$$V_p = \sqrt{2} \times 115 = 162.64 \text{ V}$$

(a) 觀察電路可知：此為二倍倍壓器

$$V_{負載} = 2V_p - 1.4 = 323.88 \text{ V}$$

(b) $\text{PIV} = 2V_p - 0.7 = 324.58 \text{ V}$

自行練習：任一二極體的 PIV。

14 範例

如圖電路，輸入 v_s 電壓為 $115V_{ac}$， N_1 ： N_2=1：2，求(a)負載電壓 (b)每一顆二極體的 PIV。

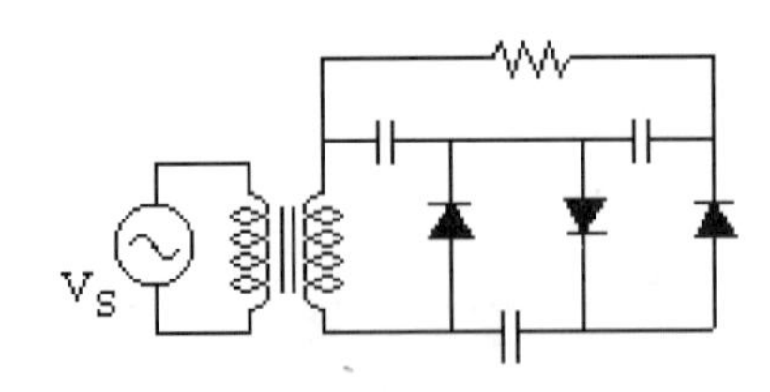

解

輸入峰值電壓為

$$V_{1p} = \sqrt{2} \times 115 = 162.64 \text{ V}$$

$$V_{2P} = 2 \times 162.64 = 325.28 \text{ V}$$

(a) 觀察電路可知：此為三倍倍壓器

$$V_{負載} = 3V_{2p} - 2.1 = 975.84 - 2.1 = 973.74\ V$$

(b) $PIV = 2V_{2P} - 0.7 = 650.56 - 0.7 = 649.86\ V$

自行練習：任一二極體的 PIV。

經之前說明與例題後，請參考隨書電子書光碟以程式進行相關例題模擬：

3-7-A　倍壓器 Pspice 分析

如圖電路，輸入 v_s 電壓為 $115V_{ac}$， $N_1 : N_2 = 1 : 2$，求(a)負載輸出電壓　(b)每一顆二極體的 PIV。

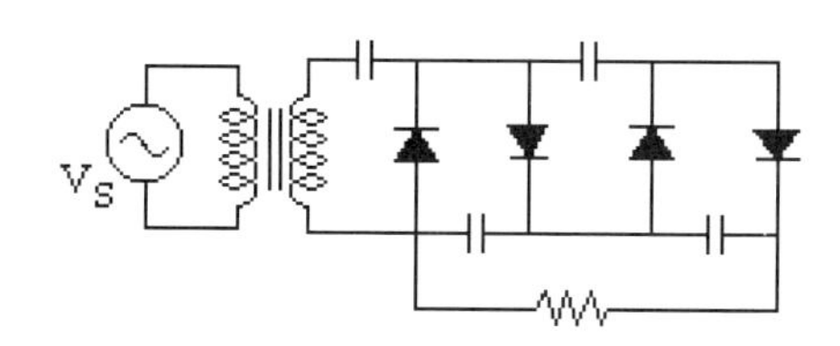

Answer　(a)1298 V　(b)650 V。

習題

3-1　如圖電路，若輸入電壓之頻率 $f_{in} = 60$ Hz，求(a) V_{DC}　(b) I_{DC}　(c)PIV　(d) f_{out}。

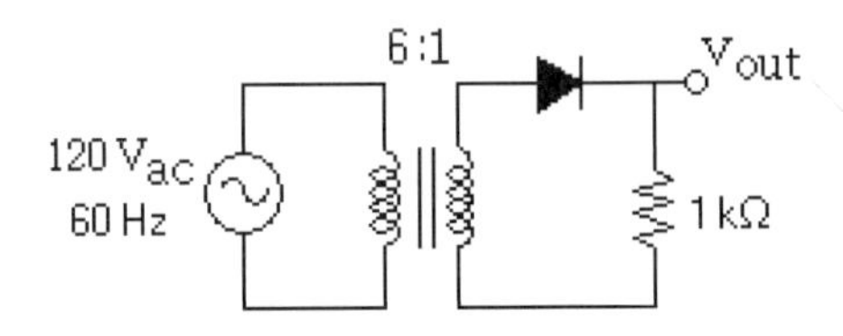

3-2　如圖電路，若輸入電壓之頻率 $f_{in} = 60$ Hz，求(a) V_{DC}　(b) I_{DC}　(c)PIV　(d) f_{out}。

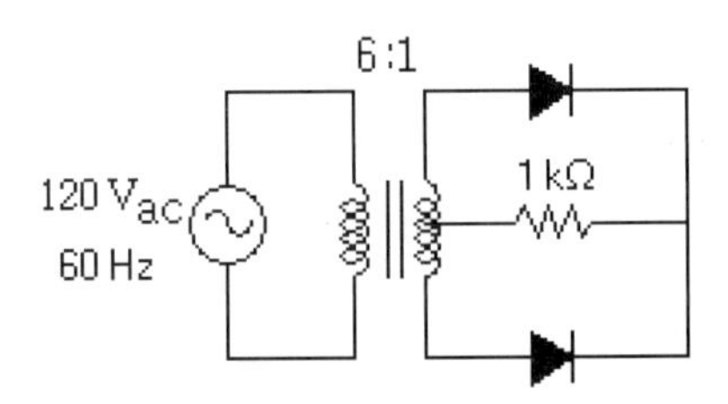

3-3　如圖電路，若輸入電壓之頻率 $f_{in} = 60$ Hz，求(a) V_{DC}　(b) I_{DC}　(c)PIV　(d) f_{out}。

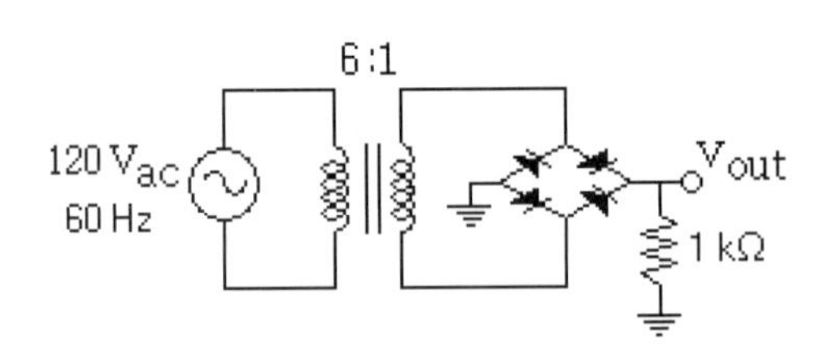

3-4　如圖電路，若輸入電源的頻率 $f_{in} = 60$ Hz，求(a) V_{rip}　(b) $V_{DC(精確值)}$。

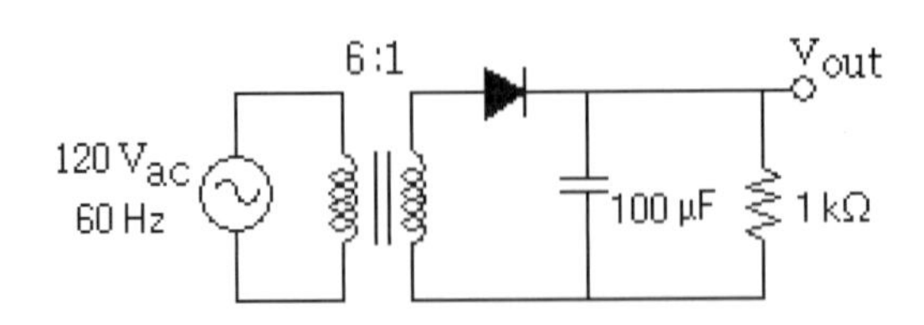

3-5　如圖電路，若輸入電壓之頻率 $f_{in} = 60$ Hz，求(a) V_{rip}　(b) $V_{DC(精確值)}$。

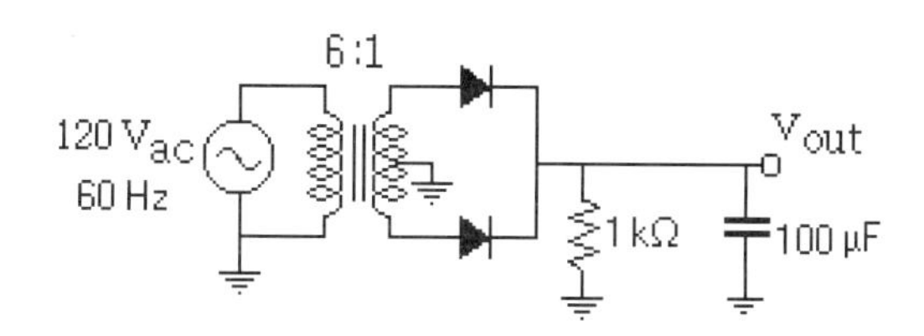

3-6　如圖電路，若輸入電壓之頻率 $f_{in} = 60$ Hz，求(a) V_{rip}　(b) $V_{DC(精確值)}$。

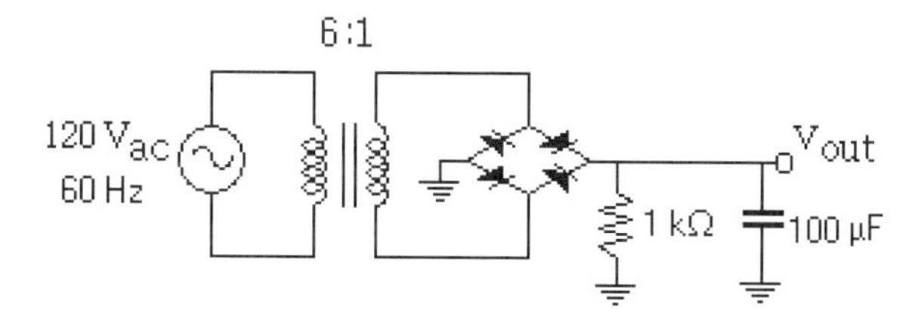

3-7　如圖電路，求 v_{out} 波形。

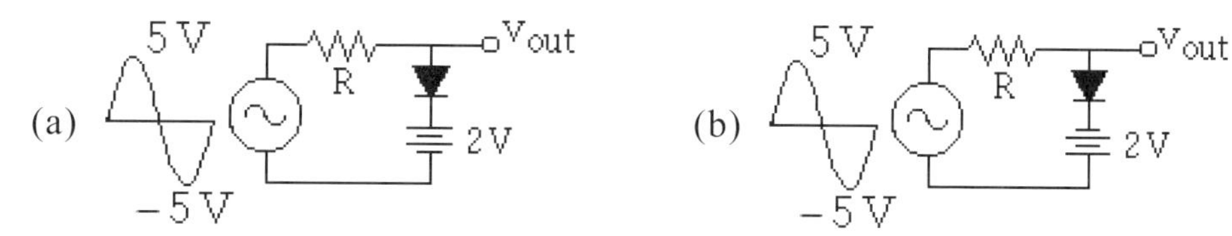

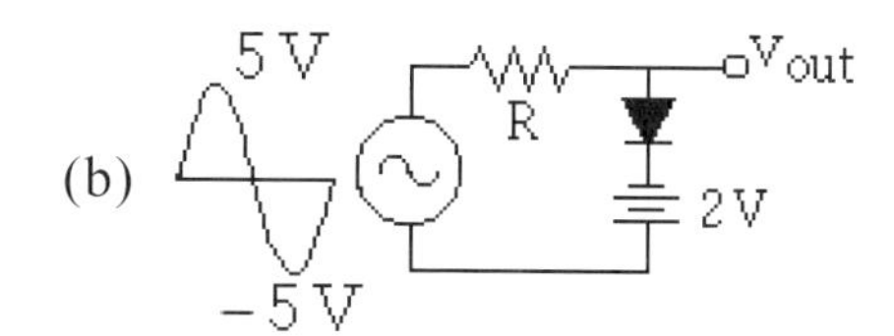

3-8　如圖電路，求 v_{out} 波形。

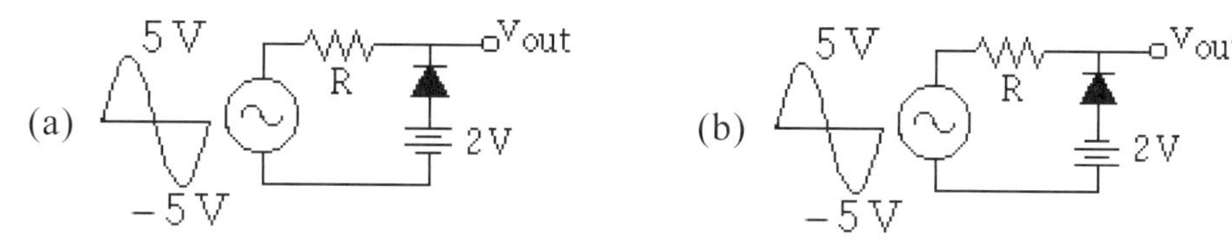

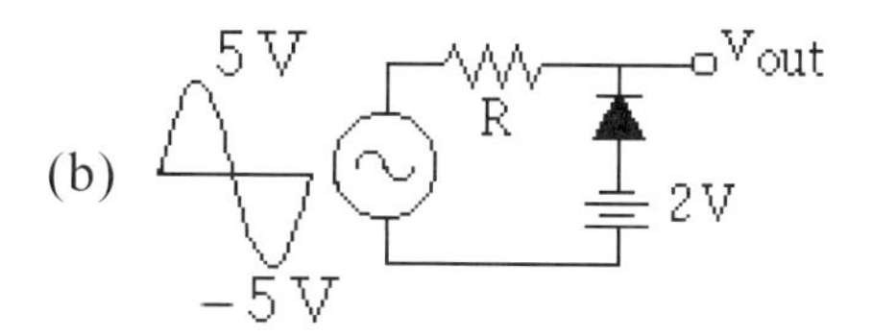

3-9　如圖電路，求 v_{out} 波形。

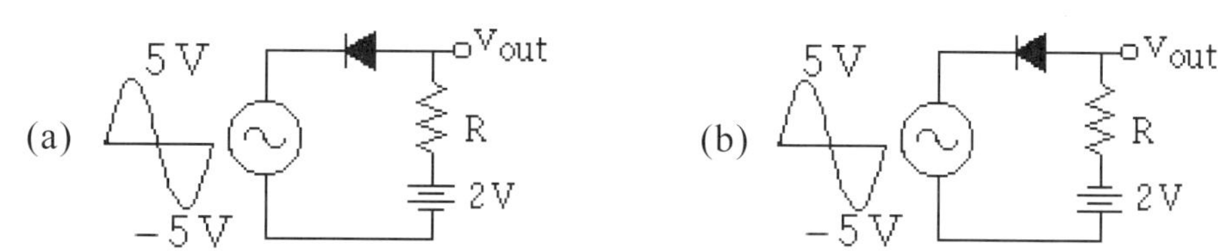

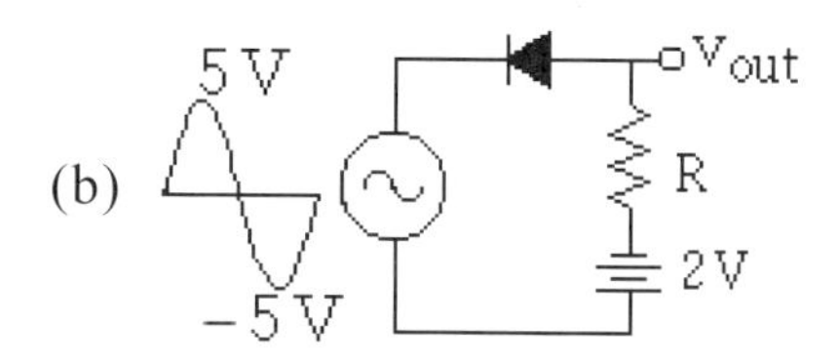

3-10　如圖電路，求 v_{out} 波形。

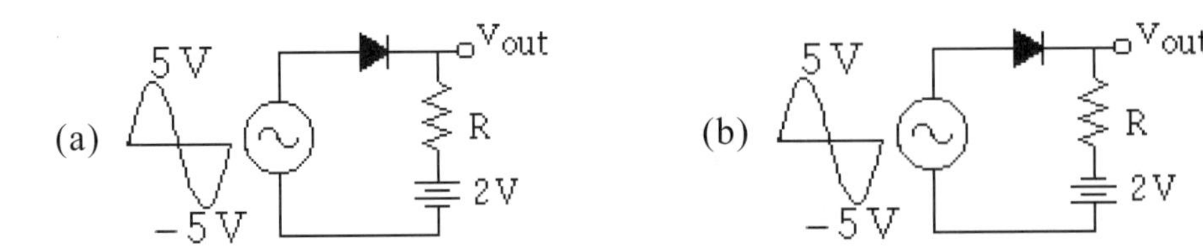

3-11　如圖電路，求 v_{out} 波形。

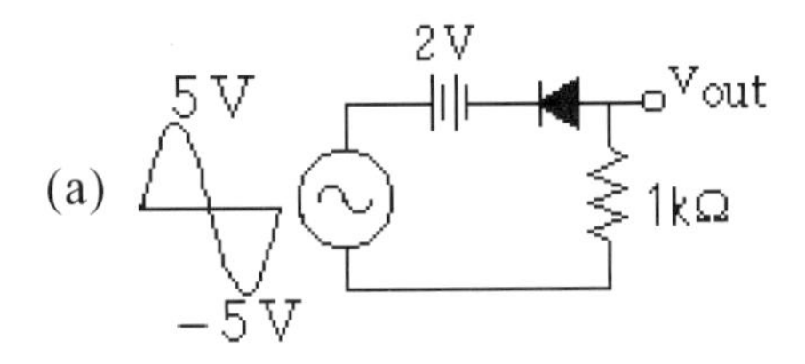

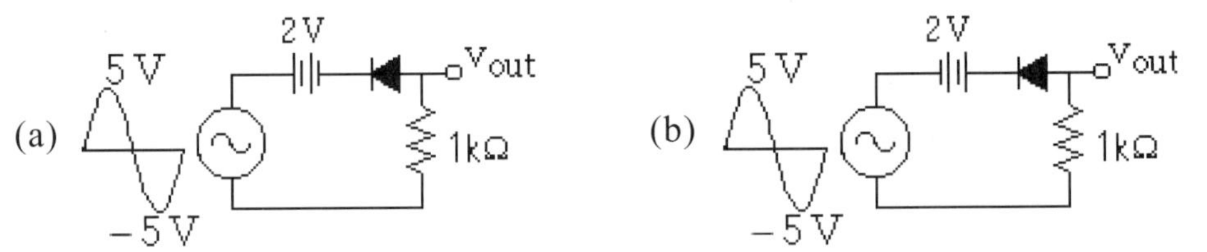

3-12　如圖電路，求 v_{out} 波形。

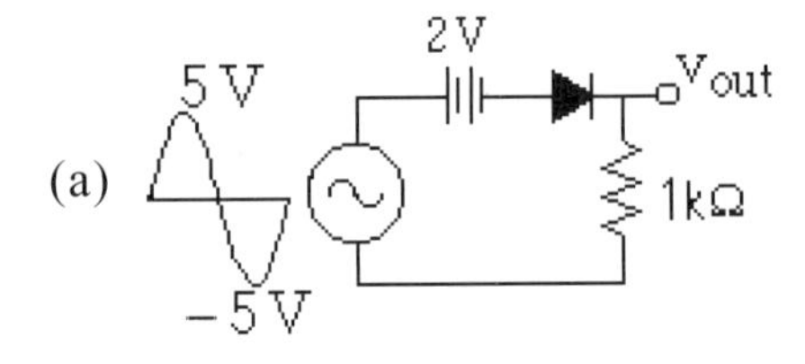

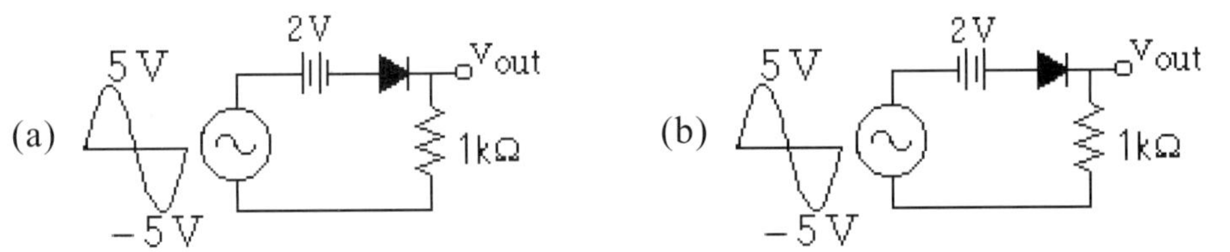

3-13　如圖電路，求 v_{out} 波形。

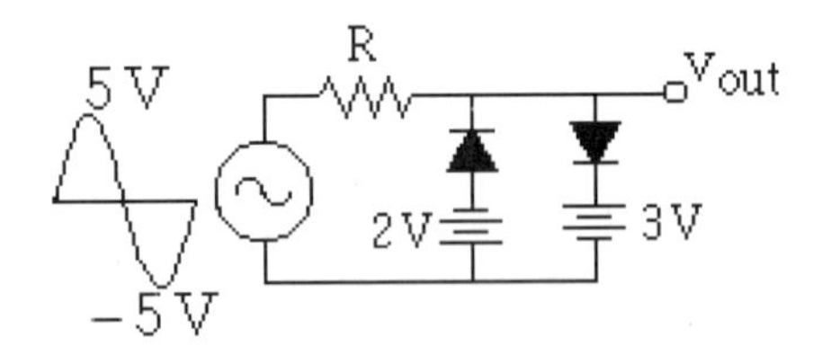

3-14　如圖電路，求 v_{out} 波形。

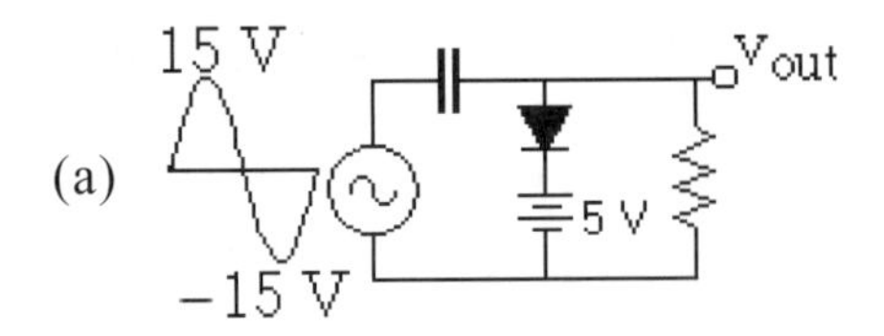

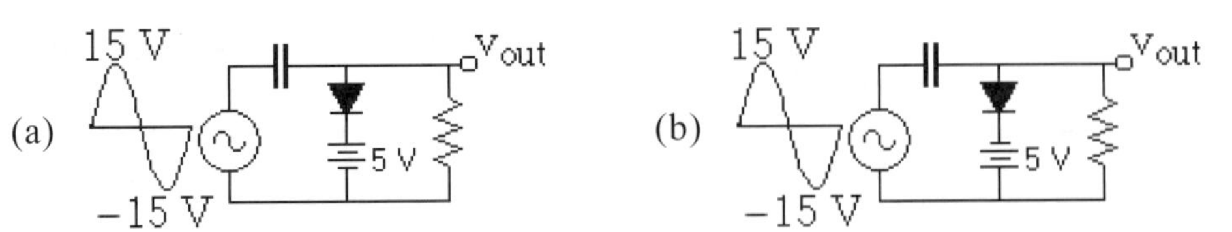

3-15 如圖電路，求 v_{out} 波形。

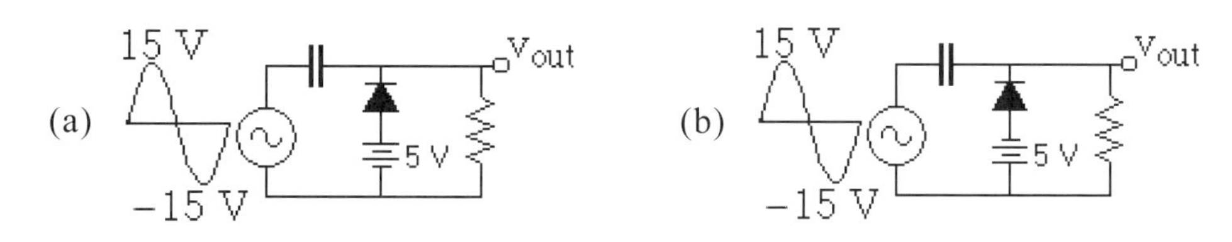

3-16 如圖電路，輸入 v_s 電壓為 120V_{ac}， N_1 ： N_2 = 2 ： 1，求(a)負載電壓 (b)每一顆二極體的 PIV。

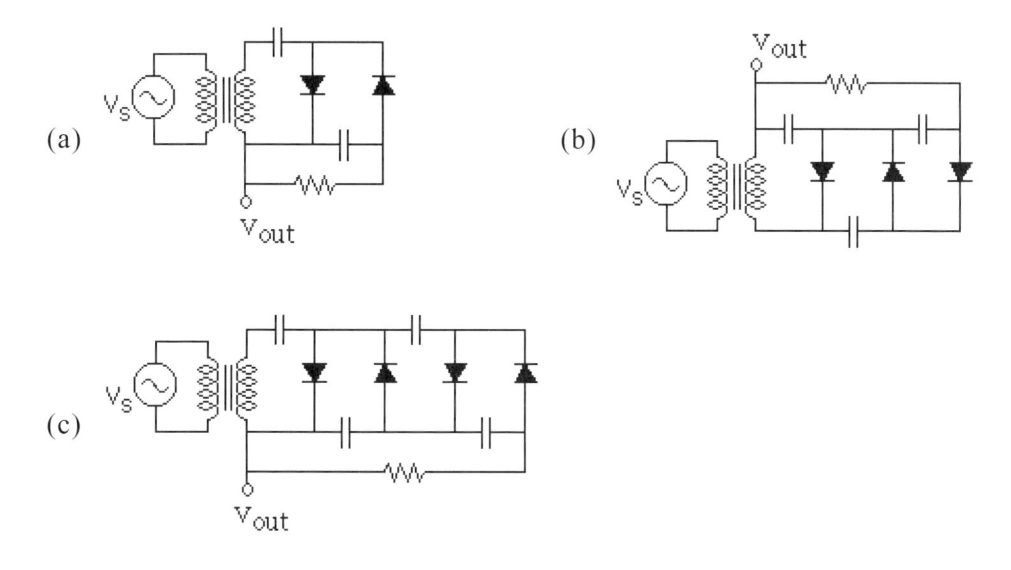

MEMO

特殊二極體

研究完本章，將學會

- 稽納二極體
- 稽納電壓調整器
- 負載電阻漣波
- 特殊二極體

4-1 稽納二極體※ *

稽納二極體(Zener diode)，電子符號如下所示，其中有 Z 的形狀，

用途在電壓調整器，使輸出電壓維持固定，特點是使用於崩潰區，故稱**崩潰二極體**，又因具有穩壓功能，有時亦稱電壓調整二極體。

4-1-1 I-V 特性曲線

I-V 特性曲線分成三區：

一、**順向區**：約 0.7 V，稽納二極體進入導通狀態，狀況與一般矽二極體相同。

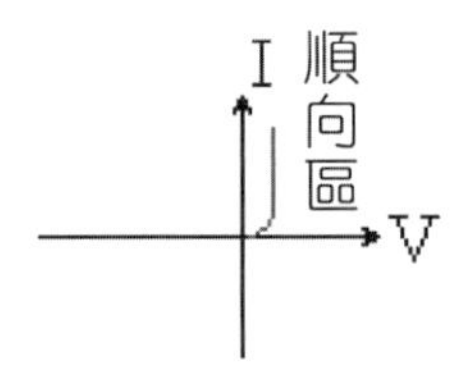

二、**漏電區**：從零到逆向崩潰電壓之間，其逆向電流甚小。

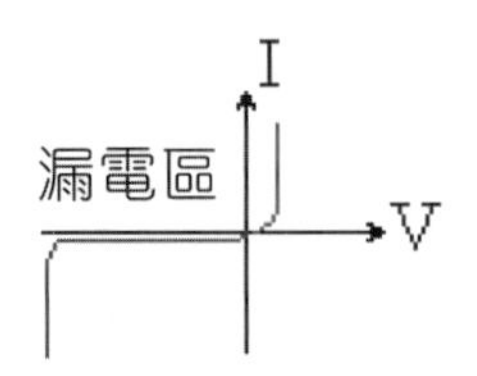

三、**崩潰區**(Breakdown)：到達崩潰點時，電流幾乎垂直式的快速增加，注意崩潰電壓 V_Z 幾乎是定值的現象，其典型值可從 2 V 至 200 V 不等，由摻雜程度決定；通常資料手冊中會註明 V_Z 及其對應的測試電流 I_{ZT}。

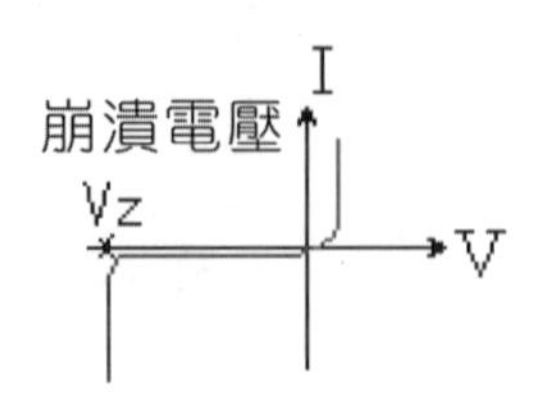

4-1-2 最大額定值

稽納二極體的散逸功率等於其電壓乘上電流，即

$$P_Z = V_Z I_Z$$

例如，稽納電壓 $V_Z = 12$ V，稽納電流 $I_Z = 10$ mA 時，則散逸功率為

$$P_Z = 12 \times 10 = 120 \text{ mW}$$

此功率以熱量型式散逸，只要不超過稽納二極體的功率額定值 P_{ZM}，就可確保工作於崩潰區而不致於燒毀；另外，在最大額定功率下，最大額定電流與額定電壓關係為

$$I_{ZM} = \frac{P_{ZM}}{V_Z}$$

例如，稽納二極體的崩潰電壓 $V_Z = 12$ V，額定功率為 400 mW，則最大額定電流為

$$I_{ZM} = \frac{400 \text{ mW}}{12 \text{ V}} = 33.33 \text{ mA}$$

此值表示稽納電流必須小於 33.33 mA，否則稽納二極體將會受損，因此限流電阻的配合使用是需要的。

4-1-3 稽納電阻

稽納二極體工作在崩潰區時，若有較大電流流經，電壓並非恒定而有少許增加，總言之，稽納二極體的電阻值很小；此值大小可由崩潰區任意二點電壓變化量與電流變化量求得，即

$$R_Z = \frac{\Delta V}{\Delta I}$$

其中 R_Z 為稽納電阻，ΔV 為崩潰區內任意二點電壓變化量，ΔI 為相對 ΔV 相同二點的電流變化量；例如，當稽納二極體的 I_Z 改變 2 mA 時，V_Z 改變 50 mV，則稽納電阻為

$$R_Z = \frac{\Delta V}{\Delta I} = \frac{50 \text{ mV}}{2 \text{ mA}} = 25\ \Omega$$

4-1-4 電壓調整

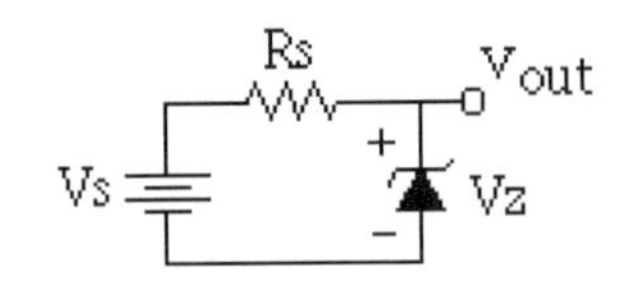

稽納二極體廣泛應用於電壓調整(Voltage regulation)，使用時必須賦予逆向偏壓，如右圖所示

V_S必須大於V_Z，R_S當作限流電阻。

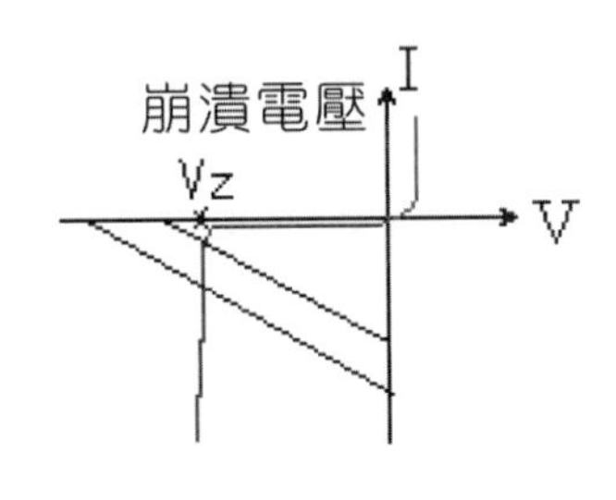

為了簡單說明稽納電壓調整器如何工作，假設輸入電壓V_S為$20 \sim 30\text{ V}$，$R_S = 1\text{ k}\Omega$，則直流負載線分別如右圖所示。

由於稽納二極體工作在崩潰區內，因此直流負載線位在第三象限，兩靜態工作點相對應的電流變化量也許很大，但是電壓變化量幾乎等於零，並且對應值指向崩潰電壓，這就是電壓調整作用的基本概念。

4-1-5 等效電路

理想模型：無稽納電阻R_Z，表示工作在崩潰區的稽納二極體，可以使用一固定直流電壓代替。

實際模型：考慮有稽納電阻R_Z的存在，此時稽納二極體等效成稽納電阻 Rz 串聯一固定直流電壓。

假設：電流I_1流過稽納二極體，其兩端的電壓

$$V_1 = I_1 R_Z + V_Z$$

另一電流I_2流過稽納二極體，

$$V_2 = I_2 R_Z + V_Z$$

可得知當有電流變化量時，稽納二極體的兩端將有電壓變化量

$$\Delta V_Z = V_2 - V_1 = (I_2 - I_1)R_Z = \Delta I_Z R_Z$$

即

$$\Delta V_Z = \Delta I_Z \times R_Z$$

其中 ΔV_Z 為稽納電壓變化量，ΔI_Z 為稽納電流變化量，R_Z 為稽納電阻。

1 範例

如圖電路，求(a)稽納最小電流　(b)稽納最大電流。

解

以節點分析法求解，(a)當 $V_s = 20\text{ V}$，稽納電流最小，

$$I_{z(min)} = \frac{(20-10)}{1k} = 10\text{ mA}$$

(b)當 $V_s = 40\text{ V}$，稽納電流最大，

$$I_{Z(max)} = \frac{(40-10)}{1k} = 30\text{ mA}$$

因此

$$\Delta I_Z = I_{Z(max)} - I_{Z(min)} = 30 - 10 = 20\text{ mA}$$

2 範例

續上一題，若稽納電阻 $R_Z = 7\,\Omega$，求(a)稽納電壓變化量　(b)理想輸出 v_{out}。

解

(a) 使用 $\Delta V_Z = \Delta I_Z \times R_Z$

$$\Delta V_Z = \Delta I_Z \times R_Z = (30-10)\ \text{mA} \times 7\ \Omega = 140\ \text{mV}$$

(b) 稽納二極體具有電壓調整功能，可以將電壓固定在崩潰電壓，因此可知

$$v_{out} = 10\ \text{V}$$

經之前說明與例題後，請參考隨書電子書光碟以程式進行相關例題模擬：

4-1-A　稽納二極體 Pspice 分析

4-1-B　稽納二極體 MATLAB 分析

如圖電路，求(a)稽納最小電流　(b)稽納最大電流。

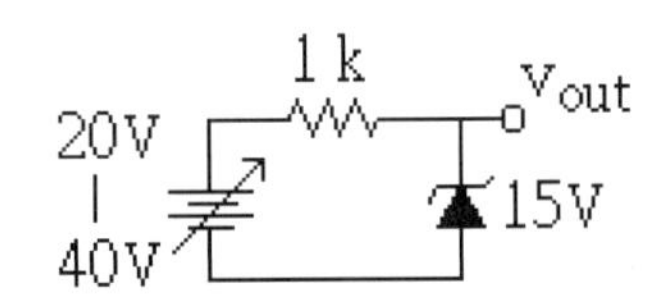

Answer　(a) 5 mA　(b) 25 mA。

續上練習 1，若稽納電阻 $R_Z = 15\ \Omega$，求(a)稽納電壓變化量　(b)理想輸出 v_{out}。

Answer　(a) 0.3 V　(b) 15 V。

4-2 稽納電壓調整器※*

稽納電壓調整器(Zener regulation with a variable load)具有負載電阻 R_L 的電路，如下圖所示。

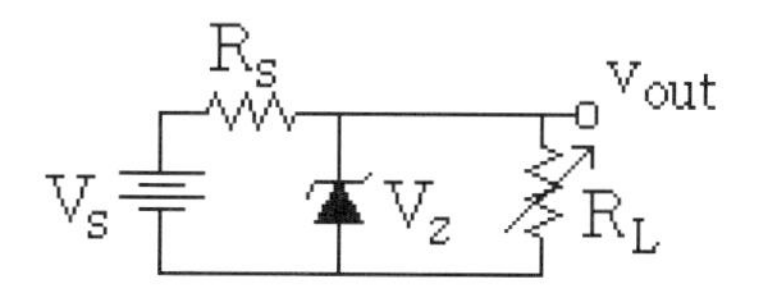

分析時仍以節點分析法為宜，只要稽納電流介於稽納額定最小電流 I_{ZK} 與稽納額定最大電流 I_{ZT} 之間，稽納二極體就會在負載電阻 R_L 兩端維持固定電壓，這就是有別於前述輸入調整的負載調整。

4-2-1 戴維寧電壓

稽納二極體必須工作於崩潰區內，因此可將電路戴維寧化。

$$V_{th} = V_S \times \frac{R_L}{R_S + R_L} \quad , \quad R_{th} = \frac{R_S \times R_L}{R_S + R_L}$$

稽納二極體與負載電阻 R_L 並聯，可知 $V_{th} \geq V_Z$ 必須滿足，稽納二極體才能在崩潰區正常工作，例如，$V_S = 24\ V$，$R_S = 500\ \Omega$，$V_Z = 12\ V$，則負載電阻 R_L 至少要等於 $500\ \Omega$，此電路始有電壓調整功能。

4-2-2 稽納電流

如上圖所示的電路中，總電流 I_S 流經限流電阻 R_S，其值

$$I_S = \frac{V_S - V_Z}{R_S}$$

負載電流 I_L

$$I_L = \frac{V_Z}{R_L}$$

根據 KCL，稽納電流為

$$I_Z = I_S - I_L$$

稽納二極體在正常操作下，最小與最大流經限流電阻的電流 I_S 為

$$I_{S(min)} = \frac{V_{S(min)} - V_Z}{R_{S(max)}}$$

$$I_{S(max)} = \frac{V_{S(max)} - V_Z}{R_{S(min)}}$$

因此，最小與最大稽納電流為

$$I_{Z(min)} = I_{S(min)} - I_{L(max)} = I_{S(min)} - \frac{V_Z}{R_{L(min)}}$$

$$I_{Z(max)} = I_{S(max)} - I_{L(min)} = I_{S(max)} - \frac{V_Z}{R_{L(max)}}$$

在最差的情況下，稽納電流等於零，即 $I_{Z(min)} = 0$，此時稽納二極體失去電壓調整功能，其關係式為

$$I_{L(max)} = I_{S(min)} = \frac{V_{S(min)} - V_Z}{R_{S(max)}}$$

4-2-3 稽納限制器

稽納二極體同樣可以當作限制器使用，其動作原理只要掌握以下兩個特性，

1. 導通：0.7 V。
2. 不導通（崩潰區）：V_Z。

即可快速畫出限制器的波形，如下圖所示。

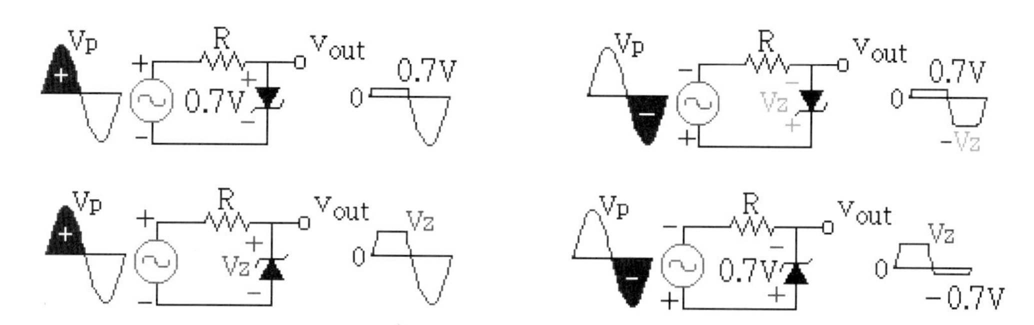

3 範例

如圖電路，求稽納電流 I_Z，若 $R_L = $(a) 4 kΩ (b) 30 kΩ (c) ∞ 。

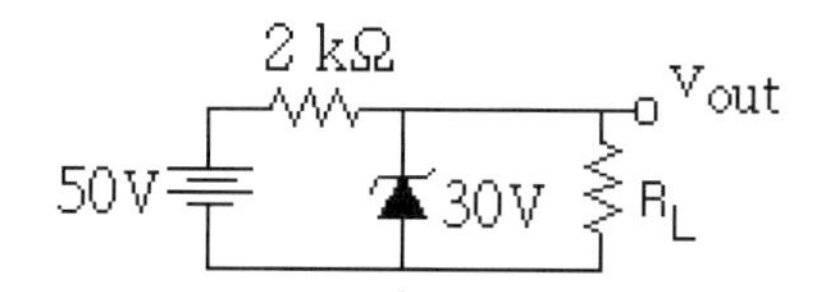

解

$$I_S = \frac{V_S - V_Z}{R_S} = \frac{50-30}{2k} = 10\ \text{mA}$$

(a) $R_L = 4\ \text{k}\Omega$，$I_L = \frac{V_Z}{R_L} = \frac{30V}{4k} = 7.5\ \text{mA}$

$$I_Z = I_S - I_L = 10 - 7.5 = 2.5\ \text{mA}$$

(b) $R_L = 30k$，$I_L = \frac{V_Z}{R_L} = \frac{30V}{30k} = 1\ \text{mA}$

$$I_Z = I_S - I_L = 10 - 1 = 9\ \text{mA}$$

(c) $R_L = \infty$，$I_L = \frac{V_Z}{R_L} = \frac{30V}{\infty} = 0\ \text{mA}$

$$I_Z = I_S - I_L = 10 - 0 = 10\ \text{mA}$$ 。

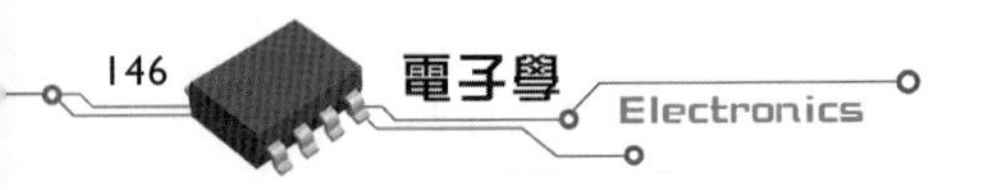

4 範例

如圖電路，求(a)稽納二極體正常工作下，負載電阻 R_L 之臨界值，(b)當 $R_L = 10\ k\Omega$，求稽納最小電流 $I_{Z(min)}$ 與稽納最大電流 $I_{Z(max)}$。

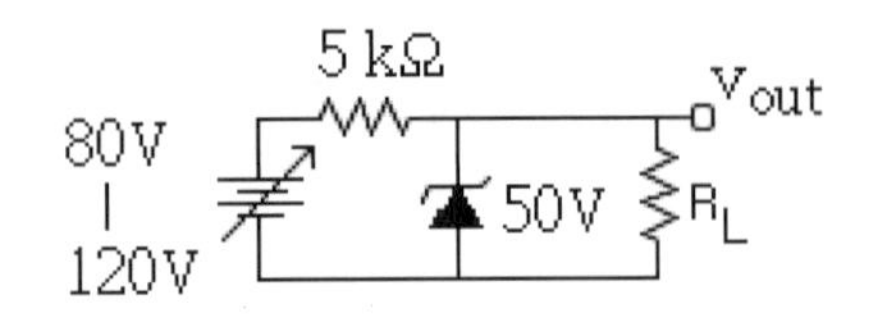

解

(a) 當 $V_S = 80\ V$，

$$V_{th} = 80V \times \frac{R_L}{5k + R_L} \geq V_Z = 50\ V \quad , \quad R_L \geq 8.33\ k\Omega$$

當 $V_S = 120\ V$，

$$V_{th} = 120V \times \frac{R_L}{5k + R_L} \geq V_Z = 50\ V \quad , \quad R_L \geq 3.57\ k\Omega$$

總結：選用 $R_L \geq 8.33\ k\Omega$ 即可(why？)。

(b) $R_L = 10\ k\Omega$，

$$I_L = \frac{V_Z}{R_L} = \frac{50V}{10k} = 5\ mA$$

不同 V_S 不同 I_S 值：

$$I_{S(min)} = \frac{V_{S(min)} - V_Z}{R_S} = \frac{80 - 50}{5k} = 6\ mA$$

$$I_{S(max)} = \frac{V_{S(max)} - V_Z}{R_S} = \frac{120 - 50}{5k} = 14\ mA$$

不同 I_S 不同 I_Z 值：

$$I_{Z(min)} = I_{S(min)} - I_L = 6 - 5 = 1\ mA$$

$$I_{Z(max)} = I_{S(max)} - I_L = 14 - 5 = 9\ mA$$

Note

$$\Delta I_S = I_{S(max)} - I_{S(min)} = 14 - 6 = 8\ mA$$

$$\Delta I_Z = I_{Z(max)} - I_{Z(min)} = 9 - 1 = 8\ mA$$

$$\Delta I_S = \Delta I_Z$$

5 範例

某一稽納電壓調整器輸入電壓範圍 25～35 V，負載電流範圍 15～30 mA，假設稽納電壓為 10 V，求最大限流電阻 $R_{s(max)}$。

解

稽納電壓調整器最差的狀況，可將稽納電流視為零，即 $I_{Z(min)}=0$，$I_{S(min)}=I_{L(max)}$

$$\frac{V_{S(min)}-V_Z}{R_{S(max)}}=I_{L(max)} \quad , \quad \frac{25-10}{R_{S(max)}}=30\text{ mA}$$

$$R_{S(max)}=\frac{25-10}{30\text{ mA}}=500\,\Omega$$

意即限流電阻只能選用低於 500 Ω 者，才能使稽納二極體工作在崩潰區。

經之前說明與例題後，請參考隨書電子書光碟以程式進行相關例題模擬：

4-2-A　稽納電壓調整器 Pspice 分析

4-2-B　稽納電壓調整器 MATLAB 分析

3 練習

如圖電路，求稽納電流 I_Z，若 $R_L=$ (a) 100 kΩ　(b) 10 kΩ　(c) 1 kΩ。

Answer $I_S=13.33\text{ mA}$，(a) $I_L=0.1\text{ mA}$，$I_Z=13.23\text{ mA}$

(b) $I_L=1\text{ mA}$，$I_Z=12.33\text{ mA}$

(c) $I_L=10\text{ mA}$，$I_Z=3.33\text{ mA}$。

續上練習 3，(a)若電路失去調整功能，R_L臨界值為何？ (b)若 $R_L = 1\,k\Omega$，R_S臨界值為何？

(a) 750 Ω (b) 2 kΩ。

稽納電壓調整器的 $V_Z = 15\,V$，輸入電壓範圍 30 ~ 40 V，負載電阻範圍 1 kΩ ~ 50 kΩ，求限流電阻臨界值。

Answer 1 kΩ。

4-3 負載電阻漣波※

如右圖所示的稽納調整電路中，輸入電源可以想像是整流濾波後的輸出，再串接稽納調整電路，期望能夠進一步降低峰對峰值漣波值。

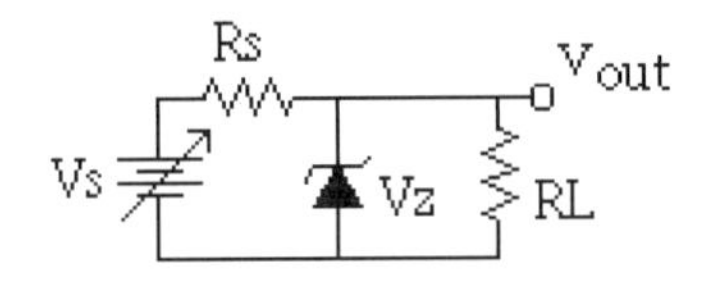

V_S有大有小($V_{S(max)}$、$V_{S(min)}$)，造成I_S有大有小($I_{S(max)}$、$I_{S(min)}$)，雖然R_L固定，I_L固定，根據 KCL，I_Z還是有大有小($I_{Z(max)}$、$I_{Z(min)}$)。

$$I_{S(max)} = \frac{V_{S(max)} - V_Z}{R_S} \quad , \quad I_{S(min)} = \frac{V_{S(min)} - V_Z}{R_S}$$

$$\Delta I_S = I_{S(max)} - I_{S(min)}$$

$$I_{Z(max)} = I_{S(max)} - I_L \quad , \quad I_{Z(min)} = I_{S(min)} - I_L$$

$$\Delta I_Z = I_{Z(max)} - I_{Z(min)}$$

因為I_L固定，可知

$$\Delta I_S = \Delta I_Z$$

由前可知

$$\Delta V_Z = \Delta I_Z \times R_Z$$

現在

$$\Delta V_S = \Delta I_S \times R_S$$

上下兩式相除

$$\frac{\Delta V_Z}{\Delta V_S} = \frac{R_Z}{R_S}$$

上式明白顯示，輸出漣波的大小可由 R_S ： R_Z 比值決定。相較於 R_Z ， R_S 愈大，輸出漣波降低的幅度愈大。例如，欲將輸入漣波降低 100 倍，若稽納電阻為 7 Ω，則需選用 700 Ω 的限流電阻 R_S 。

為了有效降低輸出漣波，可以串接兩段 R_S ： R_Z ；例如，下圖所示的電路，

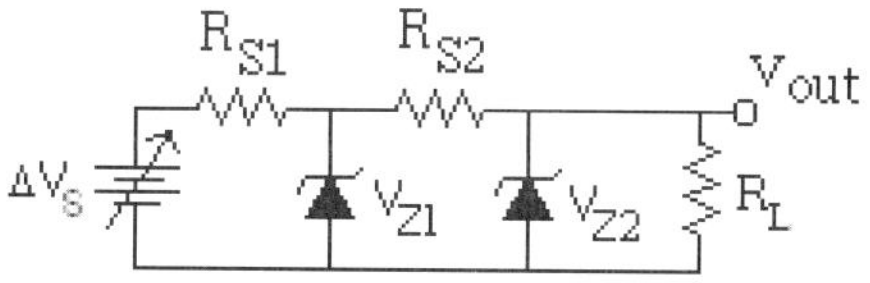

RS1 RS2 Vout ΔVS VZ1 VZ2 RL

其輸出漣波大小可以表示成

$$\Delta V_{Z2} = \Delta V_S \times \frac{R_{Z1}}{R_{S1}} \times \frac{R_{Z2}}{R_{S2}}$$

6 範例

如圖電路，若前級的 $R_Z = 25\ \Omega$ ，後級的 $R_Z = 10\ \Omega$ ，求(a)理想輸出 v_{out} 及(b)電壓變化量。

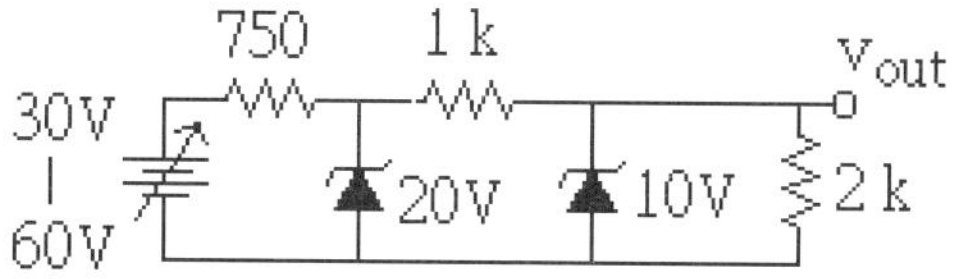

750 1 k Vout 30V | 60V 20V 10V 2 k

解

(a) $v_{out} = 10\ V$ 。

(b) 前級輸入電壓有變化量：$\Delta V_S = 60 - 30 = 30\ V$，造成輸出有變化量

$$\Delta V_{Z1} = \Delta V_S \times \frac{R_{Z1}}{R_{S1}} = 30\ V \times \frac{25}{750} = 1\ V$$

同理，前級的輸出 ΔV_{Z1}，也就是後級的輸入電壓 ΔV_{Z2} 有變化量：$\Delta V_{Z1} = \Delta V_{S2} = 1\ V$，造成輸出有變化量

$$\Delta V_{Z2} = \Delta V_{S2} \times \frac{R_{Z2}}{R_{S2}} = 1\ V \times \frac{10}{1k} = 10\ mV$$

亦可直接使用 $\Delta V_{Z2} = \Delta V_S \times \frac{R_{Z1}}{R_{S1}} \times \frac{R_{Z2}}{R_{S2}}$

$$\Delta V_{Z2} = 30\ V \times \frac{25}{750} \times \frac{10}{1k} = 10\ mV$$ 。

請自行以 MATLAB 程式練習。

7 範例

如圖電路，輸入峰值 10 V，求 v_{out} 波形。

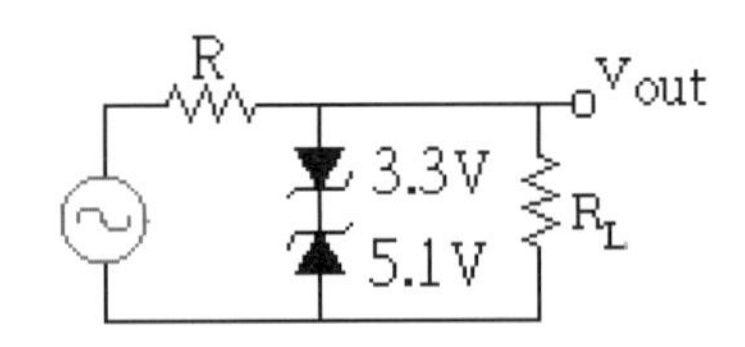

解

稽納二極體導通：0.7 V，不導通：V_Z。

(a) 正半週：上一個稽納二極體導通，下一個稽納二極體不導通。

$$v_{out} = 0.7 + 5.1 = 5.8\ V$$

(b) 負半週：上一個稽納二極體不導通，下一個稽納二極體導通。

$$v_{out} = 3.3 + 0.7 = 4\ V$$

5.8V
0
-4V

經之前說明與例題後，請參考隨書電子書光碟以程式進行相關例題模擬：

4-3-A　負載電阻漣波 Pspice 分析

4-3-B　稽納雙截波 Pspice 分析

如圖電路，若稽納電阻 $R_Z = 10\ \Omega$，輸入峰對峰值漣波為 4 V，求輸出漣波電壓。

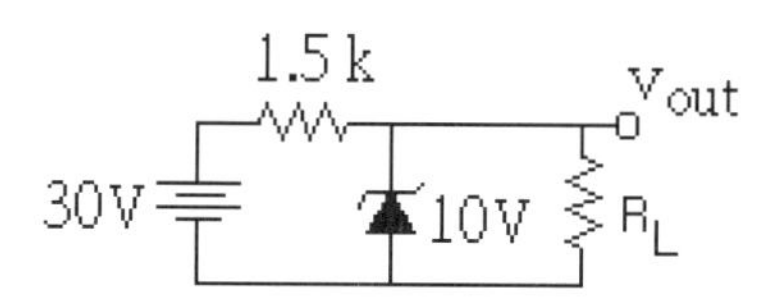

Answer　26.67 mV。

如圖電路，若稽納電阻 $R_Z = 2.4\ \Omega$，輸入峰對峰值漣波為 5 V，求 (a)負載電壓　(b)稽納電流　(c)輸出漣波電壓。

Answer　(a)12 V　(b) $I_S = 75\ \text{mA}$， $I_L = 24\ \text{mA}$， $I_Z = 51\ \text{mA}$　(c)50 mV。

如圖電路，若前級的 $R_Z = 20\ \Omega$，後級的 $R_Z = 10\ \Omega$，求(a)理想輸出 v_{out} 及(b)電壓變化量。

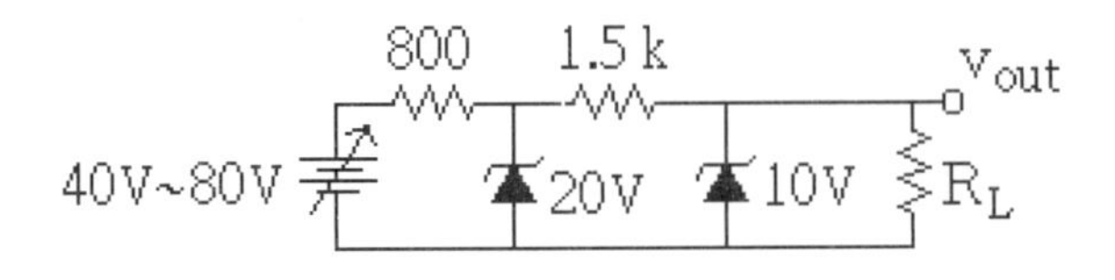

Answer (a)10 V (b)6.7 mV。

如圖電路，輸入峰值 20 V，求 v_{out} 波形。

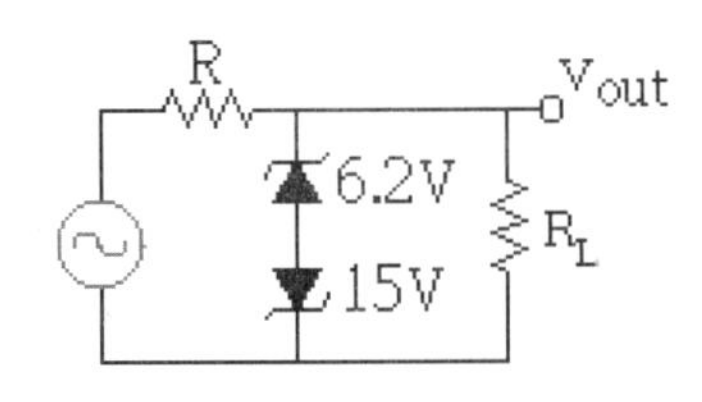

Answer 正半週：$v_{out} = 6.9$ V，負半週：$v_{out} = -15.7$ V。

4-4 特殊二極體※

4-4-1 發光二極體 LED

發光二極體（Light Emitting Diode，簡稱 LED）的電子符號如下圖所示，其中的雙箭頭代表光發射。

用途：顯示器。

特點：使用於順向偏壓下，自由電子從接合面落入電洞中，意即電子從高能帶跳至低能帶，其能量差以光或熱型式放出。

1. Si 與 Ge：熱型式放出的材料。
2. 光型式放出的材料：GaAs，GaAsP，GaP。

偏壓：典型的順向壓降為 1.2 V~3.2 V，例如下圖的電路，

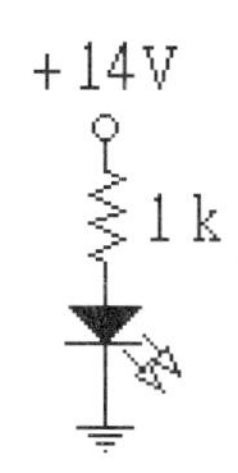

當順向壓降 = 1.2 V，流經 LED 的電流為

$$I = \frac{14 - 1.2}{1\,k\Omega} = 12.8\,mA$$

順向壓降 = 3.2 V，流經 LED 的電流為

$$I = \frac{14 - 3.2}{1\,k\Omega} = 10.8\,mA$$

七節顯示器

由七個 LED 構成，可用來顯示數目 0~9，及一些大寫或小寫字母。

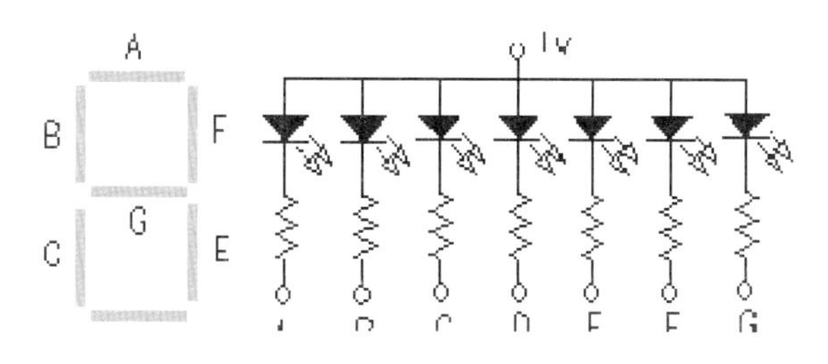

若要顯示 7，只要將 B、A、F、E 等 4 節接地即可，同理若要顯示 A，除了 D 外，其餘皆接地。

8 範例

如圖電路，求 LED 的電流，假設 LED 的壓降為 2 V。

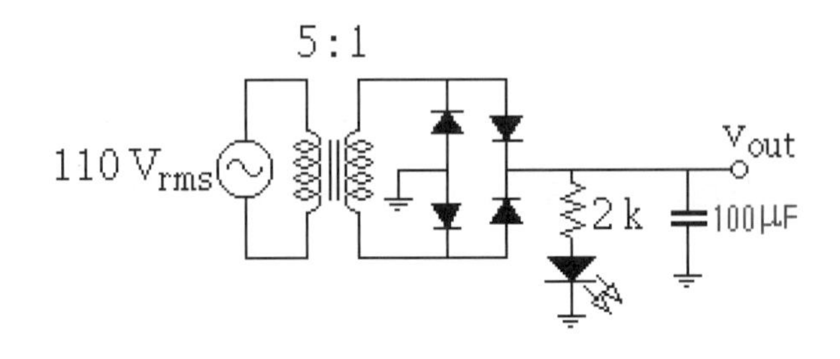

解

次級圈峰值電壓

$$V_{2P} = \sqrt{2} \times 110\ \text{V} \times \frac{1}{5} = 31.11\ \text{V}$$

這是橋式全波整流濾波器，因此

$$V_{DC} \cong (V_{2p} - 1.4) = 31.11 - 1.4 = 29.71\ \text{V}$$

得 LED 的電流

$$I_{LED} = \frac{29.71 - 2}{2\text{k}} = 13.86\ \text{mA}$$

經之前說明與例題後，請參考隨書電子書光碟以程式進行相關例題模擬：

4-4-A　發光二極體 Pspice 分析

如下列各電路，那些會亮？

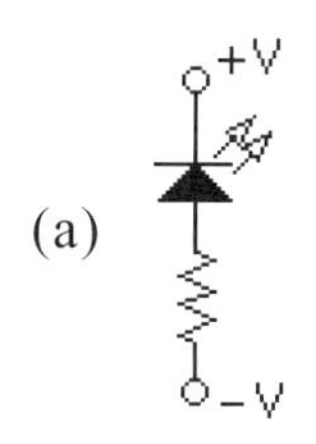

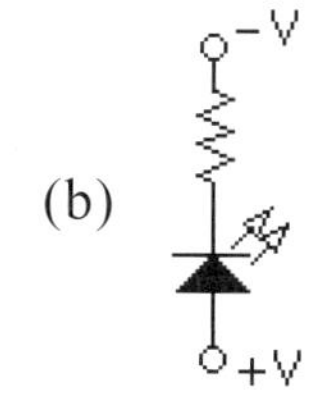

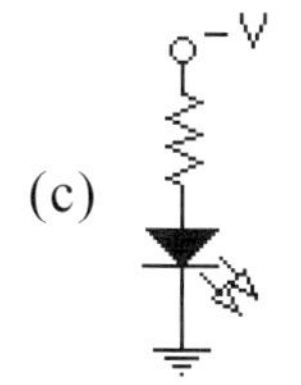

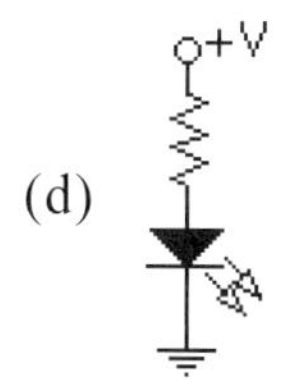

Answer (b)(d)。

如圖電路，次級圈電壓為 12.6 V_{ac}，求 I_{LED}，假設 LED 的壓降為 2 V。

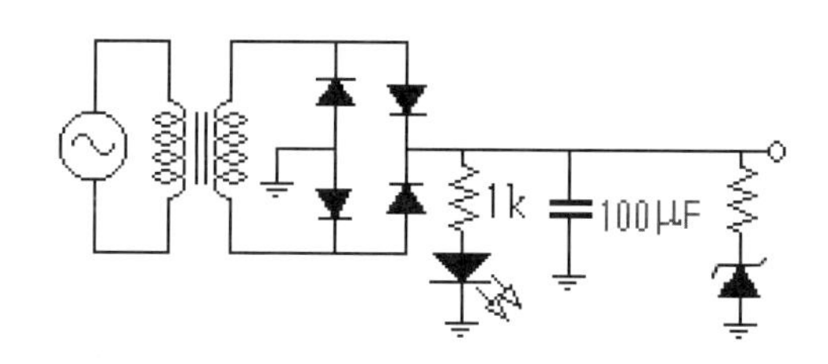

Answer 15.82 mA。

4-4-2 光二極體

光二極體(Photodiode)的電子符號如右圖所示，其中的雙箭頭代表光入射。

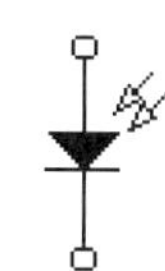

用途：感光器。

特點：使用於逆向偏壓下，只有少數載子流動，為了產生更多的自由電子與電洞，遂以光入射 pn 接合面。

偏壓：例如右圖的電路，p 接負壓，逆向偏壓。

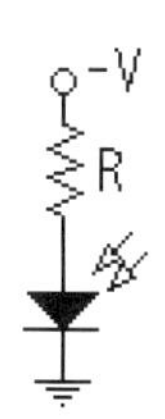

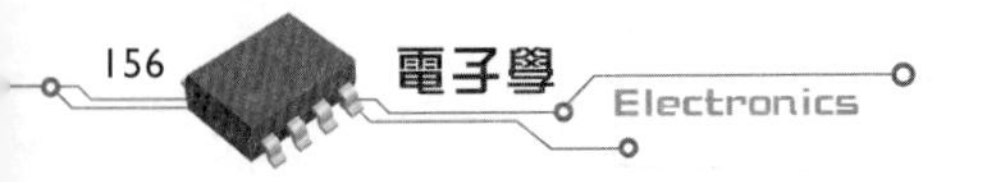

4-4-3 蕭基二極體

蕭基二極體(Schottky diode)的電子符號與構造如下圖所示。

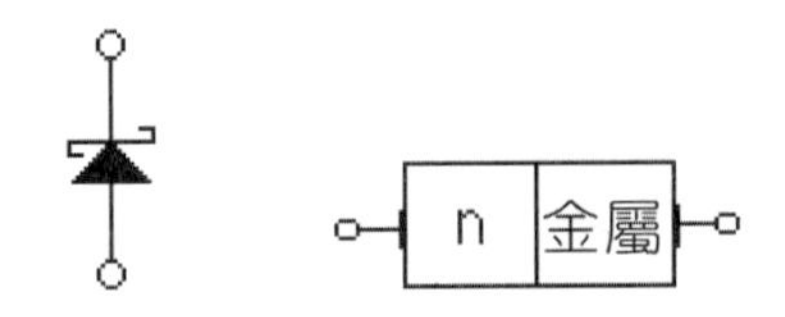

用途：高頻與快速切換。

特點：只藉多數載子操作，其少數載子因摻雜特殊而大幅減少，所以，無電荷儲存現象，意即無逆向恢復時間。

電荷儲存：順向偏壓下，n 型中自由電子越過接面來到 p 型後，就成為少數載子，其生命期視摻雜程度而定，比如說，p 型的摻雜愈少，自由電子的生命期愈長；自由電子從傳導帶落到價電帶，可以從 p 型或直接從 n 型，這是電子與電洞結合的管道，但結合並非立即發生，而是經過一短暫時間（就是所謂的生命期）後才會開始。

由於生命期的緣故，在順向二極體接面附近，才有少數載子儲存著，這些少數載子稱為電荷儲存。

逆向恢復時間：如果二極體突然逆偏，儲存的電荷將建立反方向的瞬間電流，其生命期愈長，所造成的逆向電流也就愈大；剛開始，因為儲存電荷已經反向，故逆向電流 I_R 的初值與順向電流 I_F 相等，而後 I_R 逐漸減少，直到 I_R 降至 $0.1I_F$ 時，所需的時間定義為逆向恢復時間 t_{rr}；例如，1N4148 的 $I_F = 10\ \text{mA}$，$t_{rr} = 4\ \text{ns}$，表示逆向電流降至 1 mA 時所需要時間為 4 ns。

對小信號二極體而言，由於逆向恢復時間 t_{rr} 非常小，所以在低於 10 MHz 的頻率下 $\left(T = \dfrac{1}{f} = 100\ \text{ns}\right)$，其效應可忽略不計，但是若頻率大於 10 MHz，則必須考慮 t_{rr} 的作用。

4-4-4 變容二極體

變容二極體(Varactor)符號如下圖所示，

用途：調諧電路。

特點：使用於逆向偏壓下，p、n 型半導體如同電容器的平行電板，居中的空乏層可視為電介質，電容值大小為

$$C = \frac{\varepsilon A}{d}$$

當逆偏增加，d 增加，C 降低；反之逆偏減少，d 變小，C 增加。綜合以上結果，可知 C 與逆偏之關係如下：

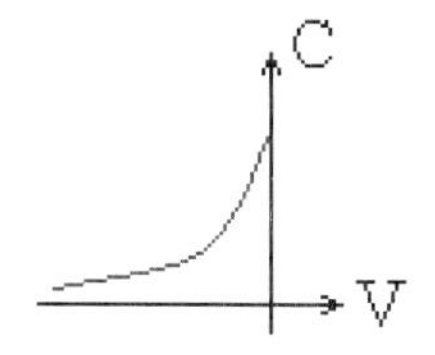

應用實例：

如圖共振電路中，變容二極體藉由可變電壓來改變電容值，而電路總電容值的改變，意謂著共振頻率的調變。

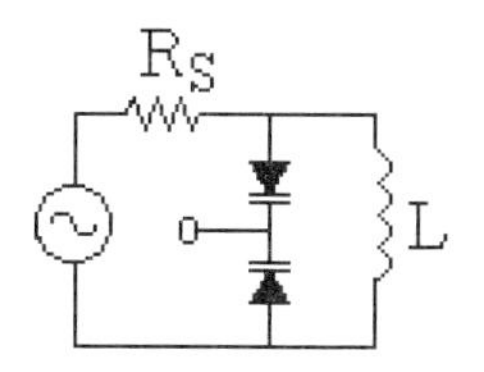

此槽形電路的共振頻率為

$$f_r \cong \frac{1}{2\pi\sqrt{LC}}$$

9 範例

如圖電路，若變容二極體調變範圍為 5 ~ 50 pF ，求諧調範圍。

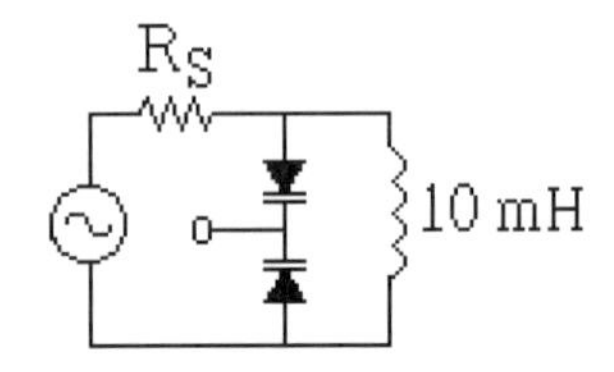

解

以串聯方式計算等效電容，其最小總電容值為

$$C_{min} = \frac{5 \times 5}{5 + 5} = 2.5\ \text{pF}$$

使用 $f_r \cong \dfrac{1}{2\pi\sqrt{LC}}$

$$f_{r(max)} = \frac{1}{2\,\pi\sqrt{10\ \text{mH} \times 2.5\ \text{pF}}} \cong 1\ \text{MHz}$$

最大總電容值為

$$C_{max} = \frac{50 \times 50}{50 + 50} = 25\ \text{pF}$$

使用 $f_r \cong \dfrac{1}{2\pi\sqrt{LC}}$

$$f_{r(min)} = \frac{1}{2\,\pi\sqrt{10\ \text{mH} \times 25\ \text{pF}}} = 318.31\ \text{kHz}$$

綜合以上結果，可知諧調範圍為 318.31 kHz ~ 1 MHz 。

4-4-5 隧道二極體

隧道二極體(Tunnel diode)的電子符號如下圖所示，

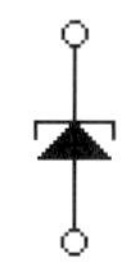

用途：振盪器。

特點：p、n 型的摻雜程度較傳統二極體濃密，造成逆偏時亦能導通，順偏時空乏區非常窄，允許電子穿透 pn 接面，二極體有如導通，電流迅速上升。在負電阻區，電壓增加，但電流反而減少，最後，I-V 特性才與傳統二極體相同。

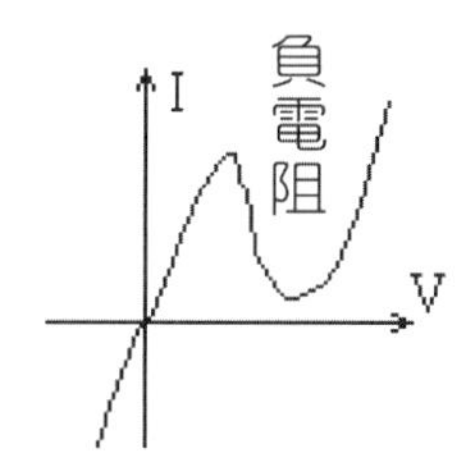

應用實例：

如圖 RLC 並聯共振電路中，

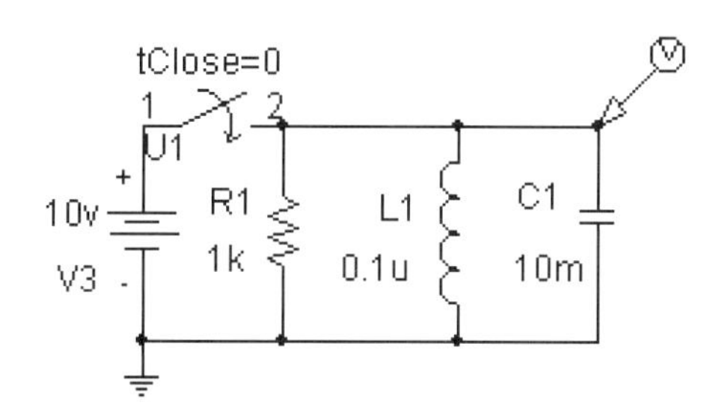

其輸出為阻尼弦波，能量被電阻消耗，無法維持弦波振盪。

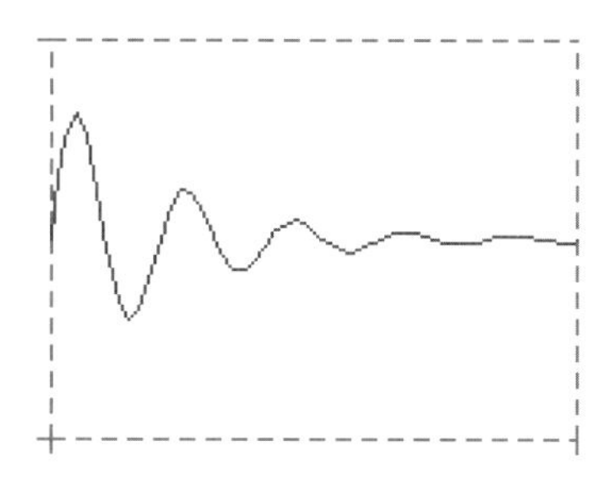

若將隧道二極體與共振電路串接，如下圖所示。

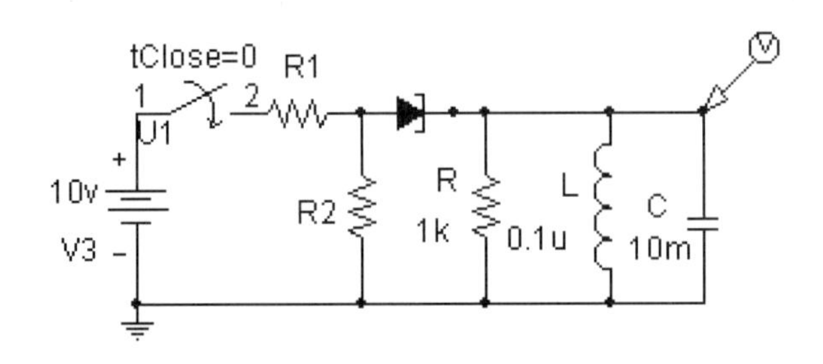

使其偏壓點落在負電阻區，則輸出端會產生持續性的弦波。

4-1　如圖電路，若 $V_Z = 5\ V$，求(a) V_{out}　(b)最小與最大稽納電流。

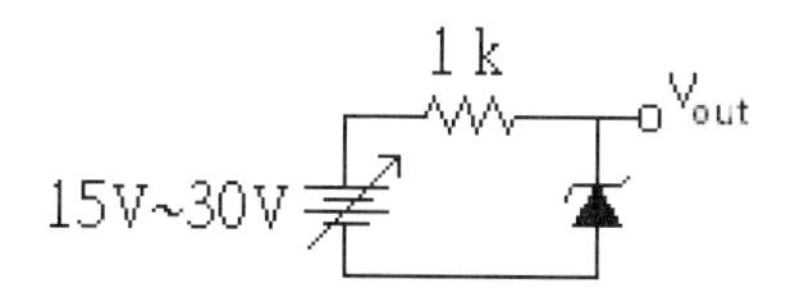

4-2　續 4-1 題，若 $R_Z = 10\ \Omega$，求(a)最小與最大輸出電壓　(b)輸出電壓變化量。

4-3　如圖電路，若 $V_Z = 5\ V$，求(a) I_S，I_L，I_Z　(b) R_L臨界值。

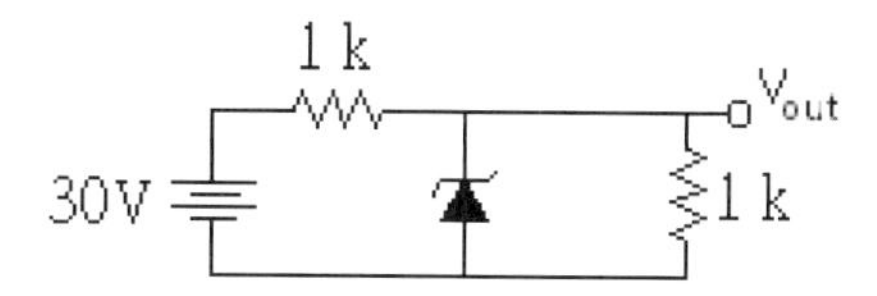

4-4　如圖電路，若前級的 $R_Z = 10\ \Omega$，後級的 $R_Z = 15\ \Omega$，求(a)理想輸出 v_{out} 及 (b)電壓變化量。

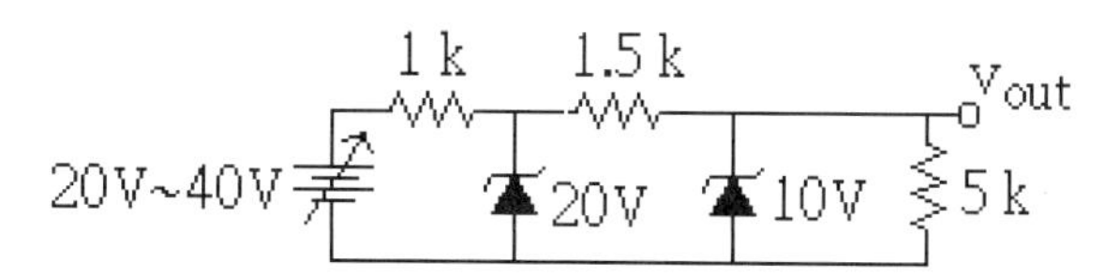

4-5　如圖電路，輸入峰值 10 V，求 v_{out} 波形。

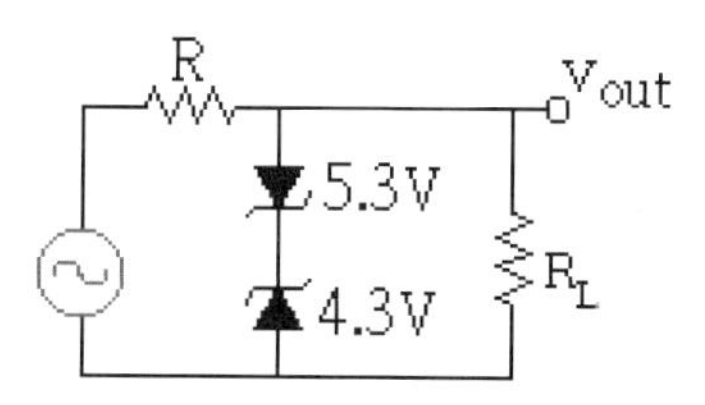

4-6　如圖電路，LED 的壓降為 2.5 V，求 I_{LED}。

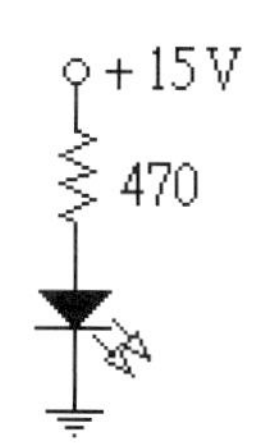

4-7 如圖電路，欲產生1 MHz的共振頻率，計算變容二極體所需的電容值。

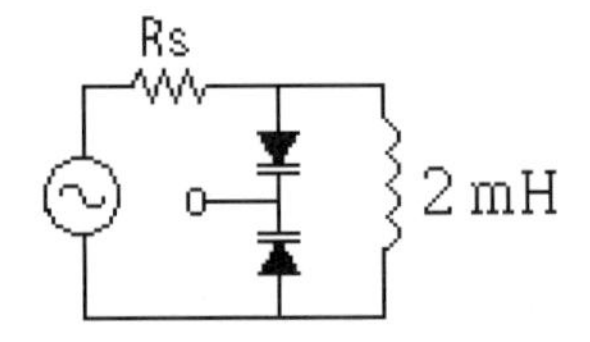

4-8 如圖電路，求 LED 的電流，假設 LED 的壓降為 2 V。

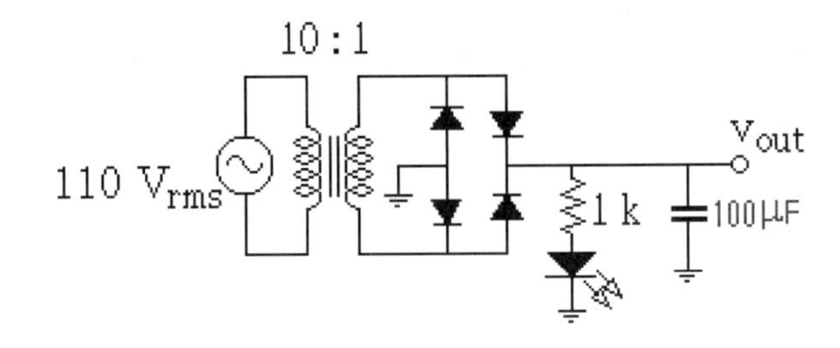

電晶體

研究完本章，將學會

- 基本觀念
- 電晶體特性
- 直流負載線
- 電晶體開關
- 電晶體電流源

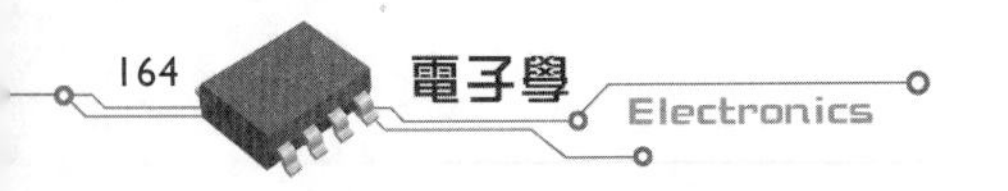

5-1 基本觀念

5-1-1 雙極性接面電晶體

利用摻雜過程可以將半導體製造成 npn 與 pnp 電晶體，此類電晶體中的電流，是由於電子與電洞的流動所造成，故稱**雙極性接面電晶體**(Bipolar Junction Transistor)，簡稱**電晶體**，代號 **BJT**，其構造分成三極。

1. **射極(Emitter)**：代號 E，寬度居三者之中，摻雜載子濃度最高，使得電子從此大量注入基極，同時可以因此降低基極注入射極的電洞電流，故名射極。換言之，電晶體 BJT 的電流大小由射極摻雜載子的濃度所主宰。
2. **基極(Base)**：代號 B，寬度最薄，摻雜載子濃度比射極低，使能降低載子復合數目。
3. **集極(Collector)**：代號 C，寬度最大，摻雜載子濃度比射極低。

綜上可知，看似兩個背對背 pn 二極體結合的 BJT，其實是不對稱的元件，其構造圖示如下：

1. npn（未強調是 pnp 者，皆以 npn 為主）：基射 BE 之間以箭頭代表 p 指向 n。

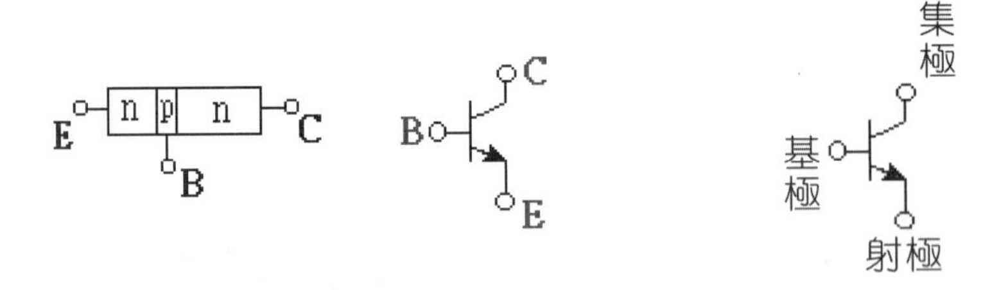

2. pnp

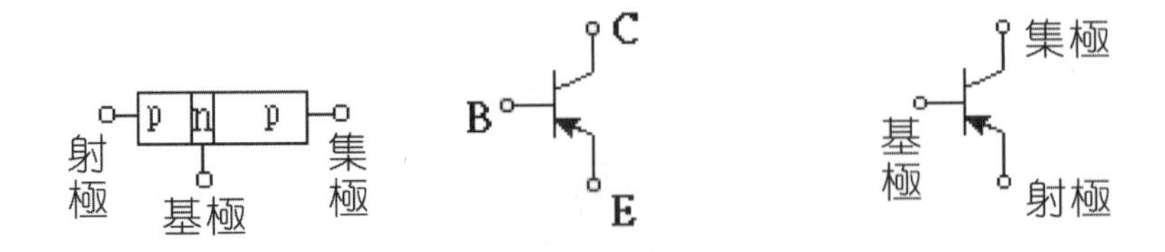

未加偏壓電晶體類似二極體，載子的擴散將在接合面形成 2 個空乏區，並因各極摻雜濃度不同，使得空乏區也各有不同的寬度 ，依序示意圖示如下。

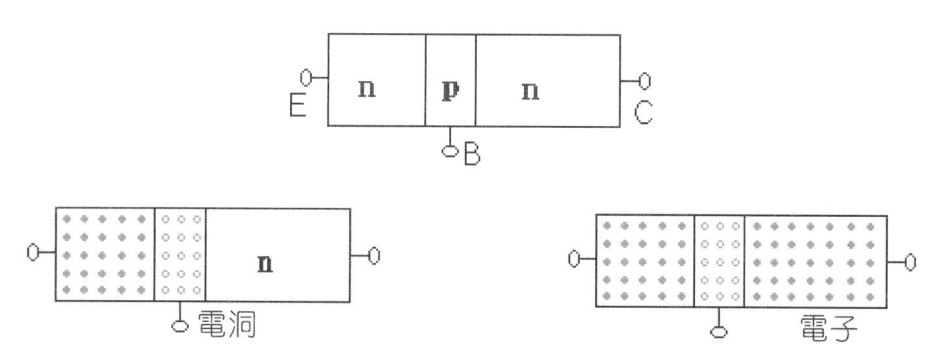

值得注意的是，空乏區均往基極滲透（為什麼？），意即空乏區在基極佔大部分，這現象在上圖中沒有顯示。

5-1-2 加偏壓電晶體

針對電晶體的射極與集極二極體，分別施加偏壓，會有下列可能性：

1. **全順向偏壓**：左右兩邊的二極體都是順向偏壓，因此射極與集極電流很大，形成所謂飽和區的工作狀態。

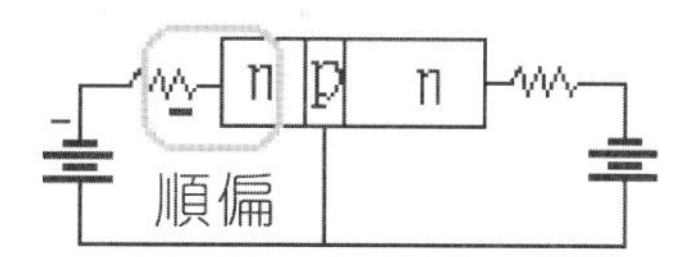

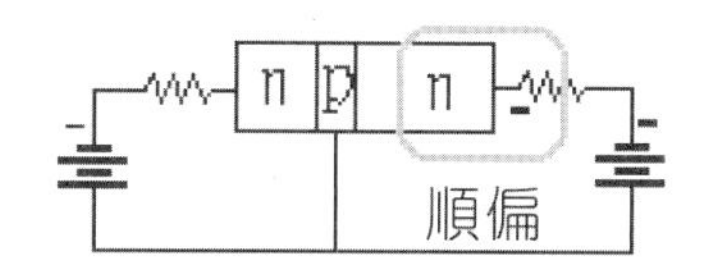

2. **全逆向偏壓**：左右兩邊的二極體都是逆向偏壓，因此射極與集極只有很小的少數載子流，形成所謂截止區的工作狀態。

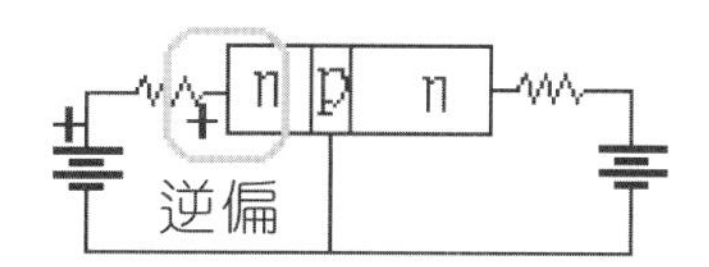

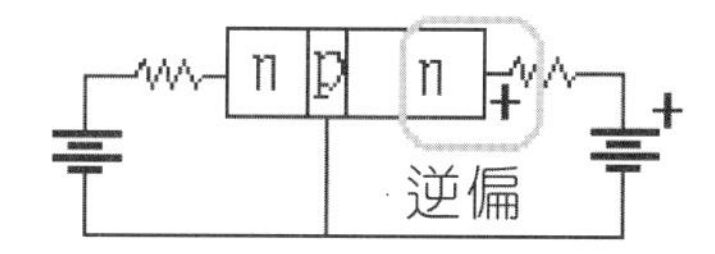

3. **順逆偏壓**(Forward - reverse bias)：電晶體必須施加順逆偏壓，才能產生所需的電壓控制電流的功能，因而形成所謂**主動區**(Active region)的工作狀態。

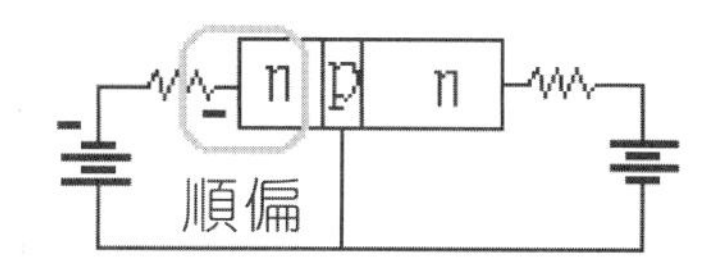

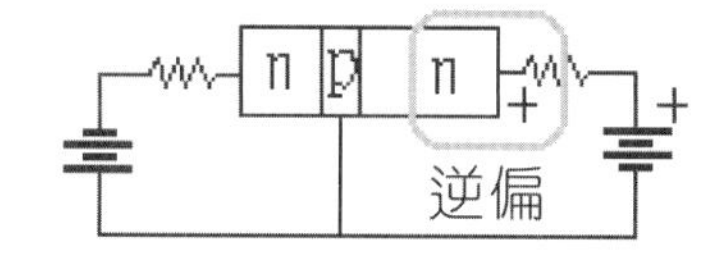

考慮**電子流**，分解動作說明如下：

1. 單獨考慮左邊電路的順向偏壓，負壓使 n 型半導體內的多數載子－電子非常大量地注入基極，同時正壓使 p 型半導體內的多數載子－電洞往射極移動，示意圖如下所示。對適當的電晶體工作而言，射極摻雜的電子濃度必須遠大於基極摻雜的電洞濃度，意即從射極注入基極的電子流遠大於從基極注入射極的電洞流，故射極通常會使用n^+標示，以凸顯示此一重要特性。

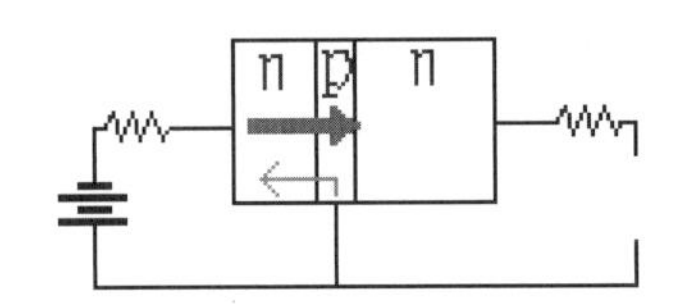

上圖中 pn 接面的空乏區會縮小，p 型半導體內的電子、電洞有復合作用，但圖中未顯示此效應；類似的動作，單獨考慮右邊的逆向偏壓，正壓使 p 型半導體內的少數載子－電子往集極移動，此少數載子電流稱為I_{CBO}，示意圖如下所示。

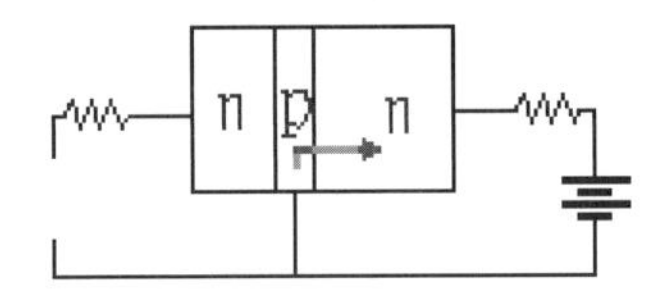

上圖中 pn 接面的空乏區會因為逆向偏壓緣故而變大，但圖中未顯示此效應。

2. 因為基極寬度很薄，右邊又有正壓吸引，所以往集極移動的電子流佔射極電子流的極大部份，只有極小部份的電子落入基極的電洞中而成為**復合電流**（參考右圖）。平均而言，每 200 個電子從射極注入，就會有一個電洞復合。綜上可知，基極電流I_B必須提供逆向注入射極，以及在基極與流向集極電子復合的電洞，並且是射極電流或者是集極電流的某固定比例。

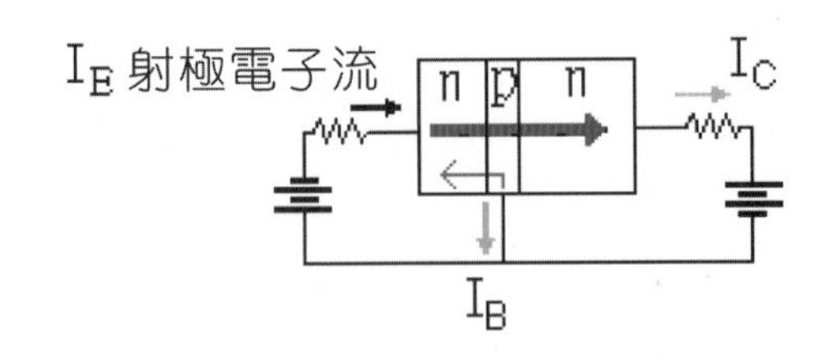

集極電流可以表示為

$$I_C = I_S e^{\frac{V_{BE}}{V_T}}$$

上式中$I_S = \dfrac{A_E\, q\, D_n\, n_i^2}{N_B\, W_B}$，$A_E$為射極截面積，$N_B$為基極摻雜濃度，$W_B$為基極寬度，由此式可知，電晶體 BJT 是電壓控制電流源的元件；基本上，可以使用 KCL 即可描述此三種電流的關係，如下方程式與簡圖所示。

$$I_B = \frac{1}{\beta_{DC}} I_S\, e^{\frac{V_{BE}}{V_T}}$$

$$I_E = \frac{1+\beta_{DC}}{\beta_{DC}} I_S\, e^{\frac{V_{BE}}{V_T}} = \frac{1}{\alpha_{DC}} I_C$$

上示中α_{DC}與β_{DC}分別為共基極與共射極組態的順向電流增益

$$I_E = I_B + I_C$$

（電子流） $I_E \rightarrow \times\ I_C \rightarrow$　$I_B \downarrow$

$I_E \leftarrow$　$\leftarrow I_C$　$\uparrow I_B$　（電流）

另外，npn 電晶體在順逆偏壓下，CB 空乏區寬度大於 EB 空乏區（如右圖所示），以及達到平衡時的 npn 能帶圖情形，都值得研究探討。

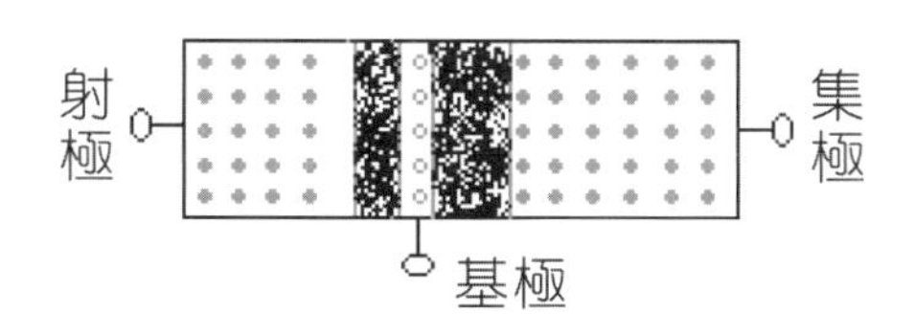

3. **能帶觀點**：電晶體施加順逆偏壓，造成 EB 空乏區縮小，CB 空乏區擴大；使得到達基極的自由電子，大部分流落到較低能階的集極，其中的能量差，通常是轉換成熱量散逸，這就是集極為何需要大面積以便散熱的緣故。

   進入基極的電子數目，主要由射極二極體的順偏壓控制，與集極二極體的逆偏壓無太大關係；若是增加V_{CB}，只會增加 CB 障壁電位的陡度，不會使到達集極的電子數目增加。

   總結以上討論，有關電晶體的動作重點有：

   (1) **電晶體必須施加順逆偏壓。**

   (2) **集極電流近似射極電流。**

   (3) **基極電流很小。**

5-1-3　共基接法

共基接法（CB 接法）電路如下所示，因共同偏壓點在基極，故名共同基極接法，簡稱共基接法。

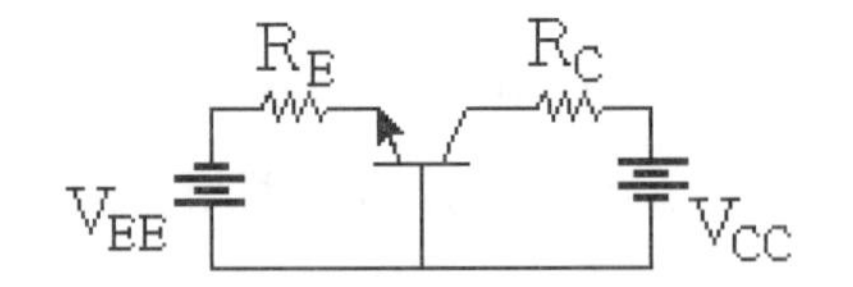

為了瞭解電流的放大動作，首先定義**電流增益**為輸出電流除以輸入電流，而共基接法的輸入端是射極，輸出端是集極，因此可得電流增益為

$$\alpha_{DC} = \frac{I_C}{I_E} \quad , \quad I_C = \alpha_{DC} I_E$$

又因 $I_E = I_B + I_C$ ，可知 $\alpha_{DC} < 1 \cong 1$，例如，$I_E = 5\ mA$ ，$I_C = 4.9\ mA$ ，可知

$$\alpha_{DC} = \frac{4.9}{5} = 0.98$$

現階段所討論的電流增益是針對直流電，因此特別使用 DC 字樣當作下標；不過，一般而言，不論是共基或者是共射接法的電流增益，通常是交流、直流等值，意即除非不等值，否則不需要標示 ac 或 DC 。

補充

順逆偏壓下的電晶體，基極兩端受到空乏區的滲入，使得電洞被揭限在狹小的 p 型區內，此窄小通道的電阻稱為**基極展開電阻** r'_b ；r'_b 典型值在 $50 \sim 150\ \Omega$，在低頻工作時，可忽略不計，但是在高頻電路中則影響很大，不可不考慮。

5-1-4　崩潰電壓

電晶體的兩邊偏壓，施加太大的逆向電壓會造成崩潰，其值分別以 BV_{EB}、BV_{CB} 表示，典型值為：

1. BV_{EB} ：約 5 ~ 30 V ，因為摻雜較濃。
2. BV_{CB} ：比 BV_{EB} 大，因為摻雜較淡，意即相對於基極摻雜濃度，集極的摻雜濃度遠比射極低。

崩潰電壓受到空乏區寬度和雜質濃度的影響，故不難明白為什麼 BV_{CB} 大於 BV_{EB} 。

正常工作的電晶體，集極偏壓 V_{CB} 不可以大於崩潰額定值，否則電晶體會燒毀，同理，順偏的射極二極體若改以逆向偏壓，其值必須小於 BV_{EB} 。

1 範例

假如射極電流為 6 mA，集極電流為 5.75 mA，則(a)基極電流 (b) α_{DC}。

解

由題意已知，$I_E = 6\text{ mA}$，$I_C = 5.75\text{ mA}$。

(a) 使用 $I_E = I_B + I_C$

$$I_B = I_E - I_C = 6 - 5.75 = 0.25\text{ mA}$$

(b) $\alpha_{DC} = \dfrac{I_C}{I_E} = \dfrac{5.75}{6} = 0.958$

5-1-5 共射接法

共射接法（CE 接法）電路如右所示，因共同偏壓點在射極，故名共同射極接法，簡稱共射接法。這種接法下，射極自由電子的流動與前述 CB 接法完全相同，請自行練習分析。

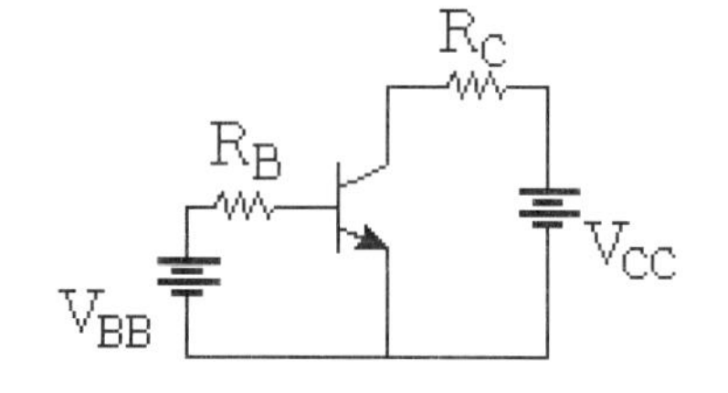

共射接法的輸入端是基極，輸出端是集極，因此可得電流增益為

$$\beta_{DC} = \frac{I_C}{I_B}$$

因為 $I_E = I_B + I_C \cong I_C$，即 $I_C \gg I_B$，換言之 $\beta_{DC} \gg 1$，例如，$I_C = 10\text{ mA}$，$I_B = 0.1\text{ mA}$，可知

$$\beta_{DC} = \frac{I_C}{I_B} = \frac{10}{0.1} = 100$$

β_{DC}的典型值，若是1 W 以內的低功率電晶體，其範圍值在100～300，若是1 W 以上的高功率電晶體，範圍值則在 20～100。

5-1-6 α_{DC}與β_{DC}的關係

$$\alpha_{DC}=\frac{\beta_{DC}}{1+\beta_{DC}}$$

$$\beta_{DC}=\frac{\alpha_{DC}}{1-\alpha_{DC}}$$

Proof 由電流增益定義可知$\alpha_{DC}=\frac{I_C}{I_E}$，$\beta_{DC}=\frac{I_C}{I_B}$。

$$\alpha_{DC}=\frac{I_C}{I_E}=\frac{I_C}{I_B+I_C}=\frac{\frac{I_C}{I_B}}{\frac{I_B}{I_B}+\frac{I_C}{I_B}}=\frac{\beta_{DC}}{1+\beta_{DC}}$$

$$\beta_{DC}=\frac{I_C}{I_B}=\frac{I_C}{I_E-I_C}=\frac{\frac{I_C}{I_E}}{\frac{I_E}{I_E}-\frac{I_C}{I_E}}=\frac{\alpha_{DC}}{1-\alpha_{DC}}$$

2 範例

電晶體的$I_C=100\text{ mA}$，$I_B=0.5\text{ mA}$，求(a) α_{DC} (b) β_{DC}。

解

已知I_C、I_B，求I_E。

$$I_E=I_B+I_C=0.5+100=100.5\text{ mA}$$

(a) $\alpha_{DC}=\frac{100}{100.5}=0.995$

(b) $\beta_{DC}=\frac{100}{0.5}=200$，或

$$\beta_{DC}=\frac{\alpha_{DC}}{1-\alpha_{DC}}=\frac{0.995}{1-0.995}=200$$

練習 1

電晶體的 $I_C = 4.95$ mA，$I_B = 50\ \mu A$，求(a) α_{DC}　(b) β_{DC}。

Answer　(a)0.99　(b)99。

練習 2

電晶體的 $\beta_{DC} = 99$，$I_E = 10$ mA，求(a) α_{DC}　(b) I_C　(c) I_B。

Answer　(a)0.99　(b)9.9 mA　(c)0.1 mA。

5-2 電晶體特性※

5-2-1 集極特性曲線

如右圖所示的共射接法電路，其中安排電表串聯量測電流與並聯量測電壓數值。

求得**理想集極特性曲線**(Ideal collector characteristic curves)，或者稱為**輸出特性曲線**的動作：

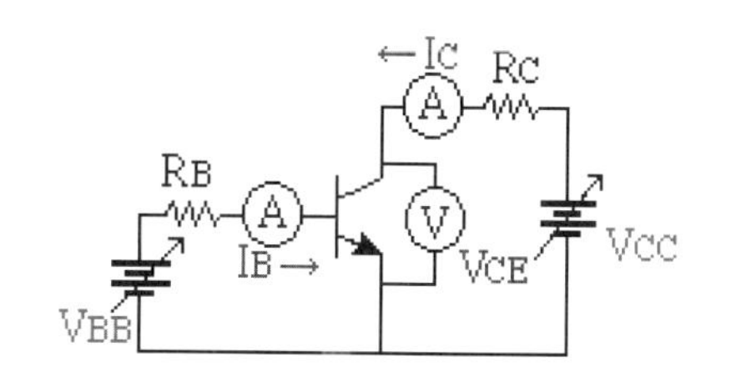

1. 調整 V_{BB}，使 $I_B = 0$。
2. 調整 V_{CC}，記錄 V_{CE} 與 I_C 值，並以此數據畫出第一條曲線。
3. 重覆上述步驟，I_B 間隔為 $10\ \mu A$。

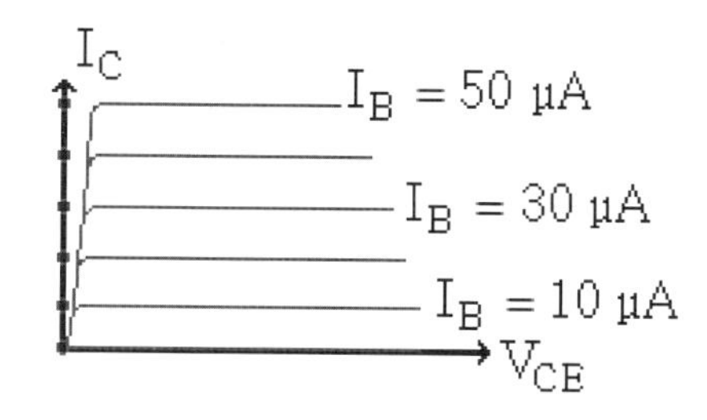

一、**飽和區**(Saturation region)：典型的小功率雙極性接面電晶體 BJT 在飽和區的集射極電壓大約為 0.1 V~0.2 V。

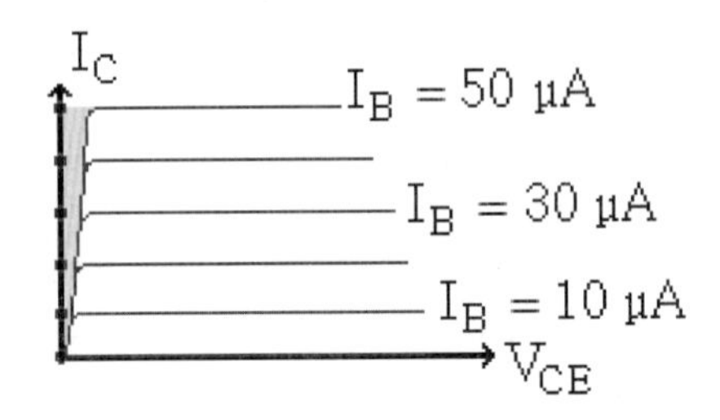

二、**截止區**(Cutoff region)：

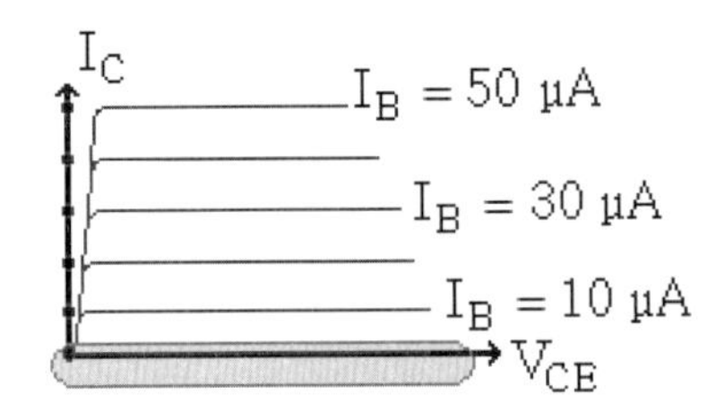

三、**動作區**(Active region)：符合 β_{DC} 等於 I_C 除以 I_B 的特性，也是直流偏壓與交流放大動作的工作所在區域。

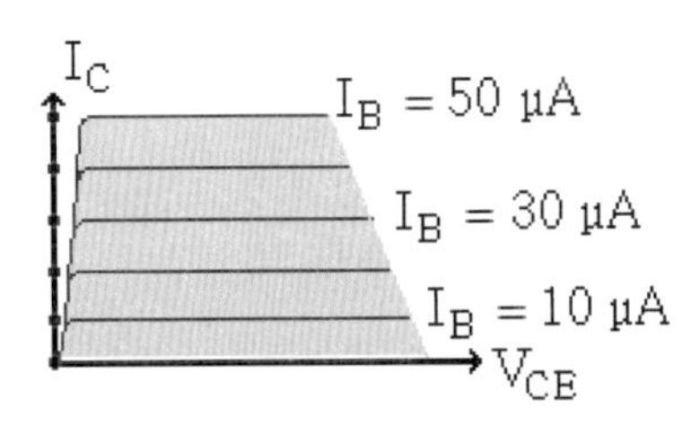

四、**崩潰區**(Breakdown region)：

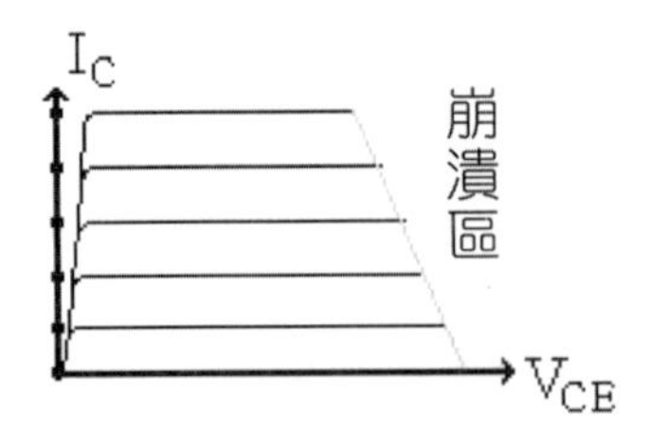

使用 Pspice 模擬所得到的非理想集極特性曲線如下圖所示，與理想集極特性曲線互相比較，可以發現明顯的差異，此差異到底如何產生與效應將在後續章節介紹。

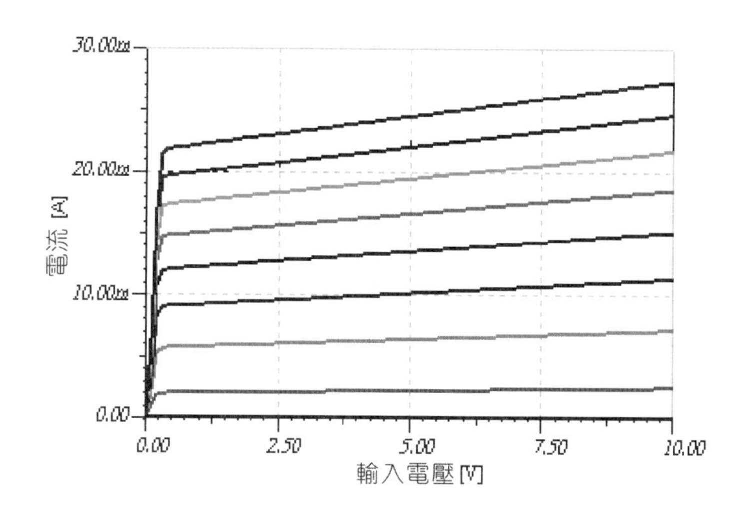

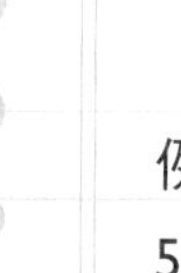

經之前說明與例題後，請參考隨書電子書光碟以程式進行相關例題模擬：

5-2-A　電晶體特性 Pspice 分析

5-2-2　基極特性曲線

電晶體共射接法電路的**基極特性曲線**又稱為**輸入特性曲線**，其基射間可以看成一個二極體，如下圖所示的基極特性曲線與二極體特性曲線類似。

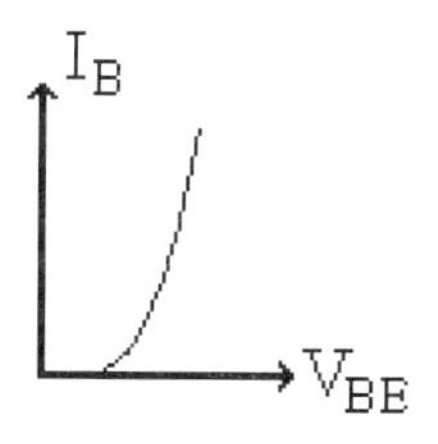

換言之，綜合上述理想集極輸出與基極輸入特性曲線的結果，電晶體的集極可以視為一固定電流源（定義為相依電流源會比較恰當），射極則等同為二極體，如右圖所示。

I_B　I_C　I_E

簡單地說，直流分析時，電晶體 BJT 等效為集極是一電流源，射極是二極體，壓降為 0.7 V。因此在積體電路中，若需要使用二極體，通常是將電晶體 BJT 的基極連接集極，使其集極電流源形同短路，如下圖所示。

5-2-3 歐力效應

對同一 V_{BE}，V_{CE} 愈大，基極電流 I_B 反而減少，示意圖如下。

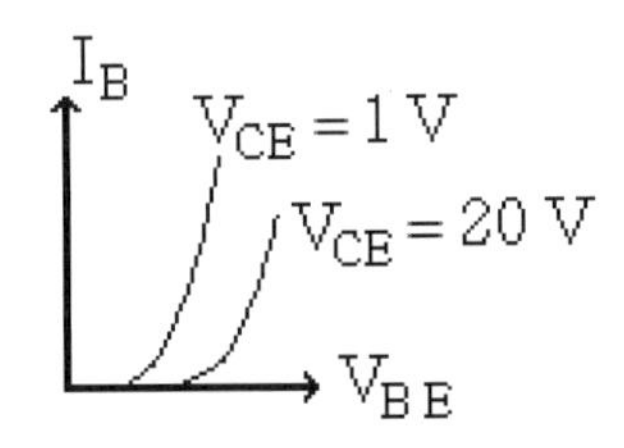

或者從具有 Early Effect 的共射組態，如下圖所示的 $I_C - V_{CE}$ 電流－電壓特性來瞭解。

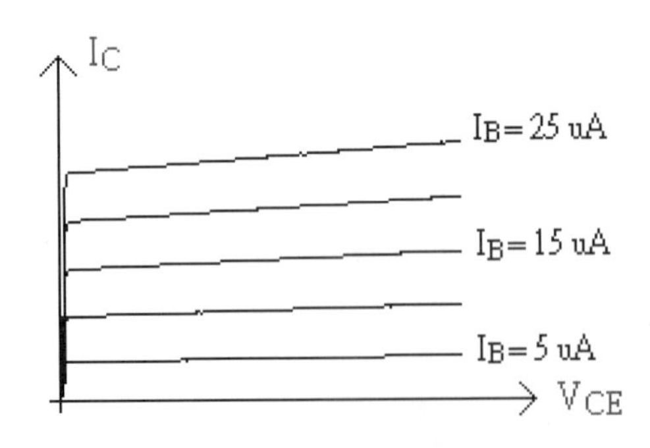

理想上，I_C 不跟隨值 V_{CE} 值不同而改變，但是實際上 V_{CE} 值不同確實會改變 I_C，此一特性就是所謂的**歐力效應**(Early Effect)，其修正方程式如下

$$I_C = \beta I_B \left(1 + \frac{V_{CE}}{V_A}\right) = I_C \left(1 + \frac{V_{CE}}{V_A}\right)$$

上式中 V_A 為**歐力電壓**，為各 I_C 特性曲線延伸的交點，典型值在 50 V ~ 300 V 之間，其成因為 V_{CE} 增加，B-C 接面空乏區寬度增加，導致基極寬度 W_{Base} 變窄，少數載子濃度增加，所以 I_C 增加，因此，導致產生**有限輸出電阻**(Finite output resistance) r_o 的效應。

在靜態工作點時，有限輸出電阻可以表示成

$$r_o = \frac{V_A}{I_C}$$

一般而言，當不考慮 **Early Effect** 的理想狀態時，有限輸出電阻視為無窮大，意即 I_C 為固定值，並不會隨 V_{CE} 值改變，如下圖所示。

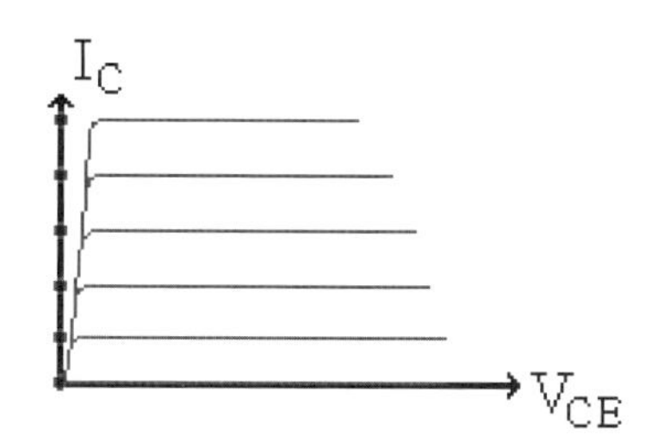

5-2-4 電流增益曲線

一般而言，電流增益 β_{DC} 正比於集極電流，因此只要射極摻雜濃度高，基極寬度薄，或者基極摻雜濃度低，就可以得到高 β_{DC} 值。但是實際情況並非完全正比，例如如下所示的示意圖，即為電流增益 β_{DC} 與溫度和集極電流的相關圖（當然電流增益也相關於電晶體的半導體參數，因為即使是相同批號，β_{DC} 值亦會有些許差異）。

β_{DC}

T=150度

T=-50度

I_C

上圖中顯示溫度若保持固定，增加 I_C 會使 β_{DC} 增加到最大值，而後 I_C 繼續增加，β_{DC} 反而降低；反之，若 I_C 保持固定，溫度上升，β_{DC} 也跟著增加，由此可知，控制 β_{DC} 值並不容易，因為 β_{DC} 是溫度與 I_C 的函數。

5-2-5 逆向飽和電流

如右圖所示電路，當 $I_E = 0$ 時，此時射極視為斷路，集極迴路為逆向偏壓，以致僅有微小的電流 I_{CBO}，下標 CBO 的 CB 代表逆向電流由集極 C 流向基極 B，O 則代表射極斷路。

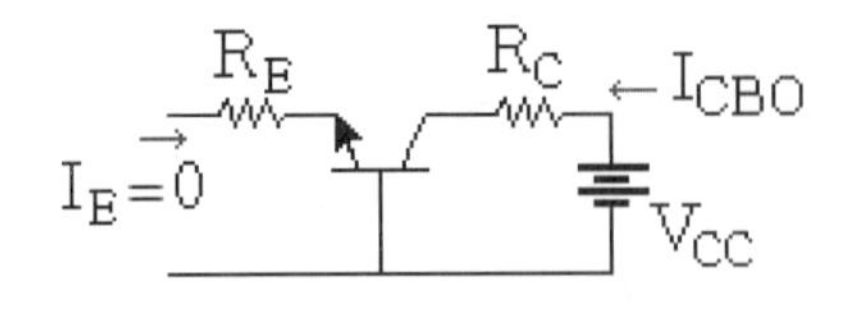

在此電路條件下，集極電流可以表示為。

$$I_C = \alpha_{DC} I_E + I_{CBO}$$

上式代入 $I_E = I_C + I_B$ 化簡。

$$I_C = \alpha_{DC}(I_C + I_B) + I_{CBO} \quad , \quad (1-\alpha_{DC}) I_C = \alpha_{DC} I_B + I_{CBO}$$

$$I_C = \frac{\alpha_{DC}}{(1-\alpha_{DC})} I_B + \frac{I_{CBO}}{(1-\alpha_{DC})} = \beta_{DC} I_B + (1+\beta_{DC}) I_{CBO}$$

另外還有一種逆向飽和電流產生的電路，如右圖所示，當 $I_B = 0$ 時，電晶體處於截止狀態，此時基極視為斷路，而集極迴路因為逆向偏壓，以致僅有微小的電流 I_{CEO}，下標 CEO 的 CE 代表逆向電流由集極 C 流向射極 E，O 則代表基極斷路。

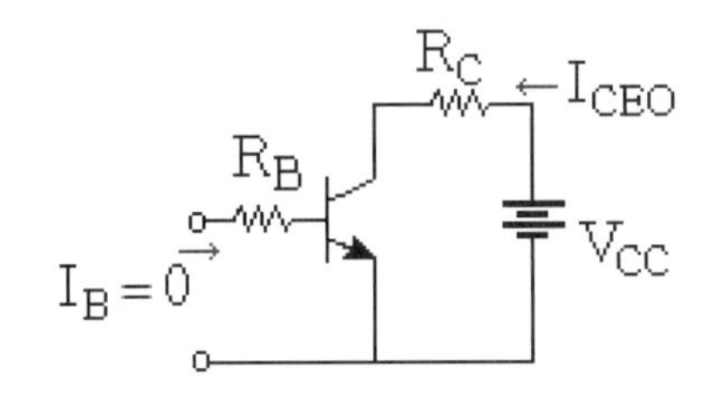

在此電路條件下，集極電流可以表示為

$$I_C = \beta_{DC} I_B + I_{CEO}$$

上式與前述射極斷路的集極電流做比較，可知 $I_{CEO} = (1+\beta_{DC}) I_{CBO}$。將此逆向飽和電流 I_{CEO} 與崩潰電壓 BV_{CEO} 同時顯示，示意圖如右。

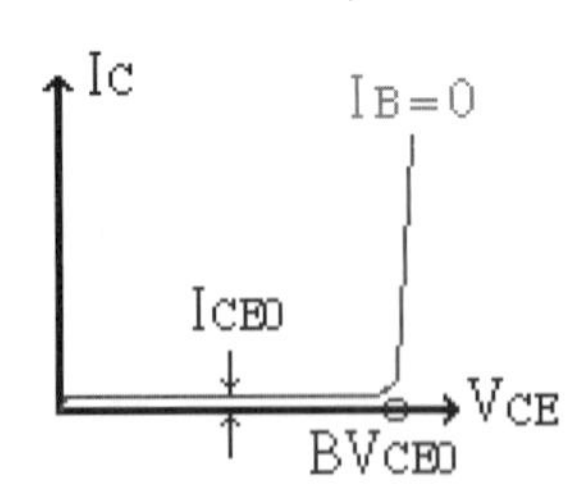

右圖顯示 V_{CC} 若繼續增加，V_{CE} 就會達到崩潰電壓 BV_{CEO}，因此若要讓電晶體正常工作，V_{CE} 必須小於 BV_{CEO}，以避免燒毀。

5-2-6 等效電路

根據依伯摩爾模型，簡單歸納成以下三點重要結論：

1. 電晶體的 V_{BE} 值，矽為 0.7 V（預設所討論的半導體材料），鍺為 0.3 V。
2. $\alpha_{DC} \cong 1$，則 $I_C = \alpha_{DC} I_E \cong I_E$。
3. $I_C = \beta_{DC} \times I_B \cong I_E$。

以上各 npn 電晶體參數的關係，簡單示意如下。

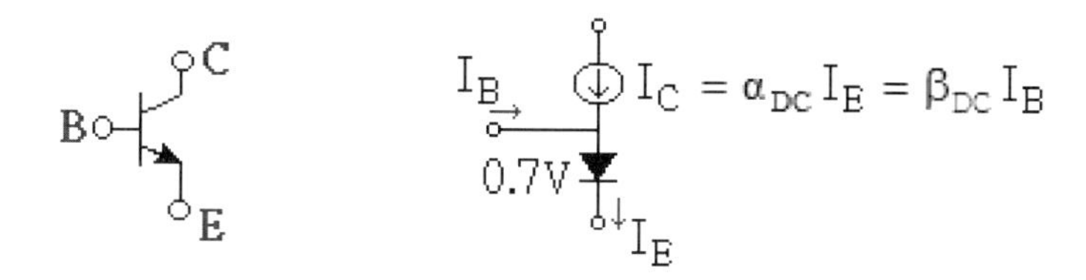

3 範例

假如 $\beta_{DC} = 100$，試畫出 I_B 從 10 μA 到 50 μA，每次增加 10 μA 所測得的靜態集極特性曲線。

解

利用 $I_C = \beta_{DC} \times I_B$，計算動作區的 I_C。

I_B	I_C
10 μA	1 mA
20 μA	2 mA
30 μA	3 mA
40 μA	4 mA
50 μA	5 mA

可得集極特性曲線如下圖所示。

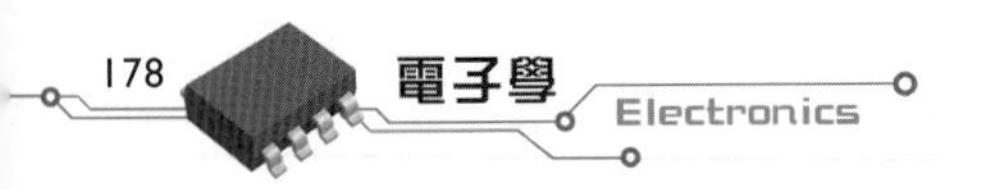

5-3 直流負載線＊

5-3-1 飽和點與截止點

直流負載線(dc load line)的求法：根據集極迴路的 KVL 方程式

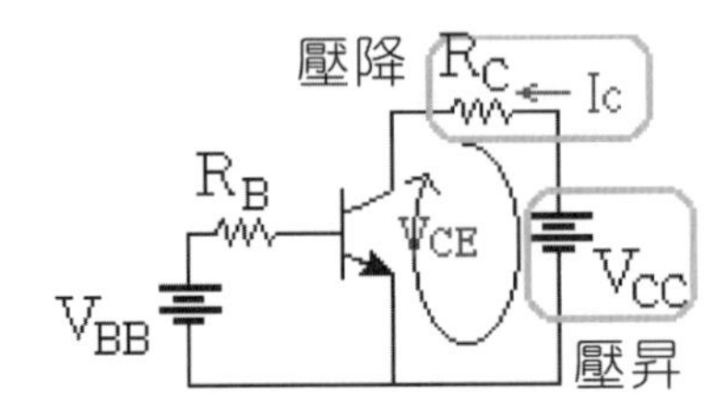

$$V_{CC} = I_C \times R_C + V_{CE}$$

即

$$I_C = \frac{V_{CC} - V_{CE}}{R_C}$$

此為**直流負載線**的方程式，根據此式求出其上、下兩端點，連接這兩點即為直流負載線。

1. **飽和點**：$V_{CE} = 0$（理想值），I_C 值最大。

$$I_{C(sat)} = \frac{V_{CC}}{R_C}$$

2. **截止點**：$I_C = 0$（理想值），V_{CE} 值最大。

$$V_{CE(off)} = V_{CC}$$

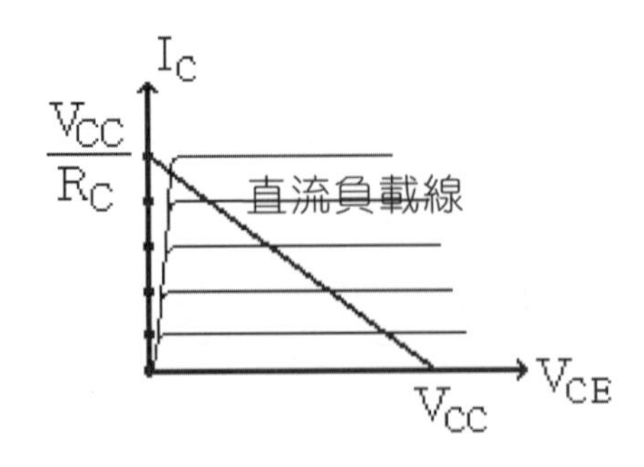

補充

飽和電流的理想近似值，位置在 y 軸上，因此，$V_{CE} = V_{CE(sat)} = 0$；若是考量實際情況，$V_{CE(sat)} \neq 0$，如下圖所示。

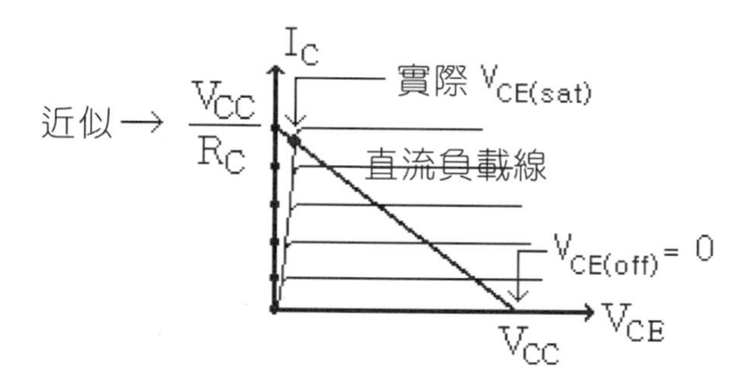

5-3-2 靜態工作點 Q

基極迴路的 KVL 方程式：

$$V_{BB} = I_B \times R_B + V_{BE}$$

可得 I_B 為

$$I_B = \frac{V_{BB} - V_{BE}}{R_B} = \frac{V_{BB} - 0.7}{R_B}$$

將 $I_C = \beta_{DC} \times I_B$ 代入集極迴路的 KVL 方程式，求出 V_{CE}。

$$V_{CE} = V_{CC} - I_C \times R_C$$

此即為 $Q(V_{CE}, I_C)$；舉例說明如何求 Q 點，假設 $\beta_{DC} = 100$。

Case 1： $V_{BB} = 0\text{ V}$

解 $I_B = \dfrac{V_{BB} - V_{BE}}{R_B} = \dfrac{(0 - 0.7)\text{V}}{100\text{k}} = 0\text{ mA}$

$I_C = \beta_{DC} \times I_B = 100 \times 0 = 0\text{ mA}$

$V_{CE} = V_{CC} - I_C \times R_C = 10 - 0 \times 2 = 10\text{ V}$

因此可知 Q(10 V，0 mA)。

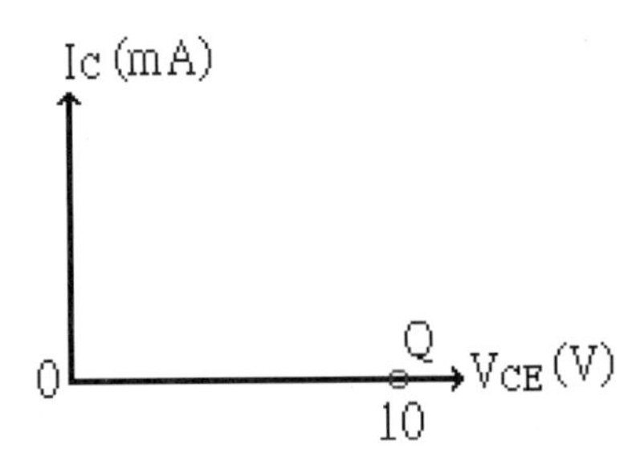

Case 2： $V_{BB} = 1.7\text{ V}$

解 $I_B = \dfrac{V_{BB} - V_{BE}}{R_B} = \dfrac{(1.7 - 0.7)\text{V}}{100\text{k}} = 0.01\text{ mA}$

$I_C = \beta_{DC} \times I_B = 100 \times 0.01 = 1\text{ mA}$

$V_{CE} = V_{CC} - I_C \times R_C = 10 - 1 \times 2 = 8\text{ V}$

因此可知 Q (8 V，1 mA)。

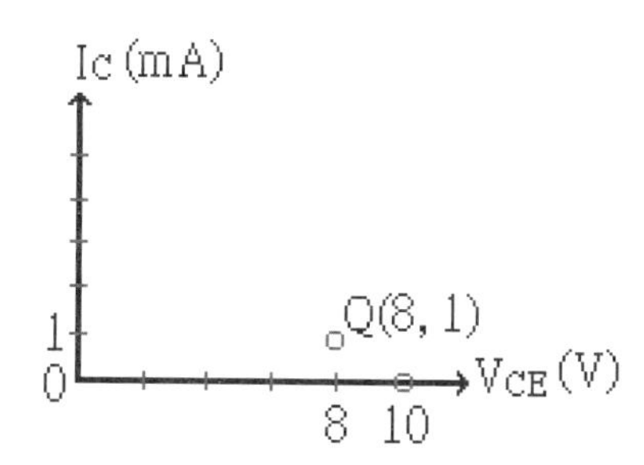

Case 3： $V_{BB} = 2.7\ V$

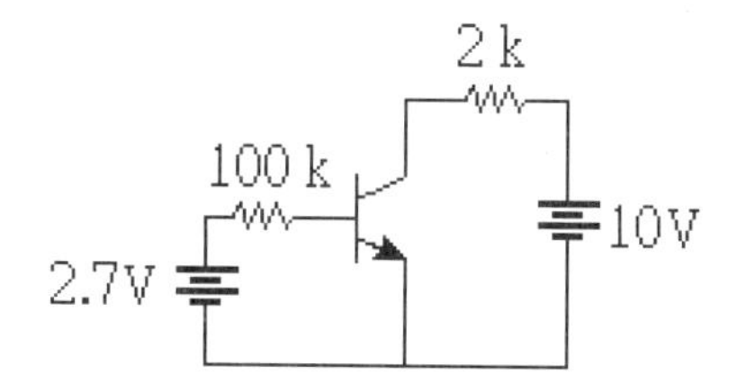

解 $I_B = \dfrac{V_{BB} - V_{BE}}{R_B} = \dfrac{(2.7-0.7)V}{100k} = 0.02\ mA$

$I_C = \beta_{DC} \times I_B = 100 \times 0.02 = 2\ mA$

$V_{CE} = V_{CC} - I_C \times R_C = 10 - 2 \times 2 = 6\ V$

因此可知 Q (6 V，2 mA)。

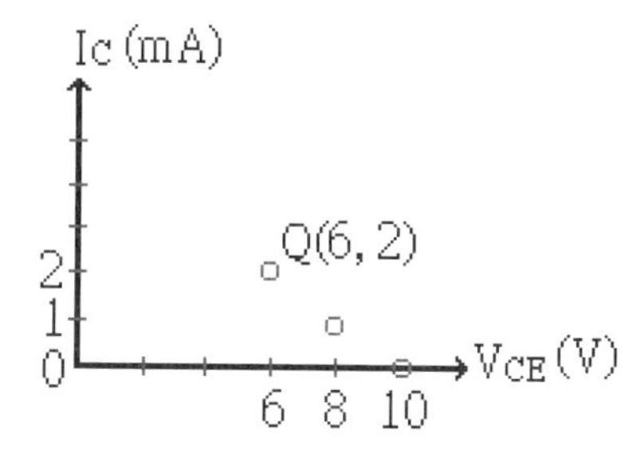

Case 4： $V_{BB} = 3.7\ V$

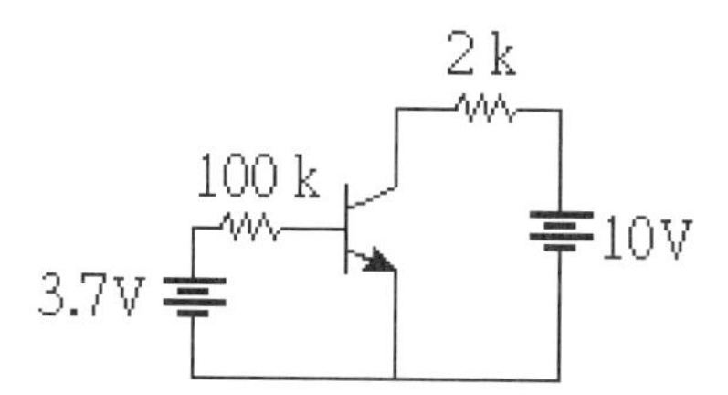

解 $I_B = \dfrac{V_{BB} - V_{BE}}{R_B} = \dfrac{(3.7 - 0.7)V}{100k} = 0.03\ mA$

$I_C = \beta_{DC} \times I_B = 100 \times 0.03 = 3\ mA$

$V_{CE} = V_{CC} - I_C \times R_C = 10 - 3 \times 2 = 4\ V$

因此可知 Q (4 V，3 mA)。

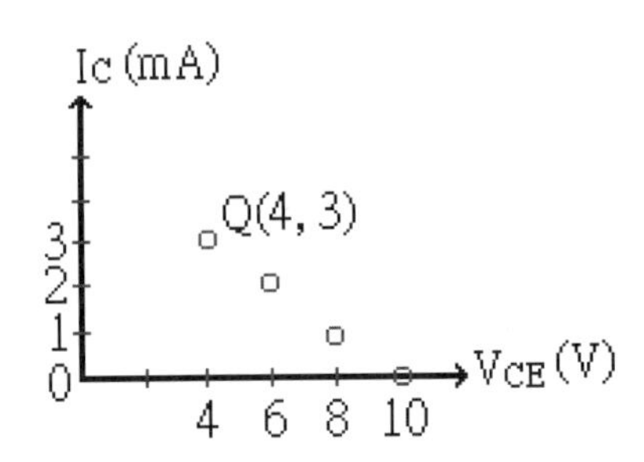

Case 5： $V_{BB} = 4.7\ V$

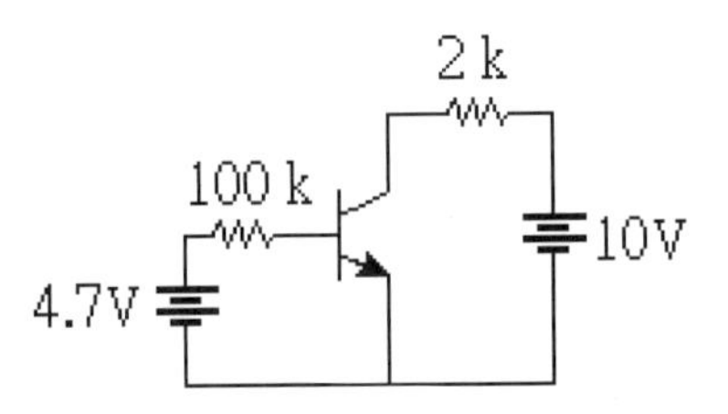

解 $I_B = \dfrac{V_{BB} - V_{BE}}{R_B} \dfrac{(4.7 - 0.7)V}{100k} = 0.04\ mA$

$I_C = \beta_{DC} \times I_B = 100 \times 0.04 = 4\ mA$

$V_{CE} = V_{CC} - I_C \times R_C = 10 - 4 \times 2 = 2\ V$

因此可知 Q (2 V，4 mA)。

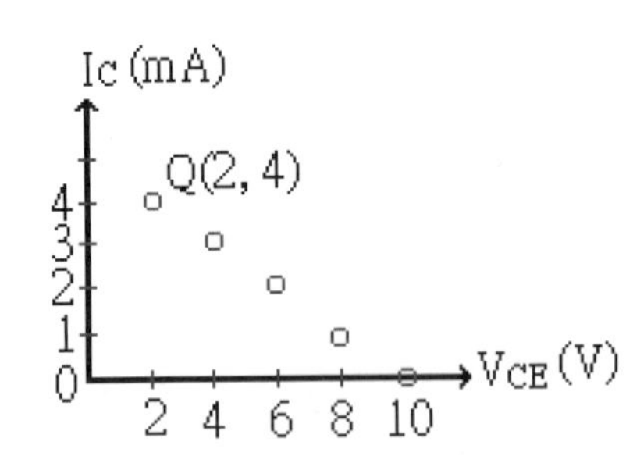

Case 6： $V_{BB} = 5.7\text{ V}$

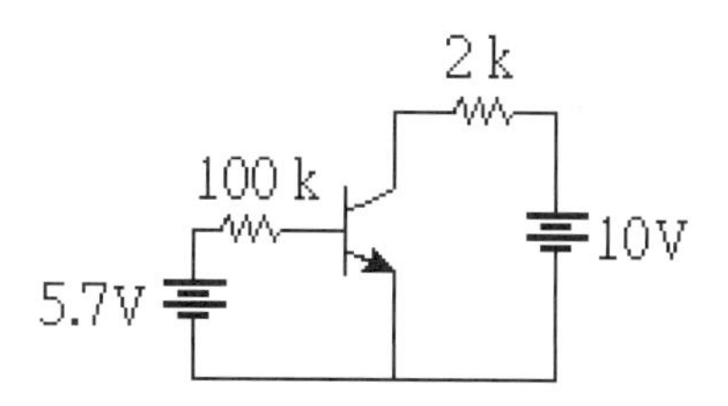

解 $I_B = \dfrac{V_{BB} - V_{BE}}{R_B} \dfrac{(5.7-0.7)V}{100k} = 0.05\text{ mA}$

$I_C = \beta_{DC} \times I_B = 100 \times 0.05 = 5\text{ mA}$

$V_{CE} = V_{CC} - I_C \times R_C = 10 - 5 \times 2 = 0\text{ V}$

因此可知 Q (0 V，5 mA)。

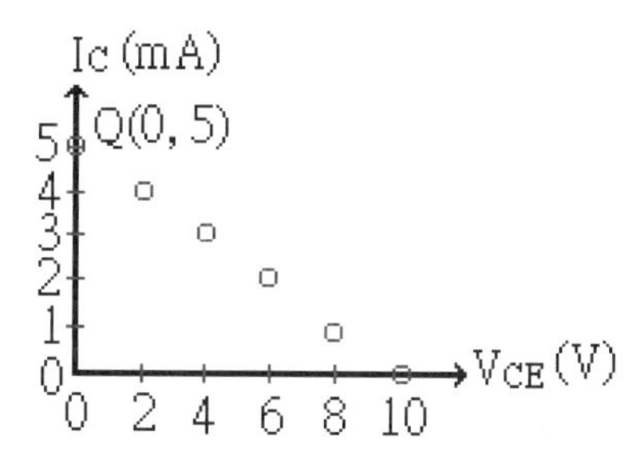

總結

輸入電壓 V_{BB} 從零開始增加，Q 點從截止點處沿著一斜線往飽和點移動，連接其軌跡，即為所謂的直流負載線。

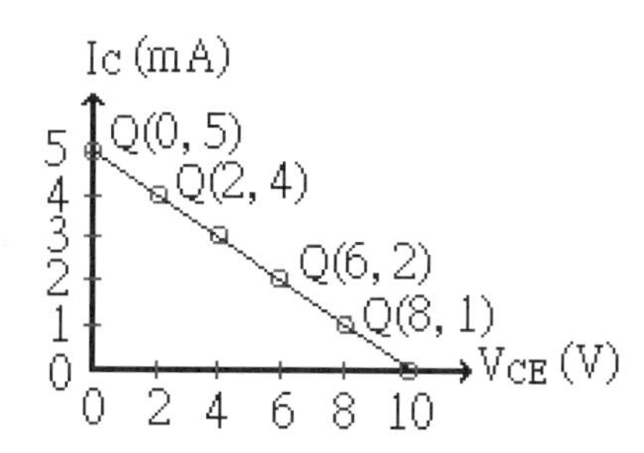

換言之，Q 點的集合就是直流負載線。

4 範例

試畫出如圖電路的直流負載線(dc load line)。

+20 V
10 kΩ
47 kΩ
+10 V

解

由輸出迴路 KVL 方程式：

$$V_{CC} = I_C \times R_C + V_{CE} \quad , \quad 20 = I_C \times 10k + V_{CE}$$

$$I_C = \frac{20V - V_{CE}}{10k\Omega}$$

飽和電流為

$$I_{C(sat)} = \frac{V_{CC}}{R_C} = \frac{20V}{10k} = 2\ mA$$

截止電壓為

$$V_{CE(off)} = 20\ V$$

因此可知直流負載線。

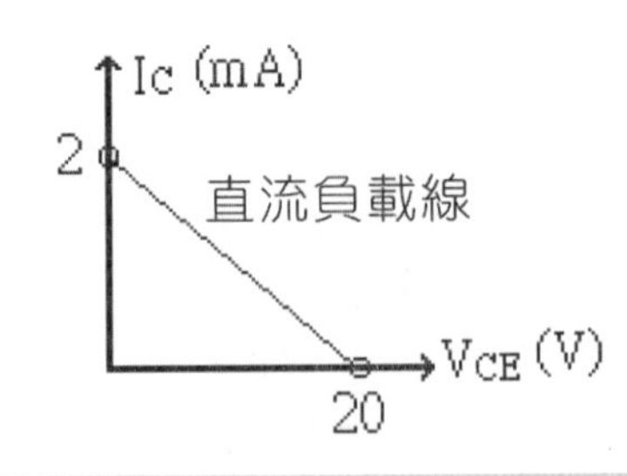

經之前說明與例題後，請參考隨書電子書光碟以程式進行相關例題模擬：

5-3-A　直流負載線 MATLAB 分析

試畫出如圖電路的直流負載線。

Answer $I_{C(sat)} = 10.64\ mA$，$V_{CE(off)} = 5\ V$。

5-4 電晶體開關

5-4-1 靜態工作點 Q

電晶體開關(Transistor as a switch)電路，或者稱為**電晶體反相器**(BJT Inverter)，如下圖所示。

或

如前所述，它的工作點在飽和點或截止點上，而不在直流負載線其他各點；當電晶體飽和時，是屬於開的動作，此時 Q 點在直流負載線的飽和點；另外就是電晶體截止，這是屬於關的動作，此時 Q 點在直流負載線的截止點。

已知靜態工作點的計算如下所示：基極迴路的 KVL 方程式

$$V_{BB} = I_B \times R_B + V_{BE}$$

$$I_B = \frac{V_{BB} - V_{BE}}{R_B} = \frac{V_{BB} - 0.7}{R_B}$$

將 $I_C = \beta_{DC} \times I_B$ 代入集極迴路的 KVL 方程式，求出 V_{CE}。

$$V_{CE} = V_{CC} - I_C \times R_C$$

因此可知 Q(V_{CE} ， I_C)，由 Q 所在位置即可判斷電路為何種狀態，換言之，開關只有兩種狀態：

1. 關 OFF：當 $V_i < V_{BE(on)}$ ， $I_B = 0$ ， $I_C = \beta_{DC} I_B = 0$ ， $V_o = V_{CC}$ ，Q 點座標為 (V_{CC}，0)。

2. 開 ON：當 $V_i = V_{CC}$

$$I_B = \frac{V_i - V_{BE(on)}}{R_B} \quad , \quad I_C = I_{C(sat)} = \frac{V_{CC} - V_{CE(sat)}}{R_C}$$

$$V_O = V_{CE(sat)}$$

即點座標為($V_{CE(sat)}$，$I_{C(sat)}$)。

綜上分析可知其輸入電壓 V_i 與輸出 V_o 電壓的關係為：

V_i	電晶體狀態	V_o
0	截止	V_{cc}
$\sim V_{cc}$	飽和	$V_{CE(sat)}$

舉實例說明，例如右圖所示的反相器電路，$\beta = 120$（直流 β 與交流 β 若未特別聲明，皆視為相同數值）， $V_{CE(sat)} = 0.2$ V ，已知飽和電流 $I_{C(sat)} = (V_{CC} - V_{CE(sat)}) / R_C = (5 - 0.2) / 5\ k\Omega = 0.96$ mA ，截止電壓 $V_{CE(off)} = 5$ V 。

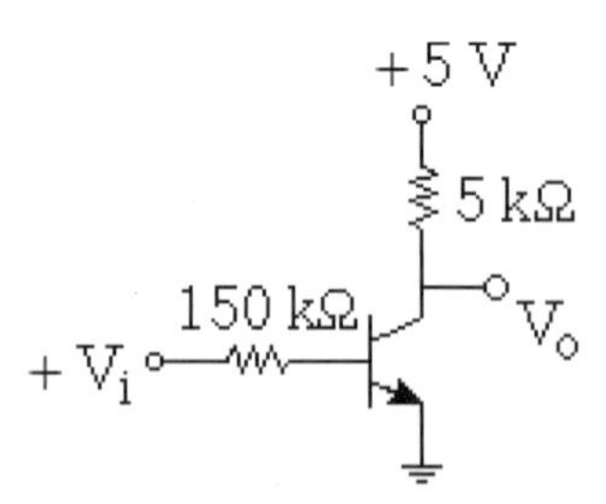

當輸入電壓 V_i 小於等於 0.7V，電晶體未導通，導致 $I_B = 0$ ， $I_C = \beta \times I_B = 0$ ，因此 $I_C \times R_C = 0$ ， $V_o = V_{CC} - I_C \times R_C = 5$ V ；反之當輸入電壓 V_i 等於 5V，驅動電壓達到最大，電晶體導通，導致基極電流最大。

$$I_B = \frac{V_i - 0.7}{R_B} = \frac{5 - 0.7}{150\,k\Omega} = 28.7\,\mu A$$

$$I_C = \beta \times I_B = 120 \times 28.7\ \mu A = 3.4\ mA$$

$$V_o = V_{CC} - I_C \times R_C = 5 - (3.4\ \text{mA}) \times (5\ \text{k}\Omega) = -12\ \text{V}$$

顯然 I_C 遠大於飽和電流 $I_{C(sat)} = 0.96\ \text{mA}$，意即偏壓在飽和點，因此 $V_o = V_{CE(sat)}$；至於輸入電壓 V_i 為何，電晶體就已經飽和，計算如下。

$$I_{C(sat)} = \beta I_{B(sat)} = 120 \times \frac{V_i - 0.7}{150\,\text{k}\Omega} = 0.96\,\text{mA}$$

$$V_i = 1.9\ \text{V}$$

綜合上述結果，輸入低準位，輸出為高準位，反之輸入高準位，輸出為低準位，故稱為反相器，其電壓轉換特性曲線如下所示。

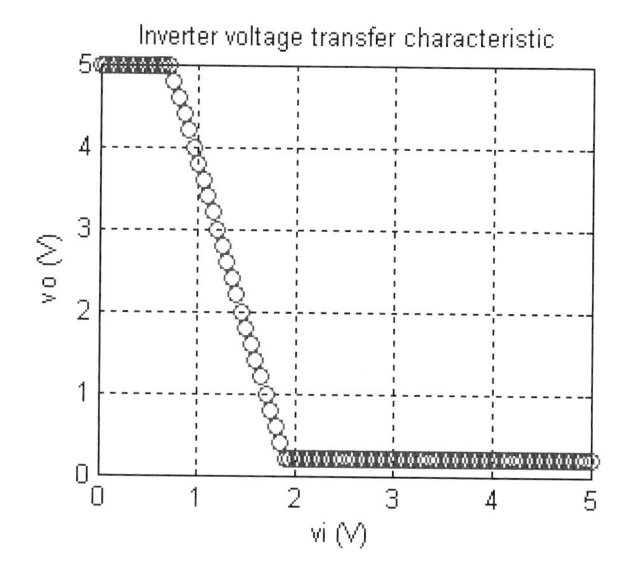

其中輸入電壓 V_i 小於 0.7V 的區域稱為截止區，V_i 大於等於 1.9V 的區域稱為飽和區，其餘區域稱為動作區。

電晶體反相器可以應用於數位邏輯電路，例如下圖所示的 NOR 電路。

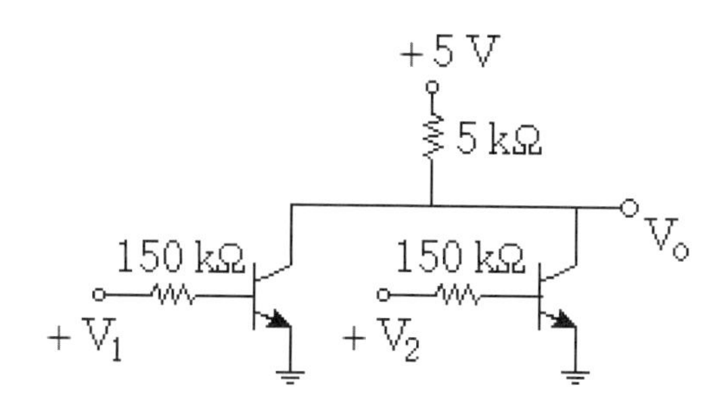

其真值表如下表格所示，除了兩輸入電壓皆為零（低準位），輸出電壓為5V（高準位）外，其餘輸出電壓都是為 0.2V（低準位）。

V_1	V_2	V_O
0	0	5 V
5 V	0	0.2 V
0	5 V	0.2 V
5 V	5 V	0.2 V

實例計算：若 $V_1 = 5\text{ V}$，$V_2 = 0\text{ V}$，左邊電晶體飽和（形同導通），右邊電晶體截止（形同斷路），即 $V_O = V_{CE(sat)} = 0.2\text{ V}$。

$$I_{R_C} = I_{C1} = \frac{V_{CC} - V_{CE(sat)}}{R_C} \quad , \quad I_{B1} = \frac{V_1 - V_{BE(on)}}{R_{B1}} = \frac{5 - 0.7}{R_{B1}}$$

$$I_{B2} = I_{C2} = 0$$

5-4-2 設計原則

電晶體當開關用的關鍵，在於集極電流 I_C 的大小，而 I_C 又受 β_{DC} 與基極電流 I_B 所控制，因此對固定的 β_{DC} 值而言，足夠大的 V_{BB} 或足夠小的 R_B，都會使電晶體在飽和點工作，因為

$$I_B = \frac{V_{BB} - V_{BE}}{R_B}$$

或者移走基極電壓 V_{BB}，電晶體則會在截止點工作；通常，電晶體開關電路有兩種設計原則：

1. 軟性飽和：勉強使電晶體達到飽和。
2. 硬性飽和：不論電晶體的 β_{DC} 值大小，均有足夠的 I_B 值讓電晶體達到飽和。一般而言，只要10倍的基極電流大於等於飽和電流，即可滿足硬性飽和的要求。

$$I_B \geq \frac{1}{10} I_{C(sat)}$$

5 範例

如圖電路，求(a) I_B (b)電晶體飽和所需之 β_{DC} 值 (c)電晶體是開或關的動作。

+20 V
10kΩ
47kΩ
+10 V

解

觀察輸入基極迴路有 R_B，因此只能由其 KVL 方程式計算 I_B。

(a) $V_{BB} = I_B \times R_B + V_{BE}$

$$10 = I_B \times 47k + 0.7 \quad , \quad I_B = \frac{10-0.7}{47k} = 0.198\ \text{mA}$$

(b) $I_{C(sat)} = \frac{V_{CC}}{R_C} = \frac{20V}{10k} = 2\ \text{mA}$，因為 $I_{C(sat)} = \beta_{DC(sat)} \times I_B$，得

$$\beta_{DC(sat)} = \frac{I_{C(sat)}}{I_B} = \frac{2mA}{0.198mA} = 10.1$$

(c) 因為 $\beta_{DC(sat)}$ 只要大於等於 10.1，電晶體就飽和，可見是開動作。

綜上分析結果，Q 點與直流負載線如下圖所示

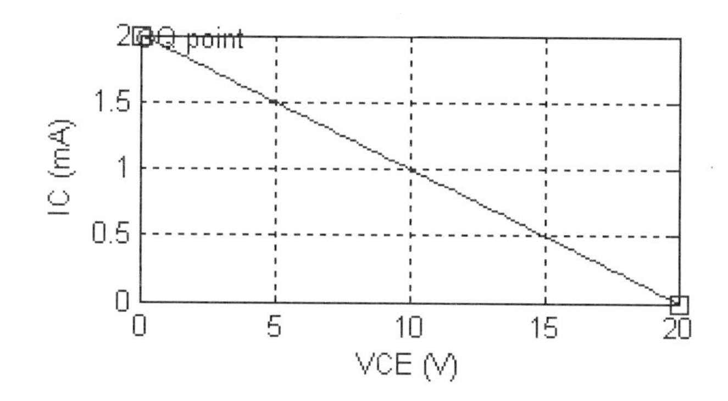

6 範例

如圖電路，求 LED 的電流。

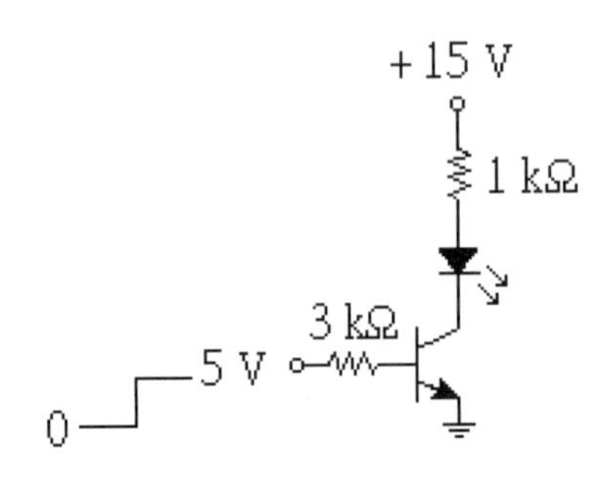

解

這是屬於開關用的數位電路，當集極有 I_C 流過時，LED 發光；若無 I_C 流過，則 LED 熄滅。

(a) $V_{BB}=0\text{ V}$

$$I_B=0 \quad , \quad I_C=\beta_{DC}\times I_B=0=I_{LED}$$

(b) $V_{BB}=5\text{ V}$，電晶體飽和，$V_{LED}=1.5\sim 2.5\text{ V}$。

$$I_B=\frac{V_{BB}-V_{BE}}{R_B}=\frac{5-0.7}{3k}=1.43\text{ mA}$$

$$I_{C(sat)}=\frac{V_{CC}-V_{LED}}{R_C}=\frac{15-2}{1\text{ k}\Omega}=13\text{ mA}=I_{LED}$$

4 練習

如圖電路，$\beta_{DC}=100$，求(a) $I_{C(sat)}$ 與 $V_{CE(off)}$ (b)Q 點。

+5 V
1 kΩ
4.7kΩ
+5.4 V

Answer (a) $I_{C(sat)}=5\text{ mA}$，$V_{CE(off)}=5\text{ V}$ (b)Q(0 V , 5 mA)。

5-5 電晶體電流源＊

5-5-1 靜態工作點 Q

電晶體電流源(Transistor as a current source)電路，如下圖所示。

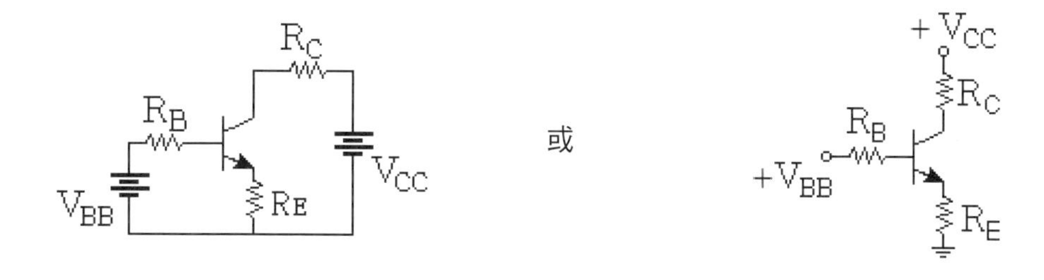

由輸出迴路的 KVL 方程式可知

$$V_{CC}=I_C\times R_C+V_{CE}+I_E\times R_E$$

代入 $\alpha_{DC}=\dfrac{I_C}{I_E}$ ，即 $I_C=\alpha_{DC}\ I_E$ 。

$$V_{CC}=I_C\times R_C+V_{CE}+\alpha_{DC}\ I_C\times R_E$$

$$V_{CC}=I_C\times(R_C+\alpha_{DC}\ R_E)+V_{CE}$$

$$I_C=\frac{V_{CC}-V_{CE}}{R_C+\alpha_{DC}\ R_E}$$

由上式可求出飽和點為

$$I_{C(sat)}=\frac{V_{CC}}{R_C+\alpha_{DC}\ R_E}$$

截止點為

$$V_{CE(off)}=V_{CC}$$

因為 $\alpha_{DC} \cong 1$ ，即 $\alpha_{DC}\ R_E \cong R_E$ ，因此直流負載線可以近似為

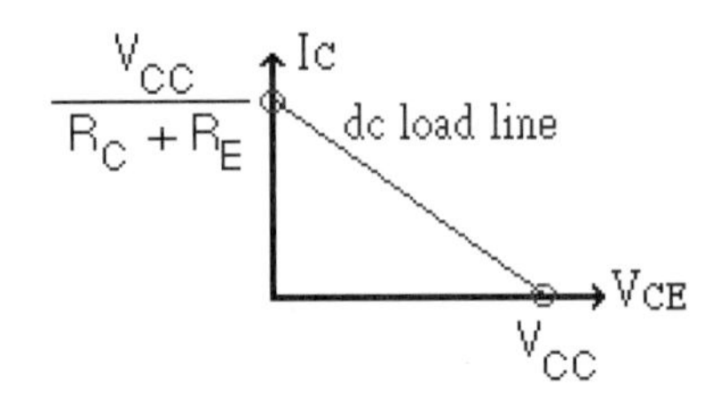

由輸入迴路的 KVL 方程式（如右圖所示）

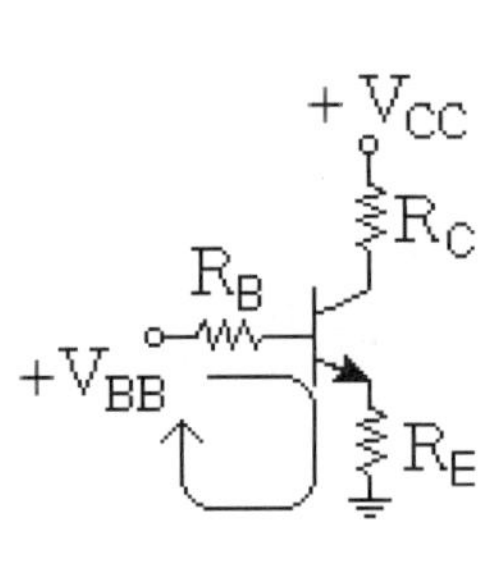

$$V_{BB} = I_B \times R_B + V_{BE} + I_E \times R_E$$

1. 求 I_B ：代入 $I_E = I_B + I_C = I_B + \beta_{DC}\ I_B = I_B(1+\beta_{DC})$

$$V_{BB} = I_B \times R_B + V_{BE} + I_B(1+\beta_{DC}) \times R_E$$

$$V_{BB} = I_B \times (R_B + (1+\beta_{DC}) \times R_E) + V_{BE}$$

$$I_B = \frac{V_{BB} - 0.7}{R_B + (1+\beta_{DC})R_E}$$

2. 求 I_E ：代入 $I_E = I_B + I_C = I_B + \beta_{DC}\ I_B = I_B(1+\beta_{DC})$ ，即 $I_B = \frac{I_E}{(1+\beta_{DC})}$

$$V_{BB} = I_B \times R_B + V_{BE} + I_E \times R_E$$

$$V_{BB} = \frac{I_E}{(1+\beta_{DC})} \times R_B + V_{BE} + I_E \times R_E$$

$$V_{BB} = I_E \times \left(R_E + \frac{R_B}{(1+\beta_{DC})} \right) + V_{BE}$$

$$I_C \cong I_E = \frac{V_{BB} - 0.7}{R_E + \frac{R_B}{(1+\beta_{DC})}} \cong \frac{V_{BB} - 0.7}{R_E + \frac{R_B}{\beta_{DC}}}$$

代入輸出迴路的 KVL 方程式（如上頁圖所示），求 V_{CE}

$$V_{CE} = V_{CC} - I_C \times R_C - I_E \times R_E$$

此即為 Q(V_{CE} ， I_C)。

總結

Q 點位置不在直流負載線的飽和點（"開"）或截止點（"關"）上，此為**電晶體電流源**，其電路安排與 Q 點位置如下圖所示。

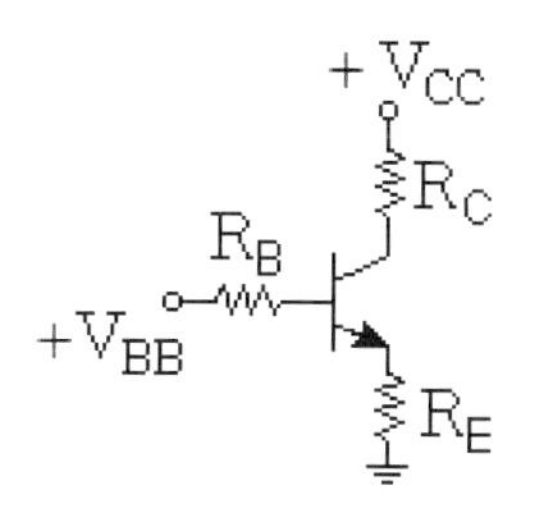

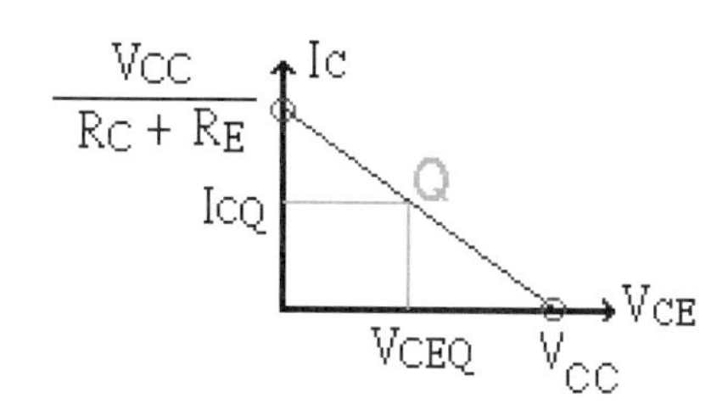

5-5-2 電壓轉換特性曲線

舉實例說明：回顧前一節所介紹的反相器電路，其電路與電壓轉換特性曲線如下圖所示。

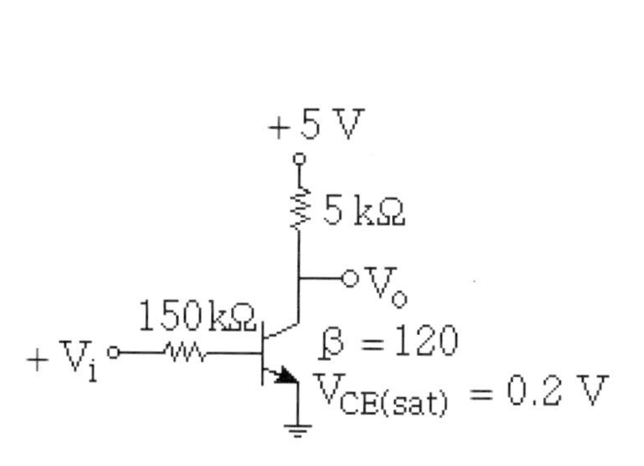

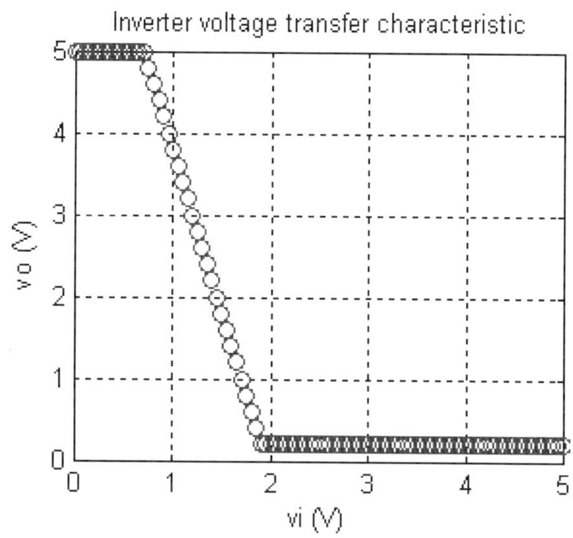

已知輸入電壓 V_i 小於 0.7 V 的區域稱為截止區，V_i 大於等於 1.9 V 的區域稱為飽和區，偏壓在此兩區域內即為電晶體開關的動作，其餘區域稱為動作區，是屬於電晶體電流源的動作，也是電晶體交流信號電壓線性放大的區域，其電壓放大倍數為

$$A_t = \frac{(5-0.2)}{(0.7-1.9)} = -4$$

上式中(0.7，5)與(1.9，0.2)是動作區的兩端點，負號代表直線斜率為負，也代表相位反轉（相位差 180 度）。

7 範例

如圖電路，求(a)直流負載線 (b) I_C (c) V_C (d) V_{CE}。

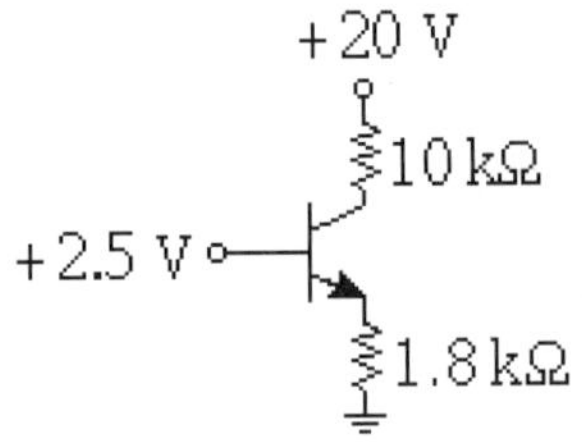

+20 V
10 kΩ
+2.5 V
1.8 kΩ

解

(a) 飽和點 $I_{C(sat)} = \dfrac{V_{CC}}{R_C + \alpha_{DC} R_E}$，題目沒有 α_{DC}，可令其值為 $\alpha_{DC} \cong 1$，因此飽和電流為

$$I_{C(sat)} = \frac{V_{CC}}{R_C + R_E} = \frac{20V}{10k + 1.8k} = 1.7\ mA$$

截止電壓為

$$V_{CE(off)} = V_{CC} = 20\ V$$

輸入基極迴路，只有 R_E，因此，只由其 KVL 方程式能計算 I_E。

(b) $V_{BB} = V_{BE} + I_E \times R_E$，$2.5 = 0.7 + I_E \times 1.8k$

$$I_E = \frac{2.5-0.7}{1.8\ k\Omega} = 1\ mA \cong I_C$$

(c) $V_C = V_{CC} - I_C \times R_C = 20 - 1 \times 10 = 10\ V$

(d) $V_{CE} = V_{CC} - I_C \times R_C - I_E \times R_E = 20 - 1 \times 10 - 1 \times 1.8 = 8.2\ V$

綜上結果，可得 Q(8.2 V，1 mA)。

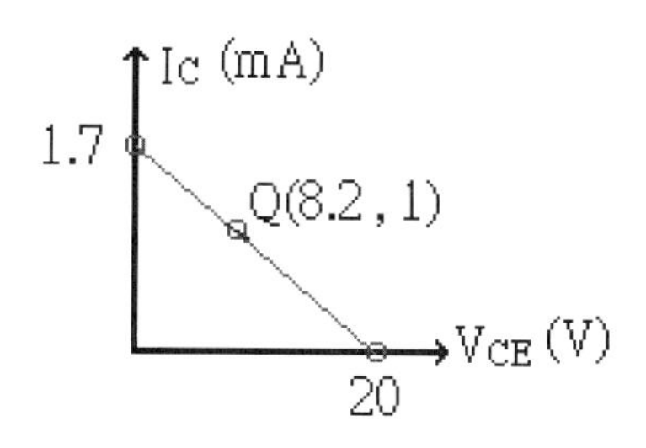

8 範例

如圖電路，求(a) V_{E2} (b)各電晶體的 I_C 、 I_B ，假設 $\beta_{DC1} = \beta_{DC2} = 100$ 。

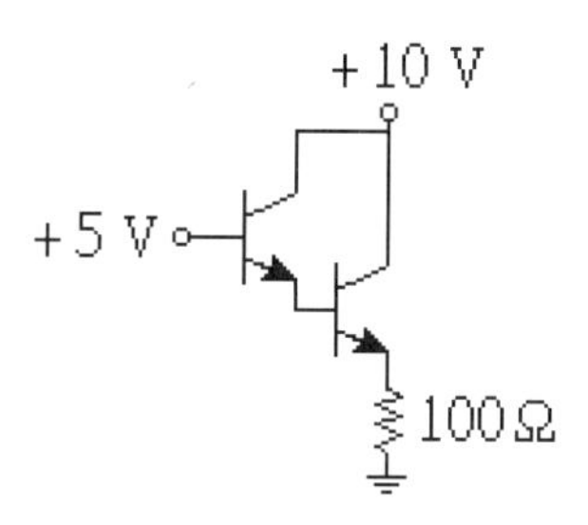

解

第一顆電晶體的射極與第二顆電晶體的基極相接，即 $V_{E1} = V_{B2}$ ， $I_{E1} = I_{B2}$ 。

(a) $V_{E2} = 5 - 1.4 = 3.6\ V$

(b) $I_{E2} = \dfrac{V_{E2}}{R_E} = \dfrac{3.6V}{0.1k} = 36mA$ ， $I_{C2} \cong I_{E2} = 36\ mA$

$$I_{B2} = \frac{I_{C2}}{\beta_{DC2}} = \frac{36mA}{100} = 0.36\ mA \quad , \quad I_{E1} = I_{B2} = 0.36\ mA = 360\ \mu A$$

$$I_{B1} = \frac{I_{C1}}{\beta_{DC1}} \cong \frac{I_{E1}}{\beta_{DC1}} = \frac{0.36\ mA}{100} = 0.0036\ mA = 3.6\ \mu A$$

9 範例

如圖電路，求 I_{LED}，若(a) $V_{BB}=0\ V$　(b) $V_{BB}=10\ V$。

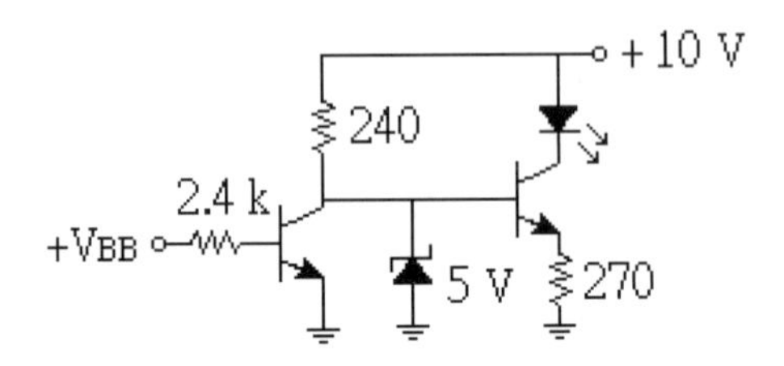

解

觀察電路可知，左方為電晶體開關，中央是稽納電壓調整，右方則是電晶體電流源。

(a) $V_{BB}=0\ V$：電晶體的 Q 點在截止點上，即 $I_{B1}=0\ mA$，$I_{C1}=0\ mA$

$$V_{C1}=V_{CC}=10\ V$$

因為 $V_{C1}=10\ V>V_Z=5\ V$，表示稽納二極體可以發揮正常功能，換言之，

$$V_{B2}=V_Z=5\ V$$

計算 I_{E2}：

$$I_{E2}=\frac{V_{B2}-V_{BE}}{R_B}=\frac{5-0.7}{0.27k}=15.93\ mA=I_{LED}$$

(b) $V_{BB}=10\ V$：電晶體的 Q 在飽和點上，即 $V_{CE1}=V_{C1}=0$，$V_{C1}=0<V_Z=5\ V$，這表示稽納二極體無法發揮正常功能，換言之，$V_{B2}=0\ V$。

計算 I_{E2}：

$$I_{E2}=\frac{V_{B2}-V_{BE}}{R_B}=\frac{0-0.7}{0.27k}=0\ mA=I_{LED}$$

經之前說明與例題後，請參考隨書電子書光碟以程式進行相關例題模擬：

5-5-A　電晶體電流源 MATLAB 分析

5 練習

如圖電路，$\beta_{DC}=100$，求(a) $I_{C(sat)}$ 與 $V_{CE(off)}$ (b)Q 點。

+10 V
810 Ω
+10 V
190 Ω

Answer (a) $I_{C(sat)}=10$ mA ， $V_{CE(off)}=10$ V (b)Q(0 V , 10 mA)。

如圖電路，求 I_{LED} 。

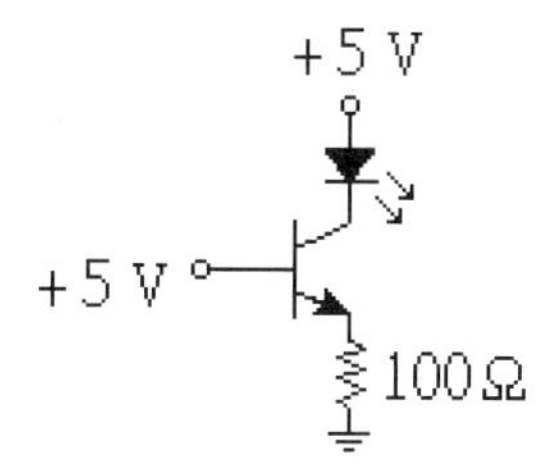

Answer 43 mA。

習題

5-1　當集極電流為 1.9 mA，射極電流為 2 mA，求(a) α_{DC}　(b) β_{DC} 。

5-2　如圖電路，$\beta_{DC}=100$，求(a)直流負載線　(b)Q 點。

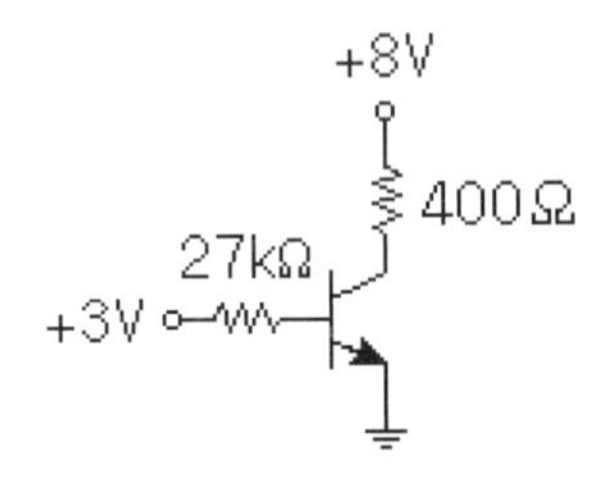

5-3　如圖電路，$\beta_{DC}=100$，求(a)直流負載線　(b)Q 點。

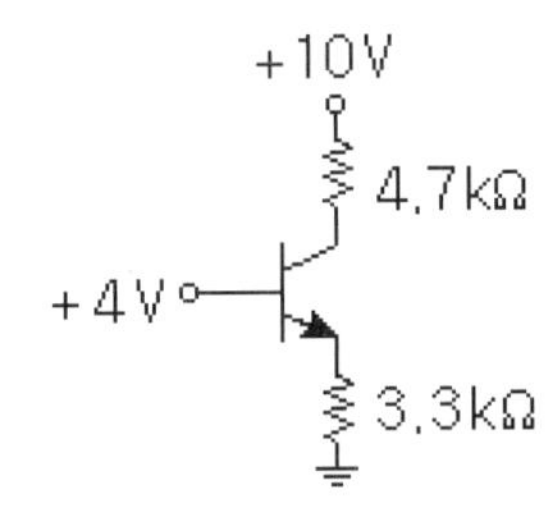

5-4　如圖電路，$\beta_{DC}=100$，求(a)直流負載線　(b)Q 點。

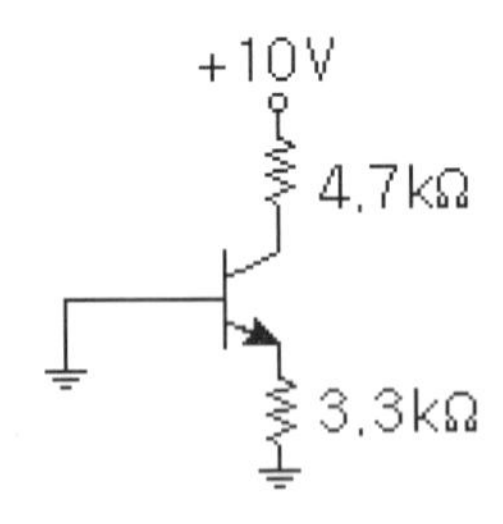

5-5　如圖電路，求各電晶體的 I_C 、 I_B，假設 $\beta_{DC1}=100$， $\beta_{DC2}=50$ 。

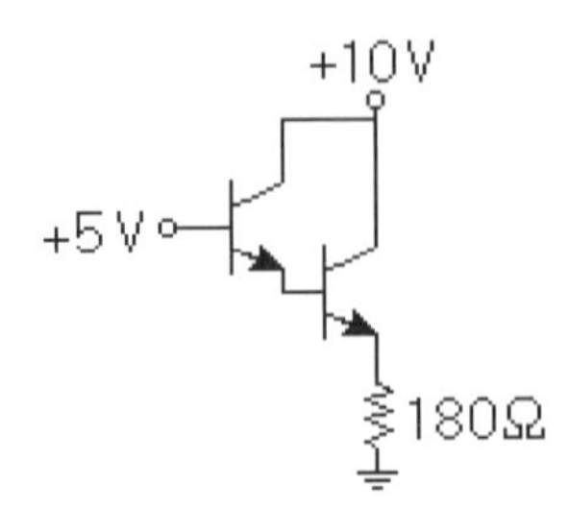

電晶體偏壓

6-1 基極偏壓※＊

6-2 射極回授偏壓分析※＊

6-3 集極回授偏壓分析※＊

6-4 分壓偏壓分析＊

6-5 射極偏壓分析＊

6-6 PNP 電晶體電路

研究完本章，將學會

- 基極偏壓
- 射極回授偏壓
- 集極回授偏壓
- 分壓偏壓分析
- 射極偏壓分析
- PNP 電晶體電路

6-1 基極偏壓※✻

6-1-1 Q 點

電晶體可以使用在

1. **數位電路**：電晶體當作開關用
2. **線性電路**：電晶體當作電流源用
3. **放大電路**：可將交流信號逐級予以放大

在交流信號送進電晶體電路之前，先要設定好電晶體的靜態工作點 Q，以便作為交流信號的基準位而上下起伏變化，如下圖左所示，靜態工作點 Q 在負載線（直流或交流負載線？）的中央，輸入交流信號又剛好使用到全部負載線，輸出信號將會複製輸入信號。下圖右顯示輸入交流信號太大，即使靜態工作點 Q 在負載線的中央，還是產生截波失真的現象。

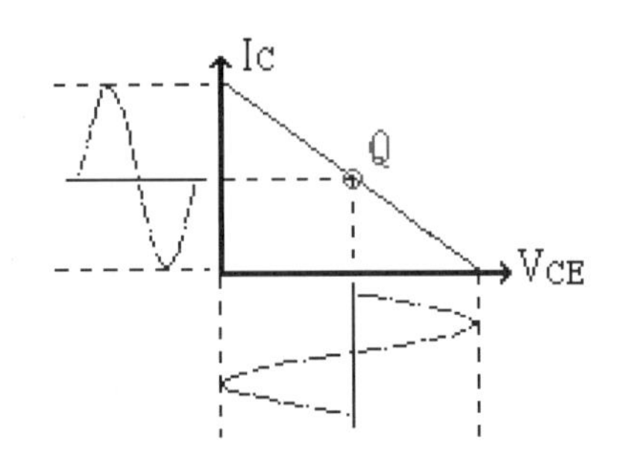

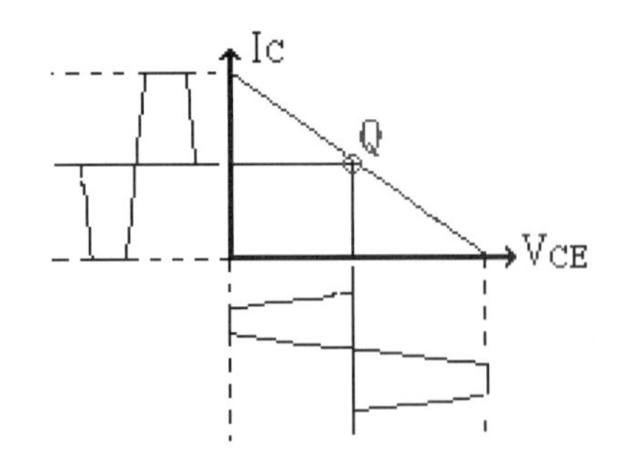

又如下圖左所示，靜態工作點 Q 靠近負載線的飽和點，因受限於輸入交流信號，導致無法 100%利用負載線，但輸出信號仍會複製輸入信號。下圖右顯示輸入交流信號太大，使得輸出信號產生截波失真的現象。

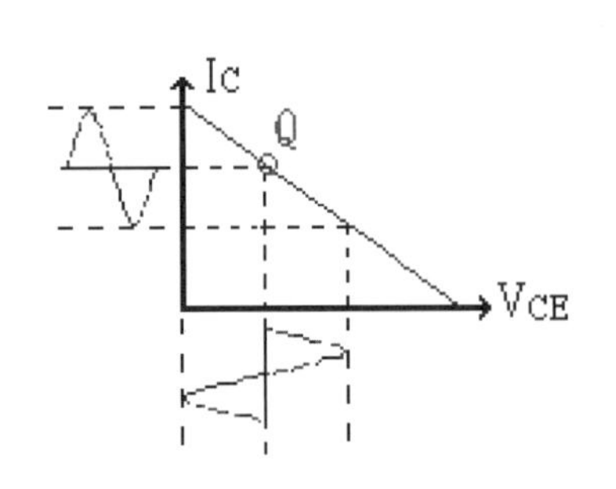

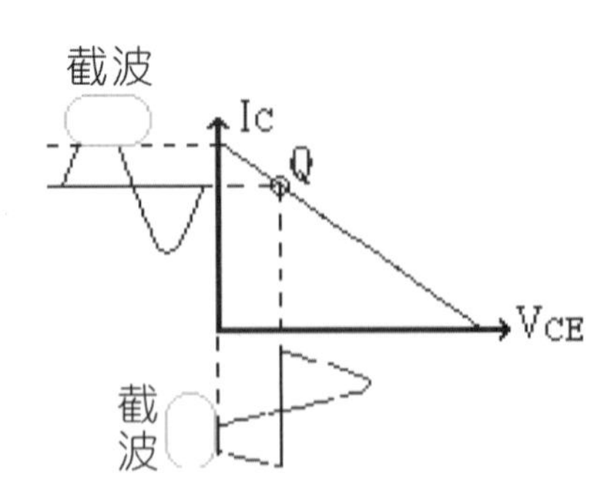

靜態工作點 Q 靠近負載線的截止點，類似 Q 點靠近負載線的飽和點的情況，因受限於輸入交流信號，導致無法 100%利用負載線，但輸出信號仍會複製輸入信號，如下圖左所示。下圖右則顯示輸入交流信號太大，使得輸出信號產生截波失真的現象

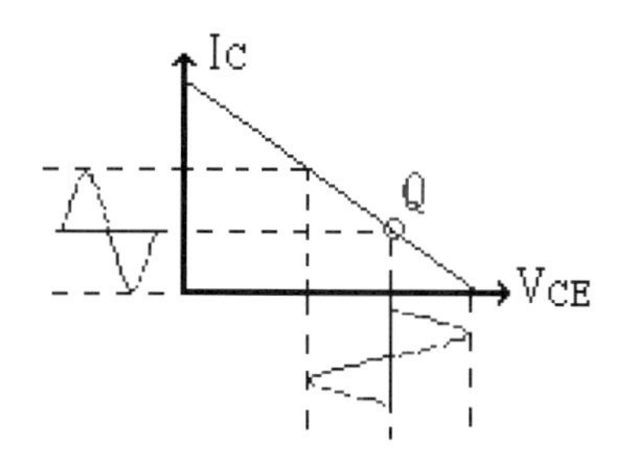

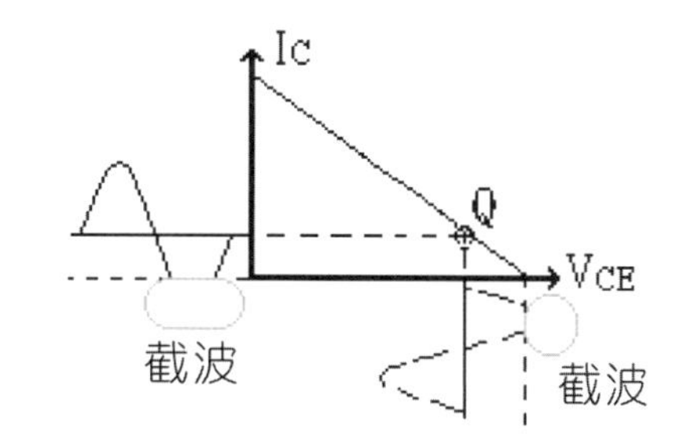

6-1-2 分析

基極偏壓(Base bias)電路，如下圖所示

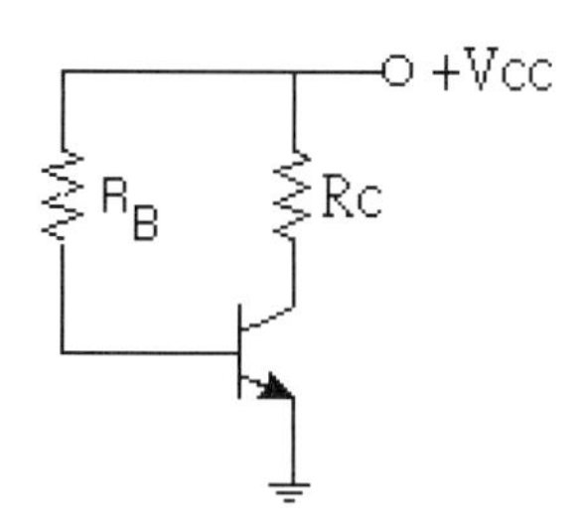

分析

1. 觀察電路：輸入迴路有壓升 V_{CC} ，壓降 $I_B \times R_B$ 和 $V_{BE} = 0.7\ V$

$$V_{CC} = I_B \times R_B + V_{BE}$$

$$I_B = \frac{V_{CC} - V_{BE}}{R_B} = \frac{V_{CC} - 0.7}{R_B}$$

2. 求靜態工作點 Q 點：觀察電路的輸出迴路有壓昇 V_{CC} ，壓降 $I_C \times R_C$ 和 V_{CE}

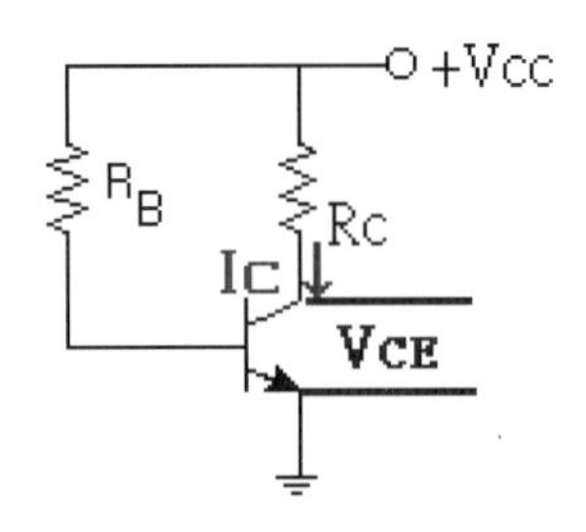

$$I_C = \beta_{DC} \times I_B$$

$$V_{CE} = V_{CC} - I_C \times R_C$$

即 Q (V_{CE} ， I_C)

直流負載線

兩點可以決定一直線：找出飽和電流 $I_{C(sat)}$ 與截止電壓 $V_{CE(off)}$ 兩端點。

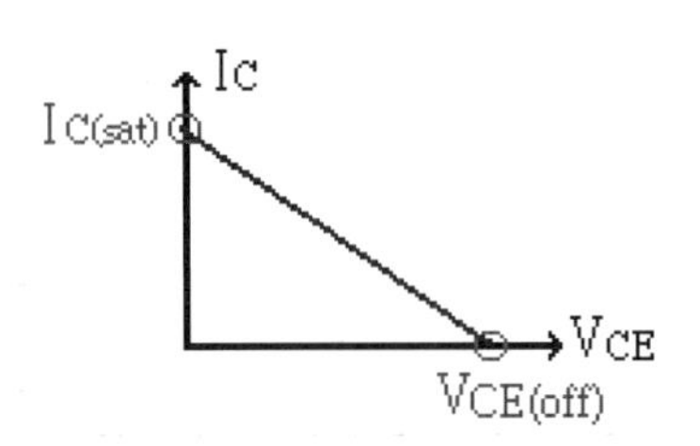

1. 飽和電流 $I_{C(sat)}$ (Saturation Current)：端點值最大，因此 $V_{CE} = 0$ ，由輸出迴路可知， $V_{CC} = I_C \times R_C + V_{CE}$

$$I_{C(sat)} = \frac{V_{CC}}{R_C}$$

2. 截止電壓 $V_{CE(off)}$ (Cutoff Voltage)：端點值最大，因此 $I_C = 0$

$$V_{CE(off)} = V_{CC}$$

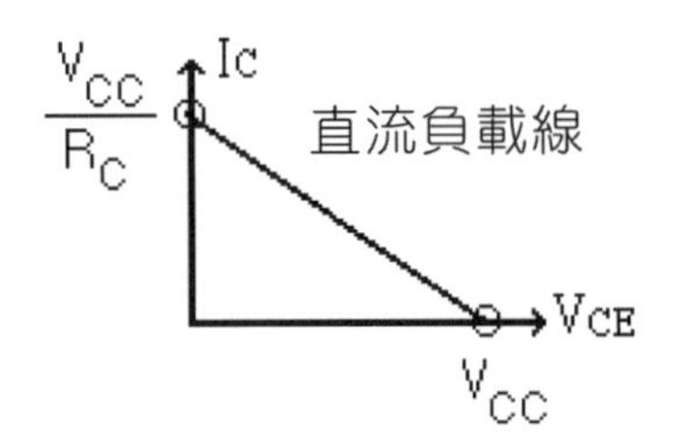

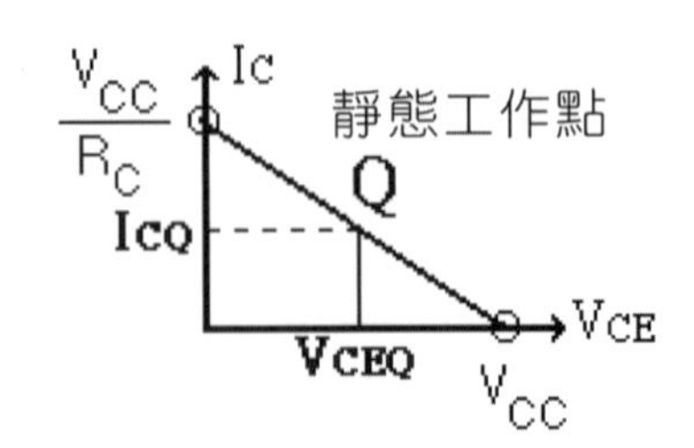

結論

由輸入迴路：求 Q 點。

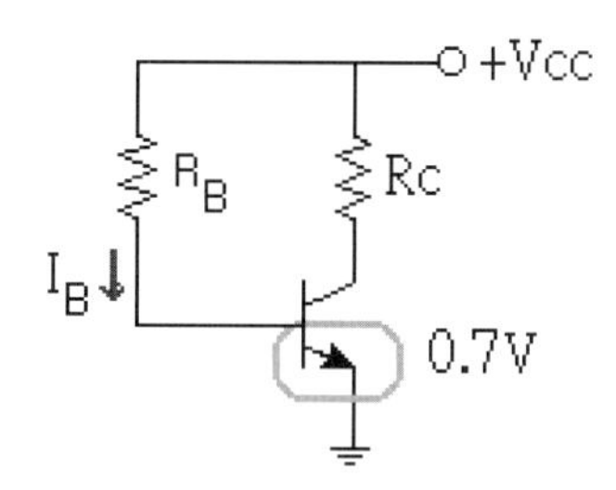

$$I_B = \frac{V_{CC} - V_{BE}}{R_B} = \frac{V_{CC} - 0.7}{R_B}$$

$$I_C = \beta_{DC} \times I_B$$

$$V_{CE} = V_{CC} - I_C \times R_C$$

即 Q (V_{CE} ， I_C)，由輸出迴路求直流負載線(dc load line)。

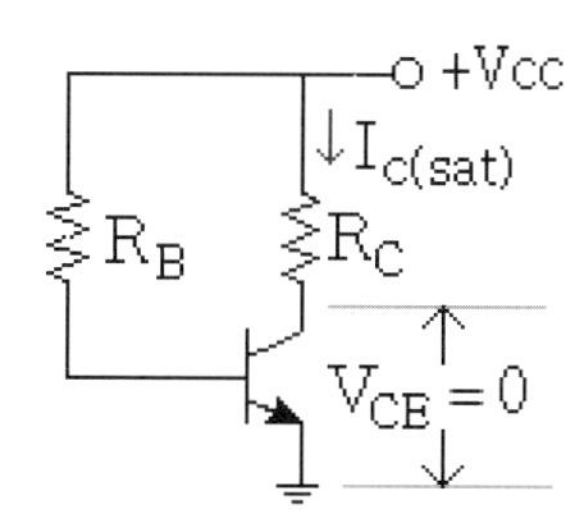

$$I_{C(sat)} = \frac{V_{CC}}{R_C}$$

$$V_{CE(off)} = V_{CC}$$

1 範例

如圖電路，若 $\beta_{DC} = 100$ ，求(a)Q point (b)dc load line。

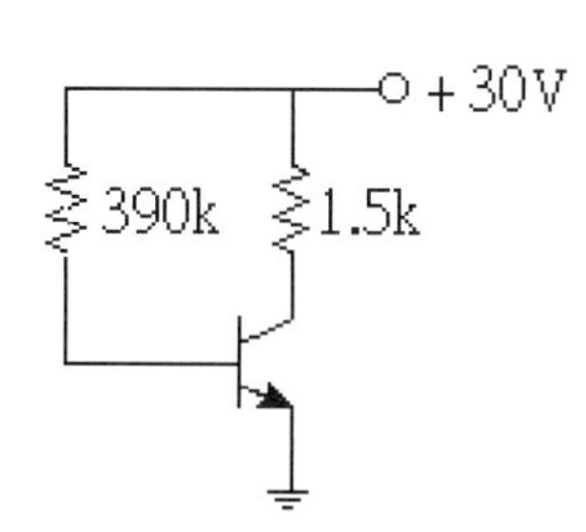

解

觀察電路，輸入迴路只有 R_B，因此，必須先計算 I_B

(a) $I_B = \dfrac{30-0.7}{390k} = 0.075\ mA$

$$I_C = \beta_{DC} \times I_B = 100 \times 0.075 = 7.5\ mA$$

$$V_{CE} = V_{CC} - I_C \times R_C = 30 - 7.5 \times 1.5 = 18.75\ V$$

可得 Q(18.75V，7.5 mA)。

(b) 由輸出迴路計算 $V_{CE(off)}$ 及 $I_{C(sat)}$：其值既然最大，V_{CC} 當然全部被佔用。

飽和電流 $I_{C(sat)}$：

$$I_{C(sat)} = \frac{V_{CC}}{R_C} = \frac{30}{1.5k} = 20\ mA$$

截止電壓 $V_{CE(off)}$：

$$V_{CE(off)} = V_{CC} = 30\ V$$

連接兩端點，即為**直流負載線**，如下圖左所示，下圖右則標示 Q 點在直流負載線上的位置。

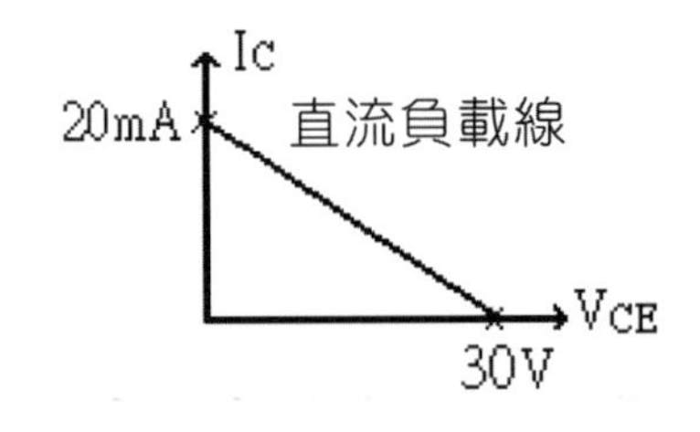

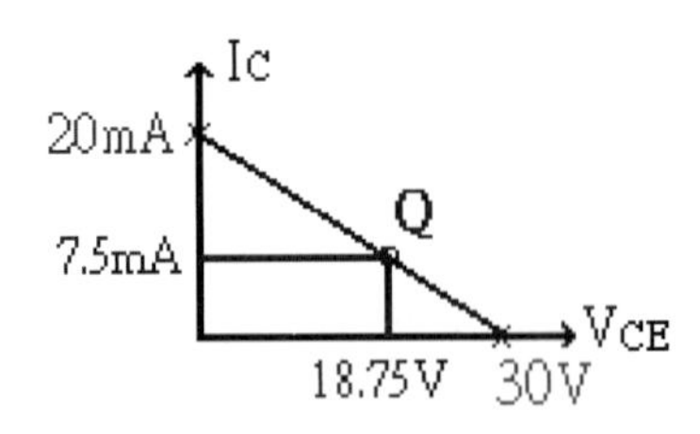

2 範例

如圖電路，若 $\beta_{DC} = 100$，設計使 Q 點在直流負載線中央。

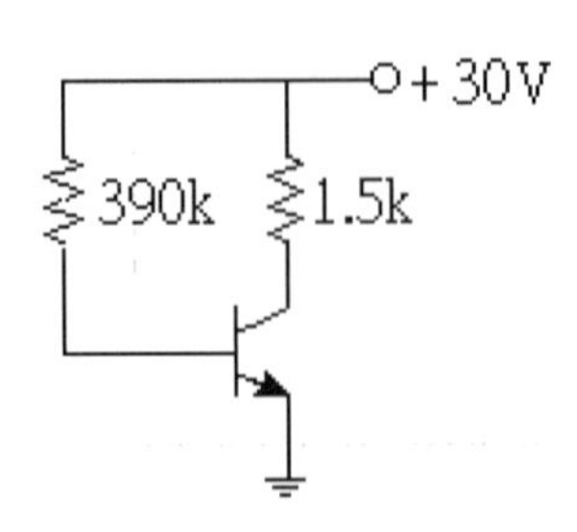

解

由輸出迴路可知，飽和電流 $I_{C(sat)}=20\text{ mA}$，截止電壓 $V_{CE(off)}=30\text{ V}$，連接兩端點即為直流負載線。因此 Q 點在 dc load line 中央時，$I_{C(中央)}=10\text{ mA}$

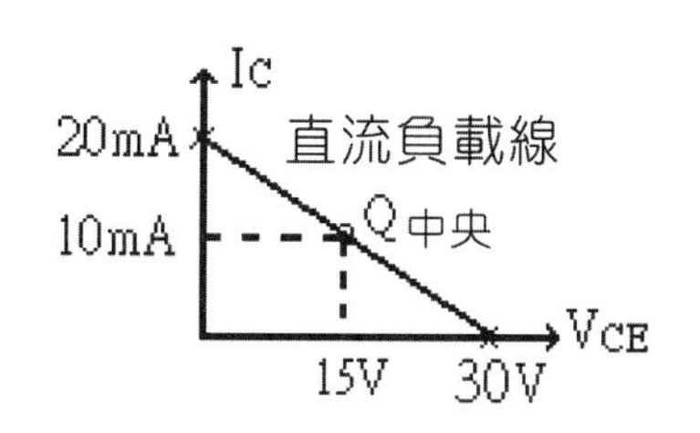

$$10\text{ mA}=\beta_{DC}\times I_B=100\times\frac{30-0.7}{R_B}$$

$$R_B=100\times\frac{29.3}{10\text{m}}=293\text{ k}\Omega$$

Note (a) β_{DC} 亦可以用來設計，請自行練習 (b) V_{CC} 與 R_C 不可以改變其值，為什麼？

經之前說明與例題後，請參考隨書電子書光碟以程式進行相關例題模擬：

6-1-A 基極偏壓 Pspice 分析

6-1-B 基極偏壓 MATLAB 分析

如圖電路，若 $\beta_{DC}=100$，求(a)Q point (b)dc load line。

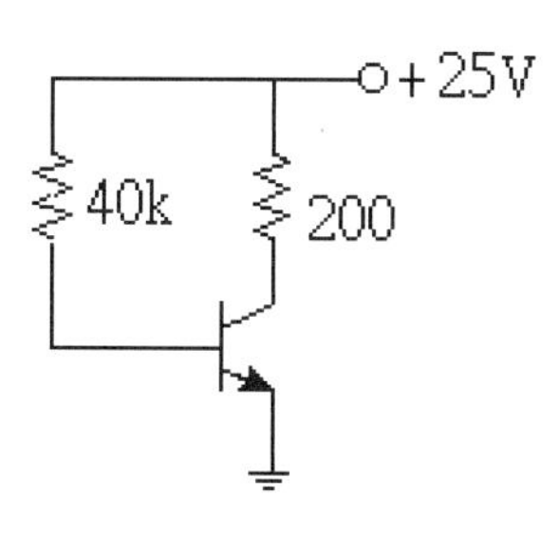

Answer (a)Q(12.85 V , 60.75 mA) (b) $I_{C(sat)}=125\text{ mA}$，$V_{CE(off)}=25\text{ V}$。

2 練習

如圖電路，若 $\beta_{DC}=100$，設計使 Q 點在直流負載線中央。

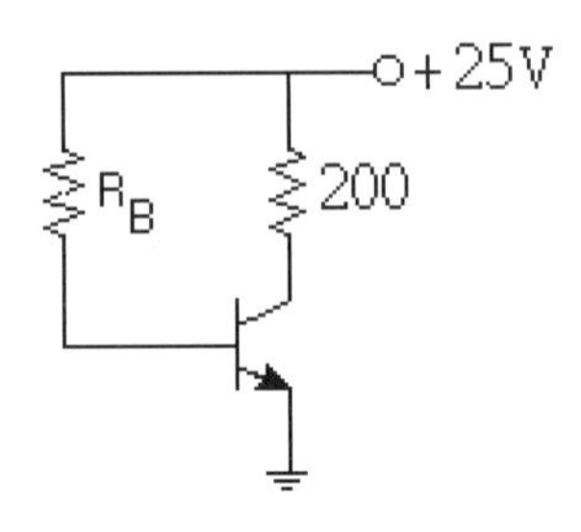

Answer $I_{C(中央)}=62.5\ mA$，$R_B=38.88\ k\Omega$。

6-2 射極回授偏壓分析※*

射極回授偏壓(Emitter-Feedback bias)電路，如下圖所示，因為輸入與輸出迴路都有射極電阻，使得輸出與輸入量會彼此牽制，故名射極回授。

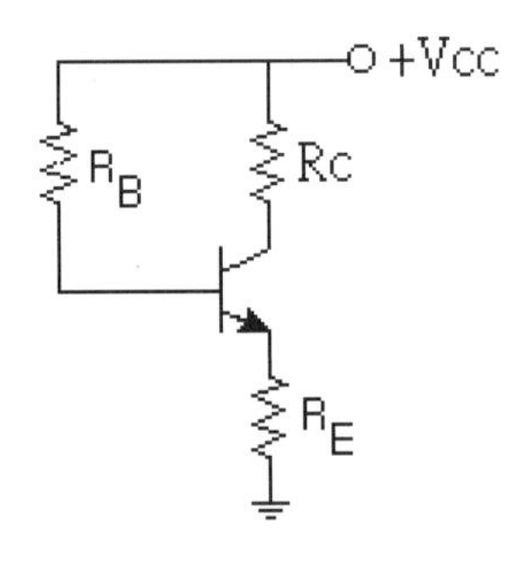

例如，T↑，導致 β_{DC}↑，導致輸出端 I_C↑，導致 $I_C\times R_C$↑，導致 $I_E\times R_E$↑；回授到輸入端，導致 $I_B\times R_B$↓，導致 I_B↓，導致 I_C↓。

或

T↓，導致 β_{DC}↓，導致輸出端 I_C↓，導致 $I_C\times R_C$↓，導致 $I_E\times R_E$↓；回授到輸入端，導致 $I_B\times R_B$↑，導致 I_B↑，導致 I_C↑。意即因溫度變化所引起的 β_{DC} 變動效應，會被回授射極電阻 R_E 抵消掉。

分析

1. 觀察電路：輸入迴路有壓昇 V_{CC}，壓降 $I_B \times R_B$，$V_{BE} = 0.7\ V$ 及 $I_E \times R_E$

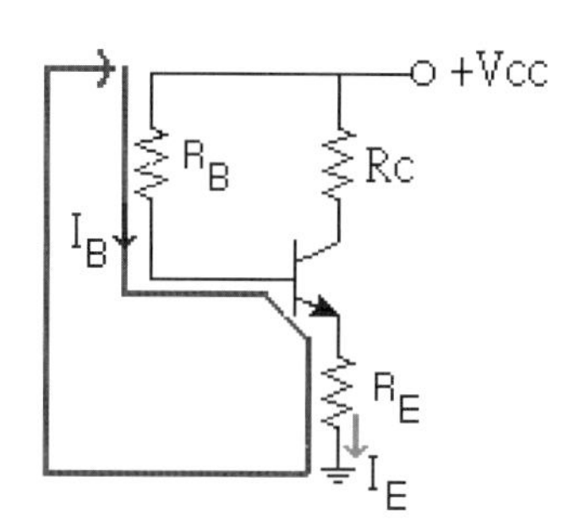

$$V_{CC} = I_B \times R_B + V_{BE} + I_E \times R_E$$

選擇直接計算 I_E

$$V_{CC} = \frac{I_E}{(1+\beta_{DC})} \times R_B + 0.7 + I_E \times R_E$$

$$V_{CC} = I_E(\frac{R_B}{(1+\beta_{DC})} + R_E) + 0.7$$

$$I_E = \frac{V_{CC} - 0.7}{R_E + \frac{R_B}{(1+\beta_{DC})}} \quad , \quad I_C = \alpha_{DC} \times I_E$$

2. 求靜態工作點 Q 點：觀察電路的輸出迴路有壓升 V_{CC}，壓降 $I_C \times R_C$，V_{CE} 及 $I_E \times R_E$

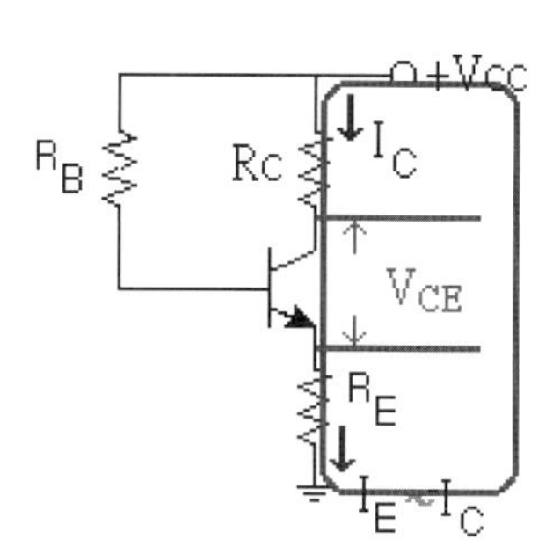

$$V_{CE} = V_{CC} - I_C \times R_C - I_E \times R_E$$

即 Q (V_{CE} ，I_C)。

直流負載線

兩點可以決定一直線：找出飽和電流 $I_{C(sat)}$ 與截止電壓 $V_{CE(off)}$ 兩端點。

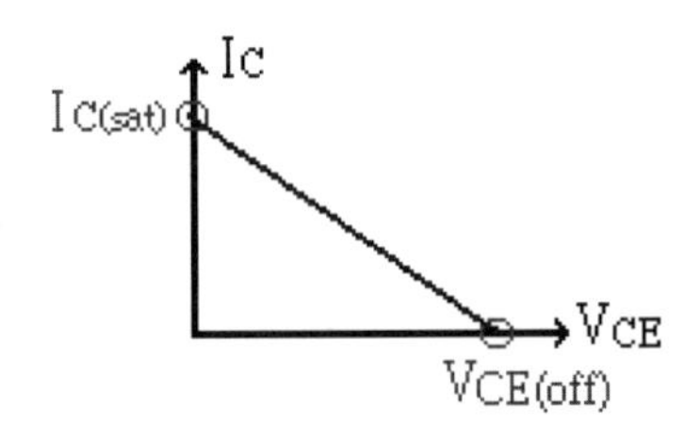

飽和電流 $I_{C(sat)}$ (Saturation Current)：端點值最大，因此 $V_{CE}=0$ ，由輸出迴路可知，

$$V_{CC}=I_{C(sat)}\times R_C+V_{CE}+I_E\times R_E$$

代入 $V_{CE}=0$ 與 $I_C=\alpha_{DC}\times I_E$

$$V_{CC}=I_{C(sat)}\times R_C+\frac{I_{C(sat)}}{\alpha_{DC}}\times R_E \quad , \quad V_{CC}=I_{C(sat)}\times(R_C+\frac{R_E}{\alpha_{DC}})$$

$$I_{C(sat)}=\frac{V_{CC}}{R_C+\dfrac{R_E}{\alpha_{DC}}}$$

近似表示式為

$$I_{C(sat)}\cong\frac{V_{CC}}{R_C+R_E}$$

截止電壓 $V_{CE(off)}$ (Cutoff Voltage)：端點值最大，因此 $I_C=0$ 。

$$V_{CE(off)}=V_{CC}$$

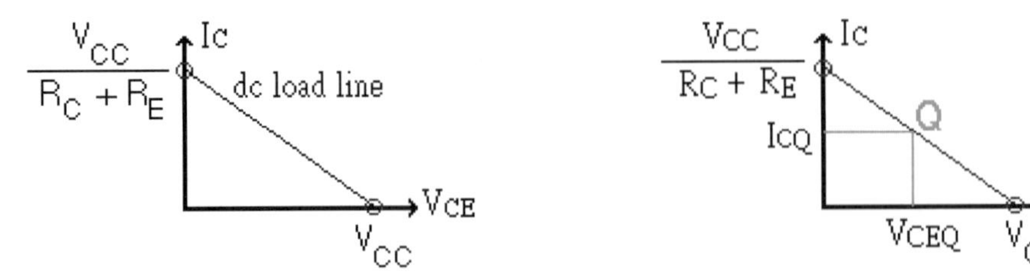

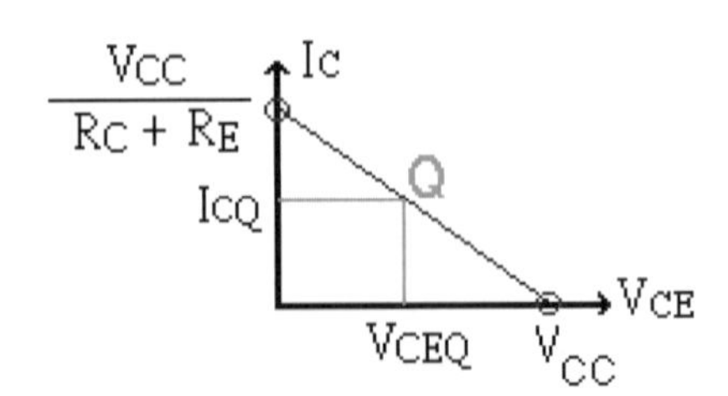

結論

由輸入迴路開始：求 Q 點。

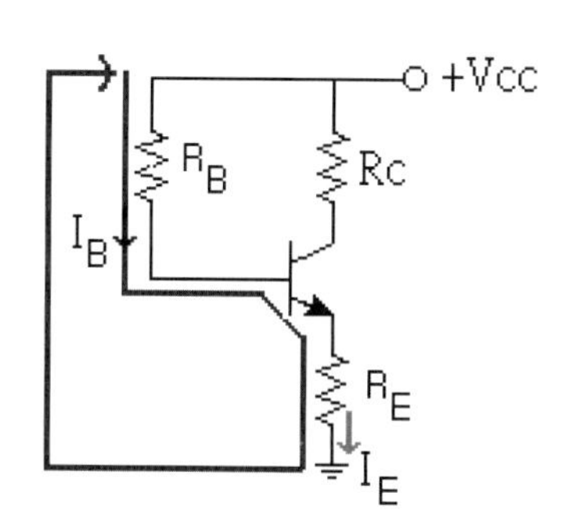

$$I_E = \frac{V_{CC} - 0.7}{R_E + \dfrac{R_B}{(1+\beta_{DC})}} \quad , \quad I_C = \alpha_{DC} \times I_E$$

$$V_{CE} = V_{CC} - I_C \times R_C - I_E \times R_E$$

即 Q (V_{CE} ， I_C) 。

由輸出迴路：求直流負載線 dc load line。

$$I_{C(sat)} = \frac{V_{CC}}{R_C + \dfrac{R_E}{\alpha_{DC}}}$$

上式可近似為

$$I_{C(sat)} \cong \frac{V_{CC}}{R_C + R_E}$$

$$V_{CE(off)} = V_{CC}$$

$\frac{V_{CC}}{R_C + R_E}$ Ic 直流負載線 VCE V_{CC}

3 範例

如圖電路，若 $\beta_{DC}=100$，求(a)Q point (b)dc load line。

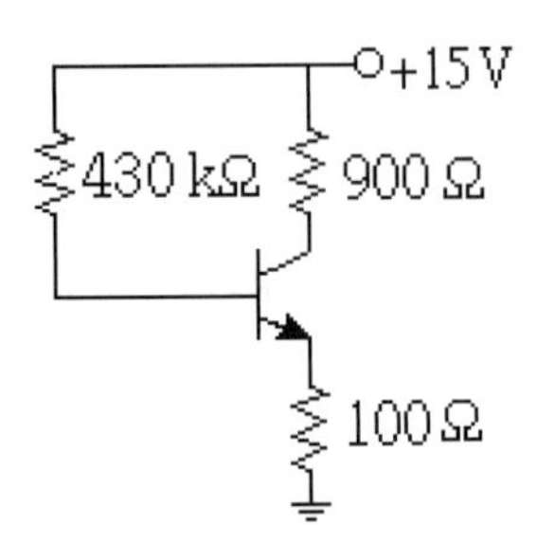

解

觀察電路，輸入迴路有 R_B 與 R_E，因此，可以選擇先計算 I_E

(a) 求 Q point：使用 $I_E=\dfrac{V_{CC}-0.7}{R_E+\dfrac{R_B}{(1+\beta_{DC})}}$

$$I_E=\frac{15-0.7}{0.1+\dfrac{430}{(1+100)}}=3.28\,\text{mA} \qquad \text{（電阻 k}\Omega\text{，電流 mA）}$$

又因 $I_C=\alpha_{DC}\times I_E=\dfrac{\beta_{DC}}{1+\beta_{DC}}\times I_E$

$$I_C=\frac{100}{1+100}\times 3.28=3.25\,\text{mA}$$

將以上電流值代入 $V_{CE}=V_{CC}-I_C\times R_C-I_E\times R_E$

$$V_{CE}=15-3.25\times 0.9-3.28\times 0.1=11.75\text{ V}$$ 。

即 Q (11.75 V，3.25 mA)。

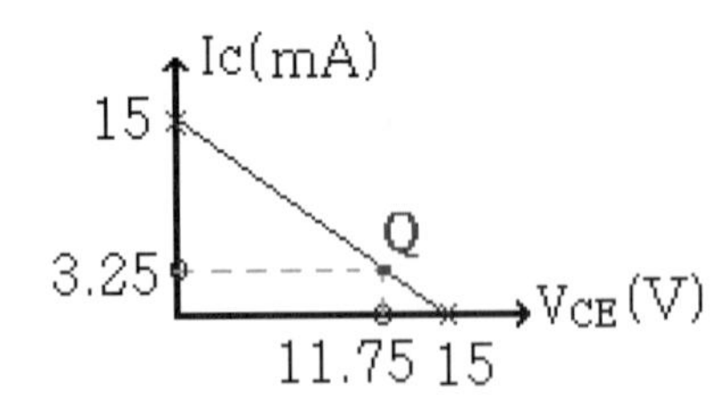

(b) 由輸出迴路計算 $V_{CE(off)}$ 及 $I_{C(sat)}$：其值既然最大，V_{CC} 當然要全部被佔用。

$$I_{C(sat)} = \frac{V_{CC}}{R_C + R_E} = \frac{15V}{1k} = 15\,mA$$

$$V_{CE(off)} = V_{CC} = 15\,V$$

連接兩端點，即為直流負載線

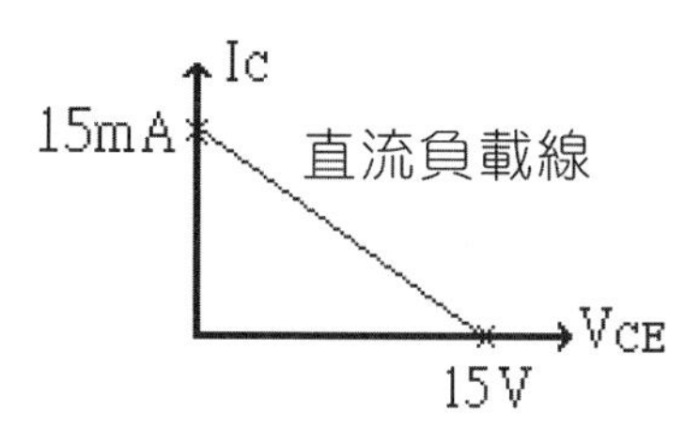

Note 由以上結果得知，射極電流與集極電流確實可以近似相等。

4 範例

如圖電路，若 $\beta_{DC} = 300$，求(a)Q point (b)dc load line。

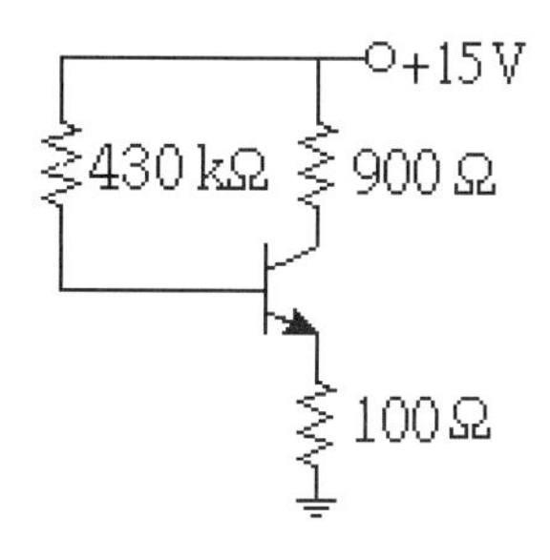

解

由輸出迴路可知

$$I_{C(sat)} = \frac{V_{CC}}{R_C + R_E} = \frac{15V}{1k} = 15\,mA$$

$$V_{CE(off)} = V_{CC} = 15\,V$$

連接兩端點，即為直流負載線。

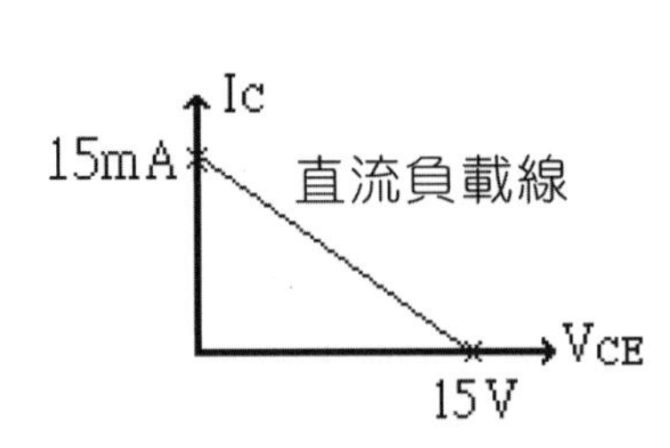

由輸入迴路計算 Q 點：

$$I_E = \frac{15-0.7}{0.1+\frac{430}{(1+300)}} = 9.36\text{ mA}$$

代入 $I_C = \alpha_{DC} \times I_E = \frac{\beta_{DC}}{1+\beta_{DC}} \times I_E$

$$I_C = \frac{300}{1+300} \times 9.36 = 9.33\text{ mA}$$

$$V_{CE} = 15 - 9.33 \times 0.9 - 9.36 \times 0.1 = 5.67\text{ V}$$

即 Q(5.67 V，9.33 mA)。

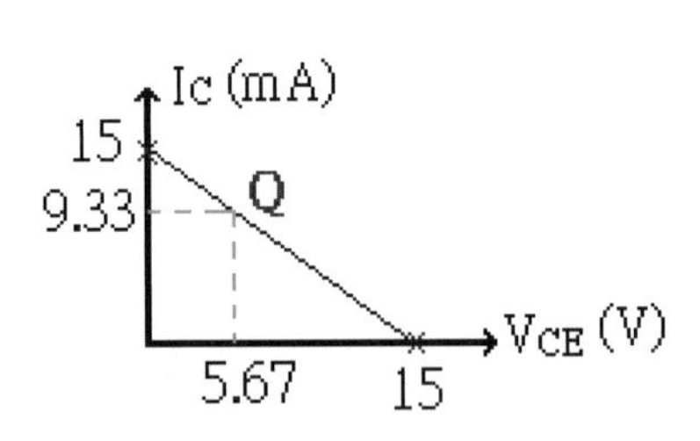

由以上計算結果可知：$\beta_{DC} = 100 \to 300$，β_{DC} 變化 3 倍，相對 Q 點則變化。

$$\frac{9.33}{3.25} = 2.87\text{倍}$$

可見穩定效果不佳。

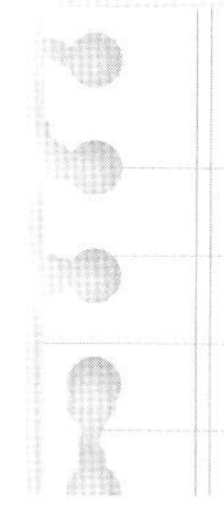

經之前說明與例題後，請參考隨書電子書光碟以程式進行相關例題模擬：

6-2-A 射極回授偏壓 Pspice 分析

6-2-B 射極回授偏壓 MATLAB 分析

如圖電路，若 $\beta_{DC}=100$，求(a)Q point (b)dc load line。

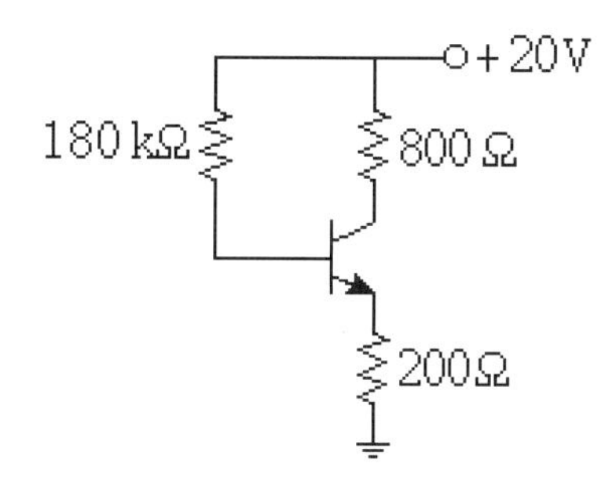

Answer (a)Q(10.34 V , 9.64 mA) (b) $I_{C(sat)}=20$ mA，$V_{CE(off)}=20$ V。

如圖電路，若 $\beta_{DC}=100$，設計使 Q 點在直流負載線中央。

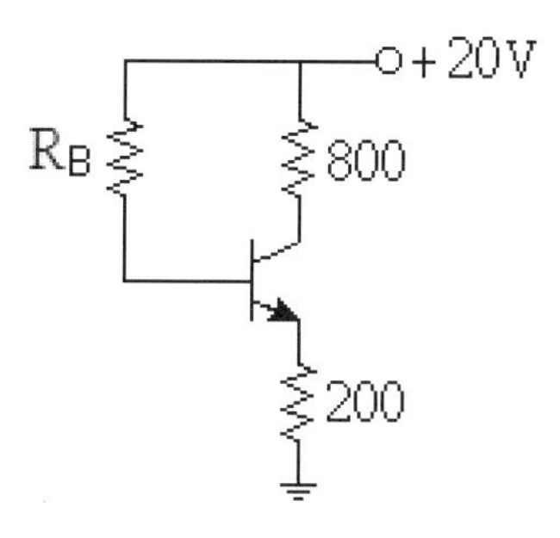

Answer $I_{C(中央)}=10$ mA，$R_B=172.8$ kΩ。

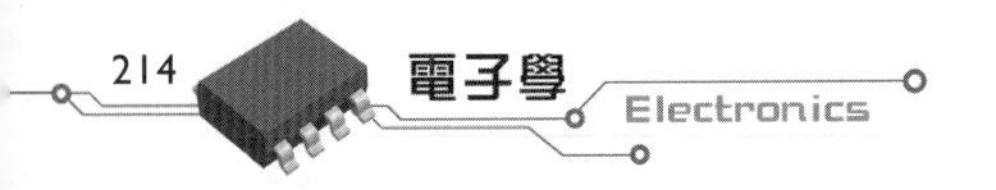

6-3 集極回授偏壓分析※✽

集極回授偏壓(Collector-Feedback bias)電路，如右圖所示，集極電阻為輸入與輸出迴路所共有，使得輸出與輸入量會彼此牽制，故名集極回授。

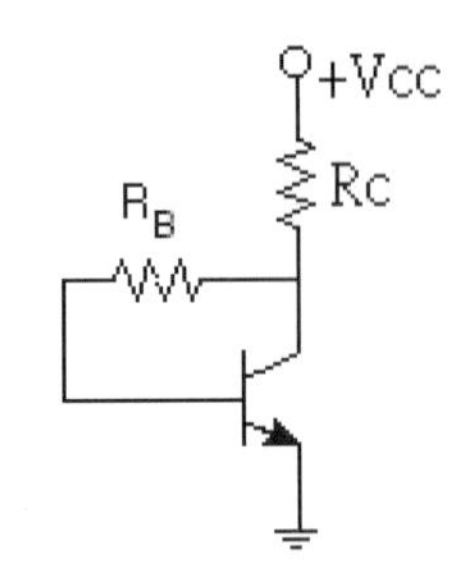

例如，T↑，導致 β_{DC}↑，導致輸出端 I_C↑，導致 $I_C \times R_C$↑；回授到輸入端，導致 $I_B \times R_B$↓，導致 I_B↓，導致 I_C↓。

或者為，

T↓，導致 β_{DC}↓，導致輸出端 I_C↓，導致 $I_C \times R_C$↓；回授到輸入端，導致 $I_B \times R_B$↑，導致 I_B↑，導致 I_C↑。意即因溫度變化所引起的 β_{DC} 變動效應，會被回授集極電阻 R_C 抵消掉。

分析

1. **觀察電路**：輸入迴路有壓升 V_{CC}，壓降 $I_E \times R_C$ 及 $I_B \times R_B$，$V_{BE} = 0.7\text{ V}$。

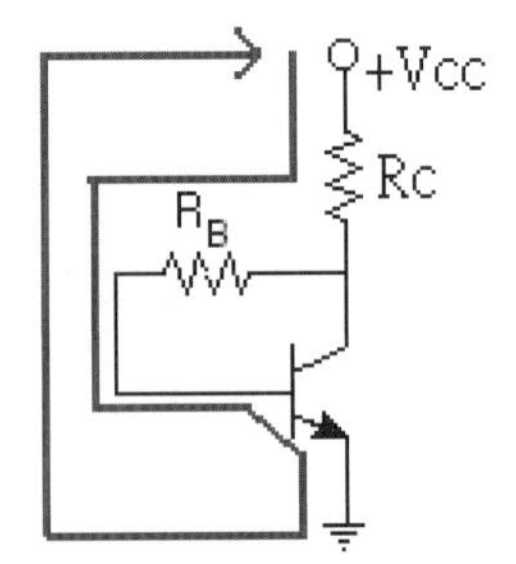

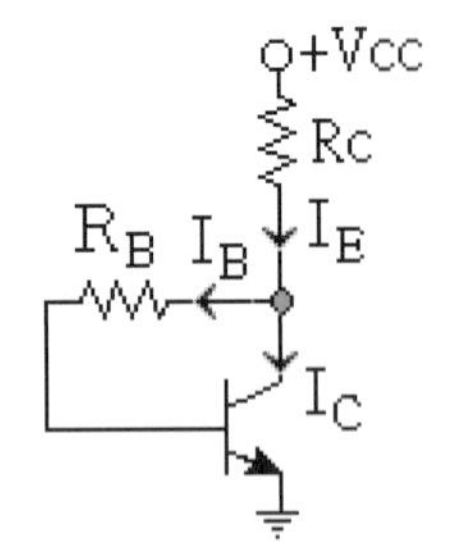

$$V_{CC} = I_E \times R_C + I_B \times R_B + V_{BE}$$

使用近似 $I_C \cong I_E$，選擇直接計算 I_C。

$$V_{CC} = I_C \times R_C + \frac{I_C}{\beta_{DC}} \times R_B + 0.7 \quad , \quad V_{CC} = I_C\left(R_C + \frac{R_B}{\beta_{DC}}\right) + 0.7$$

$$I_C = \frac{V_{CC} - 0.7}{R_C + \dfrac{R_B}{\beta_{DC}}}$$

2. **求靜態工作點 Q 點**：近似處理

觀察電路的輸出迴路有壓升 V_{CC} ，壓降 $I_C \times R_C$ ， V_{CE} 。

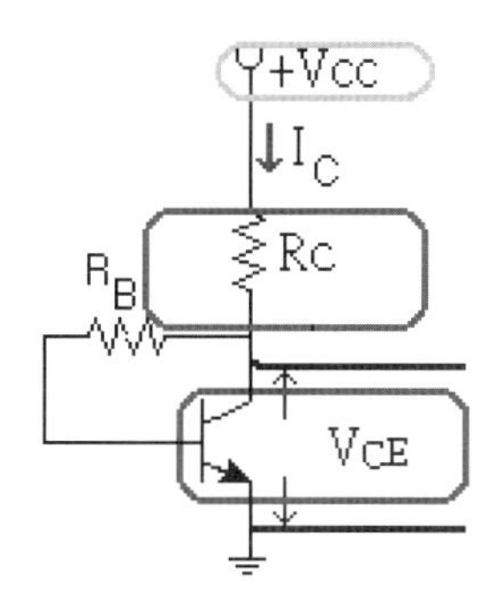

$$V_{CE} = V_{CC} - I_C \times R_C$$

即 Q(V_{CE} ， I_C)。

直流負載線

兩點可以決定一直線：找出飽和電流 $I_{C(sat)}$ 與截止電壓 $V_{CE(off)}$ 兩端點。

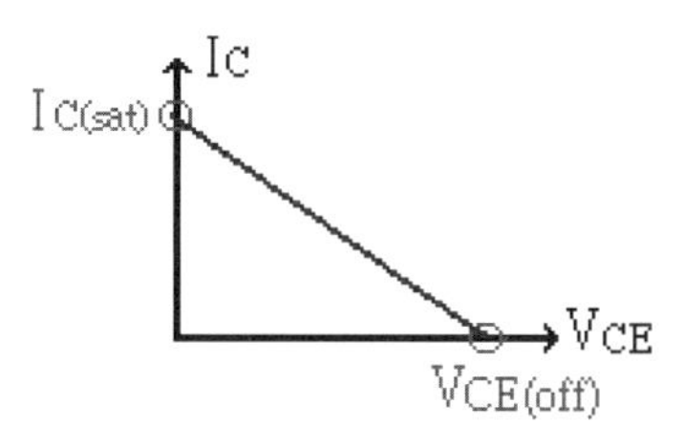

飽和電流 $I_{C(sat)}$ (Saturation Current)：端點值最大，因此 $V_{CE}=0$ ，由輸出迴路可知，

$$I_{C(sat)} = \frac{V_{CC}}{R_C}$$

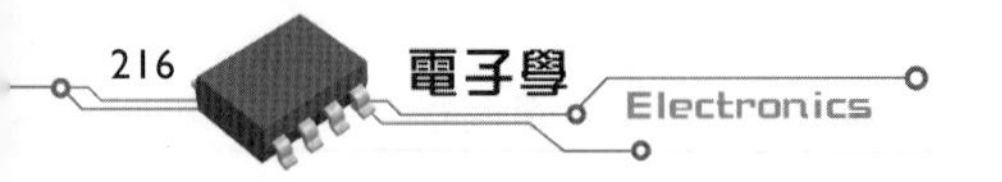

截止電壓 $V_{CE(off)}$ (Cutoff Voltage)：端點值最大，因此 $I_C = 0$

$$V_{CE(off)} = V_{CC}$$

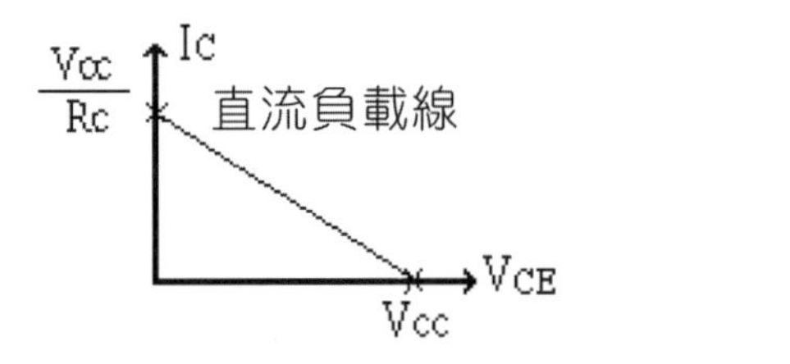

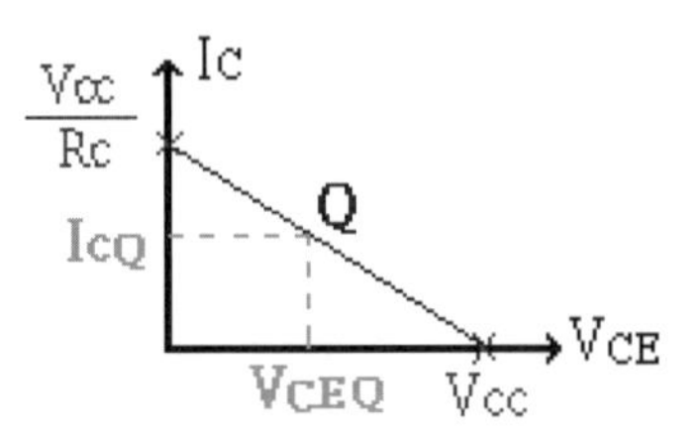

結論

採近似處理方式，由輸入迴路開始：求 Q 點。

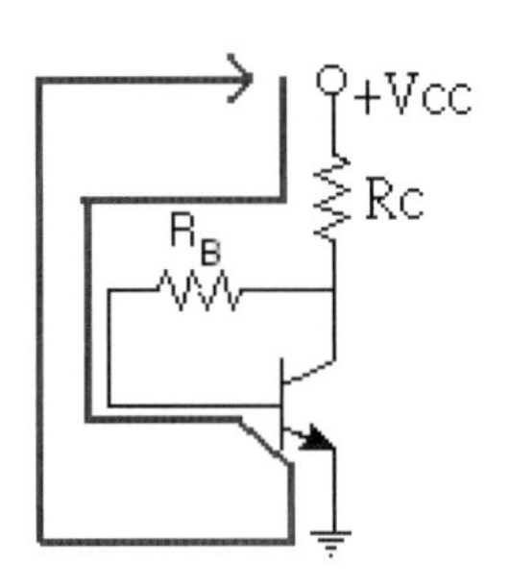

$$I_C = \frac{V_{CC} - 0.7}{R_C + \frac{R_B}{\beta_{DC}}} \quad , \quad V_{CE} = V_{CC} - I_C \times R_C$$

即 Q(V_{CE} ， I_C)。

由輸出迴路：求直流負載線。

$$I_{C(sat)} = \frac{V_{CC}}{R_C} \quad , \quad V_{CE(off)} = V_{CC}$$

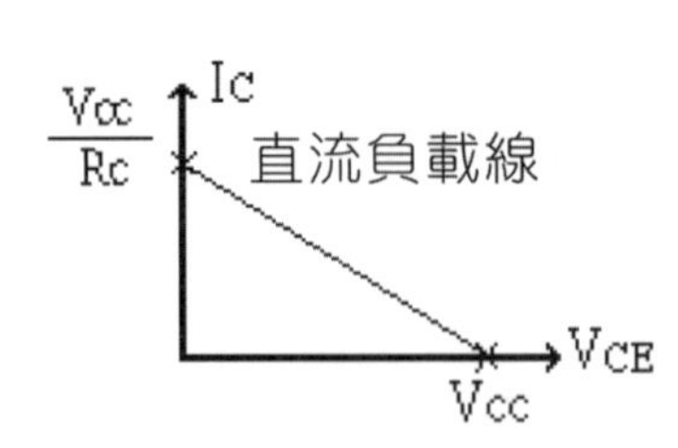

5 範例

如圖電路，若 $\beta_{DC}=100$，求(a)dc load line　(b)Q point。

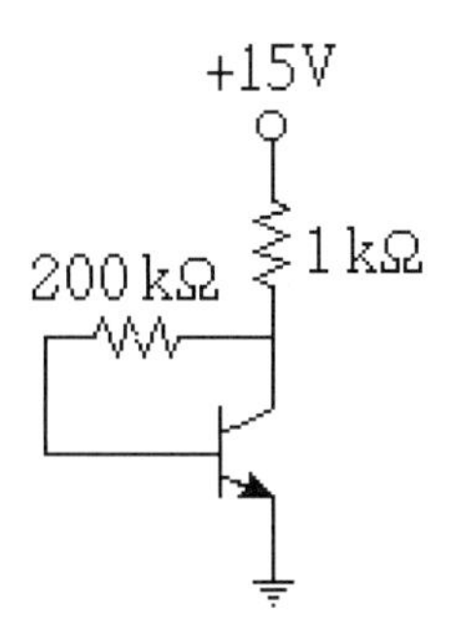

解

(a) 由輸出迴路計算 $V_{CE(off)}$ 及 $I_{C(sat)}$：其值既然最大，V_{CC} 當然要全部被佔用。

$$I_{C(sat)}=\frac{V_{CC}}{R_C}=\frac{15V}{1k}=15\text{ mA}$$

$$V_{CE(off)}=V_{CC}=15\text{ V}$$

連接兩端點，即為直流負載線。

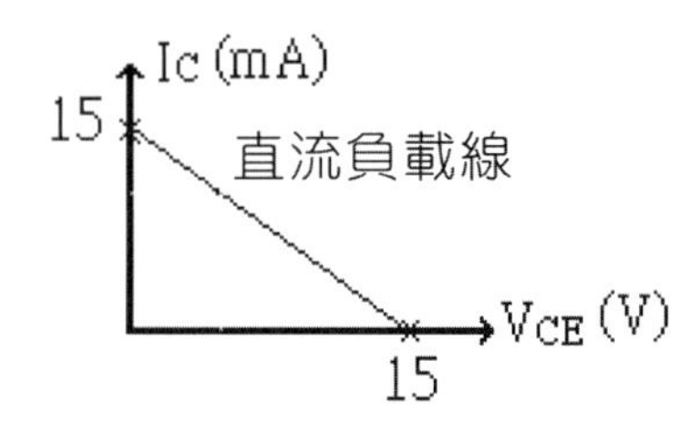

(b) 觀察電路，輸入迴路有 R_B 與 R_C，因此，可以選擇先計算 I_C。

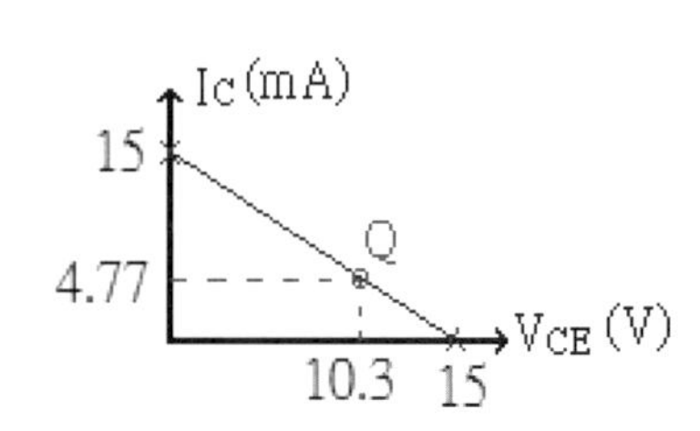

$$I_C=\frac{15-0.7}{1+\frac{200}{100}}=4.77\text{ mA}$$

$$V_{CE}=V_{CC}-I_C\times R_C$$
$$=15-4.77\times 1=10.3\text{ V}$$

即 Q(10.3 V，4.77 mA)。

補充

精確考慮，如右圖所示。

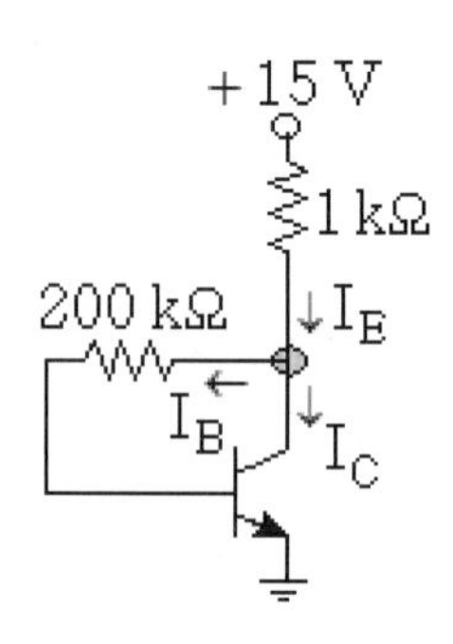

近似處理固然方便計算，但不利於進階學習，因此建議儘可能不要使用；類似的觀點，如同範例中，計算直接套用公式，只是示範說明而已，學習者必須揚棄這樣的計算方式。換言之，學習過程的重點在於學會電路求解的方法而非記憶、套用公式。

6 範例

如圖電路，若 $\beta_{DC}=300$，求(a)dc load line (b)Q point。

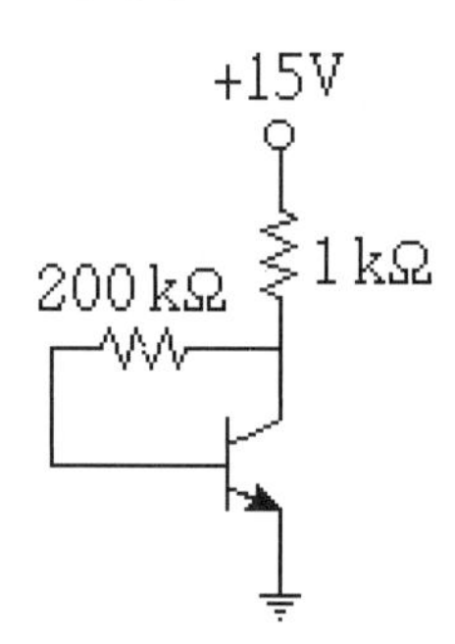

解

(a) 由輸出迴路計算 $V_{CE(off)}$ 及 $I_{C(sat)}$：其值既然最大，V_{CC} 當然要全部被佔用

$$I_{C(sat)}=\frac{V_{CC}}{R_C}=\frac{15V}{1k}=15\text{ mA} \quad , \quad V_{CE(off)}=V_{CC}=15\text{ V}$$

連接兩端點，即為直流負載線。

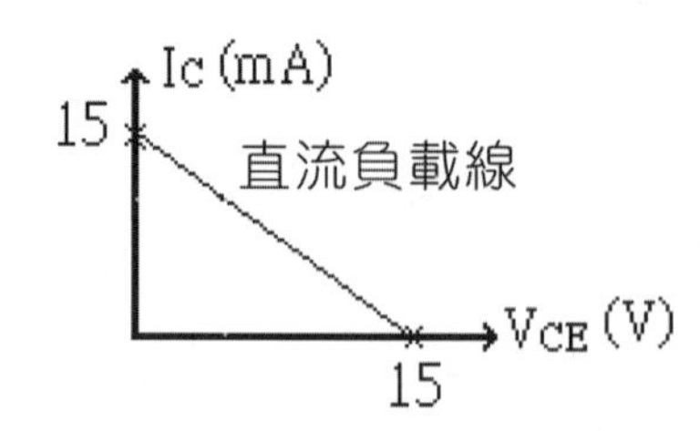

(b) 由輸入迴路開始，計算 Q 點，

$$I_C = \frac{15-0.7}{1k+\frac{200k}{300}} = 8.58\ mA$$

$$V_{CE} = V_{CC} - I_C \times R_C = 15 - 8.58 \times 1 = 6.42\ V$$

因此，Q(6.42 V，8.58 mA)。

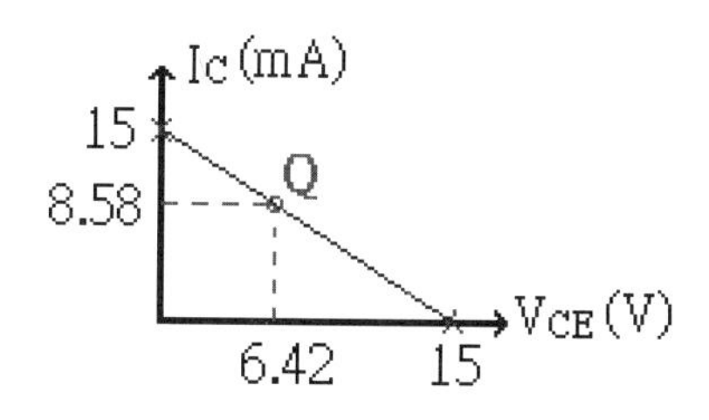

由以上計算結果可知：$\beta_{DC} = 100 \rightarrow 300$，$\beta_{DC}$ 變化 3 倍，相對 Q 點則變化

$$\frac{8.58}{4.77} = 1.8倍$$

可見 Q 點穩定效果比射極回授偏壓稍佳。

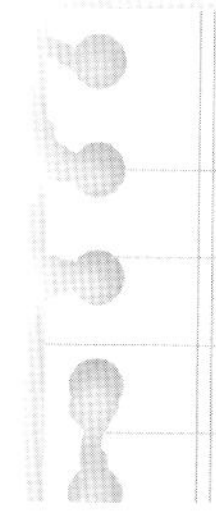

經之前說明與例題後，請參考隨書電子書光碟以程式進行相關例題模擬：

6-3-A 集極回授偏壓 Pspice 分析

6-3-B 集極回授偏壓 MATLAB 分析

如圖電路，若 $\beta_{DC}=100$，求(a)Q point (b)dc load line。

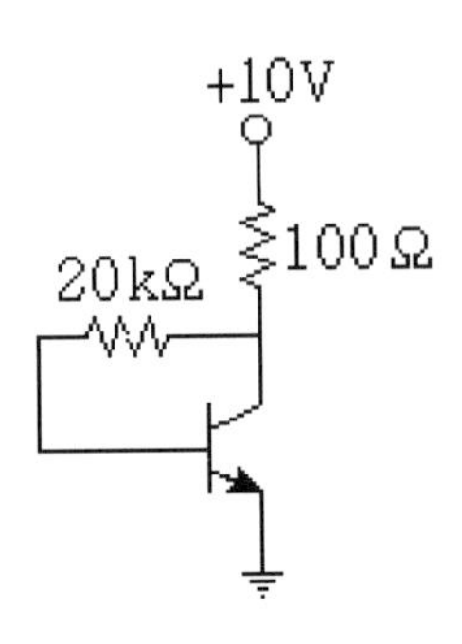

Answer (a) Q(6.9 V , 31 mA) (b) $I_{C(sat)}=100\ mA$，$V_{CE(off)}=10\ V$。

如圖電路，若 $\beta_{DC}=100$，設計使 Q 點在直流負載線中央。

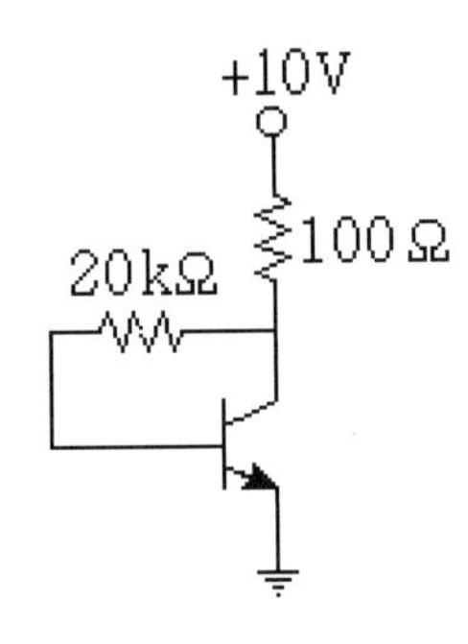

Answer $I_{C(中央)}=50\ mA$，$R_B=8.6\ k\Omega$。

6-4 分壓偏壓分析※＊

分壓偏壓(Voltage-Divider bias)電路如下頁圖所示，特點在一對分壓電阻 R_1 與 R_2，故名分壓偏壓，其中左圖顯示電路有三個封閉迴路，可以解聯立方程組求解，但是並不方便處理，因此常用的解決方法是先將輸入端戴維寧化，如右圖所示。

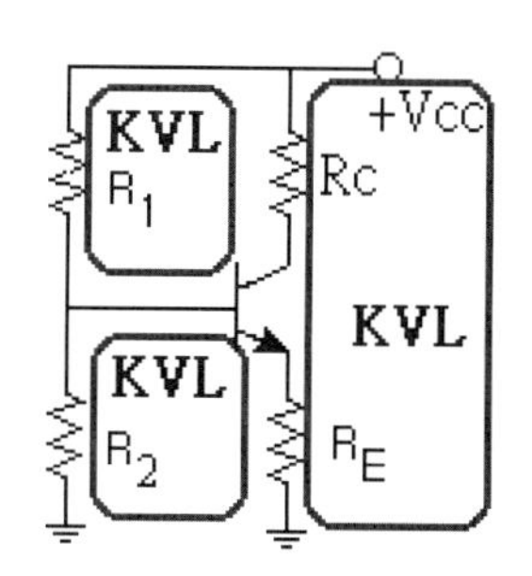

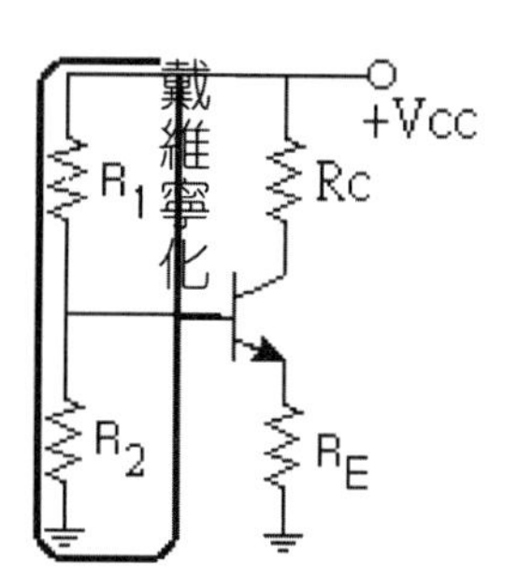

分析

1. 戴維寧化：求戴維寧電阻 R_{th} 。

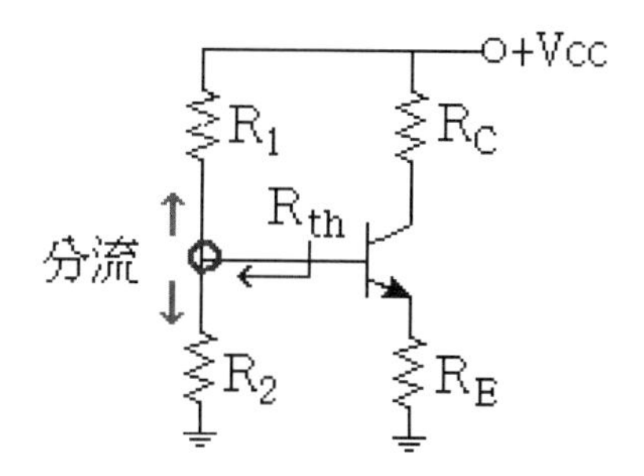

從參考端看入有分流效果，可知 R_1 與 R_2 並聯，即

$$R_{th} = \frac{R_1 \times R_2}{R_1 + R_2}$$

求戴維寧電阻 V_{th} ：因為 $V_{th} = V_{ab}$

$$V_{th} = V_{CC} \times \frac{R_2}{R_1 + R_2}$$

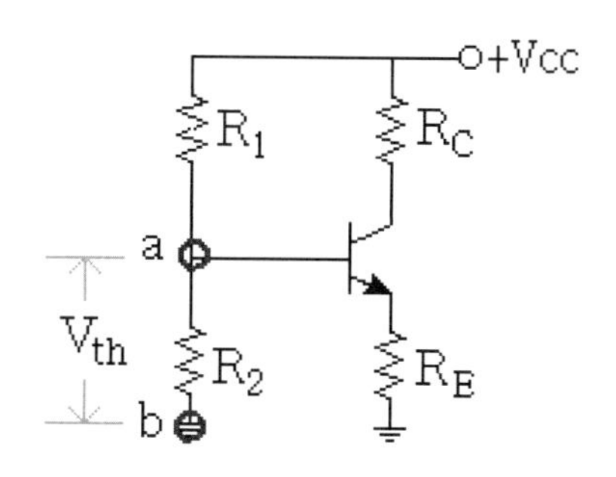

由以上資料，可得戴維寧電路為

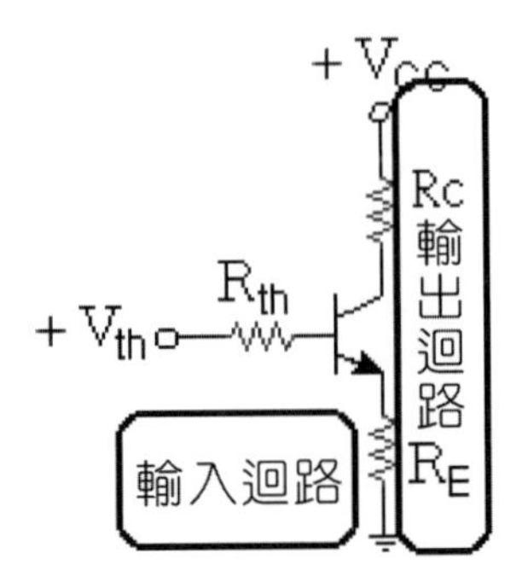

觀察電路：輸入迴路有壓升 V_{th} ，壓降 $I_B \times R_{th}$ ， $V_{BE} = 0.7\ V$ 及 $I_E \times R_E$ 。

$$V_{th} = I_B \times R_{th} + V_{BE} + I_E \times R_E$$

選擇直接計算 I_E

$$V_{th} = \frac{I_E}{(1+\beta_{DC})} \times R_{th} + 0.7 + I_E \times R_E$$

$$V_{th} = I_E\left(\frac{R_{th}}{(1+\beta_{DC})} + R_E\right) + 0.7$$

$$I_E \cong I_C = \frac{V_{th} - V_{BE}}{R_E + \dfrac{R_{th}}{1+\beta_{DC}}} \cong \frac{V_{th} - 0.7}{R_E + \dfrac{R_{th}}{\beta_{DC}}}$$

強固型：必須符合

$$R_E \geq 100\frac{R_{th}}{\beta_{DC}}$$

或者是

$$R_{th} \leq 0.01\beta_{DC}R_E$$

意即省略 $\frac{R_{th}}{\beta_{DC}}$ 的作用。

$$I_C \cong \frac{V_{th}-0.7}{R_E}$$

2. 求靜態工作點 Q 點：

觀察電路的輸出迴路有壓昇 V_{CC}，壓降 $I_C \times R_C$，V_{CE} 及 $I_E \times R_E$

$$V_{CE} = V_{CC} - I_C \times R_C - I_E \times R_E$$

或者近似為

$$V_{CE} = V_{CC} - I_C(R_C + R_E)$$

即 Q (V_{CE} ， I_C)。

直流負載線

兩點可以決定一直線：找出飽和電流 $I_{C(sat)}$ 與截止電壓 $V_{CE(off)}$ 兩端點。

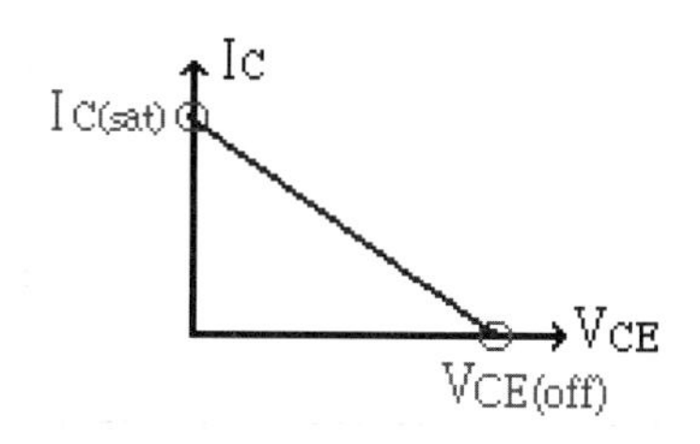

$I_{C(sat)}$ 端點值最大，因此 $V_{CE}=0$ ，由輸出迴路：

$$V_{CC}=I_{C(sat)}\times R_C+V_{CE}+I_E\times R_E=I_{C(sat)}\times R_C+0+\frac{I_{C(sat)}}{\alpha_{DC}}\times R_E$$

$$V_{CC}=I_{C(sat)}\,(R_C+\frac{R_E}{\alpha_{DC}})$$

$$I_{C(sat)}=\frac{V_{CC}}{R_C+\frac{R_E}{\alpha_{DC}}}$$

或近似為

$$I_{C(sat)}=\frac{V_{CC}}{R_C+R_E}$$

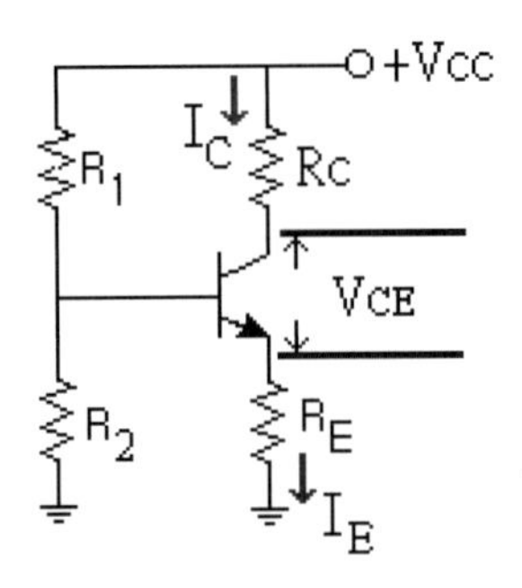

$V_{CE(off)}$ ：端點值最大，因此 $I_C=0$ ，

$$V_{CE(off)}=V_{CC}$$

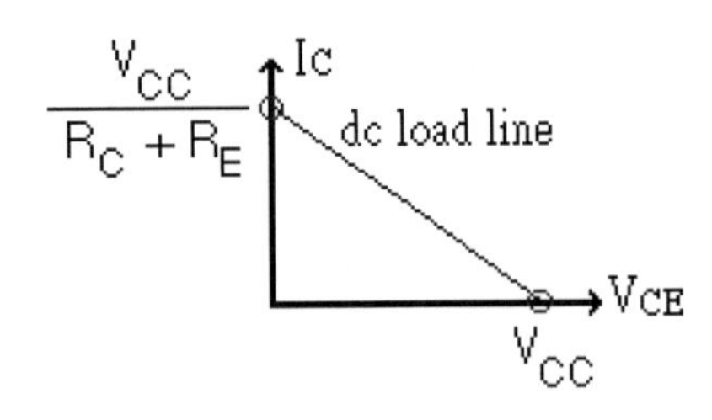

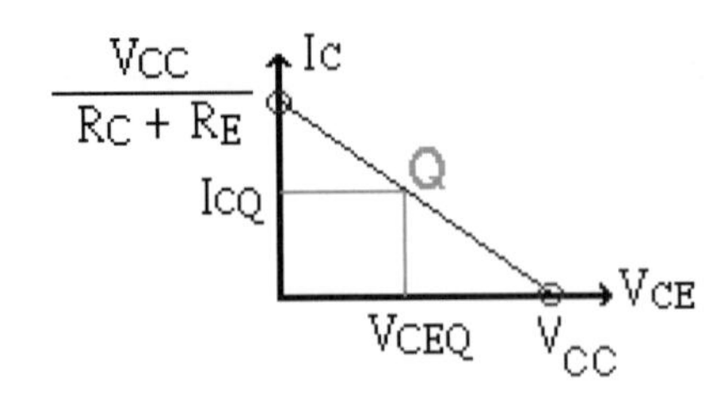

結論

由輸入迴路開始：求 Q 點。

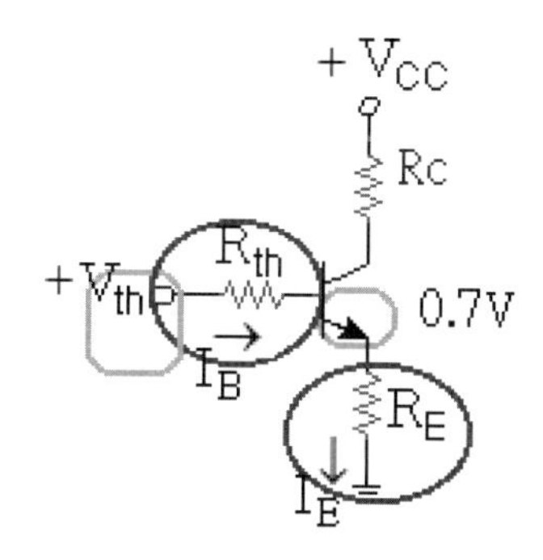

$$I_C \cong I_E = \frac{V_{th} - 0.7}{R_E + \frac{R_{th}}{1+\beta_{DC}}} \cong \frac{V_{th} - 0.7}{R_E + \frac{R_{th}}{\beta_{DC}}}$$

$$V_{CE} = V_{CC} - I_C \times R_C - I_E \times R_E$$

或者近似為

$$V_{CE} = V_{CC} - I_C(R_C + R_E)$$

即 Q(V_{CE} ， I_C)

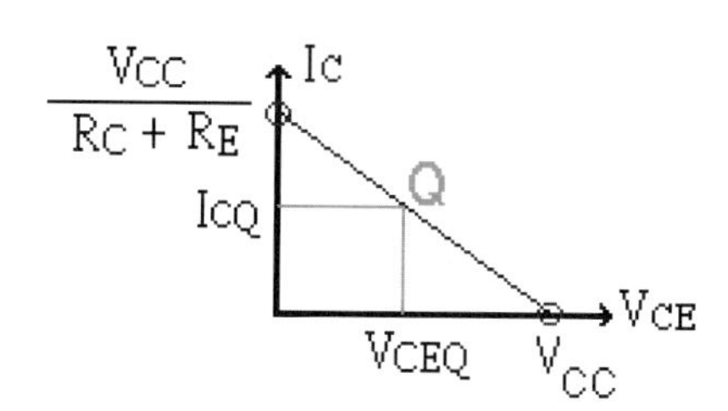

由輸出迴路：求直流負載線。

$$I_{C(sat)} = \frac{V_{CC}}{R_C + R_E} \quad , \quad V_{CE(off)} = V_{CC}$$

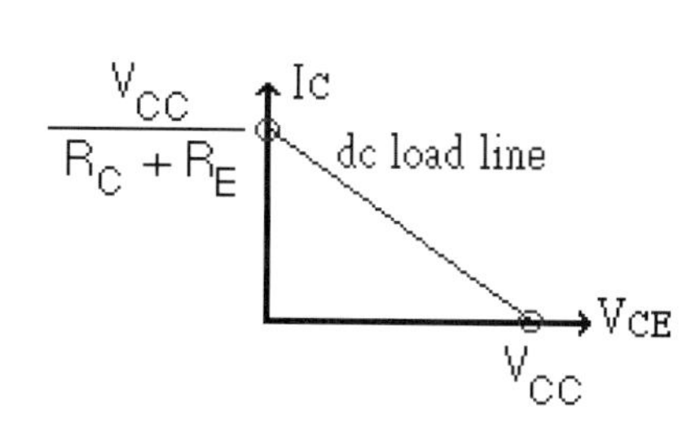

7 範例

如圖電路，若 $\beta_{DC}=100$，求(a)dc load line　(b)Q point。

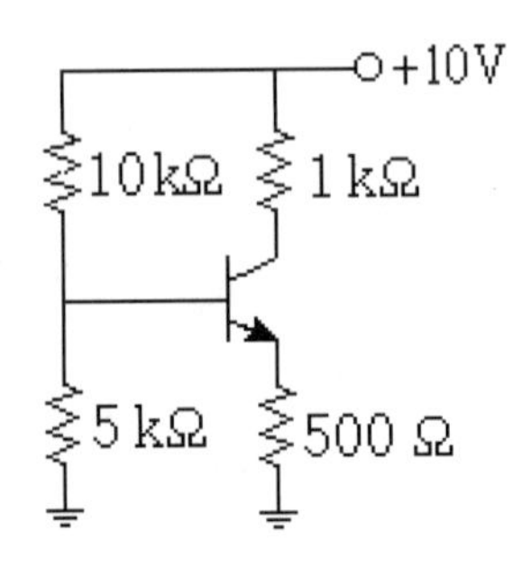

解

(a) 由輸出迴路計算 $V_{CE(off)}$ 及 $I_{C(sat)}$：其值既然最大，V_{CC} 當然要全部被佔用。

$$I_{C(sat)}=\frac{V_{CC}}{R_C+R_E}=\frac{10\text{ V}}{(1+0.5)\text{ k}\Omega}=6.67\text{ mA}$$

$$V_{CE(off)}=V_{CC}=10\text{ V}$$

連接兩端點，即為直流負載線

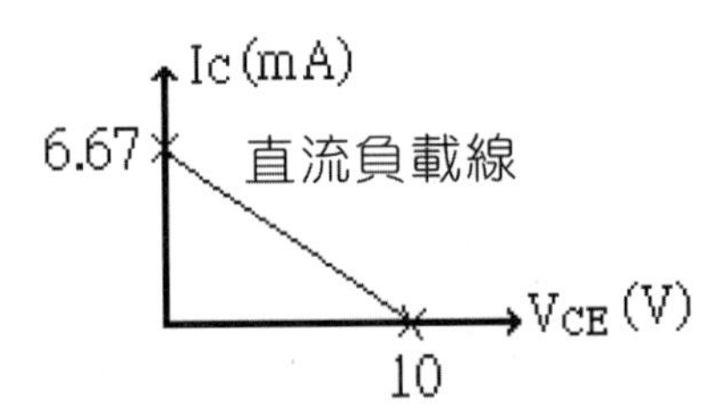

(b) 戴維寧化：求戴維寧電阻 R_{th}

$$R_{th}=\frac{10\times5}{10+5}=3.33\text{ k}\Omega$$

求戴維寧電壓 V_{th}：

$$V_{th}=10\times\frac{5}{10+5}=3.33\text{ V}$$

可得戴維寧電路，如下圖所示

觀察電路，輸入迴路有 R_{th} 與 R_E，因此可以選擇先計算 I_E 或 I_B。

$$I_C \cong I_E = \frac{3.33-0.7}{0.5k+\frac{3.33k}{100}} = 4.93\ \text{mA}$$

計算 V_{CE}：使用 $V_{CE} = V_{CC} - I_C(R_C + R_E)$

$$V_{CE} = 10 - 4.93 \times (1+0.5) = 2.61\ \text{V}$$

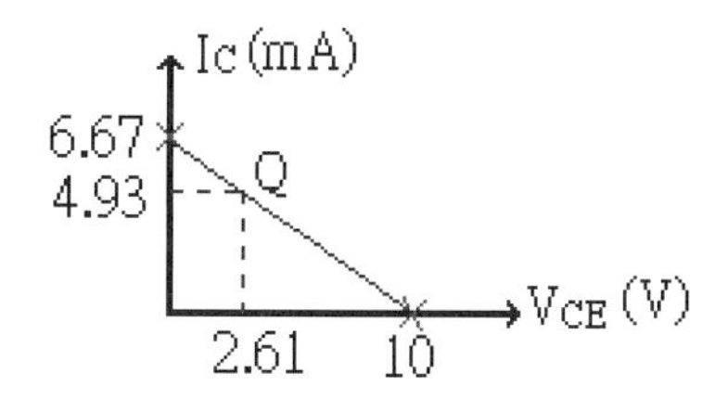

即 Q (2.61 V，4.93 mA)。

補充

如下圖左所示的疊接電路，基本架構仍屬於分壓偏壓電路，請自行練習。

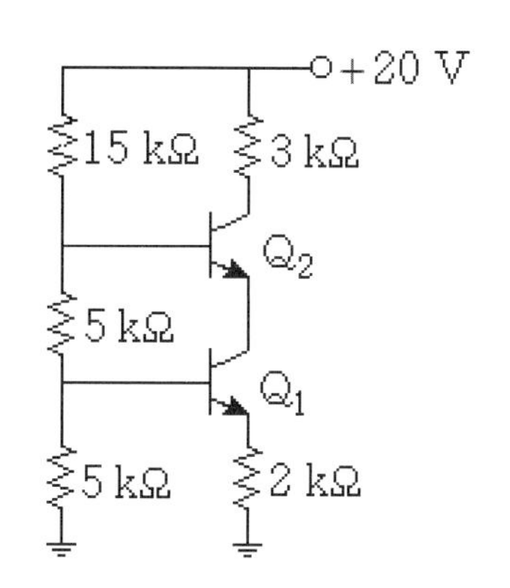

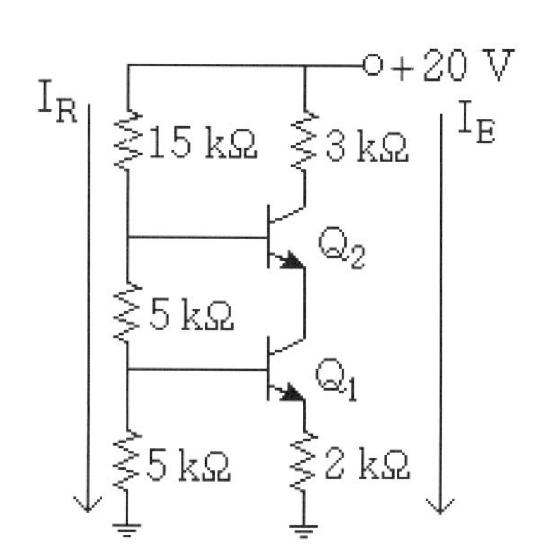

提示：1. 分壓計算 V_{B1}，壓降 0.7 V，得知 V_{E1}，由電阻 R_E 兩端電壓差計算 I_{E1}。
2. 省略基極電流，分壓計算 V_{B2}，壓降 0.7 V，得知 V_{E2}。
3. 計算 3 kΩ 與 2 kΩ 電阻的壓降，再代入 $V_{CE} = V_C - V_E$ 求出兩 BJT 的 V_{CE} 值。

8 範例

以下列規格設計分壓偏壓電路：$\beta_{DC} = 100$，$V_{CC} = 20\ V$，$I_C = 5\ mA$，假設 $V_E = 0.1\ V_{CC}$，強固型設計。

解

(1) 求 R_E

$$V_E = 0.1\ V_{CC} = 0.1 \times 20 = 2\ V$$

$$R_E = \frac{2\ V}{5\ mA} = 0.4\ k\Omega$$

(2) 求 R_C：因為 Q 點在直流負載線中央，$V_{CE} = 0.5\ V_{CC}$，換言之，$V_{R_C} = 0.4\ V_{CC}$。

$$R_C = 4\ R_E = 1.6\ k\Omega$$

(3) 求 R_2：通常是 $R_1 \gg R_2$

$$R_{th} = \frac{R_1 \times R_2}{R_1 + R_2} \approx R_2$$

$$R_2 \le 0.01\ \beta_{DC}\ R_E = 0.01 \times 100 \times 0.4\ k\Omega = 0.4\ k\Omega$$

(4) 求 R_1：通常 $I_B \sim 0$，因此流過 R_1 與 R_2 的電流相同，意即電壓大小與電阻成正比。

$$V_B = V_E + 0.7 = 2 + 0.7 = 2.7\ V$$

$$V_{R1} = V_{CC} - V_B = 20 - 2.7 = 17.3\ V$$

$$R_1 = \left(\frac{R_2}{V_2}\right) \times V_1 = \left(\frac{0.4k}{2.7}\right) \times 17.3 = 2.56\ k\Omega$$

以上為近似處理的初階設計，若需要精確計算，甚至考慮電阻的誤差值效應，將使設計更加複雜化，成本也會相對提高。

9 範例

如圖所示的電路，若 $\beta_{DC}=100$，求第二級的(a)dc load line (b)Q point。

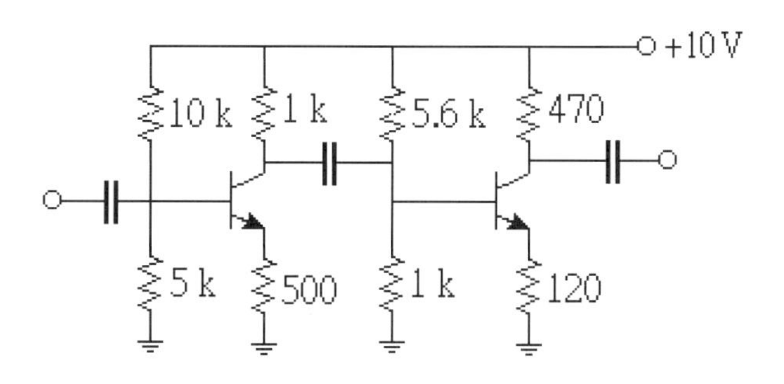

解

因為電容器會阻絕直流電，而只讓交流電通過，所以各級的直流電特性不會彼此影響。

(a) 由輸出迴路計算 $V_{CE(off)}$ 及 $I_{C(sat)}$：其值既然最大，V_{CC} 當然要全部被佔用。

$$I_{C(sat)}=\frac{10}{0.47+0.12}=16.95\text{ mA}$$

$$V_{CE(off)}=V_{CC}=10\text{ V}$$

連接兩端點，即為直流負載線。

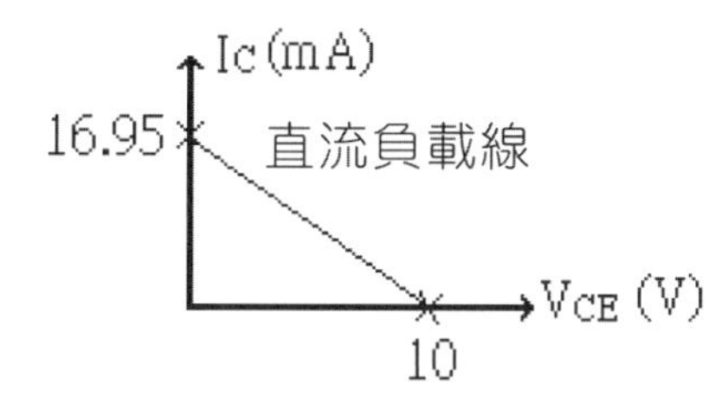

(b) 戴維寧化：求戴維寧電阻 R_{th}。

$$R_{th}=\frac{5.6\times1}{5.6+1}=0.85\text{ k}\Omega$$

求戴維寧電壓 V_{th}：

$$V_{th}=10\times\frac{1}{5.6+1}=1.52\text{ V}$$

可得戴維寧電路，如下圖所示。

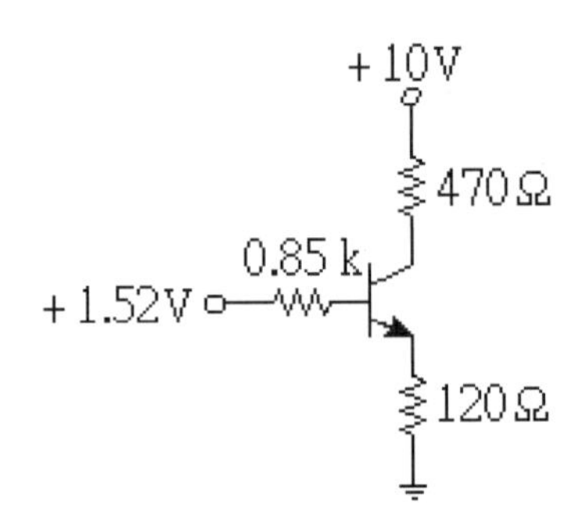

觀察電路，輸入迴路有 R_{th} 與 R_E，因此可以選擇先計算 I_E 或 I_B。

$$I_E = \frac{1.52 - 0.7}{0.12 + \frac{0.85}{100+1}} = 6.39 \text{ mA}$$

使用 $I_C = \alpha_{DC} I_E = \frac{\beta_{DC}}{1+\beta_{DC}} I_E$，計算 I_C。

$$I_C = \frac{100}{1+100} \times 6.39 \text{ mA} = 6.33 \text{ mA}$$

計算 V_{CE}：使用 $V_{CE} = V_{CC} - I_C \times R_C - I_E \times R_E$

$$V_{CE} = 10 - 6.33 \times 0.47 - 6.39 \times 0.12 = 6.26 \text{ V}$$

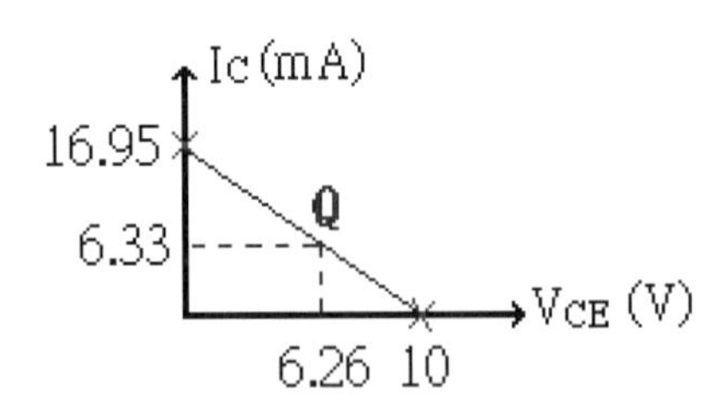

即 Q(6.26 V，6.33 mA)。

經之前說明與例題後，請參考隨書電子書光碟以程式進行相關例題模擬：

6-4-A　分壓偏壓 Pspice 分析

6-4-B　分壓偏壓 MATLAB 分析

如圖電路，若 $\beta_{DC} = 100$，求(a)Q point (b)dc load line。

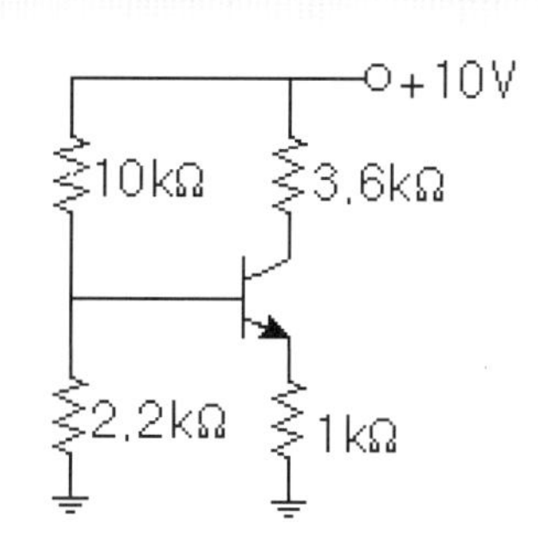

Answer (a)Q(5.07 V , 1.07 mA) (b) $I_{C(sat)} = 2.17$ mA ， $V_{CE(off)} = 10$ V 。

如圖電路，若 $\beta_{DC} = 100$，求(a) V_E ， V_C (b)Q point (c)dc load line。

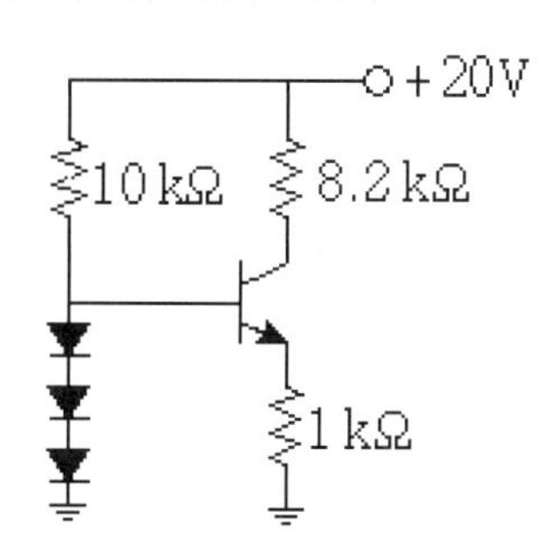

Answer (a) $V_E = 1.4$ V ， $V_C = 8.6$ V (b)Q(7.2 V , 1.39 mA)
(c) $I_{C(sat)} = 2.17$ mA ， $V_{CE(off)} = 20$ V 。

如圖電路，若 $\beta_{DC} = 100$，求 V_{out} 。

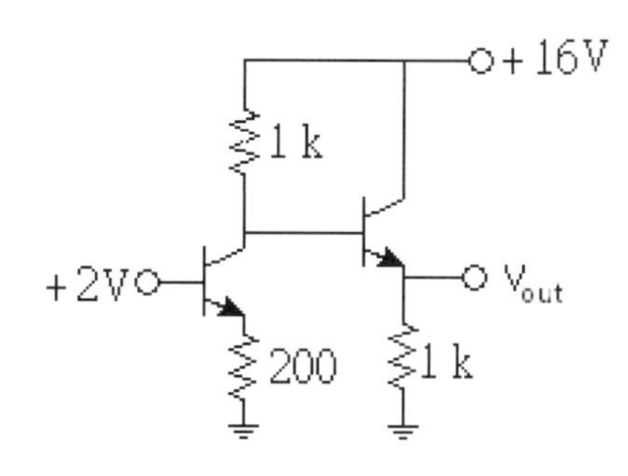

Answer $V_{E1} = 1.3$ V ， $V_{C1} = 9.56\text{V} = V_{B2}$ ， $V_{out} = 8.86$ V 。

6-5 射極偏壓分析※ *

射極偏壓(Emitter bias)電路，如下圖所示，其特點在射極有一偏壓 V_{EE} ，故名射極偏壓，其中左圖顯示電路有兩個封閉迴路，可以比照前述步驟求解Q點，右圖則顯示重要的電流與電壓。

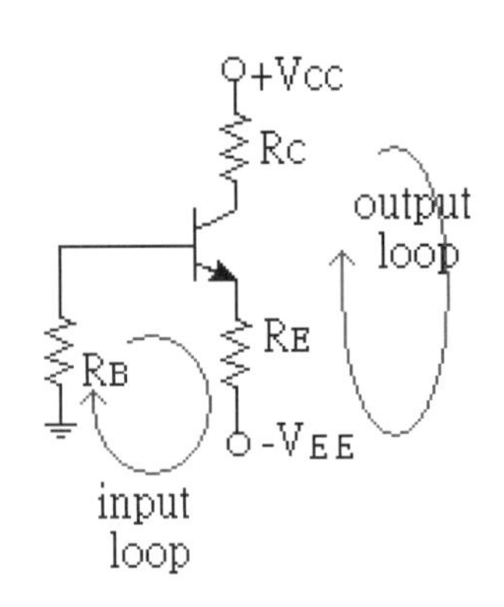

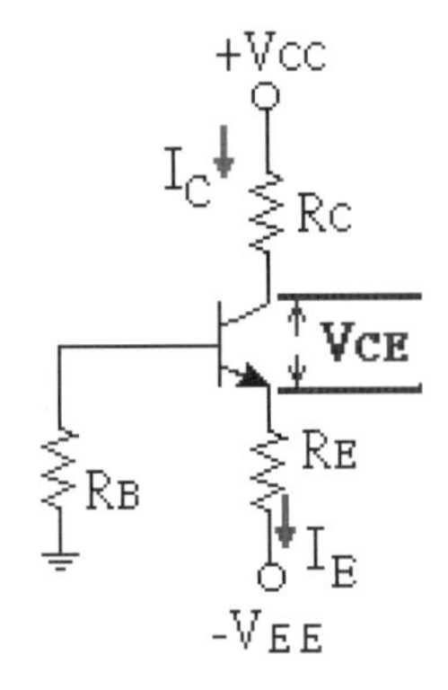

分析

1. 觀察電路：輸入迴路有壓升 V_{EE} ，壓降 $I_B \times R_B$ ， $V_{BE} = 0.7\ V$ 及 $I_E \times R_E$ 。

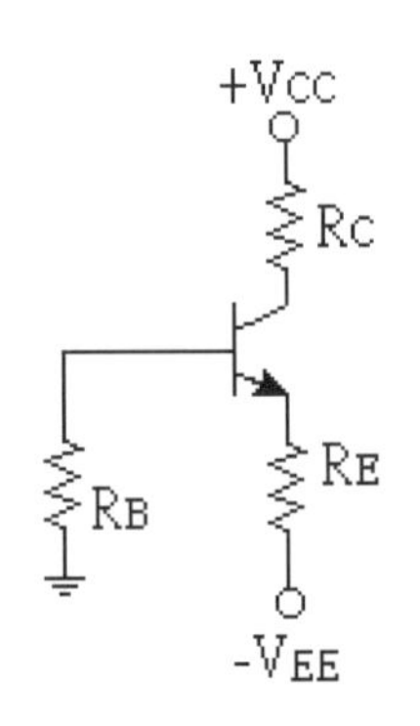

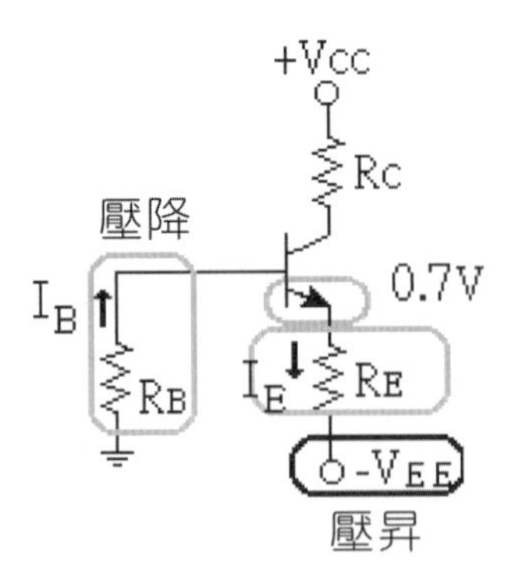

$$V_{EE} = I_B \times R_B + 0.7 + I_E \times R_E$$

選擇：直接計算 I_E

$$V_{EE} = \frac{I_E}{1+\beta_{DC}} \times R_B + 0.7 + I_E \times R_E$$

$$V_{EE} = I_E(R_E + \frac{R_B}{1+\beta_{DC}}) + 0.7$$

$$I_E = \frac{V_{EE} - 0.7}{R_E + \dfrac{R_B}{1+\beta_{DC}}} \quad , \quad I_C = \alpha_{DC}\, I_E = \frac{\beta_{DC}}{1+\beta_{DC}} I_E$$

2. 求靜態工作點 Q 點：

觀察電路的輸出迴路有壓升 $V_{CC} + V_{EE}$，壓降 $I_C \times R_C$， V_{CE} 及 $I_E \times R_E$

$$V_{CE} = (V_{CC} + V_{EE}) - I_C \times R_C - I_E \times R_E$$

即 Q(V_{CE} ， I_C)。

直流負載線

兩點可以決定一直線：找出飽和電流 $I_{C(sat)}$ 與截止電壓 $V_{CE(off)}$ 兩端點。

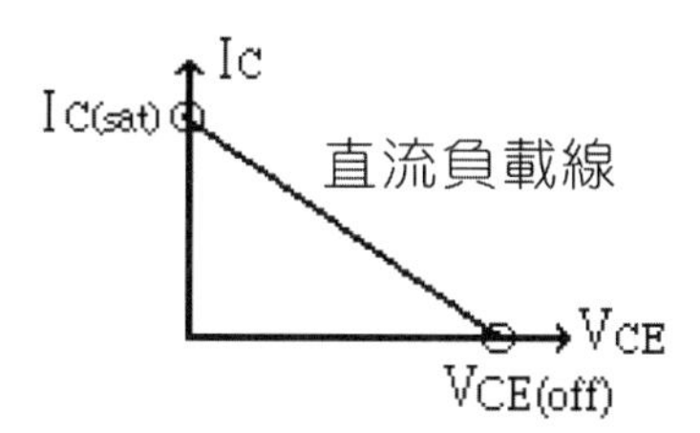

$I_{C(sat)}$ 端點值最大，因此 $V_{CE} = 0$ ，由輸出迴路：

$$V_{CC} + V_{EE} = I_{C(sat)} \times R_C + V_{CE} + I_E \times R_E$$

$$V_{CC} + V_{EE} = I_{C(sat)} \times R_C + \frac{I_{C(sat)}}{\alpha_{DC}} \times R_E = I_{C(sat)}(R_C + \frac{R_E}{\alpha_{DC}})$$

$$I_{C(sat)} = \frac{V_{CC} + V_{EE}}{R_C + \dfrac{R_E}{\alpha_{DC}}}$$

因 $\alpha_{DC} = \dfrac{\beta_{DC}}{1+\beta_{DC}} \cong 1$ ，上式可以近似為

$$I_{C(sat)} = \frac{V_{CC} + V_{EE}}{R_C + R_E}$$

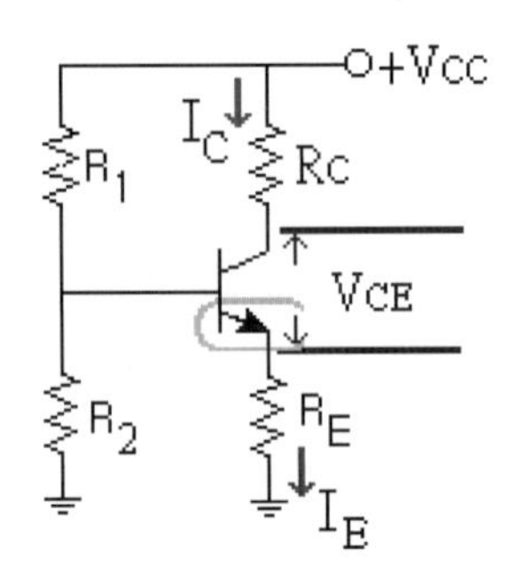

$V_{CE(off)}$：端點值最大，因此 $I_C = 0$，

$$V_{CE(off)} = V_{CC} + V_{EE}$$

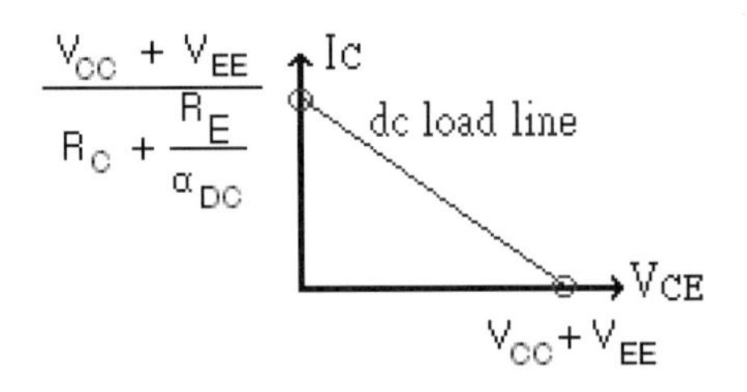

10 範例

如圖電路，若 $\beta_{DC} = 100$，求(a)dc load line　(b)Q point。

解

(a) 由輸出迴路計算 $V_{CE(off)} = V_{CC} + V_{EE}$ 及 $I_{C(sat)} = \dfrac{V_{CC} + V_{EE}}{R_C + \dfrac{R_E}{\alpha_{DC}}}$：其值既然最大，

$V_{CC} + V_{EE}$ 當然要全部佔用

$$\alpha_{DC}=\frac{100}{1+100}=0.99$$

$$I_{C(sat)}=\frac{5+5}{1+\frac{2}{0.99}}=3.31\,mA$$

$$V_{CE(off)}=5+5=10\ V$$

連接兩端點，即為直流負載線。

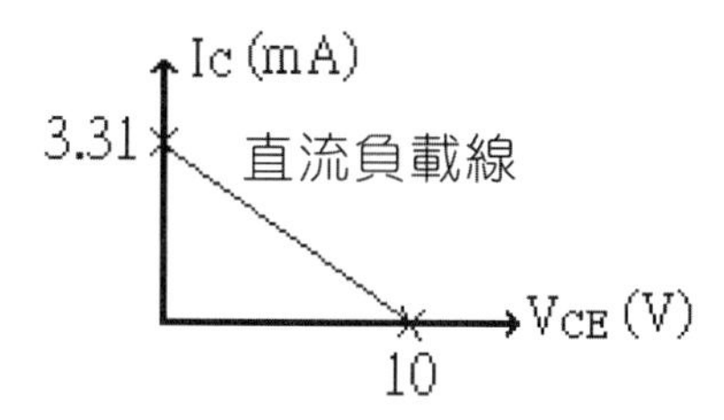

(b) 觀察電路，輸入迴路有 R_B 與 R_E，因此可以選擇先計算

$I_E=\dfrac{V_{EE}-0.7}{R_E+\dfrac{R_B}{1+\beta_{DC}}}$ 。

$$I_E=\frac{5-0.7}{2+\frac{22}{1+100}}=1.94\,mA$$

$$I_C=\alpha_{DC}\ I_E=\frac{100}{1+100}\times 1.94=1.92\,mA$$

使用 $V_{CE}=(V_{CC}+V_{EE})-I_C\times R_C-I_E\times R_E$ 計算 V_{CE}

$$V_{CE}=(5+5)-1.92\times 1-1.94\times 2=4.2\ V$$

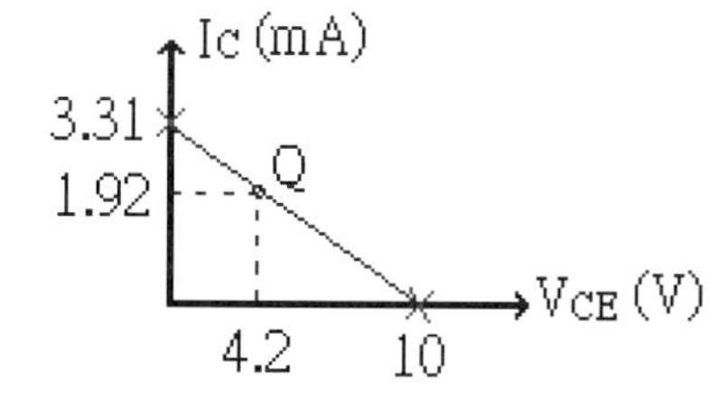

即 Q(4.2 V，1.92 mA)。

經之前說明與例題後，請參考隨書電子書光碟以程式進行相關例題模擬：

6-5-A　射極偏壓 Pspice 分析

6-5-B　射極偏壓 MATLAB 分析

如圖電路，若 $\beta_{DC}=100$，求(a)Q point　(b)dc load line。

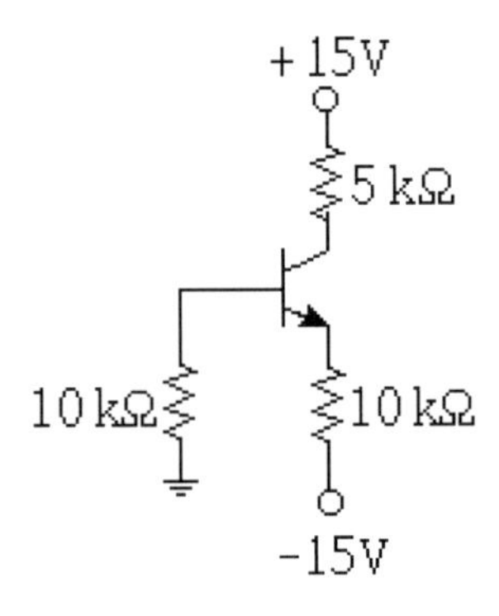

Answer　(a)Q(8.75 V，1.41 mA)　(b) $I_{C(sat)}$ = 2 mA，$V_{CE(off)}$ = 30 V。

6-6 PNP 電晶體電路

PNP 電晶體與 NPN 電晶體是互補元件，意即彼此的電流方向相反，電壓極性相反。因此任何 NPN 電晶體電路若要改成 PNP 電晶體電路，只要將

1. 所有電流方向與電壓極性相反。

2. NPN 電晶體換成 PNP 電晶體。

舉例說明：集極回授偏壓電路

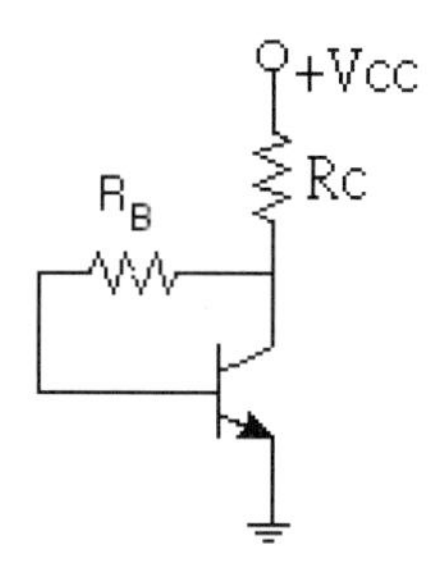

將 NPN 電晶體換成 PNP 電晶體，並且電壓極性相反，電流方向也要相反。

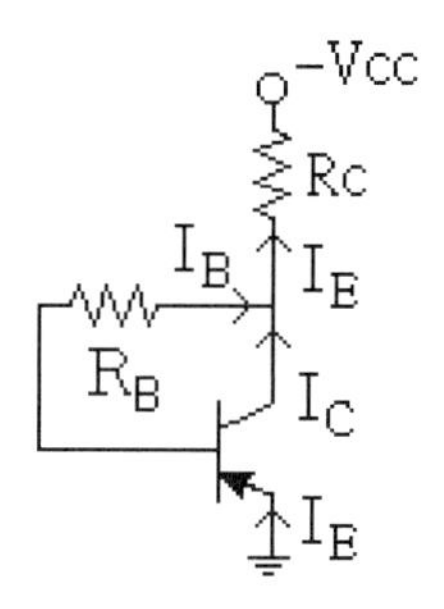

按照接地端移動原則，將負端改成接地，接地改成 $+V_{CC}$，

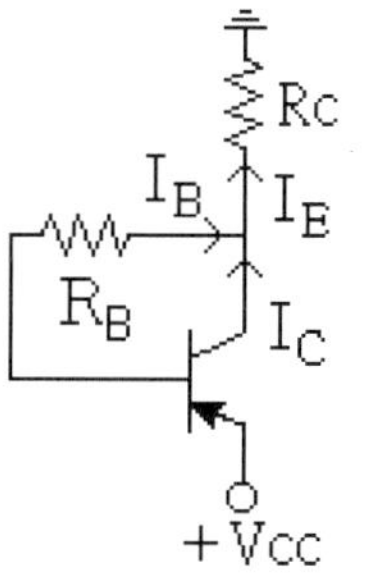

最後將電路反轉，

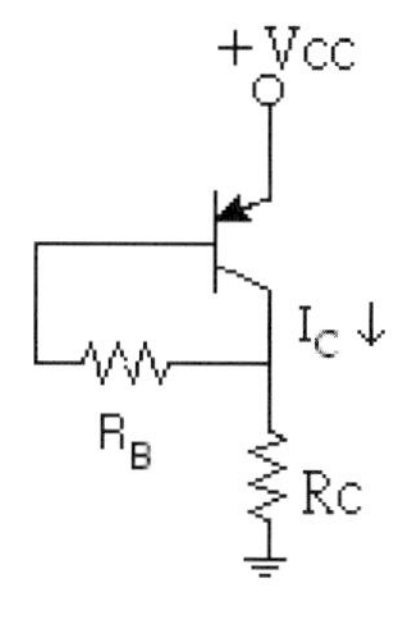

最後的倒轉畫法，乍看之下很奇怪，其實很容易分析。首先確定何種電晶體電路，再以 KVL 解題。又例如分壓偏壓電路，

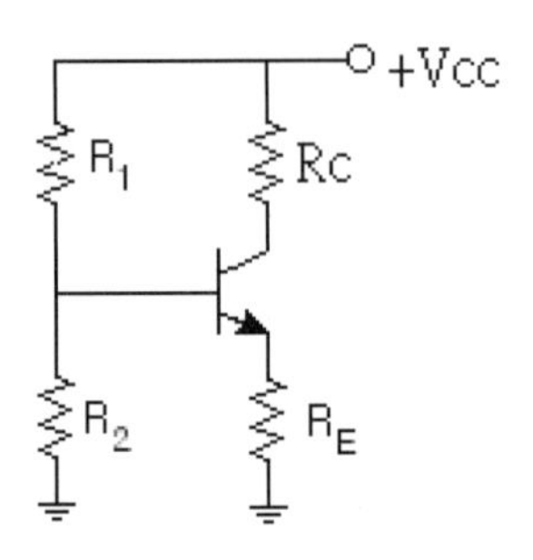

將 NPN 電晶體換成 PNP 電晶體，並且電壓極性相反，電流方向也要相反，

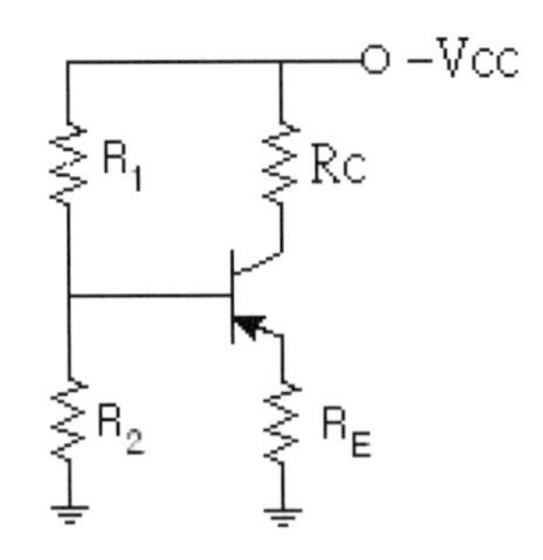

按照接地端移動原則，將負端改成接地，接地改成 $+V_{CC}$，

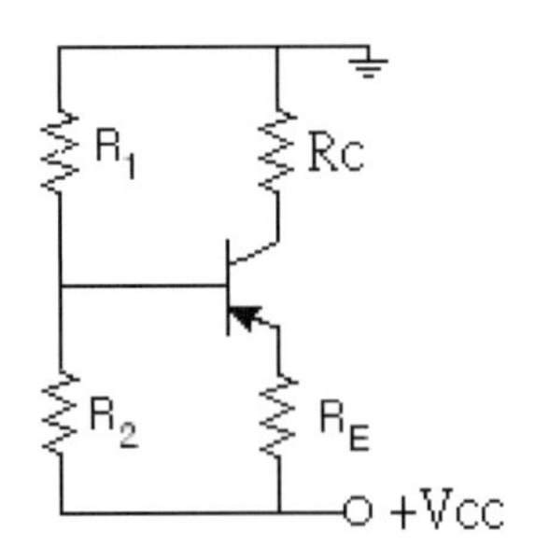

最後將電路反轉，

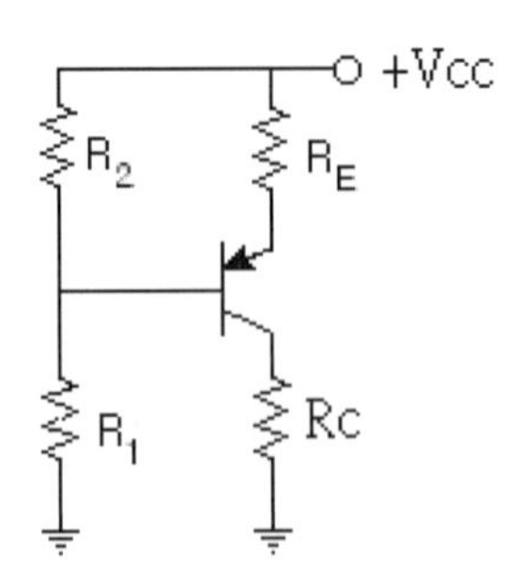

以此 PNP 電晶體電路為例，假設忽略 β_{DC} 作用，計算步驟如下所示。

$$V_B = V_{CC} \times \frac{R_1}{R_1 + R_2} \quad , \quad V_E = V_B + 0.7$$

$$I_E = \frac{V_{CC} - V_E}{R_E} \cong I_C$$

$$V_C = I_C \times R_C \quad , \quad V_{EC} = V_E - V_C$$

11 範例

如圖電路，求 Q point。

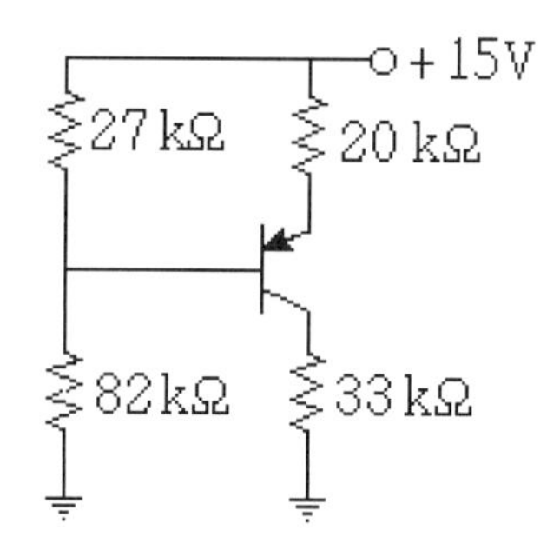

解

這是 PNP 電晶體電路

$$V_B = V_{CC} \times \frac{R_1}{R_1 + R_2} = 15 \times \frac{82}{82 + 27} = 11.28\ \text{V}$$

$$V_E = V_B + 0.7 = 11.28 + 0.7 = 11.98\ \text{V}$$

$$I_E = \frac{V_{CC} - V_E}{R_E} = \frac{15 - 11.98}{20\ \text{k}\Omega} = 0.15\ \text{mA} \cong I_C$$

$$V_C = I_C \times R_C = 0.15 \times 33 = 4.98\ \text{V}$$

$$V_{EC} = V_E - V_C = 11.98 - 4.98 = 7\ \text{V}$$

即 Q(7 V，0.15 mA)。

（使用非近似方法重做一次，並且檢驗有何差別）

12 範例

如圖電路，求 I_{LED}。

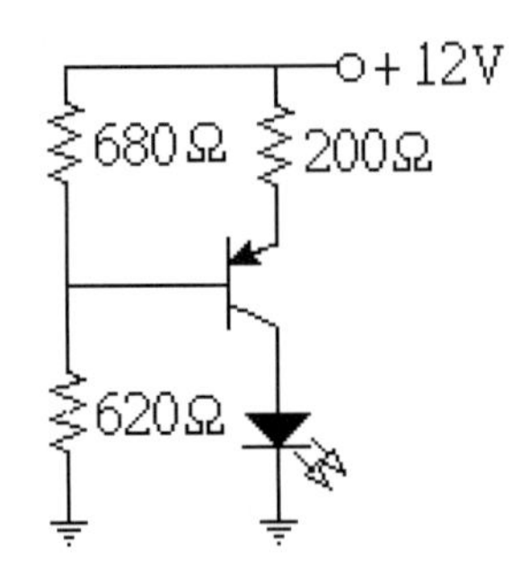

解

直接以 PNP 電晶體電路分析

$$V_B = V_{CC} \times \frac{R_1}{R_1 + R_2} = 12 \times \frac{620}{680 + 620} = 5.72\ \text{V}$$

$$V_E = V_B + 0.7 = 5.72 + 0.7 = 6.42\ \text{V}$$

$$I_{LED} \cong I_E = \frac{V_{CC} - V_E}{R_E} = \frac{12 - 6.42}{0.2\ \text{k}\Omega} = 27.88\ \text{mA}$$

11 練習

如圖電路，求 Q point。

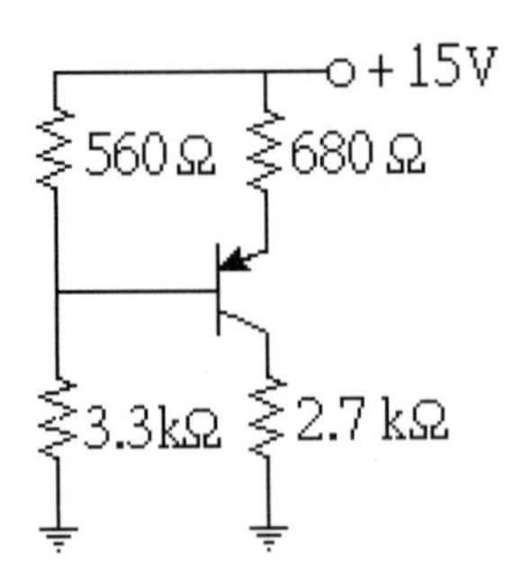

Answer Q(7.64 V，2.18 mA)。

如圖電路，若 $V_z = 4.7\text{ V}$ ，求 I_{LED} 。

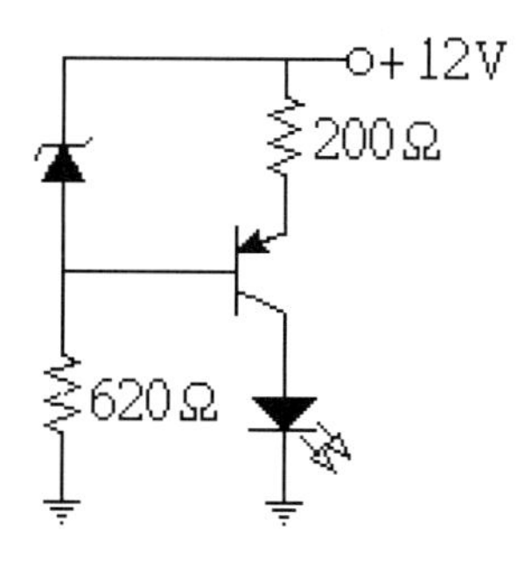

Answer $V_B = 7.3\text{ V}$ ， $V_E = 8\text{ V}$ ， $I_{LED} = 20\text{ mA}$ 。

習題

6-1　如圖電路，若 $\beta_{DC} = 100$，求(a)靜態工作點 Q　(b)直流負載線。

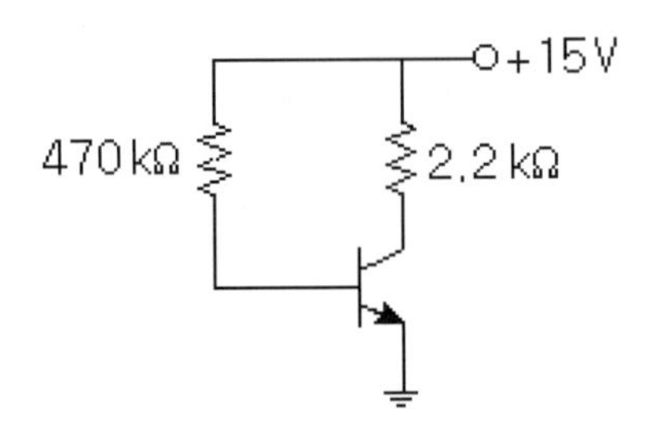

6-2　續 6-1 題，設計使 Q 點在直流負載線中央。

6-3　續 6-1 題，若有射極電阻 800 Ω，求(a)靜態工作點 Q　(b)直流負載線。

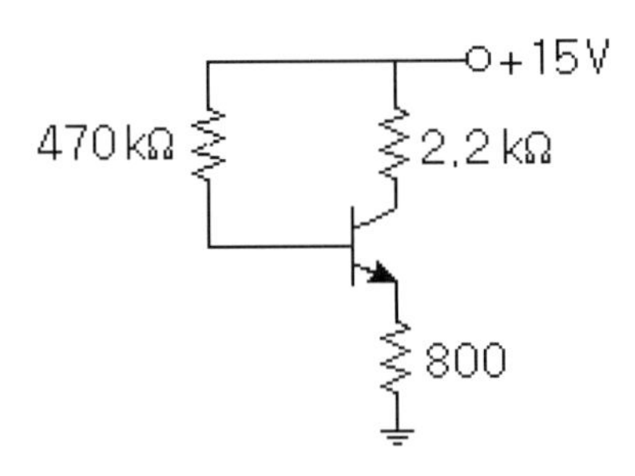

6-4　如圖電路，若 $\beta_{DC} = 150$，求(a)靜態工作點 Q　(b)直流負載線。

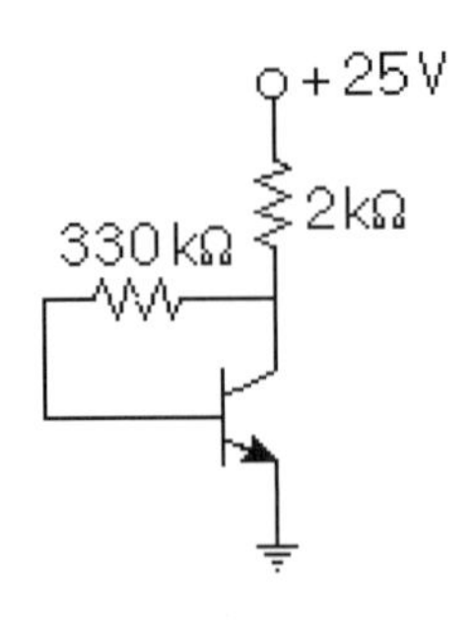

6-5 如圖電路，若 $\beta_{DC}=100$，求(a)靜態工作點 Q (b)直流負載線。

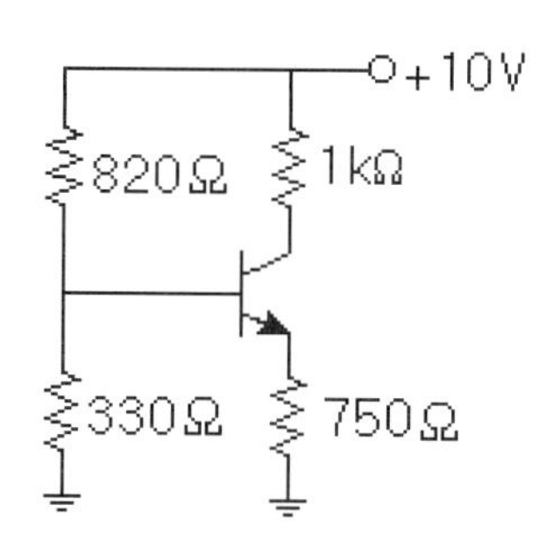

6-6 如圖電路，若 $\beta_{DC}=100$，求(a)靜態工作點 Q (b)直流負載線。

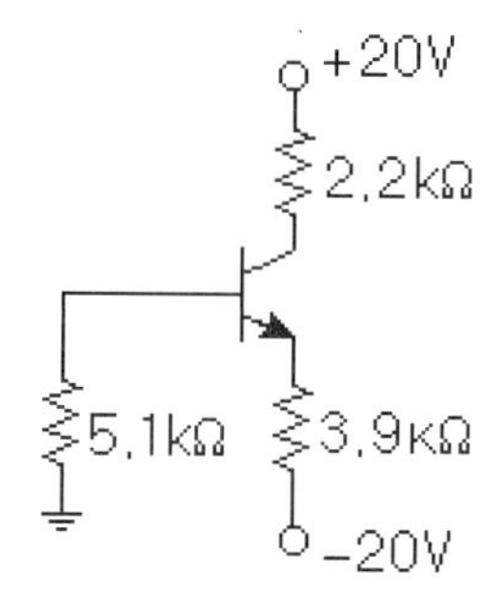

6-7 如圖電路，若 $\beta_{DC}=100$，求靜態工作點 Q。

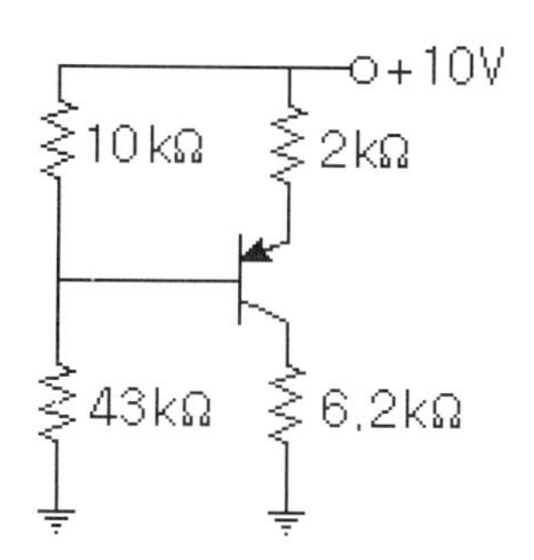

6-8 如圖電路，若各級 $\beta_{DC}=100$，求各級(a) V_C (b)散逸功率 P_D。

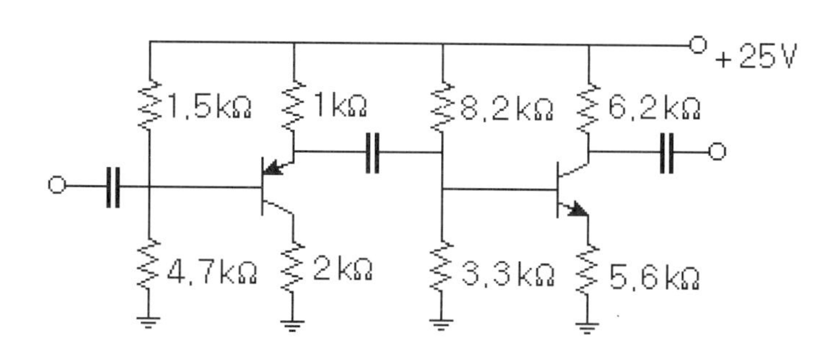

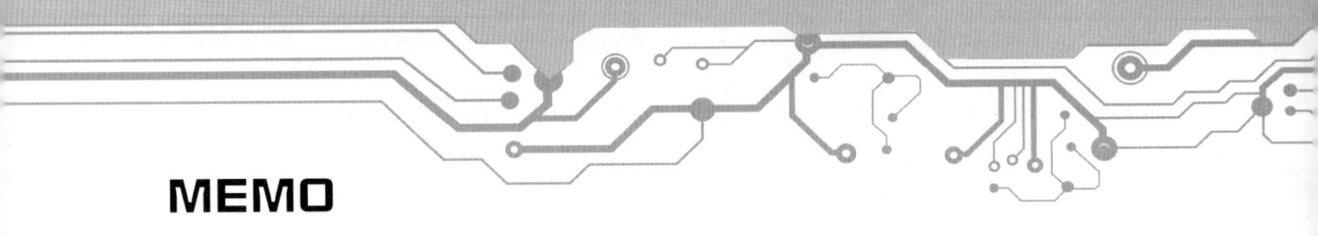

MEMO

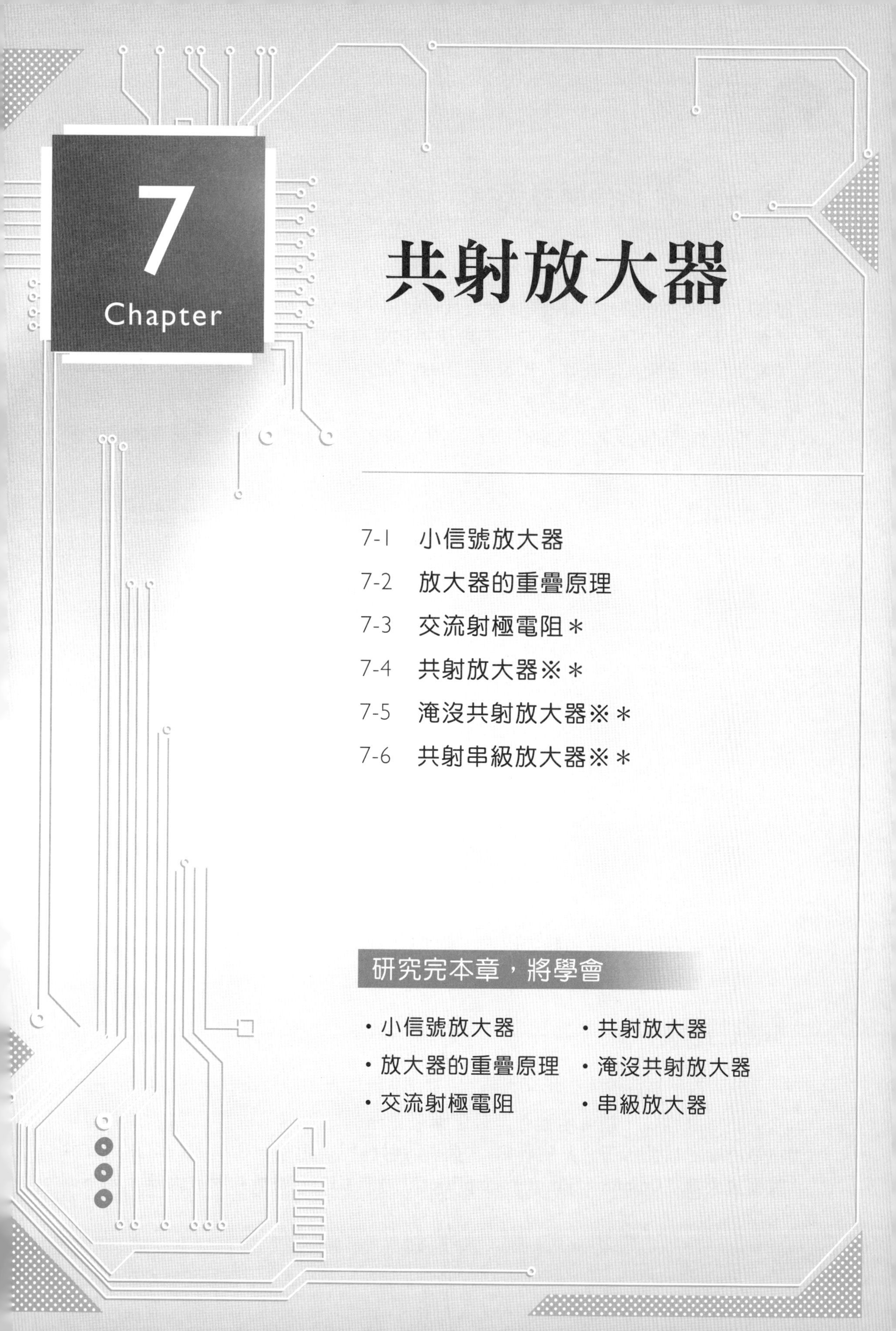

7 Chapter

共射放大器

研究完本章，將學會

- 小信號放大器
- 放大器的重疊原理
- 交流射極電阻
- 共射放大器
- 淹沒共射放大器
- 串級放大器

7-1 小信號放大器

如前所述，電晶體偏壓完全是直流操作，其目的在建立一個適當的直流工作點 Q，使 Q 點能夠被偏壓在直流負載線的中央附近，以便於將交流信號送入電晶體，產生以 Q 點為準位，上下起伏變化的集極電流與電壓。這種能夠產生 "輸出信號是輸入信號放大複製品" 的放大器，就是所謂的**線性放大器**(Linear amplifier)。

但是若 Q 點太靠近飽和點或截止點，或者是輸入信號太大，就會讓輸出信號被截波而失真，如下圖所示。

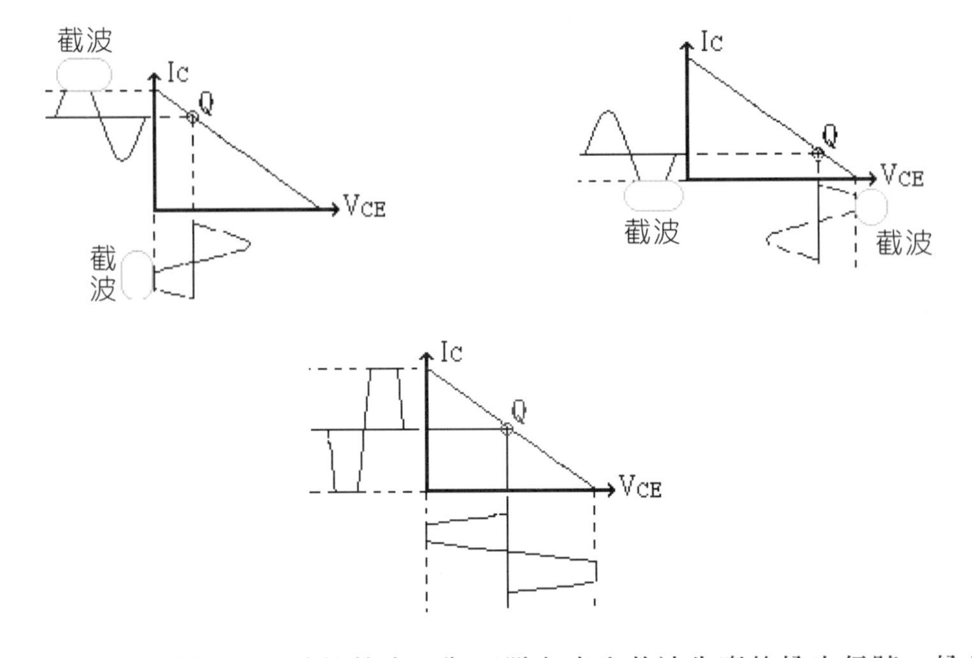

此時放大動作不再是線性放大，為了避免產生截波失真的輸出信號，輸入信號通常會限制在 Q 點附近，此即**小信號放大器**。

補充

放大器的直流值大小是交流值大小的 10 倍以上，即可符合小信號的要求。

使用電容 C_1，耦合信號源至分壓偏壓電路的輸入端，電容 C_2 耦合負載電阻在輸出端，以及所謂旁路電容 C_E，負責將射極電阻短路，所構成的電路稱為**共射極放大器**（Common Emitter amplifier，簡稱 CE），簡稱**共射放大器**，如下圖所示。

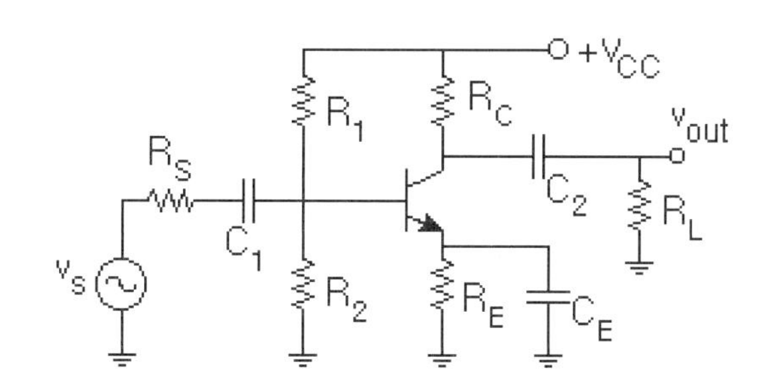

上圖所示的共射放大器，電容 C_1 與 C_2 稱為**交連電容**(Coupling capacitance)，具有“直流阻斷，交流通過”的功能，因為電容抗大小與頻率成反比。

$$X_C = \frac{1}{\omega C} = \frac{1}{(2\pi f)C}$$

直流電 $f = 0 \rightarrow X_C = \infty$ ， 交流電 $f \gg 0 \rightarrow X_C = 0$

意即只要頻率夠高，導致電容抗夠低，就可以將電容視為短路。

補充

放大器的輸出是信號源頻率的函式，此為放大器的頻率響應，後續專章再詳細討論。

共射放大器的另一個電容 C_E ，稱為**旁路電容**(Bypass capacitance)，主要目的在將交流信號接地，因為只要頻率夠高，則電容視為短路，使得射極電阻被短路，如下圖所示。

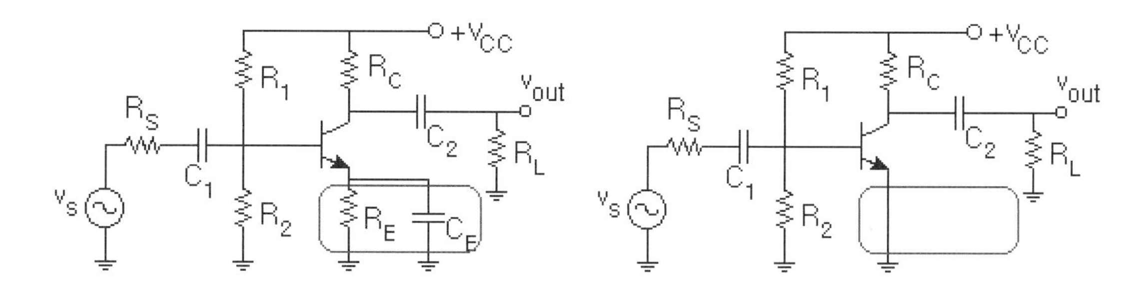

7-2 放大器的重疊原理

電晶體放大器中有直流電源和交流電源，前者建立適當的靜態工作點 Q，後者則在前者所建立的直流電流與電壓基準位上產生交流變化，此類放大器電路最簡單的分析方法，就是**重疊原理**。

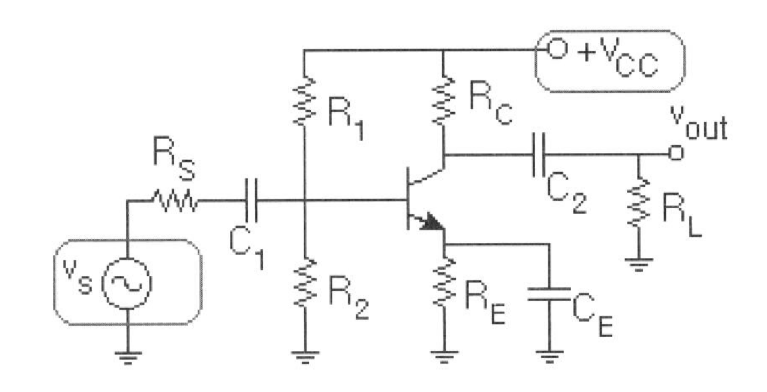

7-2-1 直流分析

舉共射放大器為例。當直流電流為單獨存在，

Step1 所有電容 C 斷路

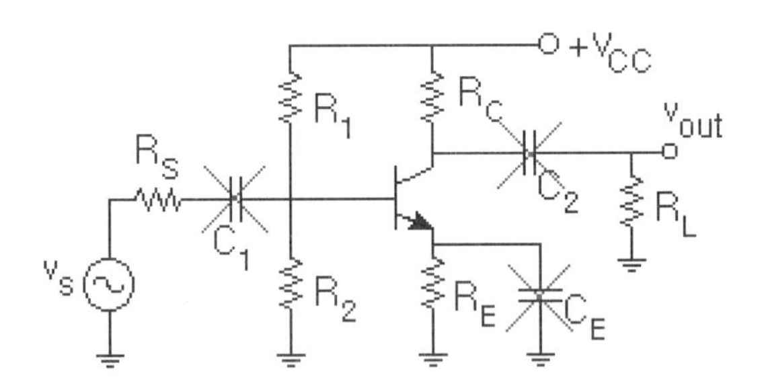

Step2 交流信號源短路

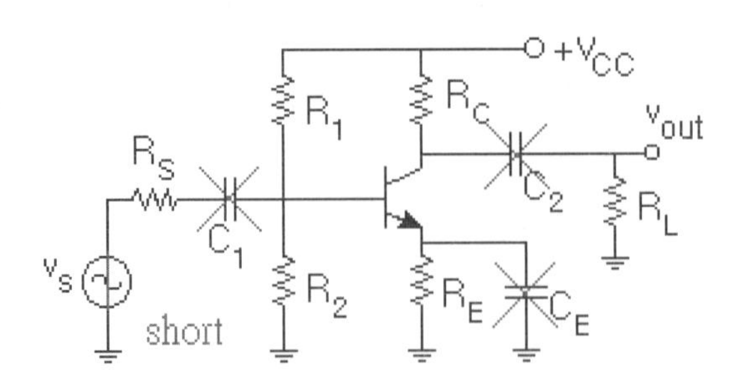

Step3 移開所有斷路的部份，此即為分壓偏壓電路

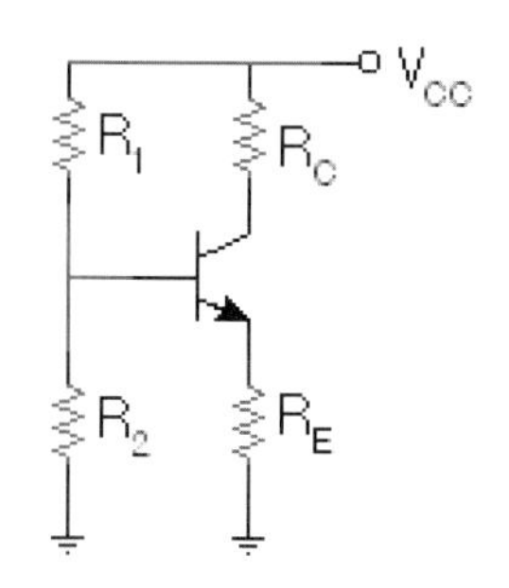

這是直流偏壓中的分壓偏壓方式，在第 6 章已經做過詳細討論，若有疑問可回顧前章節複習。

7-2-2 交流分析

Step1 所有電容 C 短路（假設 ac 訊號源的頻率夠高）

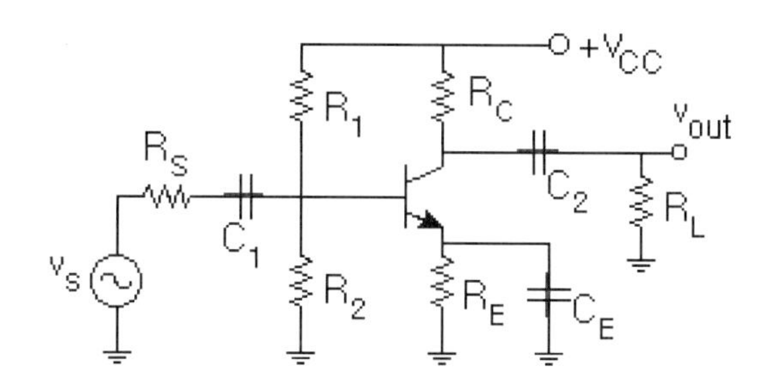

Step2 直流電源短路：接地

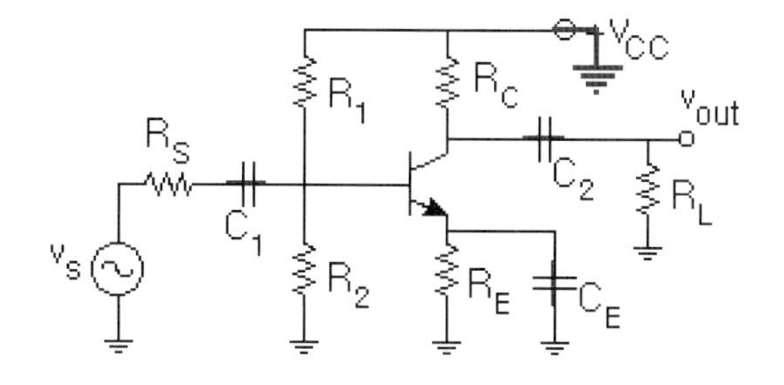

Step3 射極電阻被短路，即射極直接接地，R_1 電阻的接地在上方，將 R_1 下拉擺放與 R_2 並聯，R_C 電阻的接地在上方，同樣將 R_C 下拉擺放與 R_L 並聯。

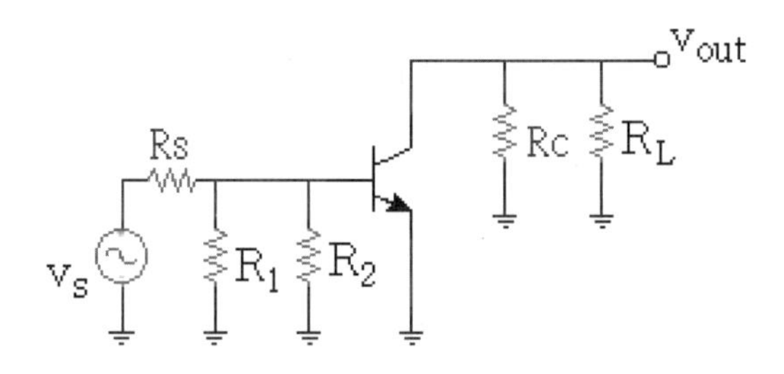

Step4 由交流等效電路可以很明顯看出，R_1並聯R_2，R_C並聯R_L，接續化簡電路為

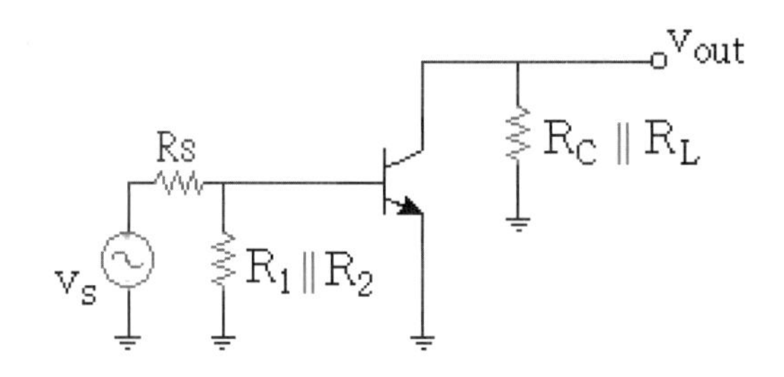

Step5 化簡至此，輸出端只有單一迴路，但是輸入端仍非單一迴路，因此使用戴維寧定理繼續化簡。

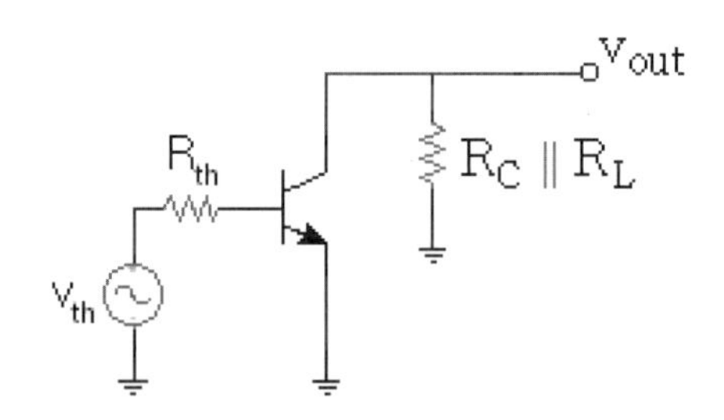

綜合兩分項結果，就是直流與交流同時存在的結果，換言之，原電路中任一分支的總電流，等於直流電流與交流電流的和，而總電壓等於直流電壓與交流電壓的和。

符號表示

為了簡易並且清楚區分直流與交流變數以避免混淆，通常使用大寫字母表示直流電，小寫字母表示交流電。

7-3 交流射極電阻＊

7-3-1 分析

根據**依伯摩爾直流模型**，電晶體的直流模型：集極可視為直流電流源，射極為二極體，如下圖所示

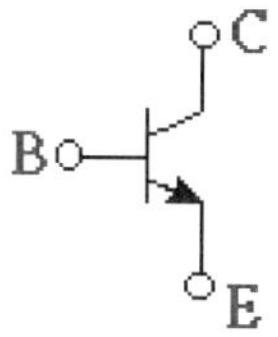

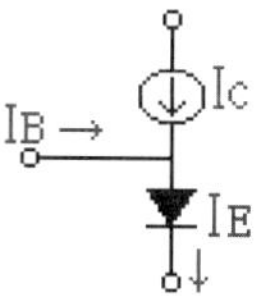

若是交流模型，電晶體的集極為交流電流源，射極為電阻特性，此電阻稱為**交流射極電阻** r_e，如下圖所示

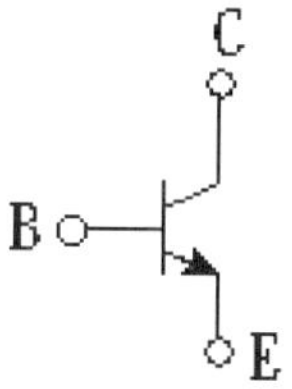

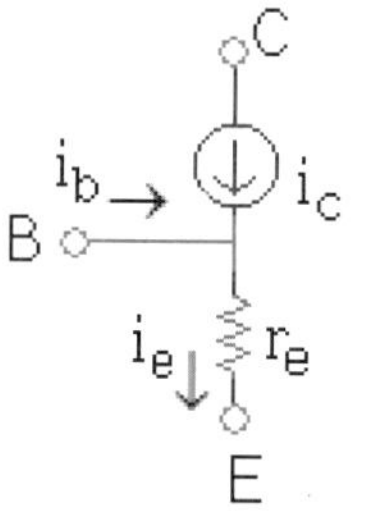

由於是小信號輸入，Q 點附近可近似為一直線，因此電流與電壓視為正比關係，這就好像射極二極體存在交流電阻一般，其大小表示式為

$$r_e = \frac{\Delta V_{BE}}{\Delta I_E} = \frac{v_{be}}{i_e}$$

其中 ΔV_{BE} 為基射間直流電壓的微小變動量，ΔI_E 為直流射極電流的相對變動量；以室溫 25°C 計算，其大小可以簡單表示為

$$r_e = \frac{V_T}{I_E} = \frac{25\,mV}{I_E}$$

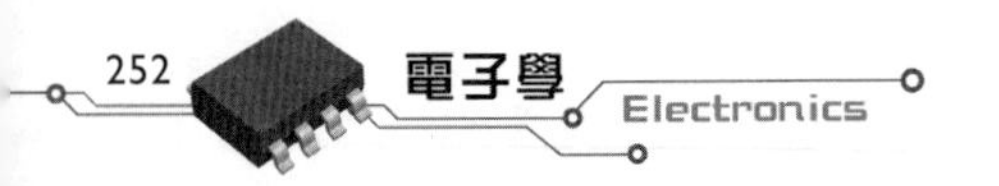

例如，Q 點的 $I_E = 0.1\ \text{mA}$

$$r_e = \frac{25\ \text{mV}}{0.1\ \text{mA}} = 25\ \Omega$$

假設 Q 點位置更高些，$I_E = 5\ \text{mA}$

$$r_e = \frac{25\ \text{mV}}{5\ \text{mA}} = 5\ \Omega$$

上述模型稱為 **T 模型**，或者稱為 **r_e 模型**，除此模型外，另外還有一種常用的交流模型（參考下圖等效電路，其中集極使用相依電流源符號），稱為 **r_π 模型**

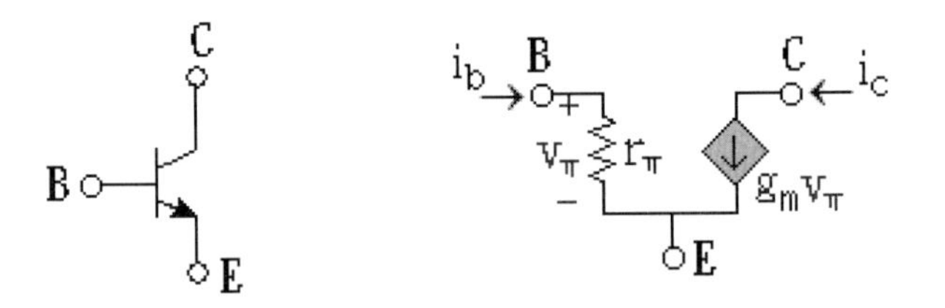

比較兩種模型的等效電路可知，相對關係為

$$i_c = \beta i_b = g_m v_\pi = g_m (i_b r_\pi)$$

$$r_\pi = \frac{\beta}{g_m}$$

因為 $r_\pi = (1+\beta) r_e$，可知

$$r_e = \frac{\beta}{(1+\beta) g_m} = \frac{\alpha}{g_m} = \frac{V_T}{I_E}$$

$$g_m = \frac{\alpha I_E}{V_T} = \frac{I_C}{V_T}$$

以上只是簡單條列關係式，相關的證明將在後續章節中討論。

電晶體若考慮**有限輸出電阻** r_o，其交流等效電路如下所示。

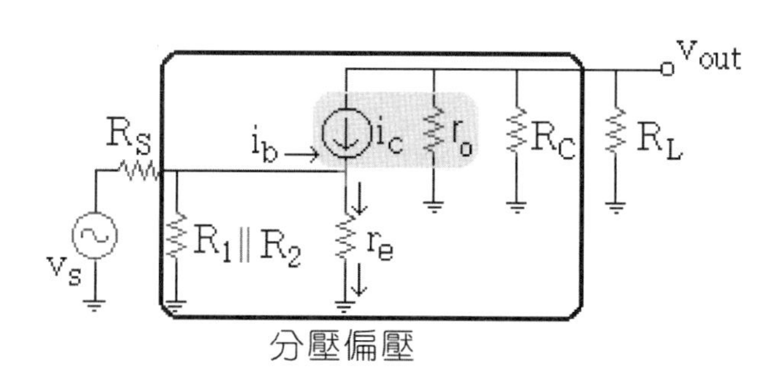

分壓偏壓

由等效電路可以很清楚看到，輸出端電阻皆並聯的現象。

1 範例

如圖電路，若 $\beta_{DC} = 100$，計算 r_e 交流射極電阻。

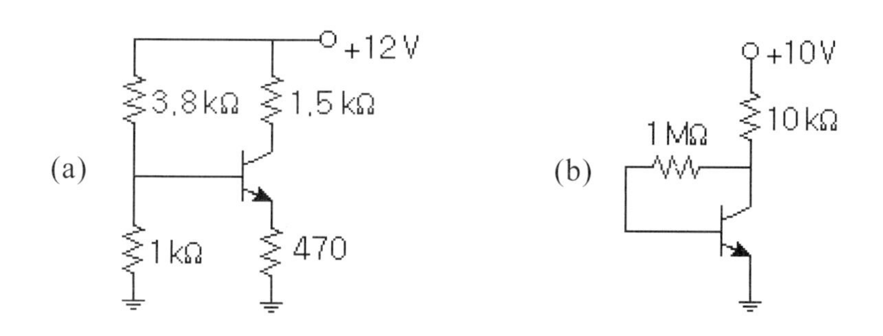

解

利用 $r_e = \dfrac{25\text{ mV}}{I_E}$ 計算交流射極電阻

(a) 先使用戴維寧定理化簡

$$V_{th} = 12 \times \frac{1}{3.8+1} = 2.5\text{ V} \quad , \quad R_{th} = \frac{R_1 \times R_2}{R_1 + R_2} = \frac{3.8 \times 1}{3.8+1} = 0.79\text{ k}\Omega$$

代入 $I_E = \dfrac{V_{th} - V_{BE}}{R_E + \dfrac{R_{th}}{1+\beta_{DC}}}$

$$I_E = \frac{2.5-0.7}{0.47\ k\Omega + \dfrac{0.79k\Omega}{1+100}} = 3.77\ mA$$

$$r_e = \frac{25\ mV}{3.77\ mA} = 6.63\ \Omega$$

(b) 這是 NPN 電晶體集極回授偏壓，使用 $I_E = \dfrac{V_{CC}-0.7}{R_C + \dfrac{R_B}{1+\beta_{DC}}}$

$$I_E = \frac{10-0.7}{10\ k\Omega + \dfrac{1000\ k\Omega}{1+100}} = 0.47\ mA$$

$$r_e = \frac{25\ mV}{0.47\ mA} = 53.19\ \Omega$$

經之前說明與例題後，請參考隨書電子書光碟以程式進行相關例題模擬：

7-3-A MATLAB 分析

如圖電路，若 $\beta_{DC} = 100$，計算 r_e 交流射極電阻。

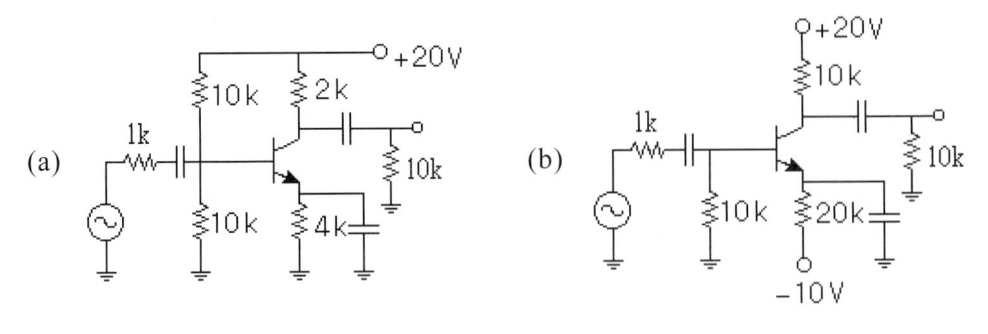

Answer (a) $r_e = 10.89\ \Omega$ (b) $r_e = 54.29\ \Omega$。

7-3-2 交流β

計算直流 β_{DC}，找出 Q 點所對應的 I_C / I_B 比值，即

$$\beta_{DC} = \frac{I_C}{I_B}$$

計算交流 β_{ac}，找出 Q 點附近的 ΔI_C 對 ΔI_B 比值，即

$$\beta_{ac} = \frac{\Delta I_C}{\Delta I_B} = \frac{i_c}{i_b}$$

直流 β_{DC} 與交流 β_{ac} 並不相同，除非是 $I_C - I_B$ 的關係為一直線。在資料手冊中，直流電流增益以 h_{FE} 表示而不使用 β_{DC}，同理交流電流增益以 h_{fe} 表示。通常數據表上一定列有 h_{FE}，但不一定列出 h_{fe}，因此若無 h_{fe} 資料，則視為 $h_{FE} = h_{fe}$，即 $\beta_{DC} = \beta_{ac} = \beta$。

7-4 共射放大器※ *

7-4-1 分析

前述的**共射極放大器**（Common- Emitter amplifier，簡稱 CE 放大器），簡稱**共射放大器**，又稱射極接地放大器，電路如下圖左所示。其中電容 C_1，耦合信號源至分壓偏壓電路的輸入端，電容 C_2 耦合負載電阻在輸出端，以及所謂旁路電容 C_E，負責將射極電阻短短路。下圖右所示係採用固定電流源偏壓方式的共射極放大器電路，而此電流源可以使用電流鏡(Current mirror)來實現。

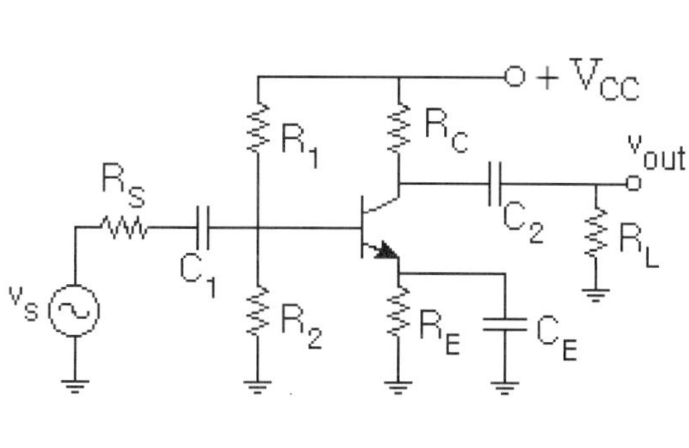

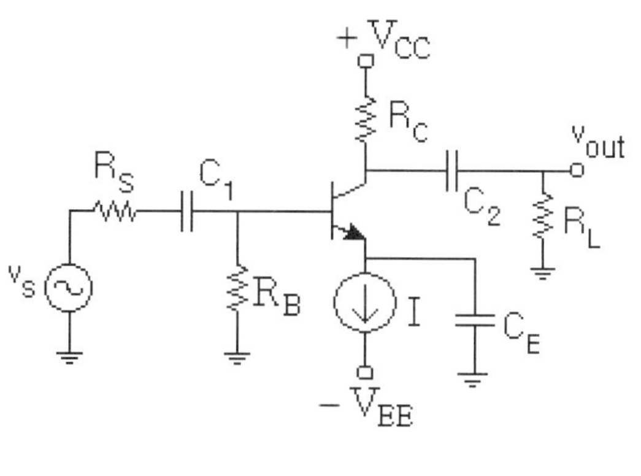

當從基極輸入一小信號，集極電流 i_c 就有 β 倍的變化，此放大電流流經集極電阻會產生一相位反轉的放大輸出信號，如下圖所示。圖中的負載線是交流負載線，而非直流負載線，因為尚未學習過有關交流負載線的內容，因此暫時使用直流負載線來模擬交流信號的放大動作。

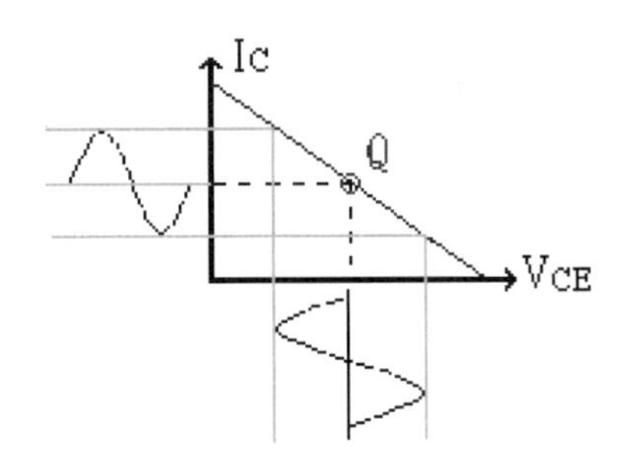

相位反轉

輸出信號為何與輸入信號相位相差180°的原因，理由為

1. 正半週：$i_b\uparrow$，$i_c\uparrow$，$i_c R_C\uparrow$，$v_{out} = V_{CC} - i_c R_C \downarrow$，輸出較負的電壓。
2. 負半週：$i_b\downarrow$，$i_c\downarrow$，$i_c R_C\downarrow$，$v_{out} = V_{CC} - i_c R_C \uparrow$，輸出較正的電壓。

7-4-2 分離式交流模型

電晶體代入依伯摩爾模型，係將電晶體替換為集極是 I_C 電流源，射極是電阻 r_e，射極電流 $i_e = (1+\beta)\ i_b \sim \beta\ i_b$。交流等效電路的化簡過程，依序如下所示。

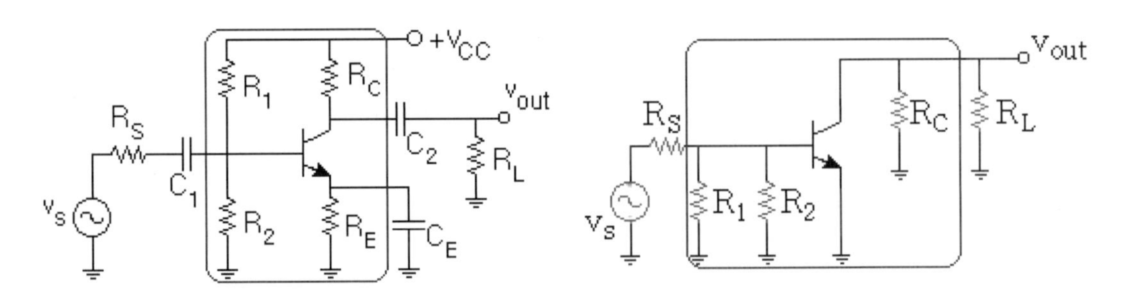

此時的基極輸入阻抗為

$$Z_{in(b)} = \frac{i_e \times r_e}{i_b} = \frac{(1+\beta)i_b \times r_e}{i_b} = (1+\beta)r_e$$

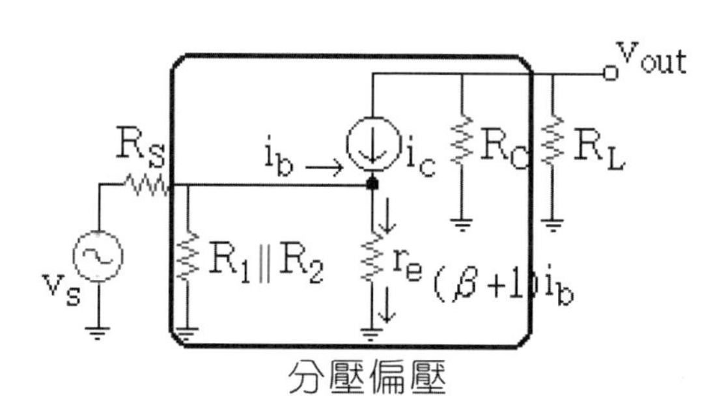

輸入阻抗 Z_{in}

求出基極輸入阻抗後，就可以將連接點拆開，電路分成兩部分。左邊的電路稱為**輸入端**，右邊的電路則稱為**輸出端**，如下圖所示。

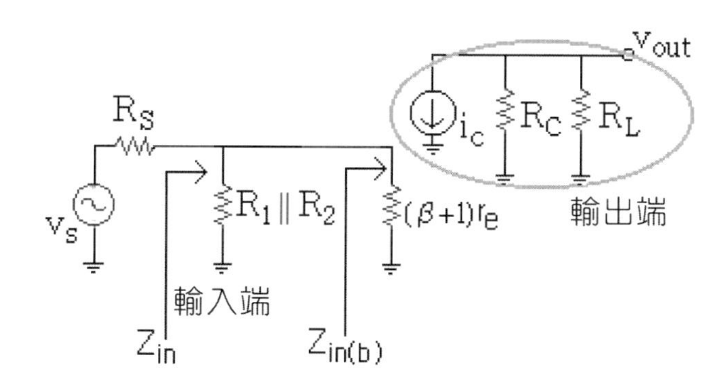

由電路可以清楚看出，不包括信號源電阻，從輸入端往輸出端看，**輸入阻抗** Z_{in}（或者稱為輸入電阻 R_{in}，因為電阻的阻抗就是電阻本身）是 3 電阻並聯的結果，其值為

$$Z_{in} = R_1 \parallel R_2 \parallel (1+\beta)\, r_e$$

有關阻抗的求解，不論是輸入或者是輸出，電路學都是採用測試電壓與測試電流的處理方式。簡言之，就是欲求得測試位置的阻抗，可以用該位置的測試電壓除以測試電流，即 $Z_{in}=v_x/i_x$。例如只針對 BJT 電晶體求其輸入阻抗，其等效電路如下所示。

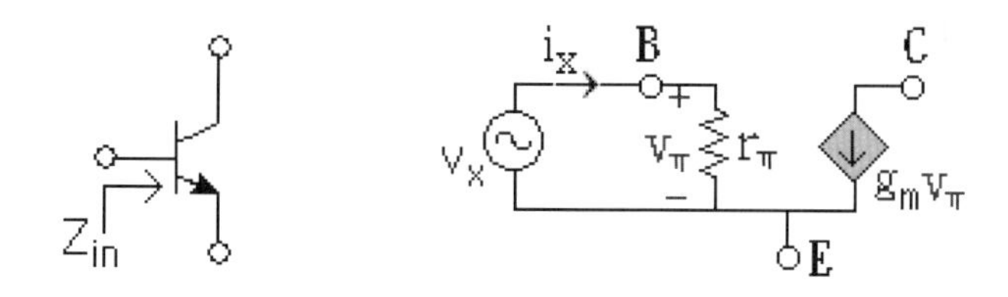

由等效電路輸入端的 KVL 得知，$v_x = v_\pi$，且 $i_x = v_\pi / r_\pi$，代入 $Z_{in} = v_x / i_x$，求出輸入阻抗 Z_{in} 等於 r_π。再舉一例做說明，將電晶體的基極連接集極，求輸入阻抗 Z_{in}。

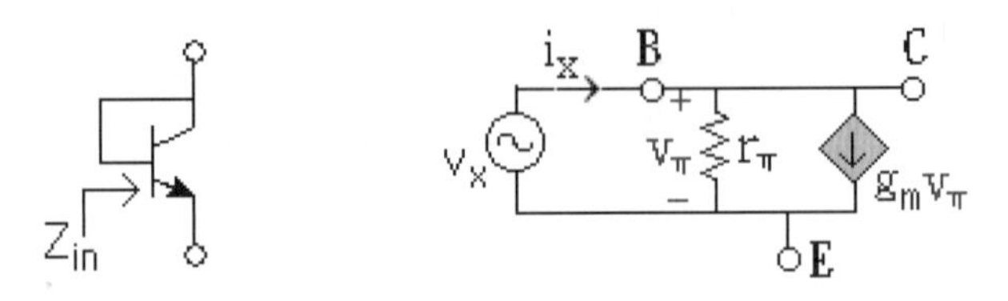

其等效電路如上圖右所示，由節點 B 的 KCL 方程式得知

$$i_x = v_\pi / r_\pi + g_m v_\pi = v_\pi (1/r_\pi + g_m) = v_x (1/r_\pi + g_m)$$

代入 $Z_{in} = v_x / i_x$，求出輸入阻抗 Z_{in} 等於

$$Z_{in} = \frac{1}{\frac{1}{r_\pi} + g_m} = \frac{r_\pi}{1 + g_m r_\pi}$$

電壓增益 A

送入電晶體基極的電壓 $v_{in} = i_e \times r_e$，集極輸出電壓 $v_{out} = -i_c \times R_C$，不包括負載電阻 R_L 作用的信號放大倍數為

$$A = \frac{v_{out}}{v_{in}} = \frac{-i_c \times R_C}{i_e \times r_e} = -\alpha \frac{R_C}{r_e}$$

或近似為

$$A = -\frac{R_C}{r_e}$$

上式中的負號代表相位反轉，此特性從下圖所示電路的電流源方向，亦可清楚看出。

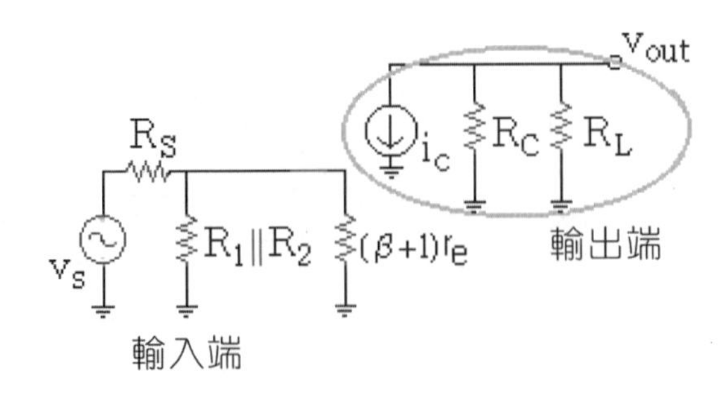

電晶體內部輸出電阻 r_o 對電壓增益的影響

電晶體若有考慮內部輸出電阻 r_o，只要將 $A=-\alpha\dfrac{R_C}{r_e}$ 式中的 R_C 改為 $(r_o \parallel R_C)$ 即可。

$$A=-\alpha\frac{(r_o \parallel R_C)}{r_e}$$

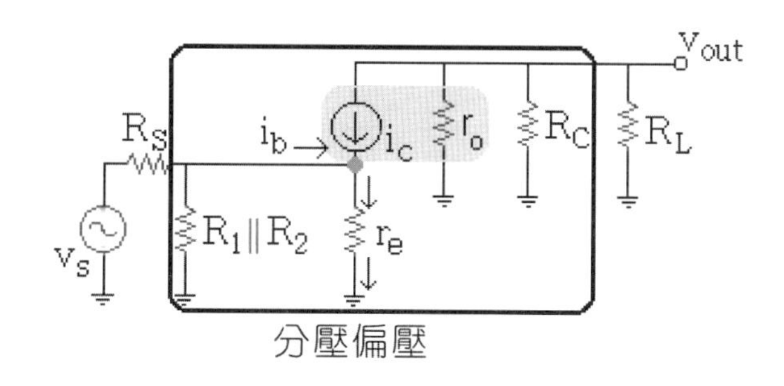

輸出阻抗 Z_{out}

將下圖所示的諾頓電路改為戴維寧電路，由化簡的電路中可以清楚看出，不包括負載電阻，從輸出端往輸入端看，輸出阻抗 Z_{out} 只有是集極電阻，即

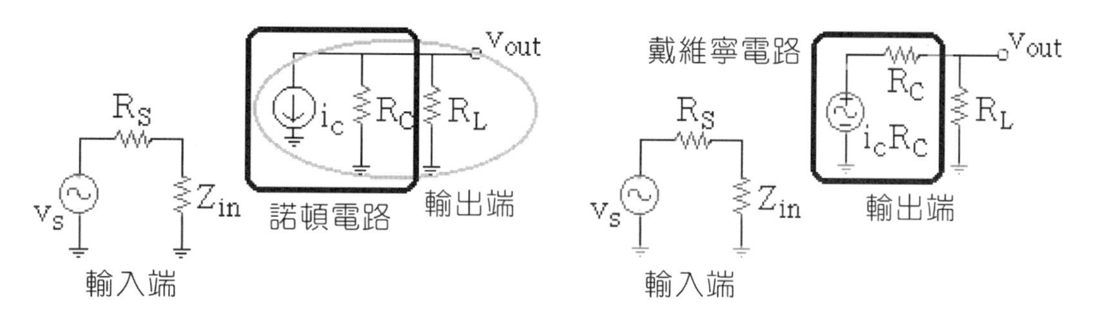

$$Z_{out}=R_C$$

電路中戴維寧電壓 $i_c \times R$，可以等效為 $A\ v_{in}$，推導過程如下

$$i_c \times R_C=\alpha i_e \times R_C=\alpha\frac{v_{in}}{r_e}\times R_C=\alpha\frac{R_C}{r_e}v_{in}=A\ v_{in}$$

R_S v_{in} Z_{out} v_{out}
v_S Z_{in} Av_{in} R_L
輸入端 輸出端

這就是**分離式交流模型**，提供快速分析放大器的計算方法，請多加留意。

補充

本單元常用的分離式交流模型，係將放大器等效電路的輸出端，由諾頓電路改為戴維寧電路，如下圖所示

R_S v_{out}
v_S $R_1 \| R_2$ $(\beta+1)r_e$ i_c R_C R_L
輸入端 輸出端

R_S v_{in} Z_{out} v_{out}
v_S Z_{in} Av_{in} R_L

上圖上一般稱為**轉導放大器**，而上圖下則稱為**電壓放大器**。兩種交流模型皆可嘗試使用，建議若時間允許可儘量相互使用，驗算答案是否正確。

補充

電晶體內部輸出電阻 r_o 對輸出阻抗的影響

電晶體若有考慮內部輸出電阻 r_o，只要將 $Z_{out}=R_C$ 式中的 R_C 改為 $(r_o \| R_C)$ 即可。

$$Z_{out}=r_o \| R_C$$

輸入端　　　輸出端

總結

以**分離式交流模型**分析放大器

必須事先計算出輸入阻抗，

$$Z_{in} = R_1 \parallel R_2 \parallel (1+\beta)\, r_e$$

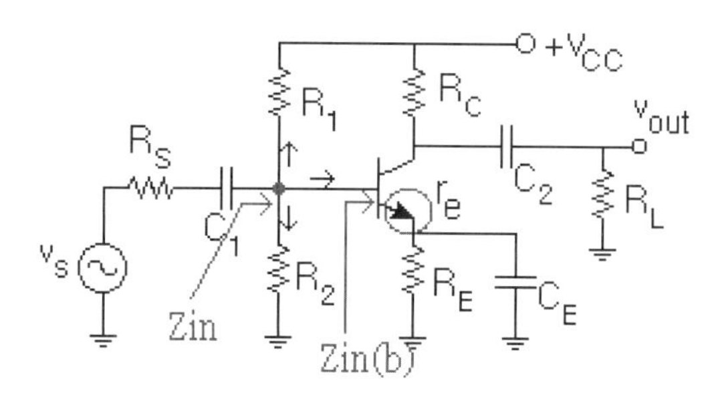

直接從電路圖，根據“分流就是並聯效果”的原則，可以幫助瞭解輸入阻抗。接著是電壓增益，

$$A = \frac{v_{out}}{v_{in}} = \frac{-i_c \times R_C}{i_e \times r_e} = -\alpha \frac{R_C}{r_e}$$

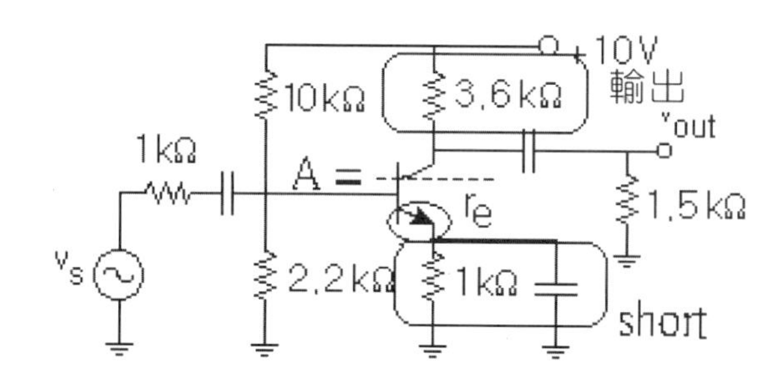

電壓增益 A 是電晶體本身的信號放大倍數，其值並不包括信號源內阻與負載電阻的作用，因此從電路圖瞭解時，只需考慮中間分壓偏壓電路即可。如上圖所示，輸出電壓為 $-i_c \times R_C$，輸入電壓為 $i_e \times r_e$，兩者相除就是電壓增益。最後是輸出阻抗，

$$Z_{out} = R_C$$

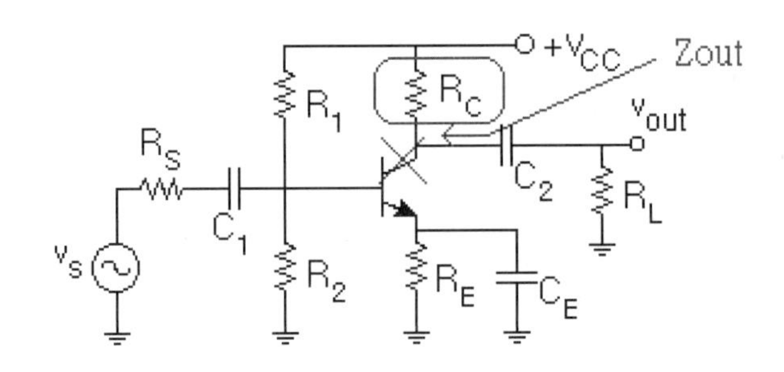

欲求輸出阻抗，從輸出端往輸入端看，其等效電路中若有電壓源，必須要使其短路，若有電流源則必須斷路，因為電晶體的集極是電流源，所以斷路處理，斷路後左半部的電路不用再考慮，顯見輸出阻抗為集極電阻 R_C。

補充

電晶體若有考慮內部輸出電阻，意即集極為非理想電流源，其內阻 r_o 為有限值，處理方式當然是並聯的效果。

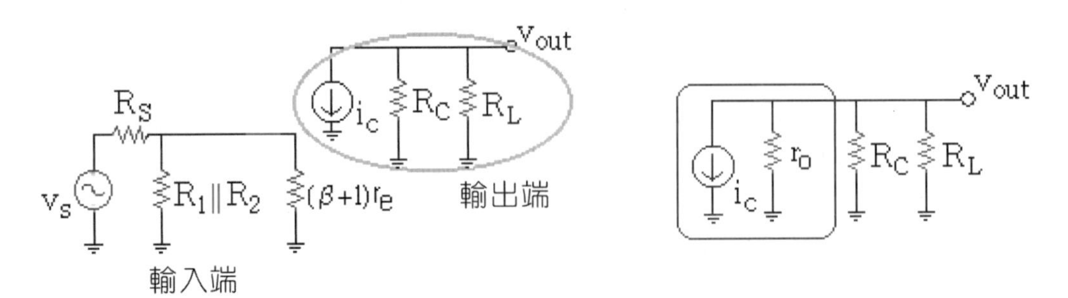

總電壓增益 A_t

以分壓、放大、分壓的方式，計算輸出電壓 v_{out} 及總電壓增益 A_t

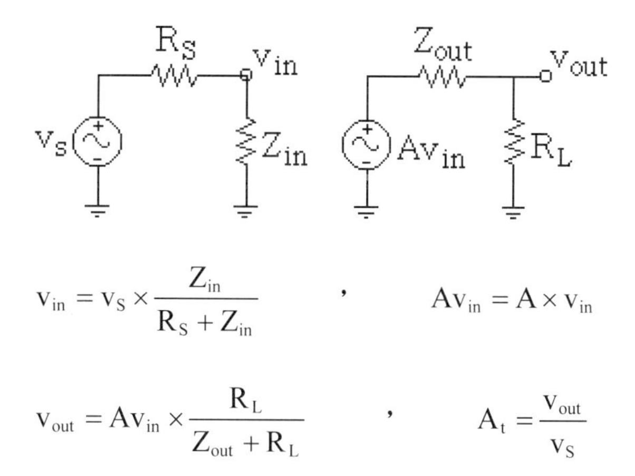

$$v_{in} = v_S \times \frac{Z_{in}}{R_S + Z_{in}} \quad , \quad Av_{in} = A \times v_{in}$$

$$v_{out} = Av_{in} \times \frac{R_L}{Z_{out} + R_L} \quad , \quad A_t = \frac{v_{out}}{v_S}$$

或綜合以上數學式改寫為

$$A_t = \left(\frac{Z_{in}}{R_S + Z_{in}}\right) \times (A) \times \left(\frac{R_L}{Z_{out} + R_L}\right)$$

電流增益

以上分析著重在計算電壓增益，若是考慮計算電流增益，就必須借重交流等效電路來幫助瞭解與推導，如下圖中所示的電流，定義放大器的電流增益為

$$A_i = \frac{i_o}{i_i}$$

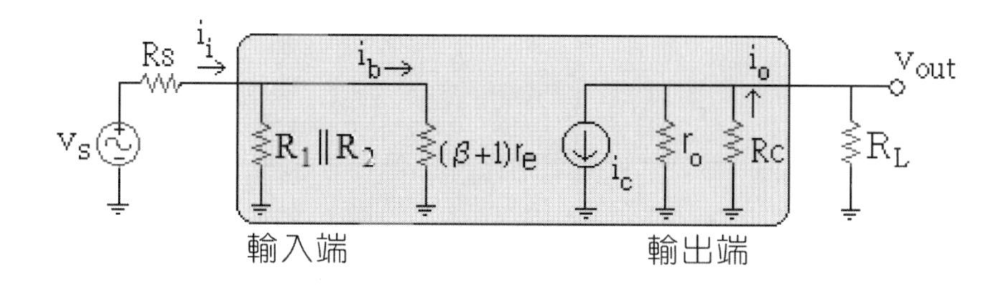

使用分流定理推導放大器的電流增益，即

$$A_i = \frac{i_o}{i_i} = \left(\frac{i_o}{i_b}\right)\left(\frac{i_b}{i_i}\right) = \left(\beta\frac{r_o}{r_o + R_C}\right)\left(\frac{R_1 \| R_2}{R_1 \| R_2 + (1+\beta)r_e}\right)$$

假設 $r_o \geq 10\,R_C$ ， $R_1 \| R_2 \geq 10\,(1+\beta)\,r_e$ ，上式近似為

$$A_i = \left(\beta\frac{r_o}{r_o}\right)\left(\frac{R_1 \| R_2}{R_1 \| R_2}\right) \cong \beta$$

另一種常用的表示方式，如下圖所示，其中 $r_\pi = (1+\beta)r_e$

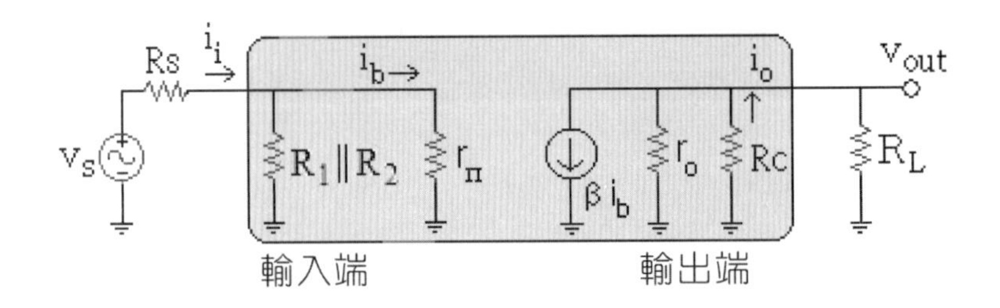

此處並不建議硬背共射放大器電流增益的公式，即使是很容易記憶的部分也不鼓勵背公式。因為公式太多，而且一旦成為習慣，將會扼殺理解與推導能力。相反的，若能從理解的觀點出發，或許剛開始需要更長的時間研習，但卻是能創造出觸類旁通的可能，這樣的學習過程很重要，熟悉後會讓往後的學習更有效率。針對上述放大器電流增益的問題，在不使用公式的訴求下，請練習畫出相對的交流等效電路，再利用分流定理計算，練習如何推導所謂的公式。

例如直接在共射放大器電路上標示交流射極電阻 r_e 與輸出電阻 r_o，如下圖所示。

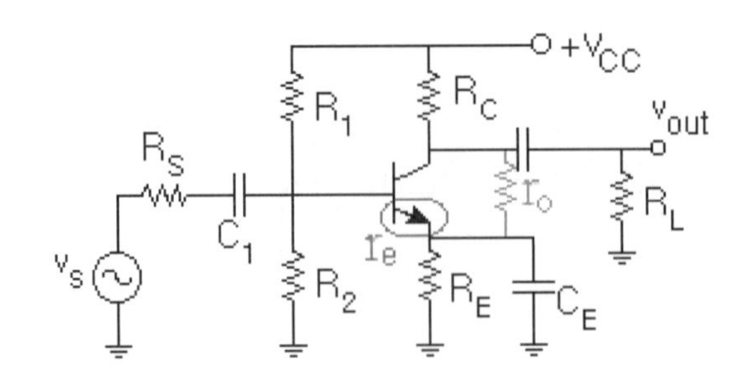

參考如下所示的等效電路可知，輸入端仍維持電壓源型態，因此使用分壓方式，輸入阻抗所分到的電壓為送入電晶體基極的電壓，此為分壓項。

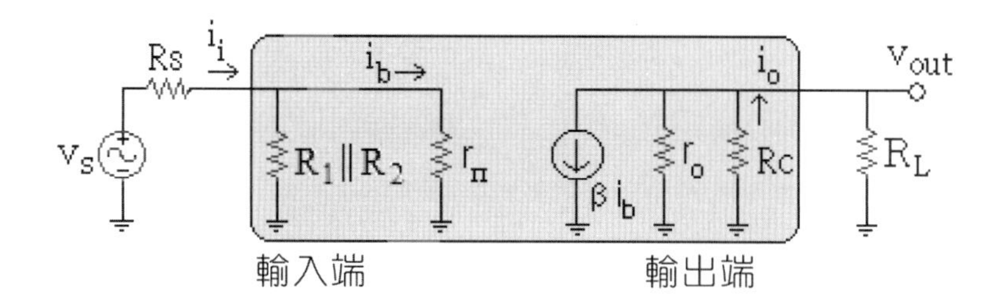

觀察共射放大器電路，注意送入電晶體基極的電壓橫跨在那些參數上，以及輸出端從何處接出，又與那些參數有關。

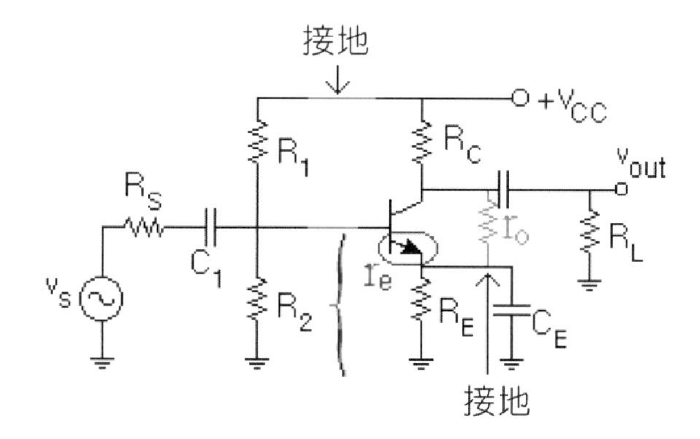

由上圖可見送入電晶體基極的電壓橫跨在交流射極電阻 r_e 上（射極電阻 R_E 已經被旁路電容 C_E 短路掉），輸出電壓則相關於 $r_o \| R_C \| R_L$（從輸出端節點放入一測試電流，有分流效果就是並聯處理，反之沒有分流效果就是串聯處理），因此放大器總電壓增益 A_t 可以表示為

$$A_t = (\text{分壓項})(\text{轉導項})$$

$$A_t = \left(\frac{Z_{in}}{R_S + Z_{in}}\right)\left(-\frac{i_c\,(r_o \| R_C \| R_L)}{i_e\, r_e}\right) = \left(\frac{Z_{in}}{R_S + Z_{in}}\right)\left(-\frac{\alpha\,(r_o \| R_C \| R_L)}{r_e}\right)$$

$$A_t = \left(\frac{Z_{in}}{R_S + Z_{in}}\right)[-\,g_m\,(r_o \| R_C \| R_L)]$$

上式中 $\alpha = i_c / i_e$，轉導值 $g_m = \alpha / r_e = I_{CQ} / V_T$，由數學表示式不難看出為何稱為轉導項，並且轉導項就是轉導值乘上三個相關電阻的並聯值。

轉導 g_m 是測量電壓相關電流源良好程度的指標，使用轉導項處理的模型稱為**混成π模型**，如下圖所示。

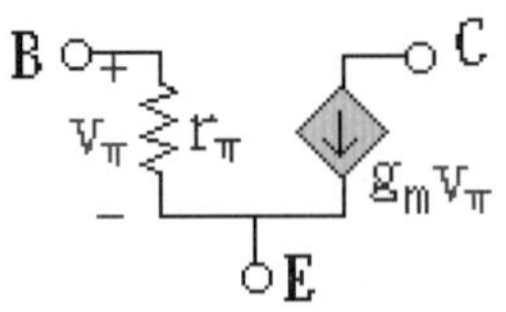

$$r_\pi = (1+\beta)r_e = \beta / g_m \quad , \quad r_e = \alpha / g_m$$

推導過程如下：針對小信號，在 Q 點的斜率可視為定值，其值倒數即為**小信號電阻**（或者稱為擴散電阻）r_π 。

因為 $i_B = \dfrac{I_S}{\beta} e^{\left(\frac{V_{BE}}{V_T}\right)}$

$$\frac{1}{r_\pi} = \frac{\partial i_B}{\partial v_{BE}} = \frac{I_S e^{\left(\frac{V_{BE}}{V_T}\right)}}{\beta}\left(\frac{1}{V_T}\right) = \frac{I_{CQ}}{\beta V_T}$$

$$r_\pi = \beta \frac{V_T}{I_{CQ}} = \frac{\beta}{g_m}$$

以下圖左所示的簡易共射放大器作說明，混成 π 模型如下圖右所示，其中包括歐力效應的有限輸出電阻 r_o。

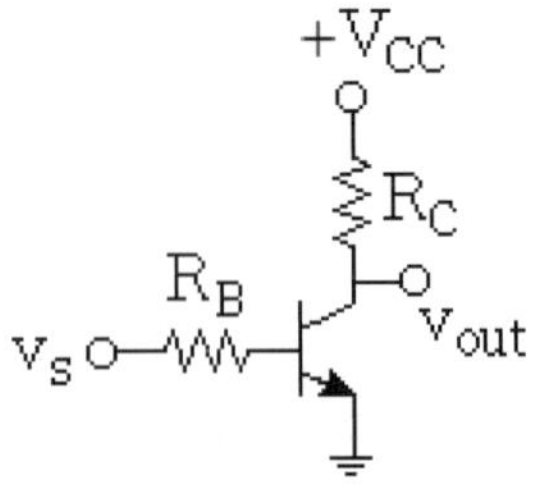

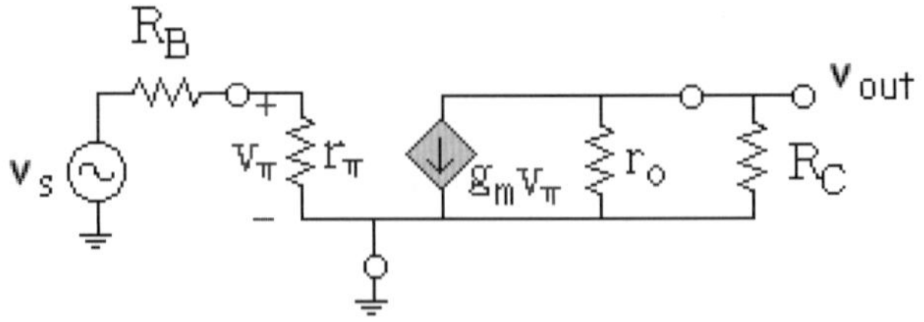

補充

初學放大器，先練習化簡交流等效電路，藉由過程瞭解輸入阻抗 Z_{in} ，電壓增益 A ，輸出阻抗 Z_{out} ；瞭解後，再練習直接從放大器電路中，求得這些分析參數。

2 範例

如圖電路，$\beta = 100$，$v_s = 10\ \text{mV}$，求總電壓增益 A_t。

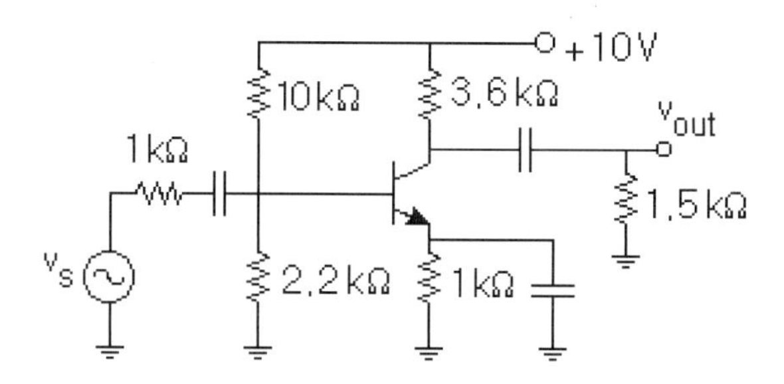

解

已知 $\beta_{DC} = \beta_{ac} = \beta$，求 I_E：

$$V_{th} = 10\text{V} \times \frac{2.2}{10+22} = 1.8\ \text{V} \qquad , \qquad R_{th} = \frac{10 \times 2.2}{10+2.2} = 1.8\ \text{k}\Omega$$

$$I_E = \frac{1.8 - 0.7}{1 + \dfrac{1.8}{1+100}} = 1.08\ \text{mA}$$

求 r_e：$r_e = \dfrac{25\ \text{mV}}{I_E}$

$$r_e = \frac{25\ \text{mV}}{1.08\ \text{mA}} = 23.15\ \Omega$$

計算三個重要參數：$\alpha = \dfrac{\beta}{1+\beta} = 0.99$

$$Z_{in} = R_1 \,||\, R_2 \,||\, (1+\beta)r_e = 10\text{k} \,||\, 2.2\text{k} \,||\, \frac{(1+100)}{1000} \times 23.15\ \text{k} = 1.02\ \text{k}\Omega$$

$$A = -\alpha \frac{R_C}{r_e} = -\ (0.99)\frac{3600}{23.15} = -\ 153.95$$

$$Z_{out} = R_C = 3.6\ \text{k}\Omega$$

根據分離式交流模型，計算總電壓增益 A_t

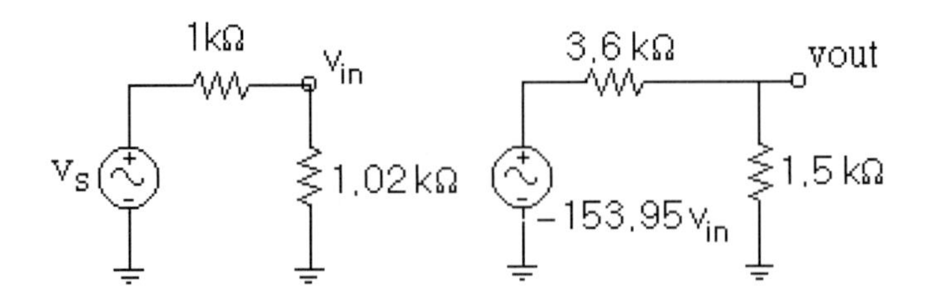

$$v_{in} = 10\text{ mV} \times \frac{1.02}{1+1.02} = 5.05\text{ mV}$$

$$Av_{in} = (-153.95) \times 5.05\text{ mV} = -777.45\text{ mV}$$

$$v_{out} = -777.45\text{ mV} \times \frac{1.5}{3.6+1.5} = -228.66\text{ mV}$$

$$A_t = \frac{v_{out}}{v_s} = \frac{-228.66}{10} = -22.87$$

意即 v_s 放大 22.87 倍，而且 v_{out} 與 v_s 反相（相位差 180 度）。

補充

由交流等效電路可知，輸出端的電阻也可以並聯處理

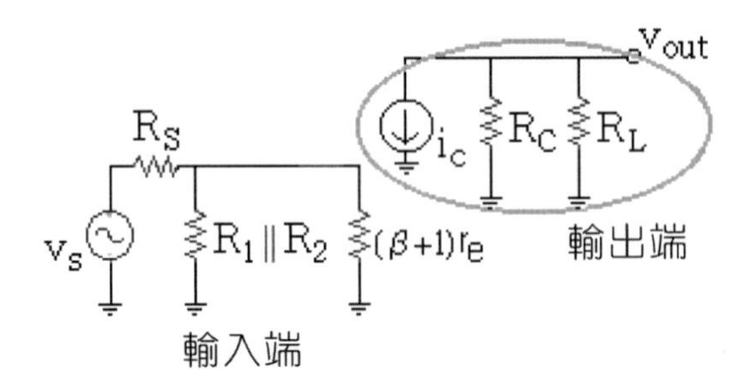

令 $R_{CL} = R_C \| R_L$，等效電路化簡為

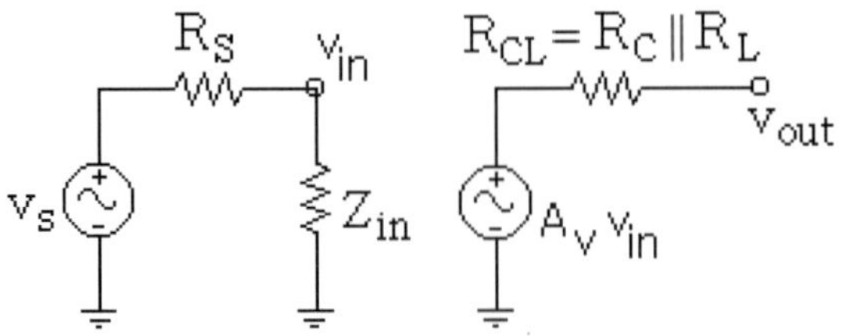

$$A_V = -\alpha\frac{R_{CL}}{r_e}$$

使用範例 2 數據重新驗算：

$$R_{CL} = R_C \| R_L = 3.6k \| 1.5k = 1058.8\,\Omega$$

$$A_V = -\alpha\frac{R_{CL}}{r_e} = -(0.99)\frac{1058.8}{23.15} = -45.28$$

$$v_{out} = A_V v_{in} = -45.28 \times 5.05\ mV = -228.66\ mV$$

$$A_t = \frac{v_{out}}{v_s} = \frac{-228.66}{10} = -22.87$$

補充

使用轉導放大器的方式計算總電壓增益 $A_t = (分壓項)(轉導項)$

$$A_t = (\frac{Z_{in}}{R_S + Z_{in}})[-g_m(r_o \| R_C \| R_L)]$$

經之前說明與例題後，請參考隨書電子書光碟以程式進行相關例題模擬：

7-4-A 共射放大器 Pspice 分析

7-4-B 共射放大器 MATLAB 分析

練習 2

如圖電路，β=100，求總電壓增益 A_t。

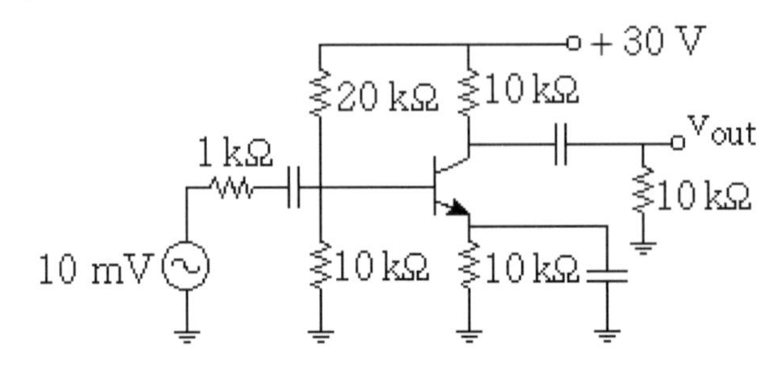

Answer $r_e = 27.06\,\Omega$，$Z_{in} = 1.938\,k\Omega$，$A = -365.9$，$Z_{out} = 10\,k\Omega$，$A_t \cong -120.69$。

練習 3

如圖電路，β=120，求總電壓增益 A_t。

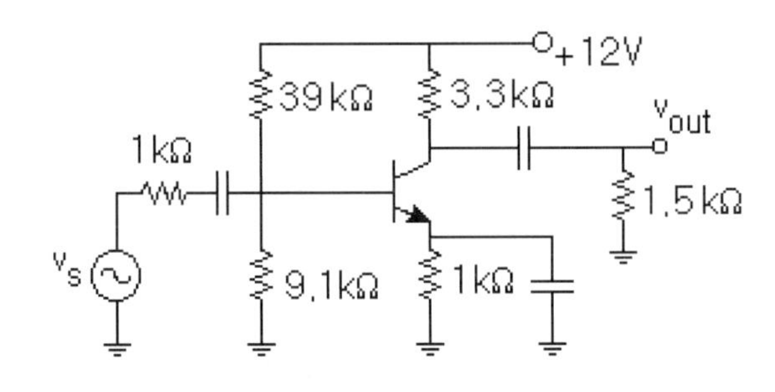

Answer $r_e = 16.89\,\Omega$，$Z_{in} = 1.6\,k\Omega$，$A = -193.75$，$Z_{out} = 3.3\,k\Omega$，$A_t \cong -37.26$。

7-5 淹沒共射放大器※＊

7-5-1 分析

前述的**共射放大器**(CE amplifier)電路，其分壓偏壓電路的電壓增益為

$$A = -\frac{R_C}{r_e}$$

可知當 r_e 受溫度與接合面型式影響時，電壓增益也跟著受影響。因此為了穩定共射放大器的電壓增益，可以在射極加上未被旁路的淹沒電阻 r_E 。如下圖所示，使 r_e 影響電壓增益 A 的程度降低

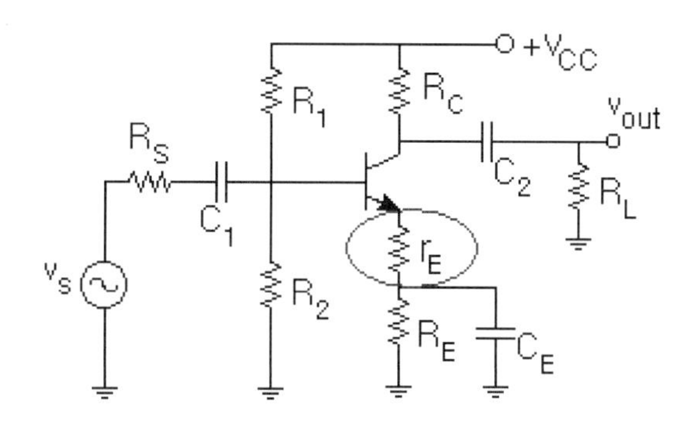

或者將旁路電容斷路，同樣可以達到降低電壓增益 A 的目的，使放大器趨於穩定。

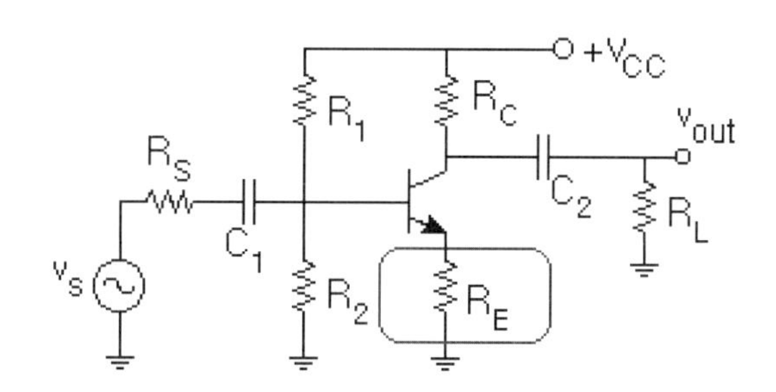

這就是所謂的**淹沒共射放大器**(Swamped CE amplifier)。以外加淹沒電阻 r_E 的放大器電路為例，對交流而言，射極除了交流射極電阻 r_e 外，現在必須再串聯淹沒電阻 r_E ，換言之，只要將共射放大器中的 r_e ，改成 $(r_e + r_E)$ ，就是處理淹沒共射放大器的關鍵。以此類推，對直接將旁路電容斷路的放大器電路而言，只要將共射放大器中的 r_e ，改成 $(r_e + R_E)$ 。

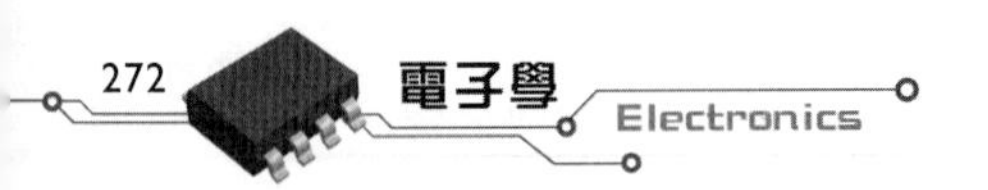

補充

對直流而言，上述的淹沒共射放大器電路，其直流等效電路為

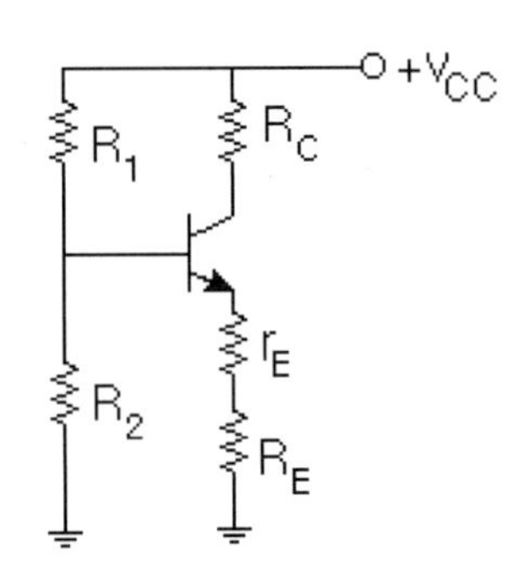

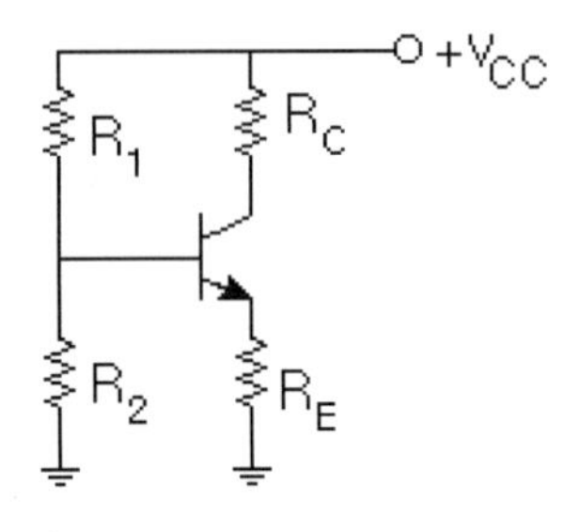

兩者同樣都是分壓偏壓電路。

7-5-2 分離式交流模型

回顧共射放大器的分析參數與步驟。

$$Z_{in} = R_1 \| R_2 \| (1+\beta) r_e$$

$$A = \frac{v_{out}}{v_{in}} = \frac{-i_c \times R_C}{i_e \times r_e} = -\alpha \frac{R_C}{r_e}$$

或近似為

$$A = -\frac{R_C}{r_e}$$

$$Z_{out} = R_C$$

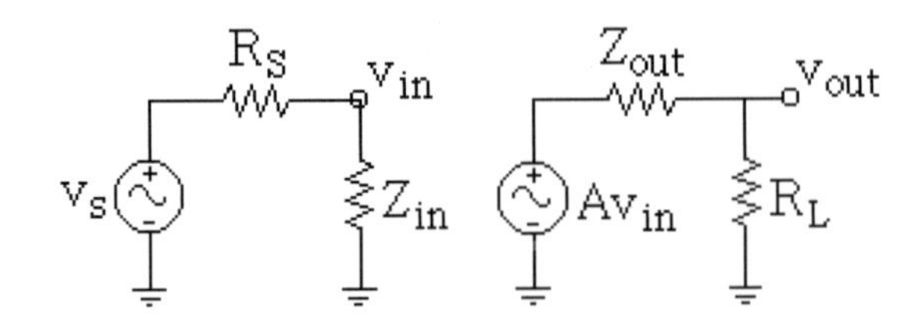

這就是**分離式交流模型**，提供快速分析放大器的計算方法，以分壓、放大、分壓的方式，計算 v_{out} 及 A_t。

$$A_t = \left(\frac{Z_{in}}{R_S + Z_{in}}\right) \times (A) \times \left(\frac{R_L}{Z_{out} + R_L}\right)$$

淹沒共射放大器，如果是外加淹沒電阻 r_E 的電路，只要將 r_e，改成 $(r_e + r_E)$，其餘如同共射放大器。

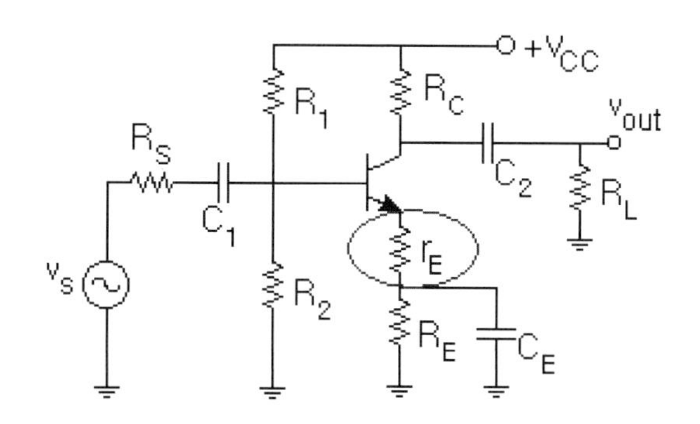

$$Z_{in} = R_1 \parallel R_2 \parallel (1+\beta)(r_e + r_E)$$

$$A = -\alpha \frac{R_C}{r_e + r_E}$$

如果是直接將旁路電容斷路的電路，只要將 r_e 改成 $(r_e + R_E)$

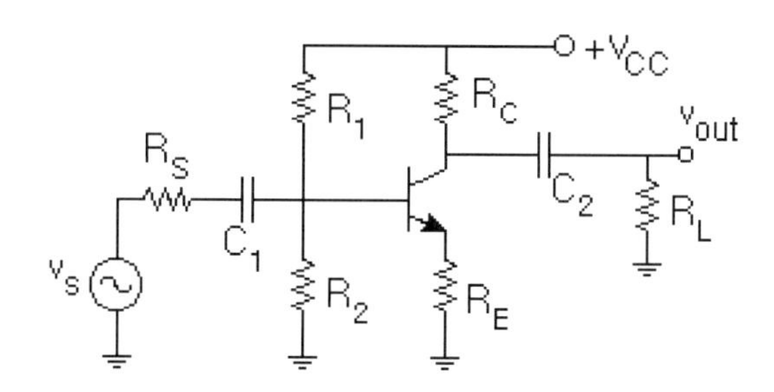

$$Z_{in} = R_1 \parallel R_2 \parallel (1+\beta)(r_e + R_E)$$

$$A = -\alpha \frac{R_C}{r_e + R_E}$$

由以上結果可知，淹沒電阻會使基極輸入阻抗 $Z_{in(b)}$ 值增加，並且降低電壓增益值。

7-5-3 淹沒電阻對失真的效應

淹沒電阻有減少輸出信號失真的優點，因為任何 r_e 的變動都會使電壓增益不穩定而造成信號失真。但是，如果將射極交流電阻 r_e 的效應完全淹沒，雖然可以避免信號失真，卻也連同降低了電壓增益，導致無法配合實際電路應用的需要。

這種電壓增益與信號不失真孰重孰輕的判斷，全視用途而定。對放大器而言，穩定是一項很重要的要求，需列為首要考慮因素。至於電壓增益不夠的問題，可以串接 1~2 個單級放大器，構成所謂的串級放大器來改善。

補充

電流增益：淹沒放大器的交流等效電路，如下圖所示。

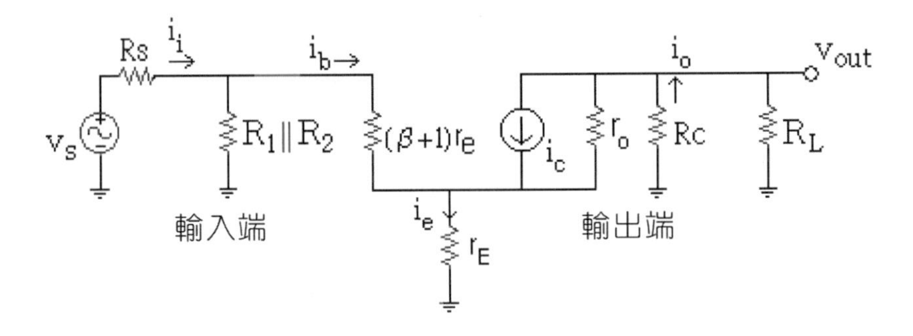

若考慮 r_o 的存在，電路推導變得很複雜，現在，忽略 r_o 的作用，可得電流增益為

$$A_i=\frac{i_o}{i_i}=\left(\frac{i_o}{i_b}\right)\left(\frac{i_b}{i_i}\right)=\left(\beta\frac{r_o}{r_o+R_C}\right)\left(\frac{R_B}{R_B+Z_{in(b)}}\right)=\frac{\beta R_B}{R_B+Z_{in(b)}}$$

上式中，$R_B=R_1\parallel R_2$，$Z_{in(b)}=(1+\beta)(r_e+r_E)$

補充

淹沒放大器使用轉導放大器處理

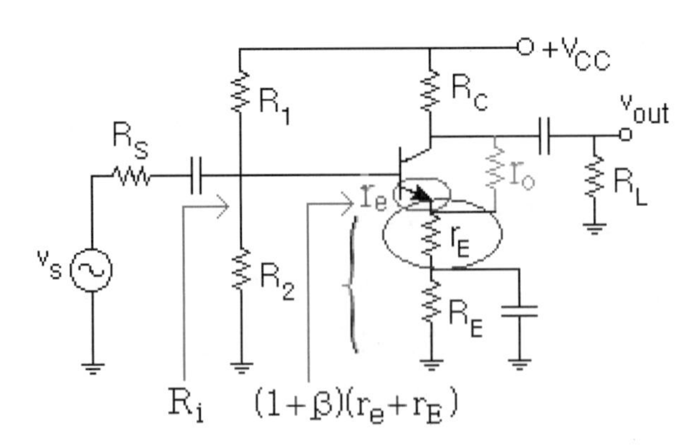

由上圖可見送入電晶體基極的電壓橫跨在交流射極電阻 r_e 與淹沒電阻 r_E 上（交流分析時，射極電阻 R_E 已經被旁路電容 C_E 短路掉），輸出電壓則相關於 $R_C \| R_L$（從輸出端節點放入一測試電流，有分流效果就是並聯處理，反之沒有分流效果就是串聯處理。r_o 因其兩端都不接地，故暫不考慮其作用，若需要考慮，則必須代入等效電路中化簡）。因此放大器總電壓增益 A_t 可以表示為

$$A_t = (\text{分壓項})(\text{轉導項})$$

$$A_t = \left(\frac{R_i}{R_S + R_i}\right)\left(-\frac{i_c(R_C \| R_L)}{i_e(r_e + r_E)}\right) = \left(\frac{R_i}{R_S + R_i}\right)\left(-\frac{\alpha(R_C \| R_L)}{(r_e + r_E)}\right)$$

$$A_t = \left(\frac{R_i}{R_S + R_i}\right)\left(-\frac{\alpha(R_C \| R_L)}{(\frac{\alpha}{g_m} + r_E)}\right) = \left(\frac{R_i}{R_S + R_i}\right)\left(-\frac{\alpha g_m(R_C \| R_L)}{(\alpha + g_m r_E)}\right)$$

上式中 $\alpha = i_c / i_e$，轉導值 $g_m = \alpha / r_e$，若令 $\alpha = 1$，上式簡化為

$$A_t = \left(\frac{R_i}{R_S + R_i}\right)\left(-\frac{g_m(R_C \| R_L)}{(1 + g_m r_E)}\right)$$

若是針對另一種如下所示的淹沒放大器，只要將淹沒電阻 r_E 改為 R_E 即可。

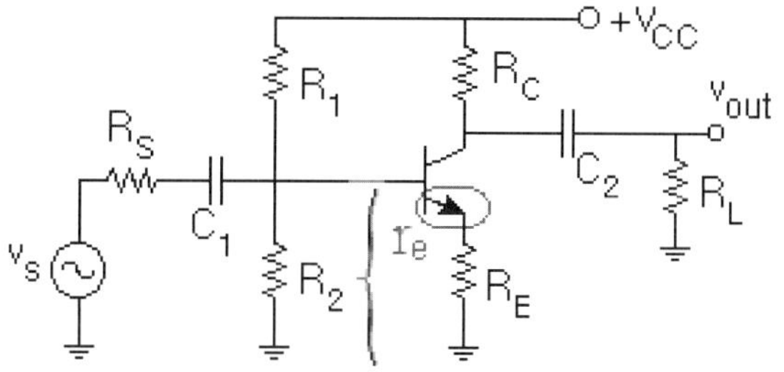

$$A_t = \left(\frac{R_i}{R_S + R_i}\right)\left(-\frac{g_m(R_C \| R_L)}{(1 + g_m R_E)}\right)$$

上式中輸入阻抗 $R_i = R_1 \| R_2 \| (1+\beta)(r_e + R_E)$

3 範例

如圖電路，$\beta = 100$，$v_s = 10\text{ mV}$，求總電壓增益 A_t。

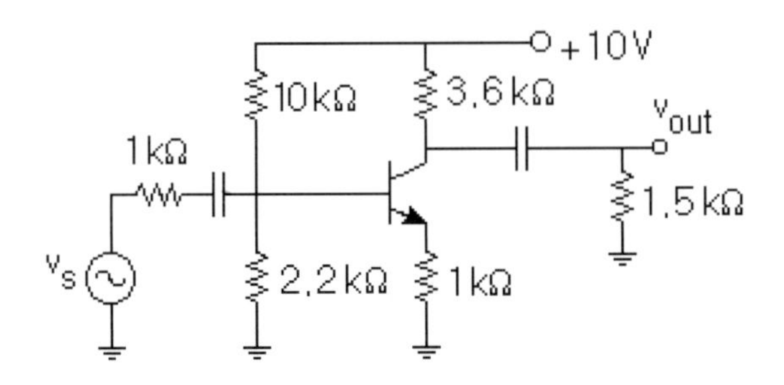

解

已知 $\beta_{DC} = \beta_{ac} = \beta$，求 I_E：

$$V_{th} = 10V \times \frac{2.2}{10+2.2} = 1.8\text{ V} \quad , \quad R_{th} = \frac{10 \times 2.2}{10+2.2} = 1.8\text{ k}\Omega$$

$$I_E = \frac{1.8-0.7}{1+\frac{1.8}{1+100}} = 1.08\text{ mA}$$

求 r_e：$r_e = \dfrac{25\text{ mV}}{I_E}$

$$r_e = \frac{25\text{ mV}}{1.08\text{ mA}} = 23.15\ \Omega$$

計算三個重要參數：$\alpha = \dfrac{\beta}{1+\beta} = 0.99$

$$Z_{in} = R_1 \parallel R_2 \parallel (1+\beta)(r_e + R_E) = 10k \parallel 2.2k \parallel 101 \times \left(\frac{23.15}{1000}+1\right)k = 1.77\text{ k}\Omega$$

$$A = -\alpha \frac{R_C}{r_e + R_E} = -0.99 \times \frac{3.6}{\frac{23.15}{1000}+1} = -3.49$$

$$Z_{out} = R_C = 3.6\text{ k}\Omega$$

根據**分離式交流模型**，計算總電壓增益 A_t

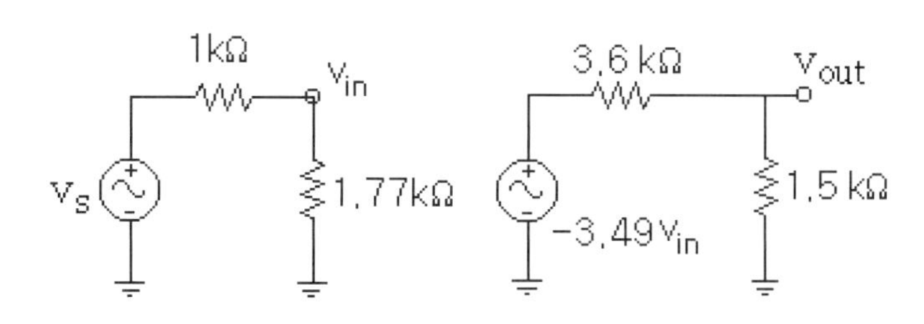

$$v_{in} = 10\text{ mV} \times \frac{1.77}{1+1.77} = 6.39\text{ mV}$$

$$Av_{in} = -3.49 \times 6.39 = -22.3\text{ mV}$$

$$v_{out} = -22.3\text{ mV} \times \frac{1.5}{3.6+1.5} = -6.56\text{ mV} \quad , \quad A_t = \frac{-6.56}{10} = -0.656$$

或直接計算總電壓增益 $A_t = \left(\dfrac{Z_{in}}{R_S + Z_{in}}\right) \times (A) \times \left(\dfrac{R_L}{Z_{out} + R_L}\right)$

$$A_t = \frac{1.77}{1+1.77} \times -3.49 \times \frac{1.5}{3.6+1.5} = -0.656$$

意即 v_s 放大 0.656 倍，而且 v_{out} 與 v_s 反相（相位差 180 度）。

補充

使用轉導放大器的方式計算總電壓增益

$$A_t = \left(\frac{R_i}{R_S + R_i}\right)\left(-\frac{\alpha g_m (R_C \,\|\, R_L)}{(\alpha + g_m R_E)}\right)$$

4 範例

如圖電路，$\beta = 200$， $v_s = 10\text{ mV}$，求總電壓增益 A_t 。

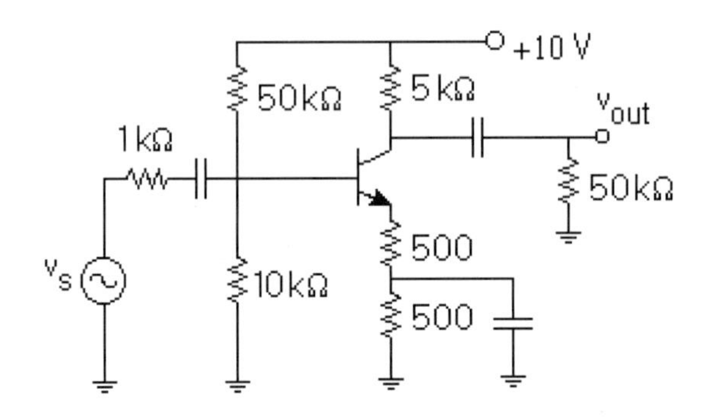

解

已知 $\beta_{DC} = \beta_{ac} = \beta$，求 I_E ：

$$V_{th} = V_{CC} \times \frac{R_2}{R_1 + R_2} = 10 \times \frac{10}{50+10} = 1.67\text{ V}$$

$$R_{th} = \frac{R_1 \times R_2}{R_1 + R_2} = \frac{50 \times 10}{50+10} = 8.33\text{ k}\Omega$$

$$I_E = \frac{V_{th} - V_{BE}}{R_E + \dfrac{R_{th}}{1+\beta}} = \frac{1.67 - 0.7}{1 + \dfrac{8.33}{1+200}} = 0.93\text{ mA}$$

求 r_e ： $r_e = \dfrac{25\text{ mV}}{I_E}$

$$r_e = \frac{25\text{ mV}}{0.93\text{ mA}} = 26.88\,\Omega$$

計算三個重要參數：$\alpha = \frac{\beta}{1+\beta} = 0.99$，

$$Z_{in} = 50k \,||\, 10k \,||\, (1+200)\frac{(26.88+500)}{1000}k = 7.73\,k\Omega$$

$$A = -\alpha\frac{R_C}{r_e + r_E} = -0.99 \times \frac{5000}{26.88+500} = -9.40$$

$$Z_{out} = R_C = 5\,k\Omega$$

根據**分離式交流模型**，計算總電壓增益 A_t。

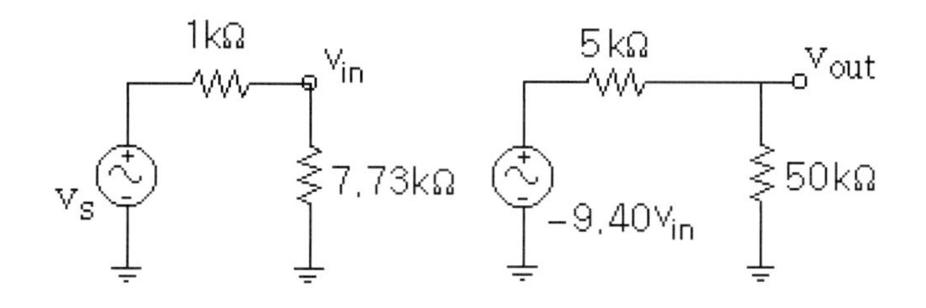

$$v_{in} = 10\,mV \times \frac{7.73}{1+7.73} = 8.86\,mV$$

$$Av_{in} = -9.40 \times 8.86 = -83.28\,mV$$

$$v_{out} = -83.28\,mV \times \frac{50}{5+50} = -75.71\,mV \quad , \quad A_t = \frac{-75.71}{10} = -7.57$$

或直接計算總電壓增益 $A_t = \left(\frac{Z_{in}}{R_S + Z_{in}}\right) \times (A) \times \left(\frac{R_L}{Z_{out} + R_L}\right)$

$$A_t = \frac{7.73}{1+7.73} \times -9.40 \times \frac{50}{5+50} = -7.57$$

意即 v_s 放大 7.57 倍，而且 v_{out} 與 v_s 反相（相位差 180 度）。

補充

使用轉導放大器的方式計算總電壓增益

$$A_t = \left(\frac{R_i}{R_S + R_i}\right)\left(-\frac{\alpha g_m (R_C \,||\, R_L)}{(\alpha + g_m r_E)}\right)$$

7-5-4 有限輸出電阻的效應

以上有關淹沒共射放大器總電壓增益的計算，都是忽略有限輸出電阻 r_o 的作用，主要的理由在於此類的放大器會讓 r_o 的兩端皆不接地（參考下圖左），以致目前所學的分析方法無法處理，因此必須改用傳統的電路學方法來化簡，才能瞭解有限輸出電阻 r_o 的效應。

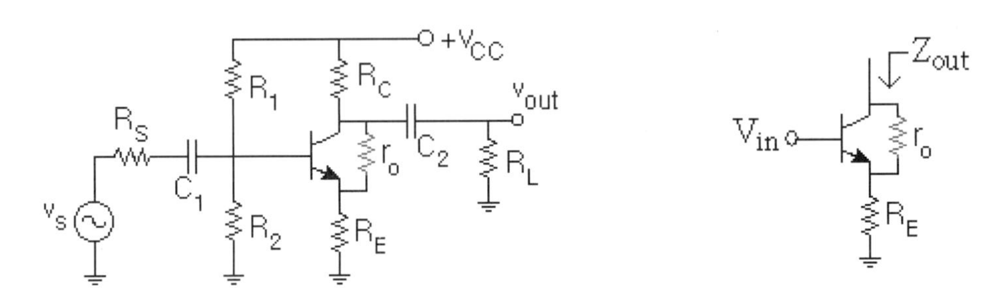

舉如上圖右所示的簡單電路為例，如果需要求其輸出阻抗，可以在交流等效電路的輸出端放置一測試電壓與電流，安排如下圖左所示，將測試電壓 v_x 除以測試電流 i_x 即為輸出阻抗 Z_{out}。

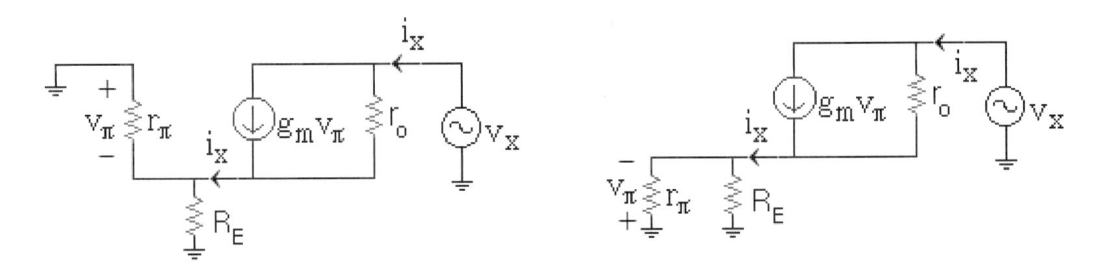

由等效電路可以發現，r_π 有一端接地在上方，將其翻轉到下方（如上圖右所示），顯見 r_π 並聯 R_E，求其兩端電壓為

$$v_\pi = -i_x(r_\pi \| R_E)$$

根據 KCL 可知流經 r_o 的電流為 $(i_x - g_m v_\pi)$，KVL 可知測試電壓 v_x 為

$$v_x = (i_x - g_m v_\pi)\, r_o - v_\pi = (i_x + g_m i_x (r_\pi \| R_E))\, r_o + i_x(r_\pi \| R_E)$$

$$v_x = i_x\left[(1 + g_m(r_\pi \| R_E))\, r_o + (r_\pi \| R_E)\right]$$

$$Z_{out} = \frac{v_x}{i_x} = (1 + g_m(r_\pi \| R_E))\, r_o + (r_\pi \| R_E) = r_o + (1 + g_m r_o)(r_\pi \| R_E)$$

一般而言，$g_m r_o$ 遠大於 1，上式近似為

$$Z_{out} \cong r_o + g_m r_o (r_\pi \parallel R_E) = r_o \left[1 + g_m (r_\pi \parallel R_E)\right]$$

這種因為電流倍數關係轉變為電阻的倍數關係，在前述所學的放大器中已經看過類似的處理，但不同的是若 r_o 兩端都不接地，就無法比照以前的方式直接處理。現在嘗試直接在電路畫上相關參數，並且連結輸出阻抗的結果來瞭解，如下圖所示。

$$Z_{out} = r_o + (1 + g_m r_o)(r_\pi \parallel R_E)$$

電流倍數關係

瞭解以上的結果，實做練習測試：例如下圖所示的電路，求其輸出阻抗 Z_{out}。

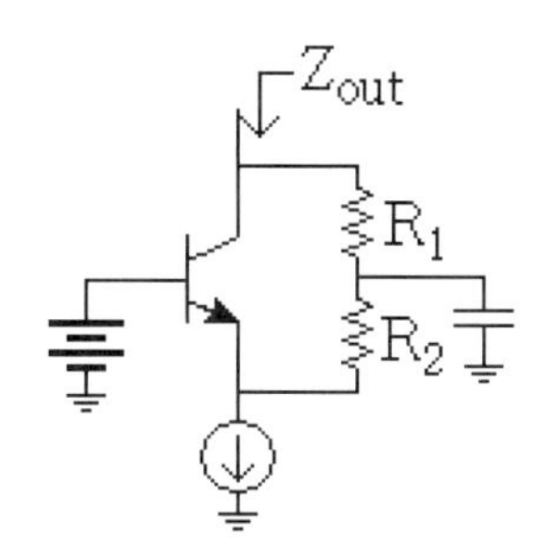

解 直接在電路上畫出如下圖所示的交流等效電路：直流電壓源短路(0V)，直流電流源斷路(0A)，電容短路。

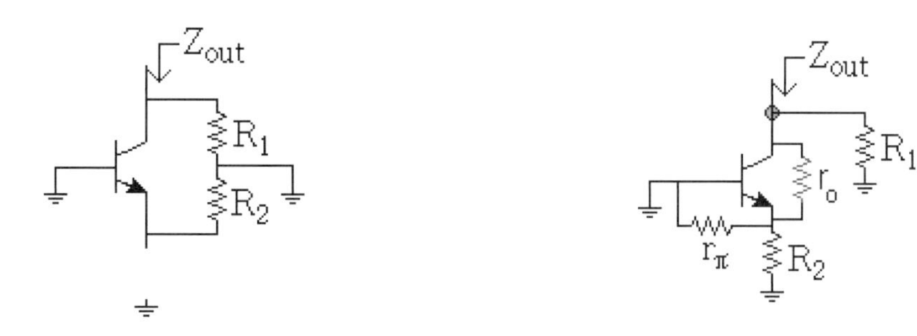

從輸出端的節點看入有分流效果，可知是並聯處理，即

$$Z_{out}=\left[r_o+(1+g_m r_o)(r_\pi \parallel R_2)\right]\parallel R_1$$

上式中第一項就是直接套用本節所討論的輸出結果。

再例如下圖所示的電路，考慮有限輸出電阻 r_o 的作用，求其輸出阻抗 Z_{out}。

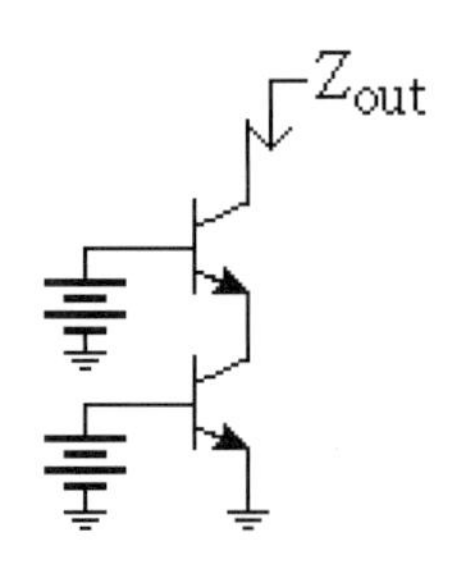

解 直接在電路上畫出如下圖左所示的交流等效電路：直流電壓源短路(0V)。

從 Z_{out2} 輸出端的節點看入，$r_{\pi 2}$ 兩端都接地被短路，可知 $Z_{out2}=r_{o2}$，此時等效電路如上圖右所示，再直接套用本節所討論的輸出結果，可得輸出阻抗 Z_{out} 為

$$Z=r_{o1}+(1+g_m r_{o1})(r_{\pi 1}\parallel r_{o2})$$

最後回顧當初的問題，淹沒共射放大器若考慮有限輸出電阻 r_o 的作用，其輸出阻抗 Z_{out} 為何，在此不擬示範討論，請自行練習。另外還有輸入阻抗 Z_{in} 的處理，其電路推導比較繁瑣，也一樣暫不討論，留待第 12-10 節詳述。

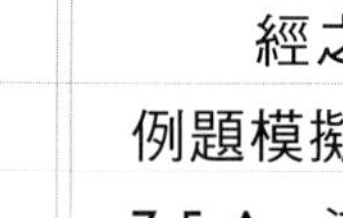

經之前說明與例題後，請參考隨書電子書光碟以程式進行相關例題模擬：

7-5-A 淹沒共射放大器 Pspice 分析

7-5-B 淹沒共射放大器 MATLAB 分析

如圖電路，$\beta=100$，求總電壓增益 A_t。

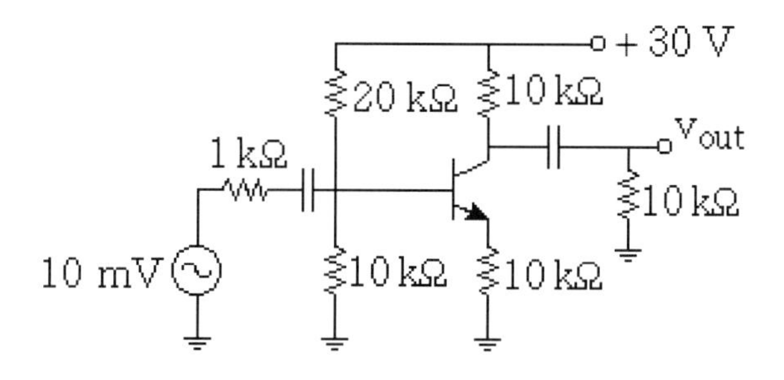

Answer $Z_{in}=6.62\ k\Omega$， $A=-0.9874$， $Z_{out}=10\ k\Omega$， $A_t=-0.43$。

如圖電路，$\beta=100$，求總電壓增益 A_t。

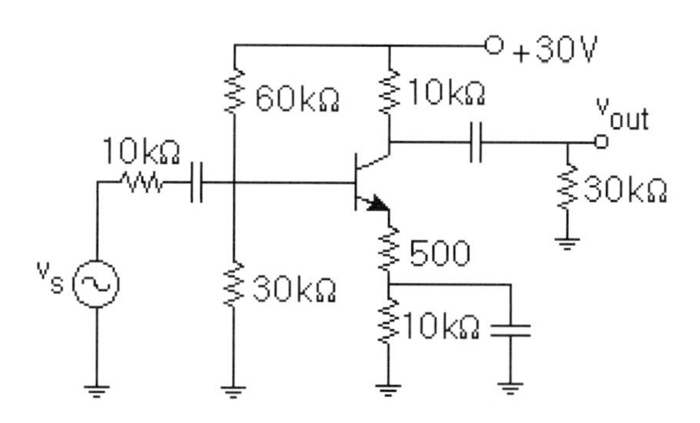

Answer $Z_{in}=14.55\ k\Omega$， $A=-18.73$， $Z_{out}=10\ k\Omega$， $A_t=-8.32$。

練習 6

如圖電路，將旁路電容斷路，$\beta = 200$，$v_s = 10\,mV$，求總電壓增益 A_t。

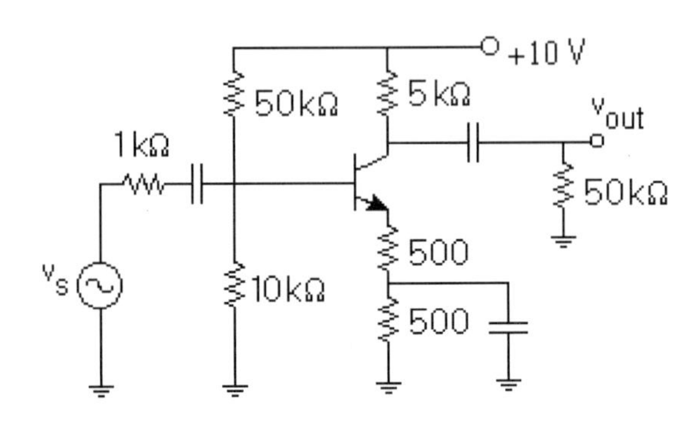

Answer $Z_{in} = 8.01\,k\Omega$，$A = -4.85$，$Z_{out} = 5\,k\Omega$，$A_t = -3.92$。

7-6 共射串級放大器※ *

7-6-1 分析

將一放大器的輸出接至下一級放大器的輸入，就可以串接成**多級放大器**(Multistage amplifier)，如下圖所示的共射串級放大器，

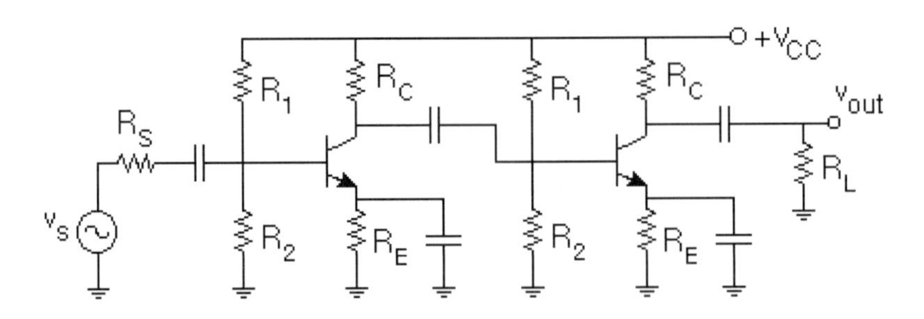

或者是淹沒共射串級放大器。

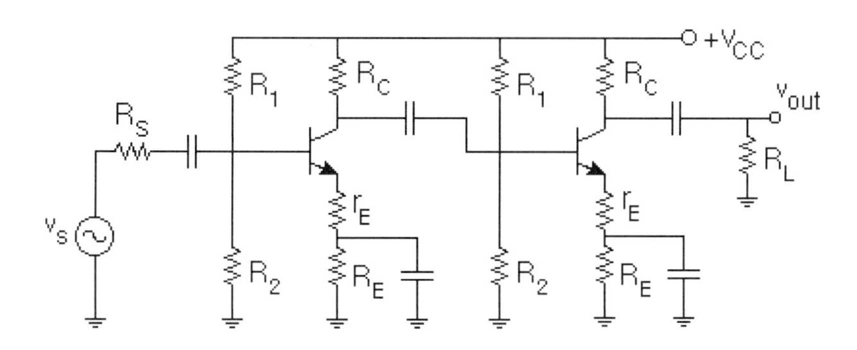

dc 分析：舉兩級共射串級放大器為例

Step1 所有電容 C 斷路，移開所有斷路的部份

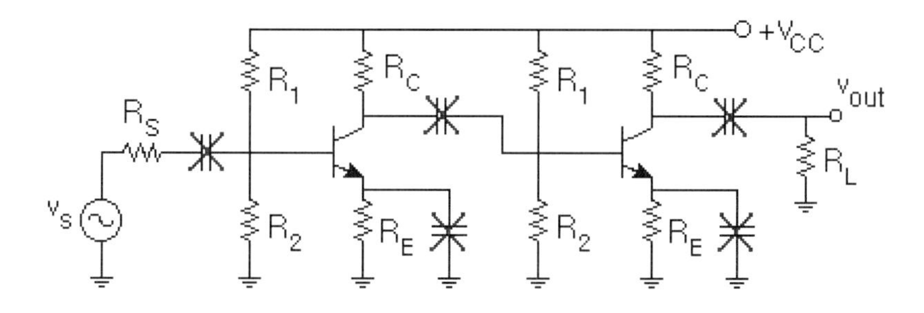

Step2 此為分壓偏壓電路

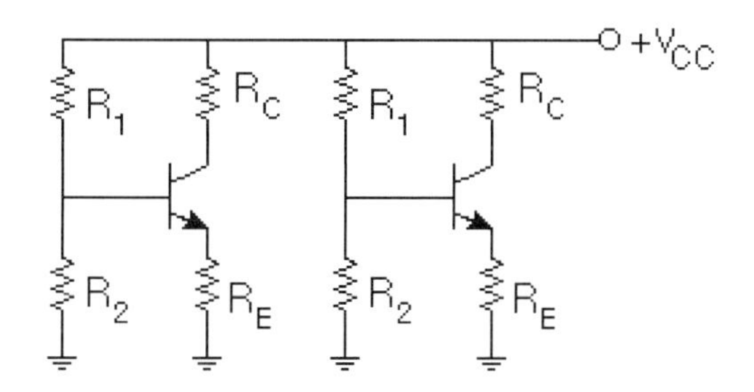

7-6-2 分離式交流模型

Step1 從共射放大器中，看出 dc 部分的分壓偏壓。

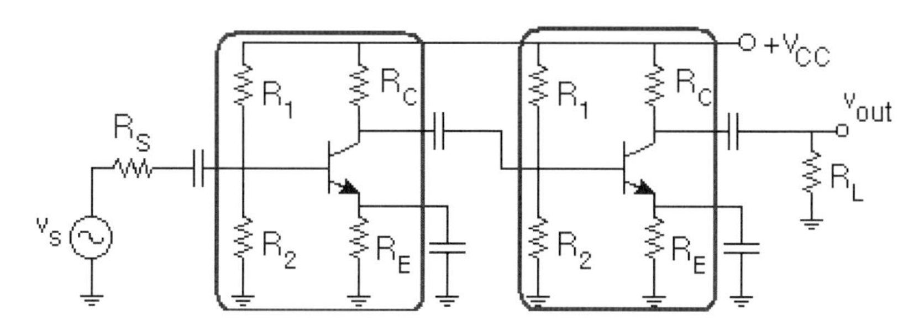

Step2 分別針對各級，利用戴維寧定理：設定參考點，求戴維寧電阻 R_{th}，從參考端看入，有分流效應。

$$R_{th}=\frac{R_1\times R_2}{R_1+R_2}$$

戴維寧電壓 V_{th} 為 a、b 參考端的電壓，即為 R_2 的分壓

$$V_{th}=V_{ab}=V_{CC}\times\frac{R_2}{R_1+R_2}$$

Step3 如下圖電路，求 I_E 。

$$I_E\cong I_C=\frac{V_{th}-V_{BE}}{R_E+\dfrac{R_{th}}{1+\beta_{DC}}}\cong\frac{V_{th}-0.7}{R_E+\dfrac{R_{th}}{\beta_{DC}}}$$

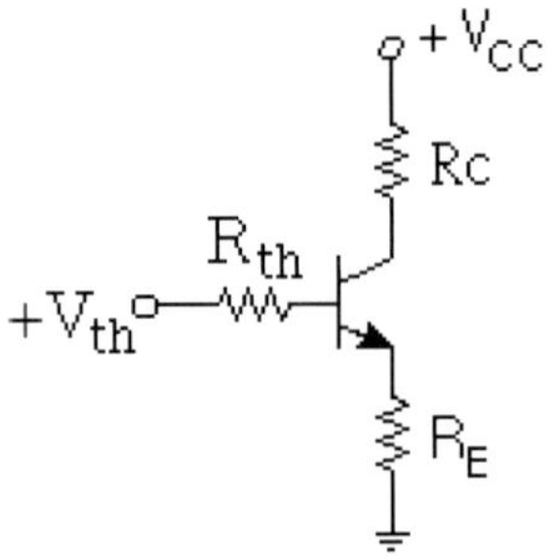

Step4 求交流射極電阻 r_e

$$r_e=\frac{25\ \text{mV}}{I_E}$$

Step5 回顧單級共射放大器的分析參數與步驟

$$Z_{in}=R_1\parallel R_2\parallel(1+\beta)r_e$$

$$A=\frac{-i_c\times R_C}{i_e\times r_e}=-\alpha\frac{R_C}{r_e}\cong-\frac{R_C}{r_e}$$

$$Z_{out}=R_C$$

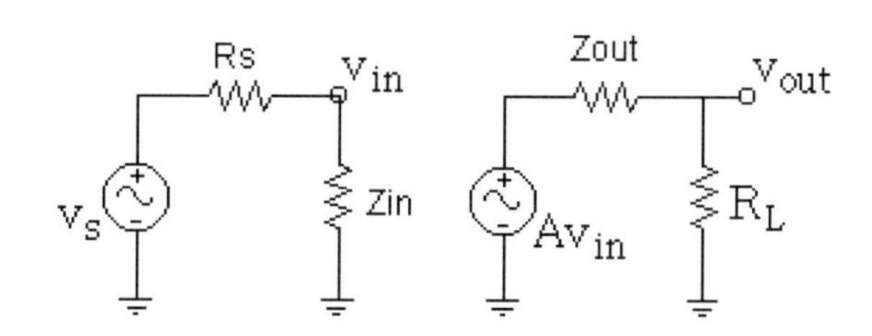

這就是**分離式交流模型**，提供快速分析放大器的計算方法，以分壓、放大、分壓的方式，計算 v_{out} 及 A_t。

$$A_t = \left(\frac{Z_{in}}{R_S + Z_{in}}\right) \times (A) \times \left(\frac{R_L}{Z_{out} + R_L}\right)$$

淹沒共射放大器，如果是外加淹沒電阻 r_E 的電路，只要將 r_e 改成 $(r_e + r_E)$，其餘如同共射放大器。

Step6 觀察第一級的負載電阻的位置，發現正是第二級輸入阻抗 Z_{in2} 的位置，得知可以應用 **"上一級的輸出是下一級的輸入"** 的觀念，將單級放大器中所使用的**分離式交流模型**直接套用。

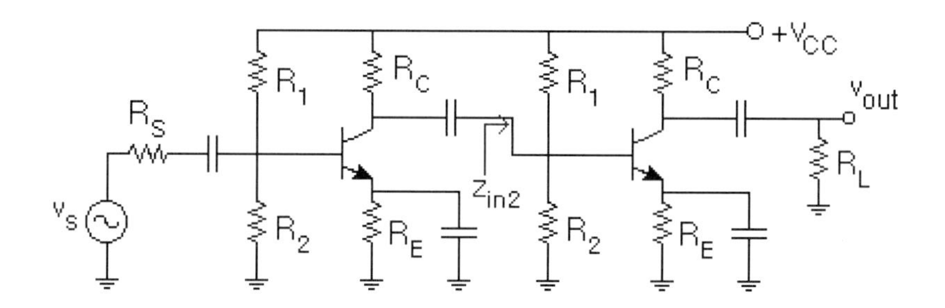

總結

以**分離式交流模型**分析放大器

Rs　vin1　Zout1　vin2　Zout2　vout

vS　Zin1　A1 vin1　Zin2　A2 vin2　RL

其中，

$$Z_{in1} = Z_{in2} = R_1 \parallel R_2 \parallel (1+\beta)r_e$$

$$A_1 = A_2 = -\alpha\frac{R_C}{r_e}$$

$$Z_{out1} = Z_{out2} = R_C$$

總電壓增益

以**分壓、放大、分壓、放大、分壓**的方式，計輸出電壓 v_{out} 或總電壓增益 $A_t = \frac{v_{out}}{v_s}$

$$A_t = \left(\frac{Z_{in1}}{R_S + Z_{in1}}\right)\times(A_1)\times\left(\frac{Z_{in2}}{Z_{out1} + Z_{in2}}\right)\times(A_2)\times\left(\frac{R_L}{Z_{out2} + R_L}\right)$$

5 範例

如圖電路，若淹沒電阻 $r_E = 0$，$\beta = 100$，求總電壓增益 A_t。

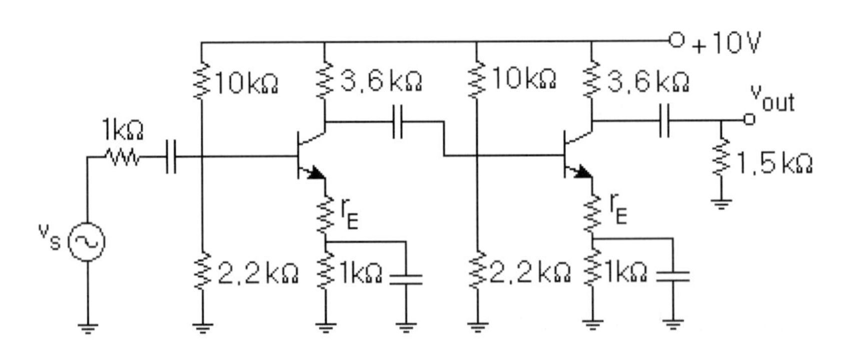

解

觀察電路，可知第一與第二級的分壓偏壓安排皆相同，求 I_E，取 $\beta \cong 1+\beta$

$$V_{th} = 10V\times\frac{2.2}{10+2.2} = 1.8\ V \quad , \quad R_{th} = \frac{10\times 2.2}{10+2.2} = 1.8\ k\Omega$$

$$I_E = I_{E1} = I_{E2} = \frac{1.8-0.7}{1k+\frac{1.8k}{100}} = 1.081\ mA$$

求 r_e

$$r_e = r_{e1} = r_{e2} = \frac{25\text{ mV}}{I_E} = \frac{25\text{ mV}}{1.081\text{ mA}} = 23.14\,\Omega$$

計算三個重要參數：$\alpha \cong 1$，$\beta \cong 1+\beta$

$$Z_{in} = R_1 \parallel R_2 \parallel \beta r_e = 10k \parallel 2.2k \parallel 100 \times \left(\frac{23.14}{1000}\right)k = 1.01\,k\Omega$$

$$A_1 = A_2 = -\frac{R_C}{r_e} = -\frac{3.6k}{\left(\frac{23.14}{1000}\right)k} = -155.58$$

$$Z_{out1} = Z_{out2} = R_C = 3.6\,k\Omega$$

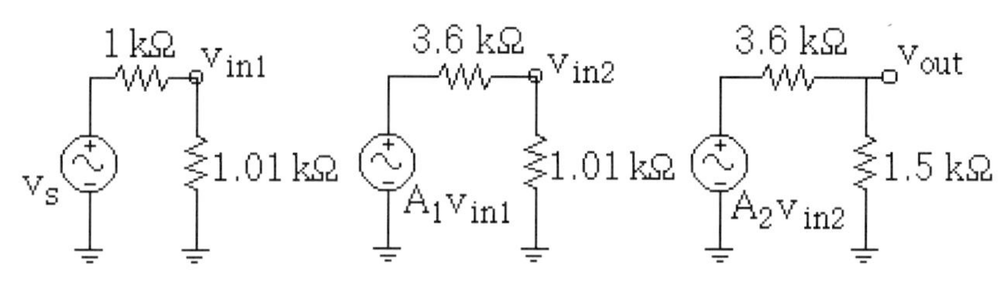

根據分離式交流模型，令 $v_s = 1\text{ mV}$，計算 v_{out}、A_t

$$v_{in1} = 1\text{ mV} \times \frac{1.01k}{1k + 1.01k} = 0.503\text{ mV}$$

$$A_1\ v_{in1} = -155.58 \times 0.503\text{ mV} = -78.26\text{ mV}$$

$$v_{out1} = v_{in2} = -78.26\text{ mV} \times \frac{1.01k}{3.6k + 1.01k} = -17.15\text{ mV}$$

$$A_2\ v_{in2} = -155.58 \times -17.15\text{ mV} = 2668.20\text{ mV}$$

$$v_{out} = 2668.2\text{ mV} \times \frac{1.5k}{3.6k + 1.5k} = 784.77\text{ mV}$$

$$A_t = \frac{v_{out}}{v_s} = \frac{784.77\text{ mV}}{1\text{ mV}} = 784.77$$

意即 v_s 放大 784.77 倍，而且 v_{out} 與 v_s 同相。

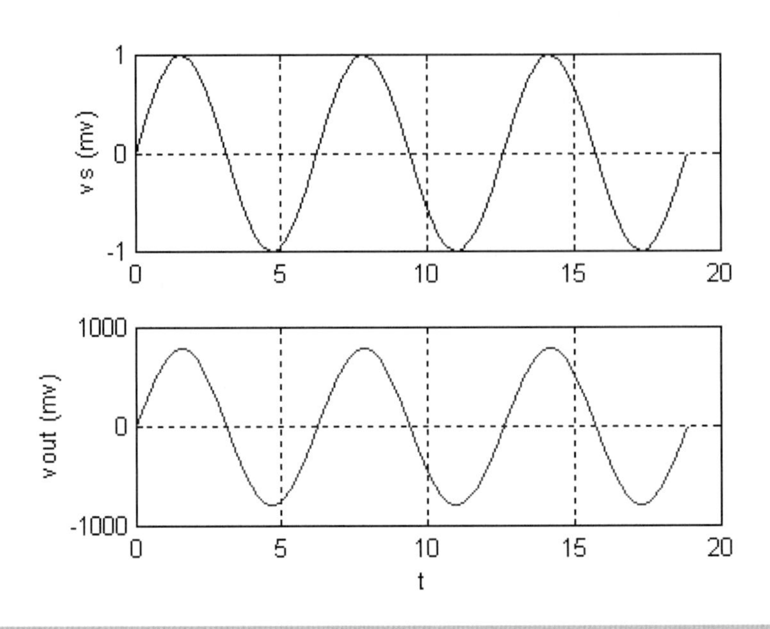

6 範例

如圖電路，若淹沒電阻 $r_E = 0$，$\beta = 100$，求總電壓增益 A_t。

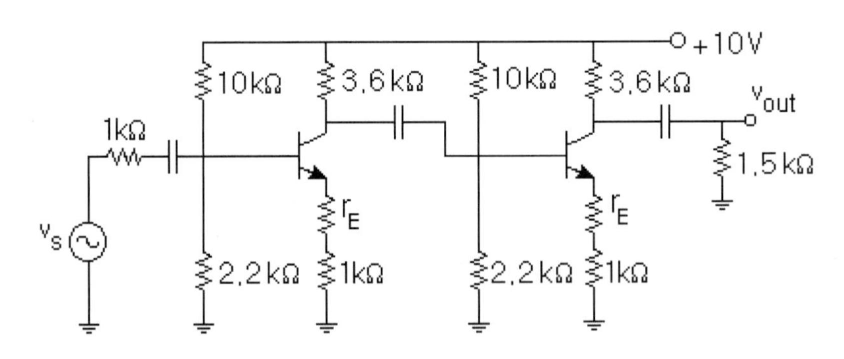

解

觀察電路，可知第一與第二級的分壓偏壓安排皆相同，求 I_E，取 $\beta \cong 1+\beta$

$$V_{th} = 10V \times \frac{2.2}{10+2.2} = 1.8\text{ V} \quad , \quad R_{th} = \frac{10 \times 2.2}{10+2.2} = 1.8\text{ k}\Omega$$

$$I_E = I_{E1} = I_{E2} = \frac{1.8-0.7}{1k + \frac{1.8k}{100}} = 1.081\text{ mA}$$

求 r_e

$$r_e = r_{e1} = r_{e2} = \frac{25\text{ mV}}{I_E} = \frac{25\text{ mV}}{1.081\text{ mA}} = 23.14\,\Omega$$

計算三個重要參數：$\alpha \cong 1$，$\beta \cong 1+\beta$

$$Z_{in} = R_1 \,||\, R_2 \,||\, \beta(r_e + R_E) = 10k \,||\, 2.2k \,||\, 100 \times \left(\frac{23.14}{1000} + 1\right)k = 1.77\text{ k}\Omega$$

$$A_1 = A_2 = -\frac{R_C}{r_e + R_E} = -\frac{3.6k}{\left(\frac{23.14}{1000} + 1\right)k} = -3.52$$

$$Z_{out1} = Z_{out2} = R_C = 3.6\text{ k}\Omega$$

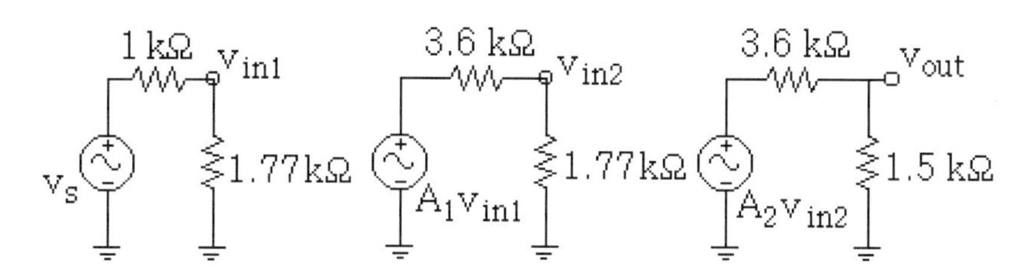

根據分離式交流模型，令 $v_s = 1\text{ mV}$，計算 v_{out}、A_t。

$$v_{in1} = 1\text{ mV} \times \frac{1.77k}{1k + 1.77k} = 0.64\text{ mV}$$，

$$A_1\ v_{in1} = -3.52 \times 0.64\text{ mV} = -2.25\text{ mV}$$

$$v_{out1} = v_{in2} = -2.25\text{mV} \times \frac{1.77k}{3.6k + 1.77k} = -0.74\text{ mV}$$

$$A_2\ v_{in2} = -3.52 \times -0.74\text{ mV} = 2.61\text{ mV}$$

$$v_{out} = 2.61\text{mV} \times \frac{1.5k}{3.6k + 1.5k} = 0.77\text{mV}\text{ ，} A_t = \frac{v_{out}}{v_s} = \frac{0.77\text{mV}}{1\text{mV}} = 0.77$$

意即 v_s 放大 0.77 倍，而且 v_{out} 與 v_s 同相。

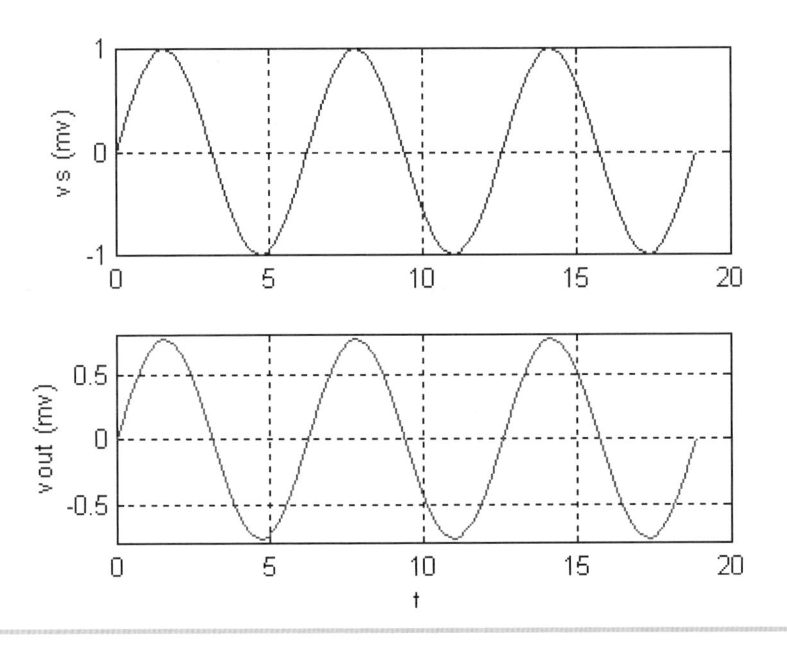

經之前說明與例題後，請參考隨書電子書光碟以程式進行相關例題模擬：

7-6-A　共射串級共射放大器 Pspice 分析

7-6-B　共射串級共射放大器 MATLAB 分析

7-6-C　有淹沒電阻串級放大器 Pspice 分析

7-6-D　有淹沒電阻串級放大器 MATLAB 分析

如圖電路，各級 $\beta=100$，求總電壓增益 A_t。

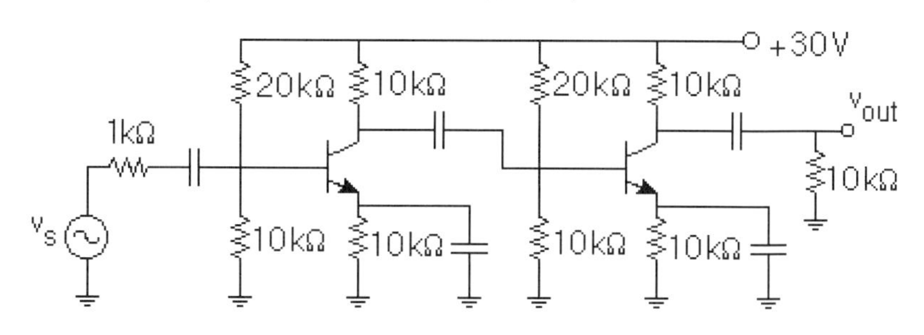

Answer $Z_{in1}=Z_{in2}=1.94\ k\Omega$，$A_1=A_2=-369.56$，$Z_{out1}=Z_{out2}=10\ k\Omega$，$A_t=7314$。

如圖電路，各級 $\beta=100$，求總電壓增益 A_t。

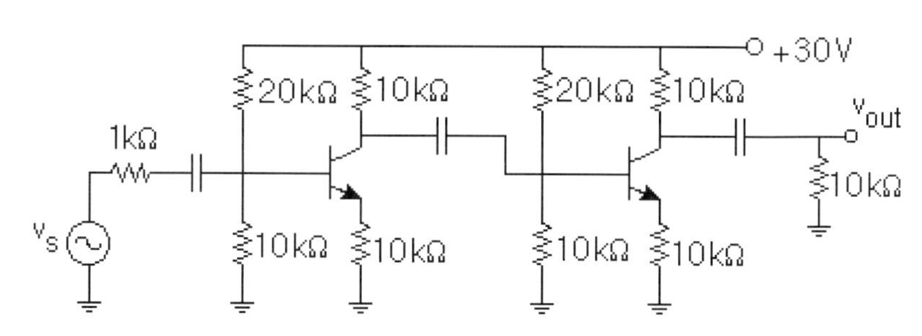

Answer $Z_{in1}=Z_{in2}=6.623\ k\Omega$，$A_1=A_2=-0.997$，$Z_{out1}=Z_{out2}=10\ k\Omega$，$A_t=0.172$。

習題

7-1　如圖電路，若 $\beta_{DC} = 100$，計算 r_e 交流射極電阻。

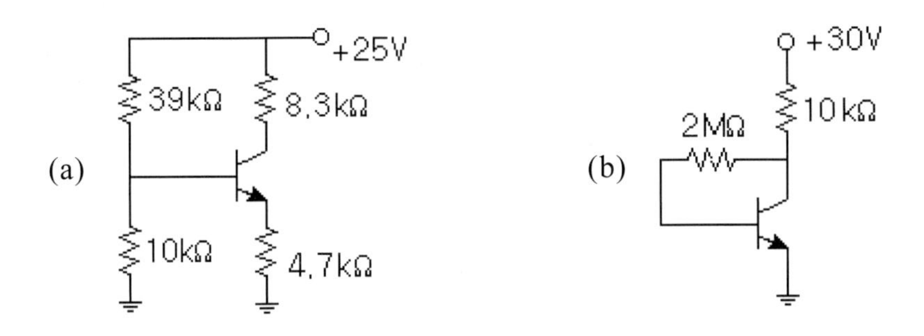

7-2　如圖電路，$\beta = 150$，$v_s =$ 10 mV，求總電壓增益 A_t。

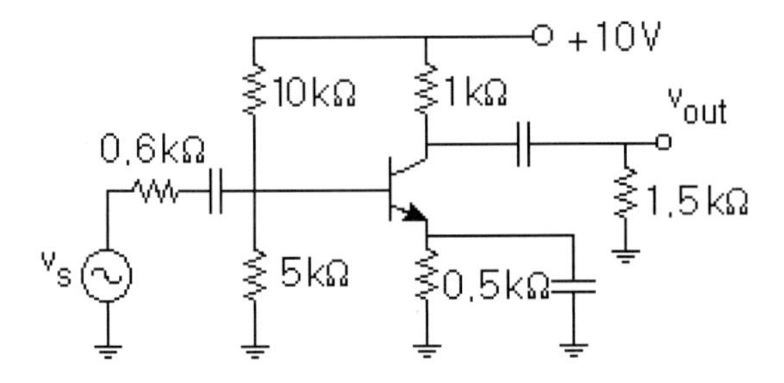

7-3　續上一題，將旁路電容斷路，$\beta = 150$，$v_s = 10$ mV，求總電壓增益 A_t。

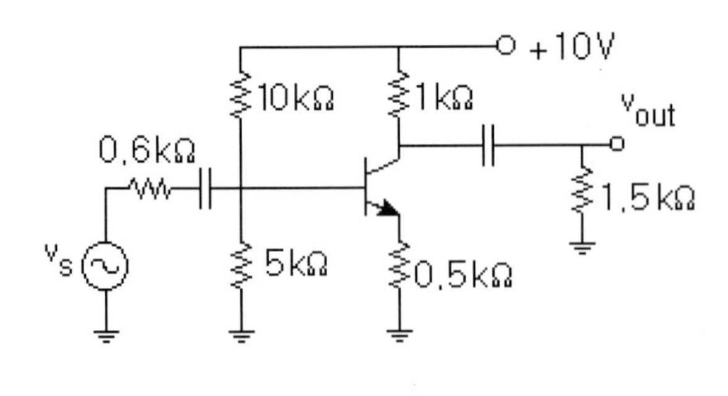

7-4　如圖電路，$\beta = 200$，$v_s =$ 10 mV，求總電壓增益 A_t。

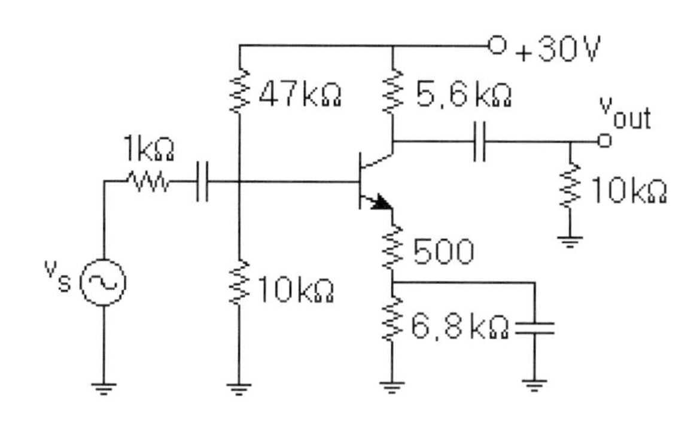

7-5　如圖電路，$\beta = 100$，求總電壓增益 A_t。

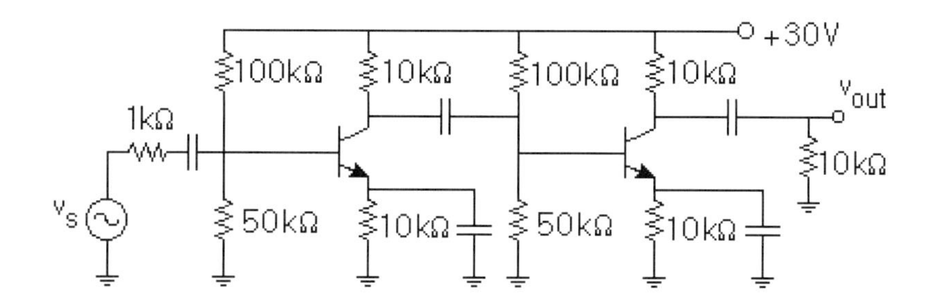

7-6　如圖電路，$\beta = 100$，求總電壓增益 A_t。

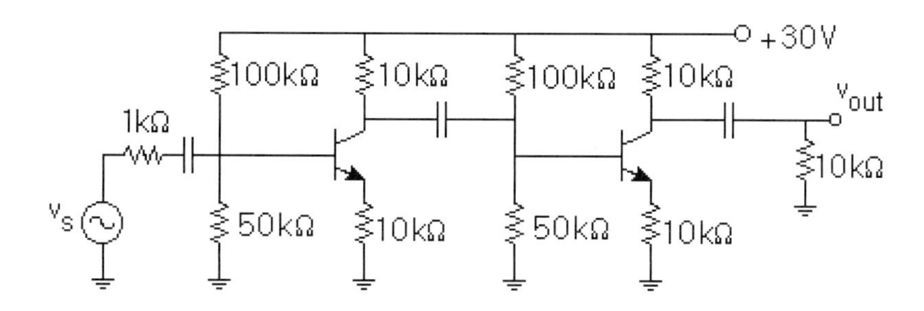

7-7　如圖電路，$\beta = 100$，求總電壓增益 A_t。

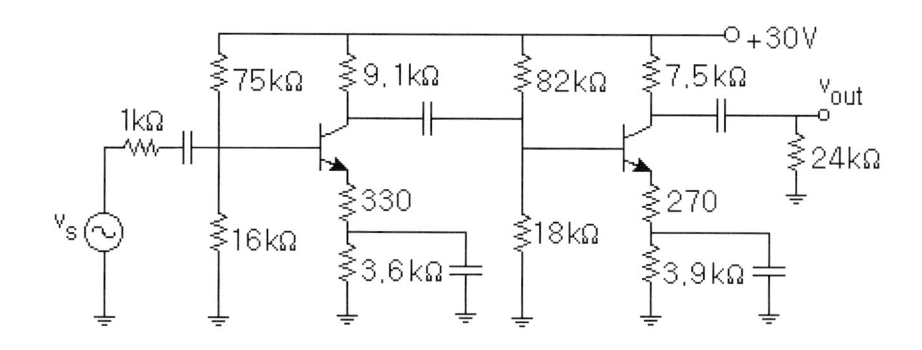

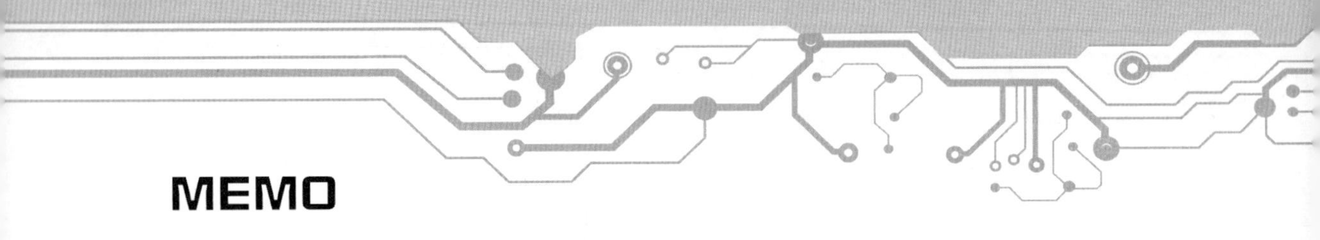

MEMO

共集與共基放大器

研究完本章，將學會

- 共集放大器
- 達靈頓放大器
- 共基放大器
- 串級放大器
- 疊接放大器

8-1 共集放大器※＊

如下圖所示的**共集放大器**（Common-Collector amplifier，簡稱 CC 放大器）電路，因為對交流電而言，集極接地，故稱集極接地放大器。此外還有另一重要的電路特徵，就是將輸出端移接到射極，使得輸出信號與基極輸入信號同相，大小也幾乎相等，因此共集放大器又稱為**射極隨耦器**（Emitter-Follower，簡稱 EF 放大器）。

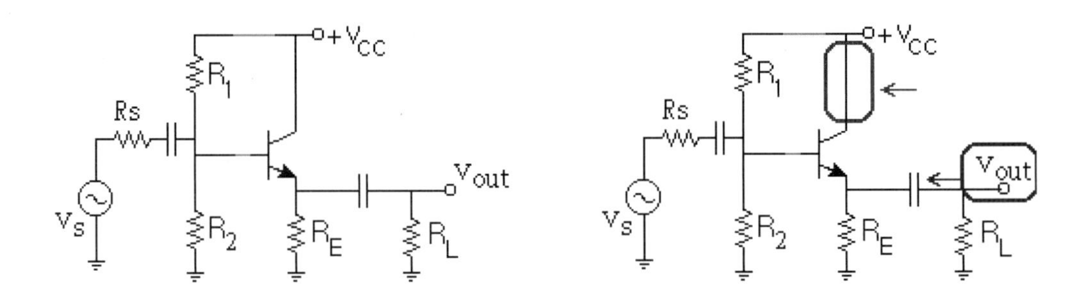

8-1-1 直流分析

Step1 所有電容 C 斷路，交流電源短路。

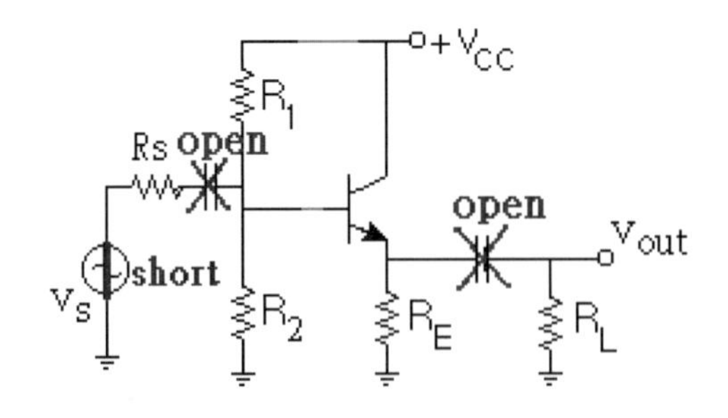

Step2 移開所有斷路的部份

+Vcc
R1
Rs
Vout
Vs
R2
RE
RL

Step3 最後得到類似分壓偏壓的電路

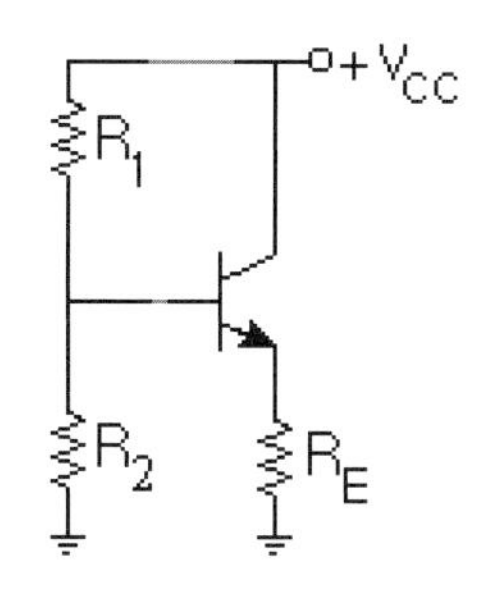

交流射極電阻

Step1 從共集放大器中，看出直流部分的分壓偏壓。

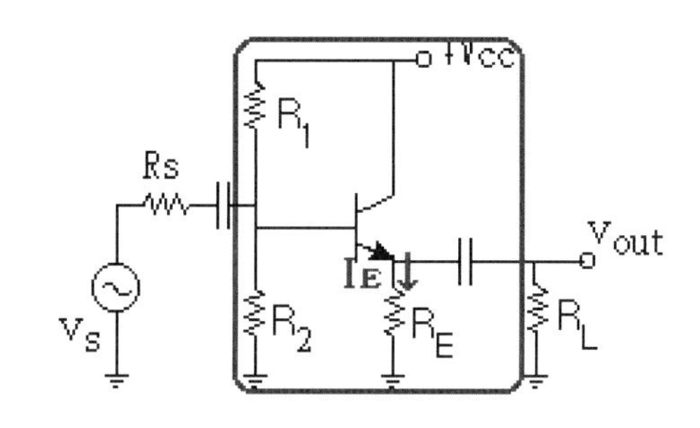

Step2 利用戴維寧定理→設定參考點，求戴維寧電阻 R_{th}，從參考端看入，有分流效應：

$$R_{th} = \frac{R_1 \times R_2}{R_1 + R_2}$$

Step3 戴維寧電壓 V_{th} 為 a、b 參考端的電壓，即為 R_2 的分壓

$$V_{th} = V_{ab} = V_{CC} \times \frac{R_2}{R_1 + R_2}$$

Step4 如右圖電路，求 I_E

$$I_E = \frac{V_{th} - V_{BE}}{R_E + \frac{R_{th}}{1+\beta_{DC}}} \cong \frac{V_{th} - 0.7}{R_E + \frac{R_{th}}{\beta_{DC}}}$$

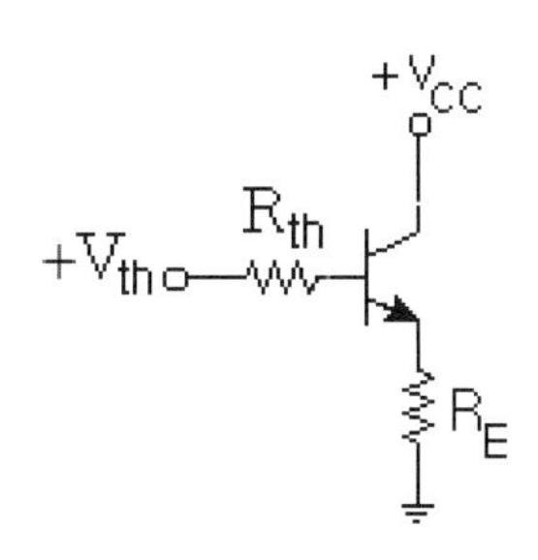

Step5 求交流射極電阻 r_e

$$r_e = \frac{25\ \text{mV}}{I_E}$$

8-1-2 交流分析

Step1 所有電容 C 短路，直流電源短路

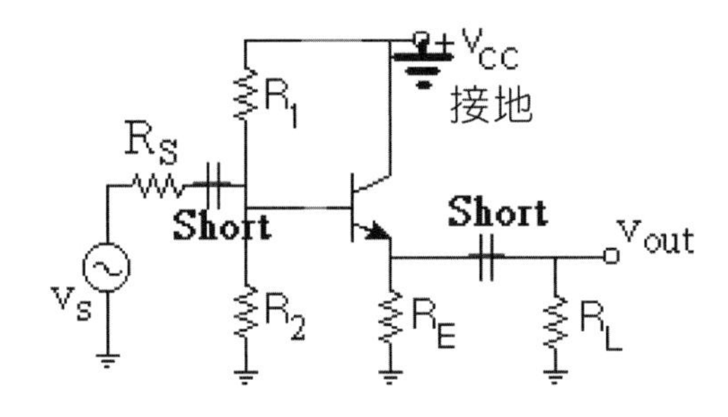

Step2 R_1電阻的接地在上方，將 R_1 下擺與 R_2 並聯，注意分壓偏壓的部分：代入依伯摩爾模型，將電晶體替換為集極是 i_c 電流源，射極是電阻 r_e

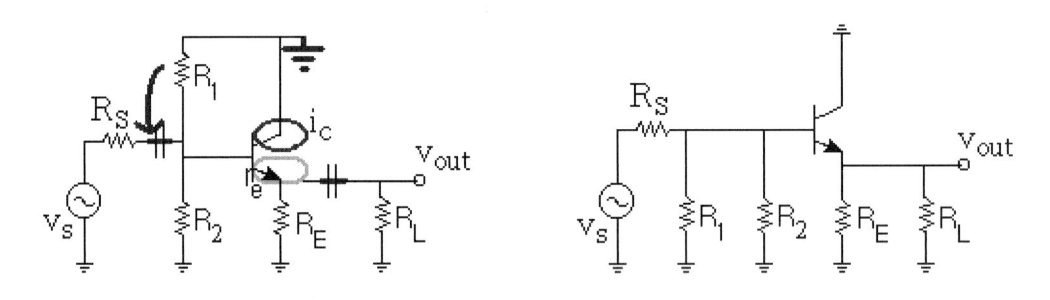

輸入阻抗 Z_{in}

令 R_E 並聯 R_L 為 R_{EL}，從基極往射極看，因為射極電流等於 $(1+\beta)$ 倍基極電流，導致等效阻抗必須乘上 $(1+\beta)$ 倍，即

$$Z_{in(b)} = (1+\beta)(r_e + R_{EL})$$

再從輸入端往輸出端射極看，很明顯看出電阻都是並聯，因此可知輸入阻抗為

$$Z_{in} = R_1 \parallel R_2 \parallel (1+\beta)(r_e + R_{EL})$$

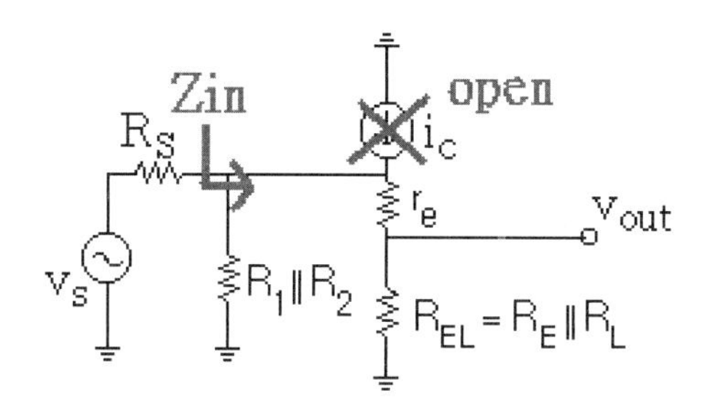

電壓增益 A

v_{in} 為送入電晶體基極的電壓

$$v_{in} = i_e(r_e + R_{EL})$$

v_{out} 為射極輸出電壓

$$v_{out} = i_e R_{EL}$$

定義包括負載電阻作用的電壓增益 A_v

$$A_v = \frac{v_{out}}{v_{in}} = \frac{i_e R_{EL}}{i_e(r_e + R_{EL})} = \frac{R_{EL}}{r_e + R_{EL}}$$

若 R_{EL} 遠大於 r_e，A_v 可近似為

$$A_v \cong 1$$

由以上分析，可知 CC 放大器如同深度淹沒放大器，r_e 作用被 R_{EL} 淹沒掉，使得電壓增益 A_v 趨近於 1，換言之，CC 放大器是穩定並且低失真的放大器；至

於為何電壓增益 A_v 趨近於 1，仍稱呼為放大器？原因是 CC 放大器有高的電流增益，意即 CC 放大器不是電壓放大器，而是電流或功率放大器。

輸出阻抗 Z_{out}

Step1 從輸出端看入，並將電路中的電壓源短路，電流源斷路

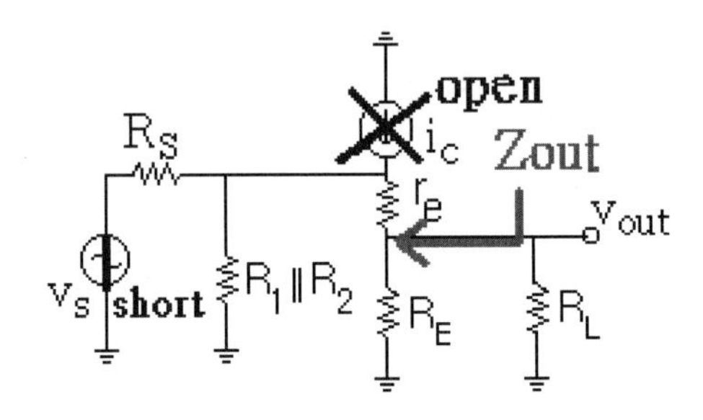

Step2 計算等效阻抗，從左往右計算；因 R_S 與 $R_1 \| R_2$ 有分流效果，所以並聯處理

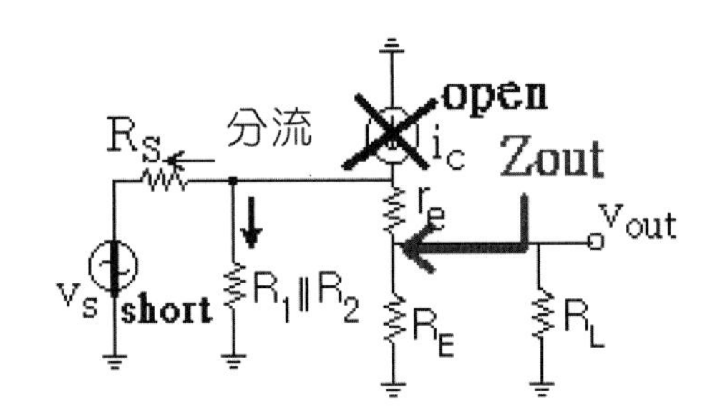

Step3 $R_S \| R_1 \| R_2$ 在基極，電流是 i_b，而 r_e 在射極，電流是 i_e，因此，將 $R_S \| R_1 \| R_2$ 移到射極必須除 $(\beta+1)$，處理後與 r_e 串聯相接，合成效果

$$r_e + \frac{R_S \| R_1 \| R_2}{(1+\beta)}$$

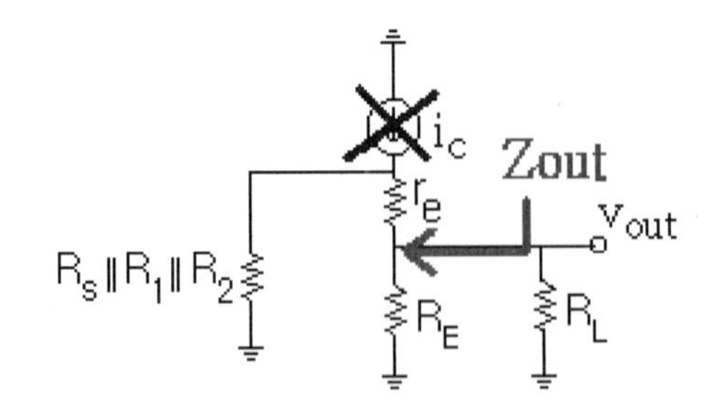

Step4 因 R_E 與 $r_e+\dfrac{R_S\parallel R_1\parallel R_2}{(1+\beta)}$ 有分流效果，所以還是並聯處理

$$Z_{out}=R_E\parallel\left(r_e+\frac{R_S\parallel R_1\parallel R_2}{(\beta+1)}\right)\cong R_E\parallel\left(r_e+\frac{R_S\parallel R_1\parallel R_2}{\beta}\right)$$

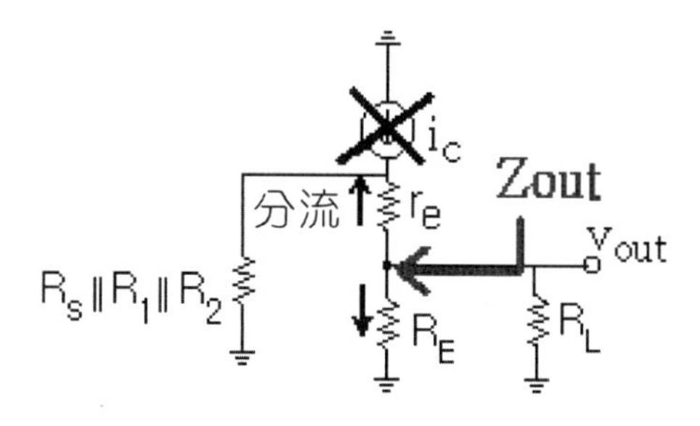

或近似為

$$Z_{out}\cong r_e+\frac{R_S\parallel R_1\parallel R_2}{(1+\beta)}$$

根據上式，假設 $\beta=100$，$\dfrac{R_S\parallel R_1\parallel R_2}{(1+\beta)}$ 的範圍在數十~數百歐姆，再加上 r_e，總數值還是數十～數百歐姆，可見 CC 放大器的輸出阻抗非常小。總而言之，CC 放大器的輸入阻抗很大，輸出阻抗很小的特性，使能成為高阻抗信號源與低阻抗負載之間的緩衝器。

總電壓增益 A_t

以分壓、放大的方式，計算輸出電壓 v_{out} 及總電壓增益 A_t

$$v_{in}=v_s\times\frac{Z_{in}}{R_S+Z_{in}}\quad,\quad v_{out}=A_v\,v_{in}$$

$$A_t=\frac{v_{out}}{v_s}$$

上式中的 A_v 已經將負載併入輸出阻抗計算，因此總電壓增益表示式可以改寫為

$$A_t=\frac{Z_{in}}{R_S+Z_{in}}\times A_v$$

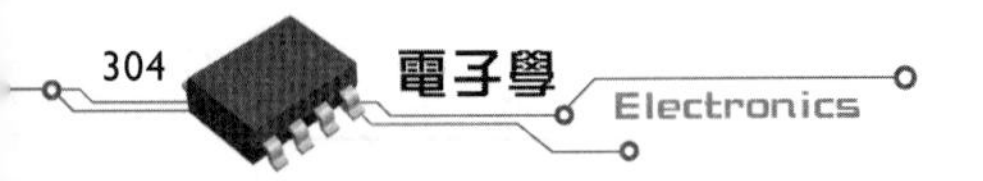

補充

電壓放大器：合併負載電阻的做法

上述包括負載電阻作用的電壓增益 A_v 為

$$A_v = \frac{v_{out}}{v_{in}} = \frac{i_e R_{EL}}{i_e (r_e + R_{EL})} = \frac{R_{EL}}{r_e + R_{EL}}$$

若不將負載電阻併入時，電壓增益 A 為

$$A = \frac{R_E}{r_e + R_E}$$

差別在前者已經將負載電阻併入，因此不需要再分壓求輸出電壓，而後者需要再分壓

補充

若是使用**轉導放大器**處理：直接在共集放大器電路上標示交流射極電阻 r_e 與輸出電阻 r_o，如下圖所示。

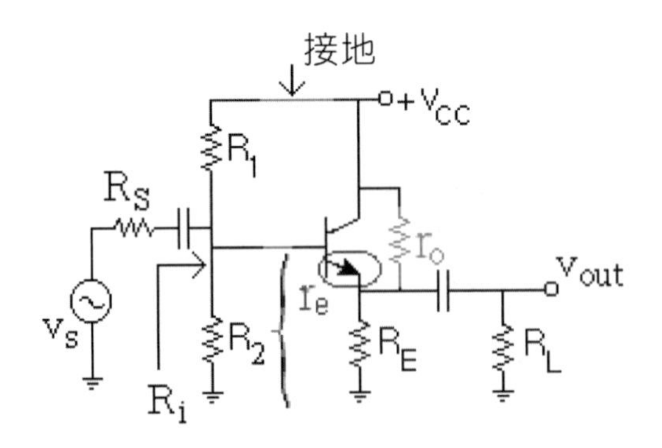

觀察並注意送入電晶體基極的電壓橫跨在那些參數上，以及輸出端從何處接出，又與那些參數有關，尤其是輸出電阻 r_o 是否有任一端接地。由上圖可見送入電晶體基極的電壓橫跨在交流射極電阻 r_e 與 $(r_o \parallel R_E \parallel R_L)$ 上（從輸出端節點放入一測試電流，有分流效果就是並聯處理，反之沒有分流效果就是串聯處理），因此放大器總電壓增益 A_t 可以表示為

$$A_t = (分壓項)(轉導項)$$

$$A_t = \left(\frac{R_i}{R_S + R_i}\right)\left(\frac{i_e(r_o \| R_E \| R_L)}{i_e(r_e + r_o \| R_E \| R_L)}\right) = \left(\frac{R_i}{R_S + R_i}\right)\left(\frac{(r_o \| R_E \| R_L)}{r_e + r_o \| R_E \| R_L}\right)$$

代入轉導值 $r_e = \alpha / g_m$，上式可以化簡為

$$A_t = \left(\frac{R_i}{R_S + R_i}\right)\left(\frac{(r_o \| R_E \| R_L)}{\left(\frac{\alpha}{g_m} + r_o \| R_E \| R_L\right)}\right) = \left(\frac{R_i}{R_S + R_i}\right)\left(\frac{g_m(r_o \| R_E \| R_L)}{\alpha + g_m(r_o \| R_E \| R_L}\right)$$

若將 α 近似為 1，上式簡化為

$$A_t = \left(\frac{R_i}{R_S + R_i}\right)\left(\frac{g_m(r_o \| R_E \| R_L)}{1 + g_m(r_o \| R_E \| R_L)}\right)$$

1 範例

如圖電路，$\beta = 100$，$v_s = 100\,\text{mV}$，求總電壓增益 A_t。

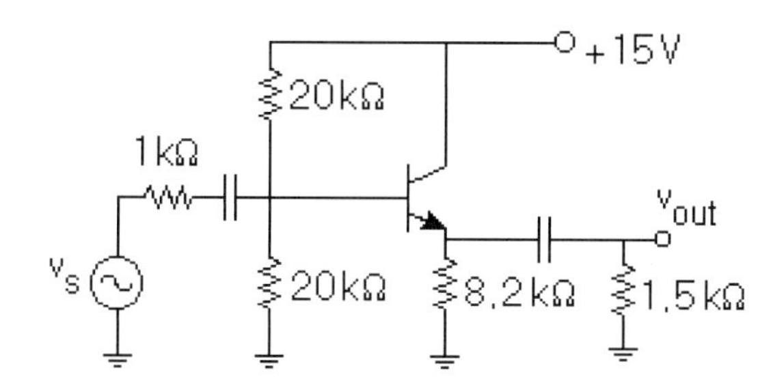

解

利用 $r_e = \dfrac{25\,\text{mV}}{I_E}$ 計算交流射極電阻。

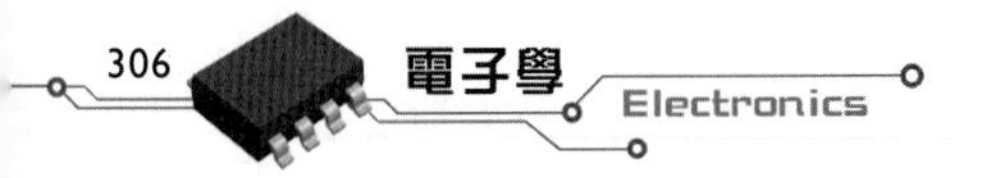

(a) 先使用戴維寧定理化簡

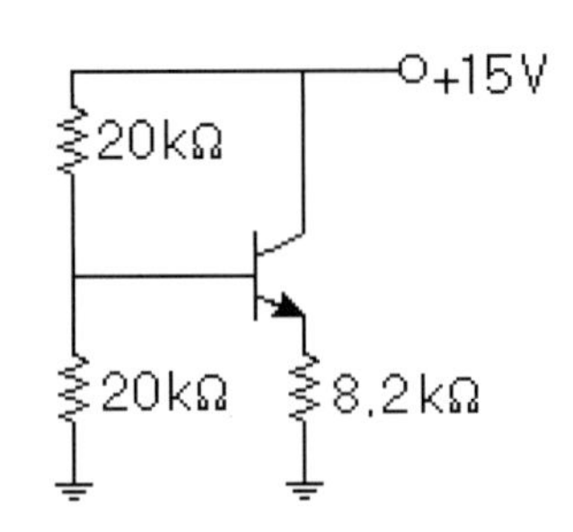

$$V_{th}=15V\times\frac{20}{20+20}=7.5\text{ V} \quad , \quad R_{th}=\frac{20\times 20}{20+20}=10\text{ k}\Omega$$

代入 $I_E=\dfrac{V_{th}-V_{BE}}{R_E+\dfrac{R_{th}}{1+\beta_{DC}}}$，$(1+\beta)\cong\beta$

$$I_E=\frac{7.5-0.7}{8.2k+\dfrac{10k}{100}}=0.82\text{ mA}$$

$$r_e=\frac{25mV}{I_E}=\frac{25mV}{0.82mA}=30.49\ \Omega$$

計算輸入阻抗：$R_{EL}=R_E\,||\,R_L=8.2\,||\,1.5=1.268\text{ k}\Omega$

$$Z_{in(b)}=(1+\beta)(r_e+R_{EL})=(1+100)(30.49+1.268k)=131.15\text{ k}\Omega$$

$$Z_{in}=R_1\,||\,R_2\,||\,Z_{in(b)}=20k\,||\,20k\,||\,131.5k=9.292\text{ k}\Omega$$

計算包括負載電阻作用的電壓增益 A_v：

$$A_v=\frac{R_{EL}}{r_e+R_{EL}}=\frac{1268}{30.49+1268}=0.98$$

計算輸出阻抗：使用 $Z_{out}=R_E\,||\left[r_e+\dfrac{R_S\,||\,R_1\,||\,R_2}{\beta+1}\right]$

$$Z_{out}=8.2k\,||\left[30.49\Omega+\frac{1k\,||\,20k\,||\,20k}{100+1}\right]$$

$$Z_{out}=8.2k\,||\,[30.49\Omega+9\Omega] \quad , \quad Z_{out}=8.2k\,||\,39.49\Omega=39.3\Omega$$

根據分離式交流模型，計算 v_{out}、A_t，

$$v_{in}=100\text{mV}\times\frac{9.29}{1+9.29}=90.28\text{ mV}$$

$$v_{out}=A_v v_{in}=90.28\times0.98=88.47\text{ mV}$$

$$A_t=\frac{88.47}{100}=0.885$$

意即 v_s 放大 0.885 倍，而且 v_{out} 與 v_s 同相（相位差 0 度）。

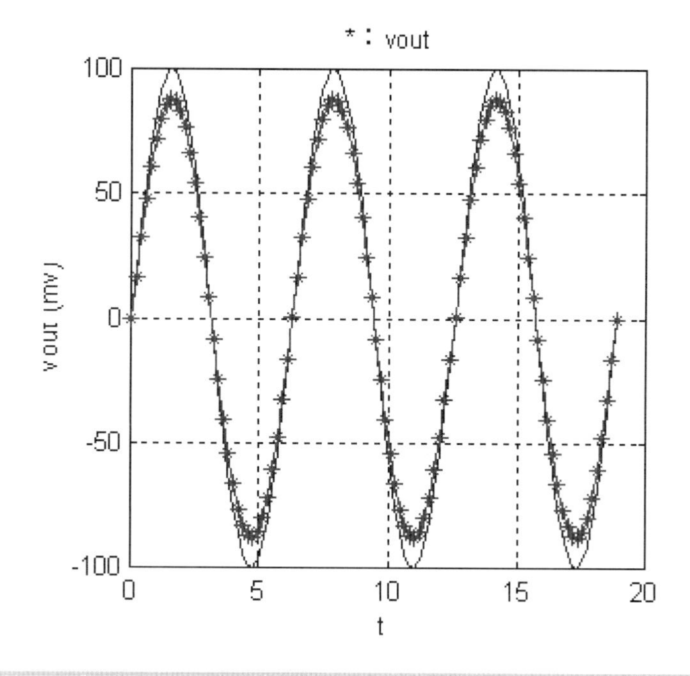

補充

使用轉導放大器的方式計算總電壓增益 $A_t=(\text{分壓項})(\text{轉導項})$。

如圖電路，$\beta = 150$，$v_s = 100\,\text{mV}$，求總電壓增益 A_t。

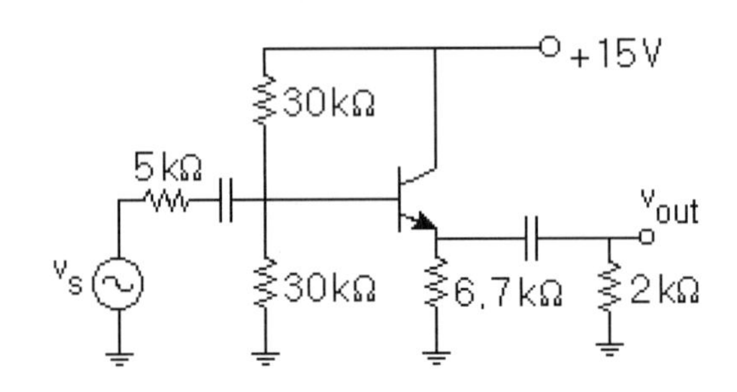

Answer $r_e = 25\,\Omega$，$Z_{in} = 14.11\,\text{k}\Omega$，$A_v = 0.984$，$Z_{out} = 49.5\,\Omega$，$A_t = 0.727$。

如圖電路，$\beta = 150$，$v_s = 1\,\text{V}$，求總電壓增益 A_t

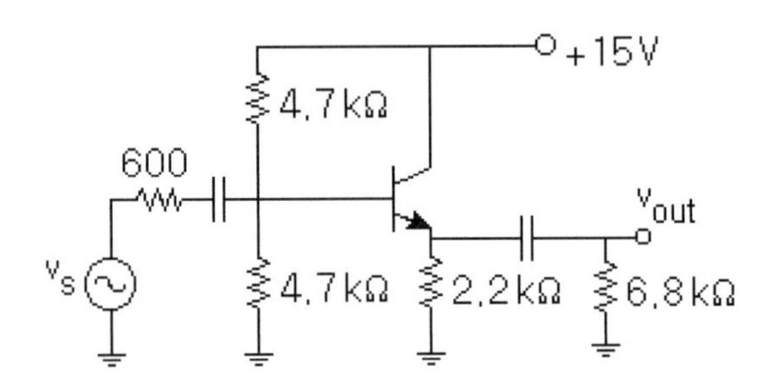

Answer $r_e = 8.174\,\Omega$，$Z_{in} = 2.32\,\text{k}\Omega$，$A_v = 0.995$，$Z_{out} = 12.8\,\Omega$，$A_t = 0.791$。

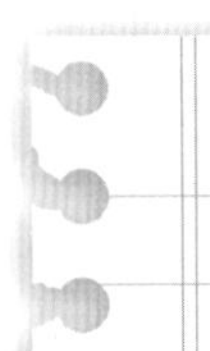

經之前說明與例題後，請參考隨書電子書光碟以程式進行相關例題模擬：

8-1-A 共集放大器 Pspice 分析

8-1-B 共集放大器 MATLAB 分析

8-2 達靈頓放大器※*

前一節介紹射極隨耦器，得知其高輸入基極阻抗，以及低輸出阻抗的特性，可以減少交流電壓的損失；如果需要更好的效果，則可採用**達靈頓放大器**(Darlington amplifier)，如下圖所示，因為它的輸入基極阻抗更高，輸出阻抗更低。

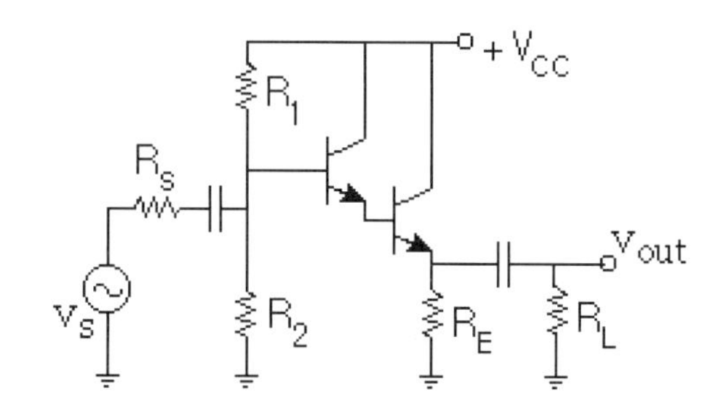

達靈頓放大器電路中的**達靈頓對**(Darlington pair)，可製作成單一元件，通稱為達靈頓電晶體，其電流增益很高，大小為 $\beta \cong \beta_1\beta_2$。

8-2-1 直流分析

所有電容 C 斷路，交流電源短路，移開所有斷路的部份，最後得到類似分壓偏壓的電路，如下圖所示，

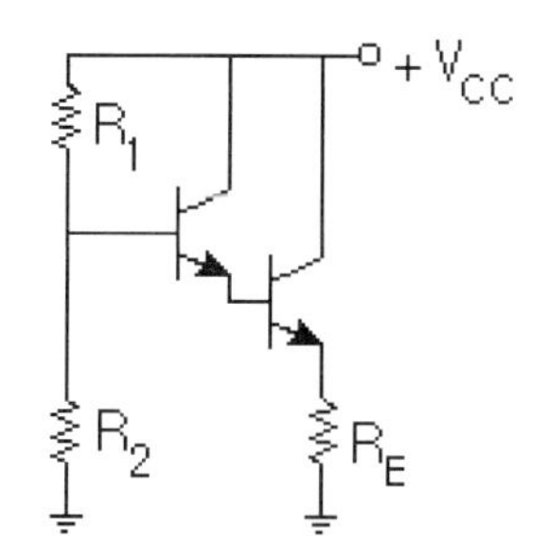

如同前述的計算，但是要注意有兩個 V_{BE} 壓降。例如，基極電壓 $V_B = 5\text{ V}$，求出射極電壓為

$$V_E = 5 - 0.7 - 0.7 = 3.6\text{ V}$$

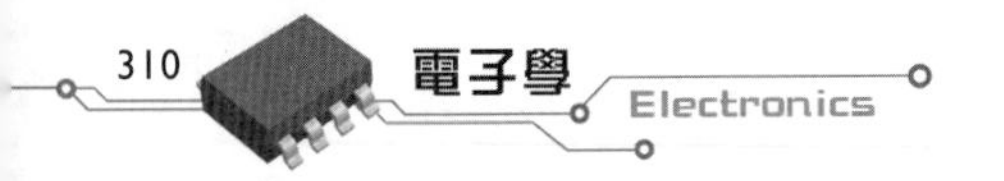

交流射極電阻

從達靈頓放大器中，看出直流部分的分壓偏壓。

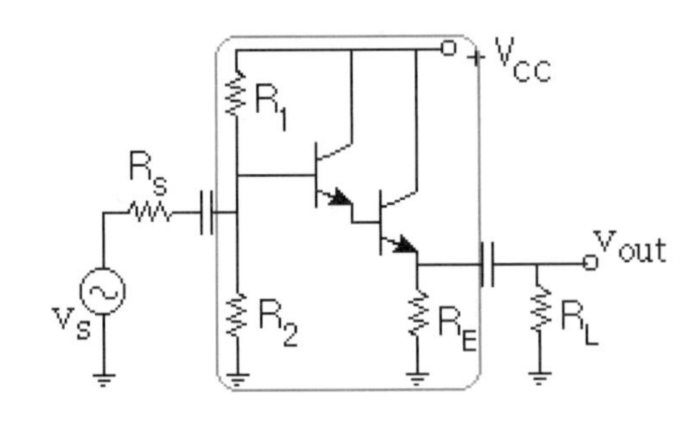

藉由戴維寧定理，計算戴維寧電阻 R_{th} 與電壓 V_{th} 。

$$R_{th} = \frac{R_1 \times R_2}{R_1 + R_2}$$

$$V_{th} = V_{ab} = V_{CC} \times \frac{R_2}{R_1 + R_2}$$

因為戴維寧電阻位在第一顆電晶體的基極，其射極是第二顆電晶體的基極，而 I_{E2} 位在第二顆電晶體的射極，因此可知 $I_{E1} = I_{B2} = \frac{I_{E2}}{1+\beta_2}$ ， $I_{B1} = \frac{I_{E2}}{(1+\beta_1)(1+\beta_2)}$ ，代入輸入端 KVL 方程式，

$$V_{th} = I_{B1}R_{th} + V_{BE1} + V_{BE2} + I_{E2}R_E$$

$$V_{th} - V_{BE1} - V_{BE2} = \frac{I_{E2}}{(1+\beta_1)(1+\beta_2)}R_{th} + I_{E2}R_E$$

$$I_{E2} = \frac{V_{th} - V_{BE1} - V_{BE2}}{R_E + \frac{R_{th}}{(1+\beta_1)(1+\beta_2)}} \cong \frac{V_{th} - 1.4}{R_E}$$

求交流射極電阻 r_{e1} ， r_{e2}

$$r_{e2} = \frac{25\text{ mV}}{I_{E2}} \quad , \quad r_{e1} = \frac{25\text{ mV}}{I_{E1}}$$

8-2-2 交流分析

比照 CC 放大器處理步驟，可知

輸入阻抗 Z_{in}

$$Z_{in2(b)}=(1+\beta_2)(r_{e2}+R_{EL})$$

$$Z_{in1(b)}=(1+\beta_1)(r_{e1}+Z_{in2(b)})$$

$$Z_{in1(b)}=(1+\beta_1)(r_{e1}+(1+\beta_2)(r_{e2}+R_{EL}))\cong(1+\beta_1)(1+\beta_2)(r_{e2}+R_{EL})$$

$$Z_{in1(b)}\cong(1+\beta_1)(1+\beta_2)R_{EL}$$

$$Z_{in}=R_1\,||\,R_2\,||\,Z_{in1(b)}\cong R_1\,||\,R_2\,||\,(1+\beta_1)(1+\beta_2)R_{EL}$$

或

$$Z_{in}\cong R_1\,||\,R_2\,||\,\beta_1\beta_2R_{EL}\cong R_1\,||\,R_2$$

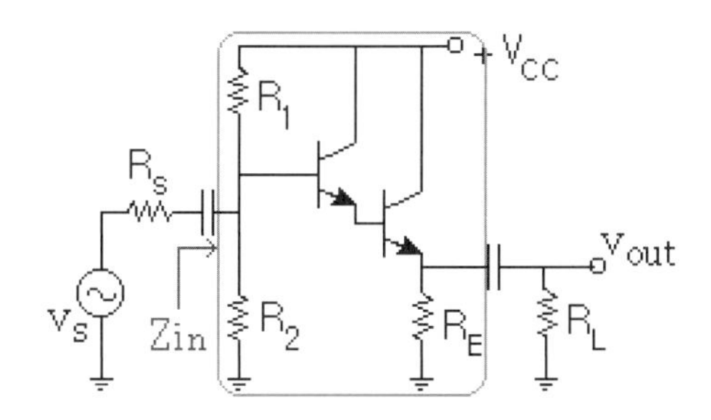

電壓增益 A

考慮負載電阻作用，輸入電壓表示成

$$v_{in}=i_{e1}r_{e1}+i_{e2}r_{e2}+i_{e2}R_{EL}$$

代入 $i_{e1}=\dfrac{i_{e2}}{(1+\beta_2)}$

$$v_{in}=\frac{i_{e2}}{(1+\beta_2)}r_{e1}+i_{e2}r_{e2}+i_{e2}R_{EL}=i_{e2}\left[\frac{r_{e1}}{(1+\beta_2)}+r_{e2}+R_{EL}\right]$$

射極輸出電壓為

$$v_{out}=i_{e2}R_{EL}$$

輸出電壓除輸入電壓

$$A_v = \frac{R_{EL}}{\frac{r_{e1}}{(1+\beta_2)} + r_{e2} + R_{EL}}$$

或近似為

$$A_v \cong 1$$

輸出阻抗 Z_{out}

從第一顆電晶體的射極往輸入端看，可得

$$Z_{out1} = r_{e1} + \frac{R_S \parallel R_1 \parallel R_2}{\beta_1 + 1}$$

同理，從第二顆電晶體的射極往輸入端看，可得

$$Z_{out2} = r_{e2} + \frac{Z_{out1}}{\beta_2 + 1}$$

因 R_E 與 z_{out2} 有分流效果，所以還是並聯處理

$$Z_{out} = R_E \parallel \left(r_{e2} + \frac{Z_{out1}}{(1+\beta_2)} \right)$$

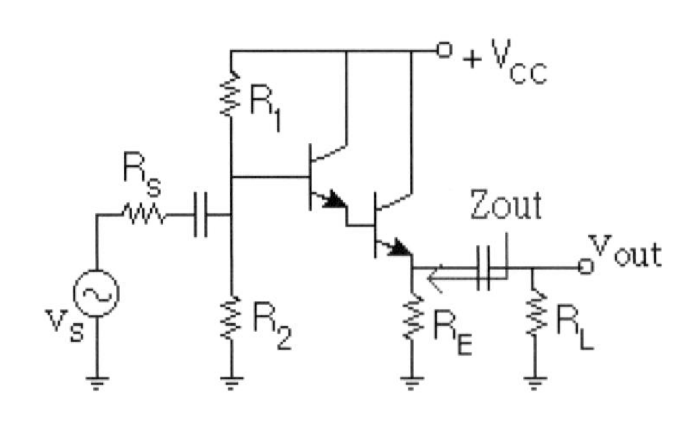

總電壓增益 A_t

以分壓、放大的方式，計算 A_t

$$A_t = \frac{Z_{in}}{R_S + Z_{in}} \times A_v$$

2 範例

如圖電路，$\beta_1 = \beta_2 = 100$，$v_s = 100\text{ mV}$，求總電壓增益 A_t。

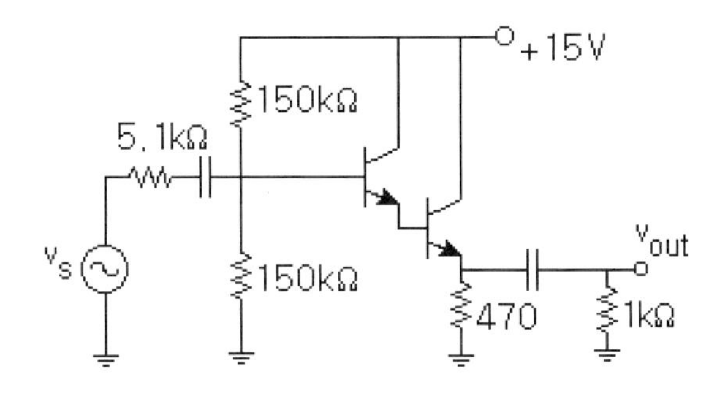

解

已知 $\beta_{DC} = \beta_{ac} = \beta$，求 I_E：

$$V_{th} = 15\text{V} \times \frac{150}{150+150} = 7.5\text{ V} \quad , \quad R_{th} = \frac{150 \times 150}{150+150} = 75\text{ k}\Omega$$

$$I_{E2} = \frac{7.5 - 1.4}{0.4\text{k} + \dfrac{75\text{k}}{(101)(101)}} = 12.78\text{ mA}$$

$$I_{E1} = \frac{I_{E2}}{100+1} = \frac{12.78\text{mV}}{101} = 0.13\text{ mA}$$

求 r_e：$r_e = \dfrac{25\text{ mV}}{I_E}$

$$r_{e_2} = \frac{25\text{mV}}{I_{E2}} = \frac{25\text{mV}}{12.78\text{mA}} = 1.9\ \Omega$$

$$r_{e_1} = \frac{25\text{mV}}{I_{E1}} = \frac{25\text{mV}}{0.13\text{mA}} = 192.31\ \Omega$$

計算輸入阻抗：$R_{EL} = R_E \,||\, R_L = 470 \,||\, 1000 = 319.73\ \Omega$

$$Z_{in} = 150\text{k}\Omega \,||\, 150\text{k}\Omega \,||\, (100+1)\left[192.31 + (100+1)(1.96 + 319.73)\right]$$

$$Z_{in} = 75\text{ k}\Omega \,||\, 3301\text{ k}\Omega \quad , \quad Z_{in} = 73.33\text{ k}\Omega$$

計算包括負載電阻作用的電壓增益 A_v：

$$A_v = \frac{R_{EL}}{\frac{r_{e1}}{\beta_2 + 1} + (r_{e2} + R_{EL})} = \frac{319.73\Omega}{\frac{192.31\Omega}{100+1} + (1.96 + 319.73)} = 0.988$$

計算輸出阻抗：使用 $Z_{out1} = r_{e1} + \frac{R_S \parallel R_1 \parallel R_2}{(1+\beta_1)}$ ，$Z_{out} = R_E \parallel \left(r_{e2} + \frac{Z_{out1}}{(1+\beta_2)} \right)$

$$Z_{out1} = 192.31 + \frac{5.1k \parallel 150k \parallel 150k}{(1+100)} = 240.06\,\Omega$$

$$Z_{out2} = r_{e2} + \frac{Z_{out1}}{\beta_2 + 1} = 1.96 + \frac{240.06}{100+1} = 4.34\,\Omega$$

$$Z_{out} = R_E \parallel \left(r_{e2} + \frac{Z_{out1}}{(1+\beta_2)} \right) = 470 \parallel 4.34 = 4.3\,\Omega$$

根據分離式交流模型，計算 v_{out} 、 A_t

$$v_{in} = 100\,mV \times \frac{73.33}{5.1 + 73.33} = 93.5\,mV$$

$$v_{out} = A_v\ v_{in} = 0.988 \times 93.5 = 92.38\,mV$$

$$A_t = \frac{92.38}{100} = 0.924$$

意即 v_s 放大 0.924 倍，而且 v_{out} 與 v_s 同相（相位差 0 度）。

補充

使用轉導放大器的方式計算總電壓增益 $A_t = (分壓項)(轉導項)$ 。

如圖電路，$\beta = 100$，求總電壓增益 A_t。

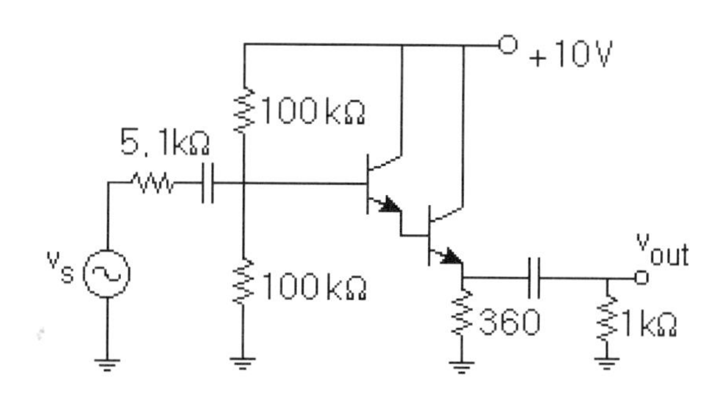

Answer $r_{e1} = 333.09\,\Omega$，$r_{e2} = 3.298\,\Omega$，$Z_{in2(b)} = 32.626\,k\Omega$，$Z_{in1(b)} = 3.329\,M\Omega$，$Z_{in} = 49.26\,k\Omega$，$A_v = 0.98$，$Z_{out1} = 378.9\,\Omega$，$Z_{out} = 6.9\,\Omega$，$A_t = 0.888$。

經之前說明與例題後，請參考隨書電子書光碟以程式進行相關例題模擬：

8-2-A 達靈頓放大器 Pspice 分析

8-2-B 達靈頓放大器 MATLAB 分析

8-3 共基放大器※＊

信號從射極輸入，集極輸出，對交流信號而言，基極接地，故稱**共基放大器**（Common-Base amplifier，簡稱 CB 放大器），電路如下圖所示。

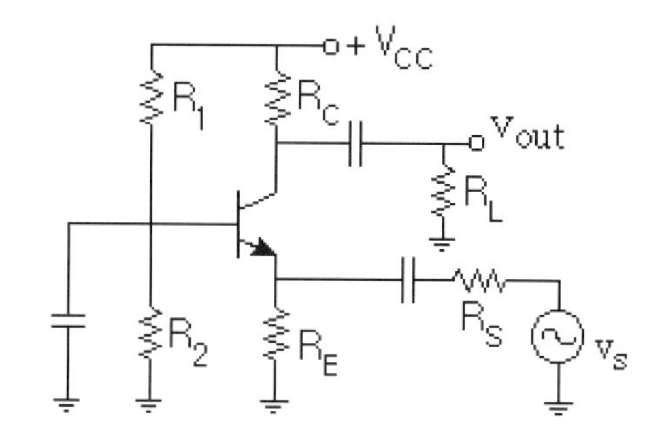

或者使用射極偏壓方式，如下圖所示。

相位相同

如同 CC 放大器一般，CB 放大器的輸出信號具有相位同步的特性，原因如下。

1. 正半週：n 型區接正，逆偏壓，i_e↓，i_c↓，$i_c R_C$↓，$v_{out} = (V_{CC} - i_c R_C)$↑，意即輸出較正的電壓。
2. 負半週：n 型區接負，順偏壓，i_e↑，i_c↑，$i_c R_C$↑，$v_{out} = (V_{CC} - i_c R_C)$↓，意即輸出較負的電壓。

8-3-1 直流分析

對直流而言，上述共基放大器的直流等效電路分別為：

上圖左者是分壓偏壓電路，右者則是射極偏壓電路，分析步驟已於第 6 章詳細討論過，若仍有疑問，請自行複習，本節內容不再贅述。

8-3-2 交流分析

Step1 將所有電容與直流電源短路。

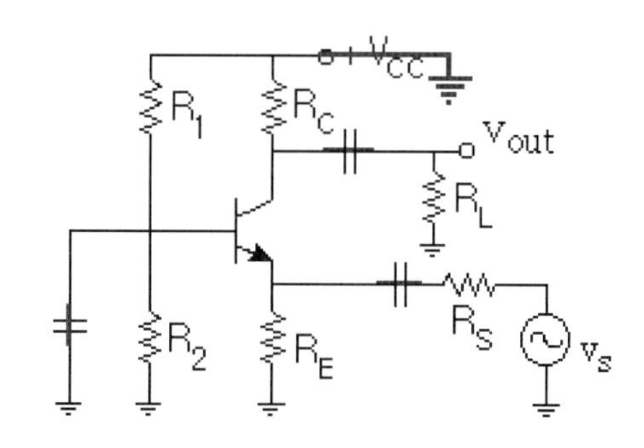

Step2 R_1電阻的接地在上方，將R_1下擺與R_2並聯，R_C電阻的接地在上方，將R_C下擺與R_L並聯，R_1與R_2並聯，而且被短路掉。

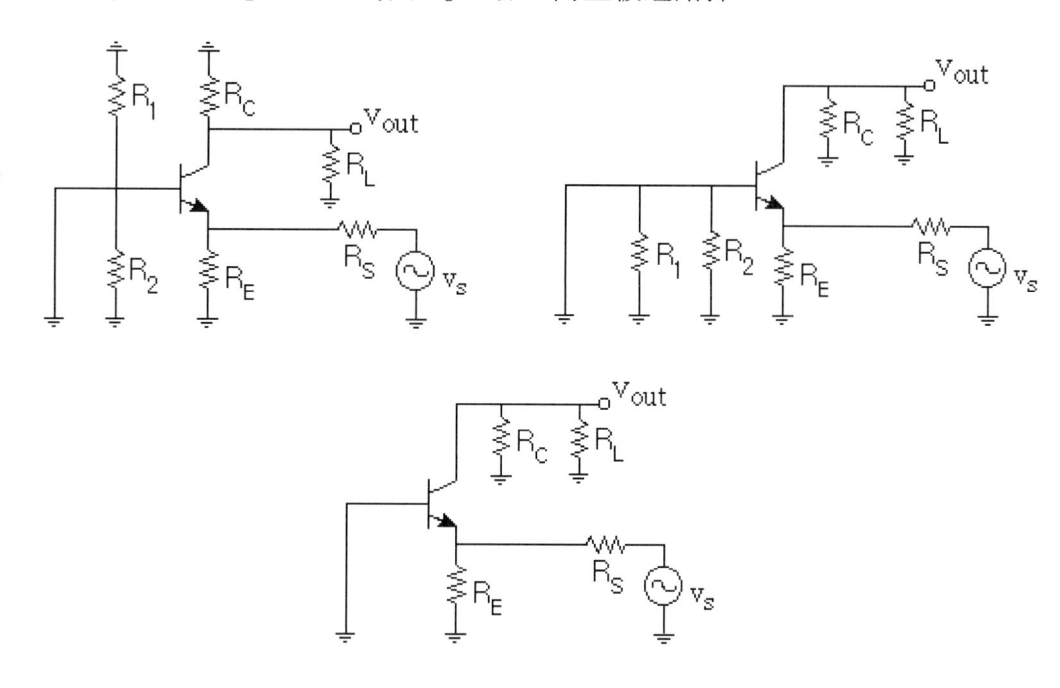

Step3 注意分壓偏壓的部分：代入**依伯摩爾模型**，將電晶體替換為集極是i_c電流源，射極是電阻r_e。

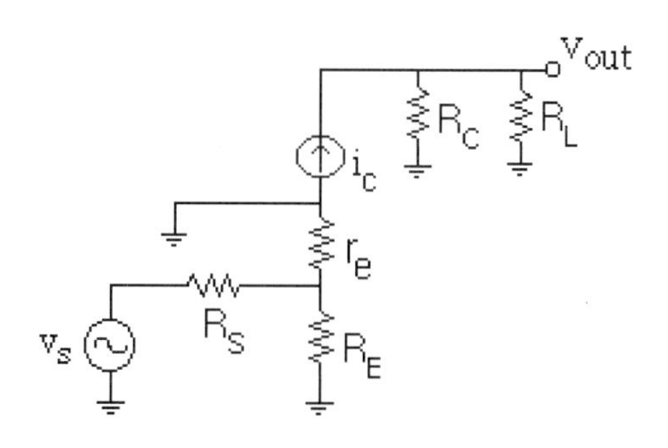

將連接點拆開，此時左下方的電路稱為輸入端，右上方的電路稱為輸出端。

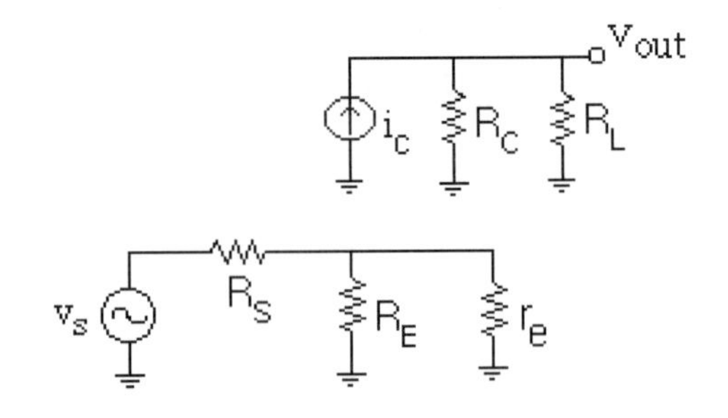

輸入阻抗 Z_{in}

由交流等效電路得知，輸入阻抗是 R_E 與 r_e 並聯的結果，即

$$Z_{in} = R_E \parallel r_e \cong r_e$$

電壓增益 A

由交流等效電路得知，輸入端輸入電壓為 $v_{in} \fallingdotseq i_e \times r_e$，輸出端不包括負載電阻作用的輸出電壓為 $v_{out} = i_c \times R_C$，即

$$A = \frac{i_c R_C}{i_e r_e} = \alpha \frac{R_C}{r_e}$$

或代入 $\alpha \cong 1$，上式化簡為

$$A \cong \frac{R_C}{r_e}$$

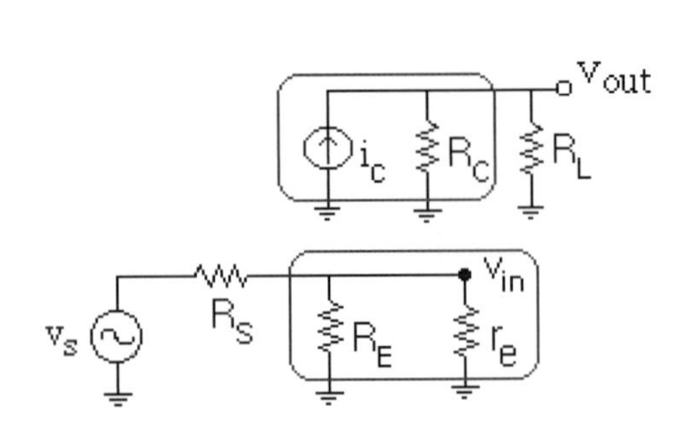

輸出阻抗 Z_{out}

將交流等效電路中的電流源斷路，從輸出端往輸入端看，結果為

$$Z_{out} = R_C$$

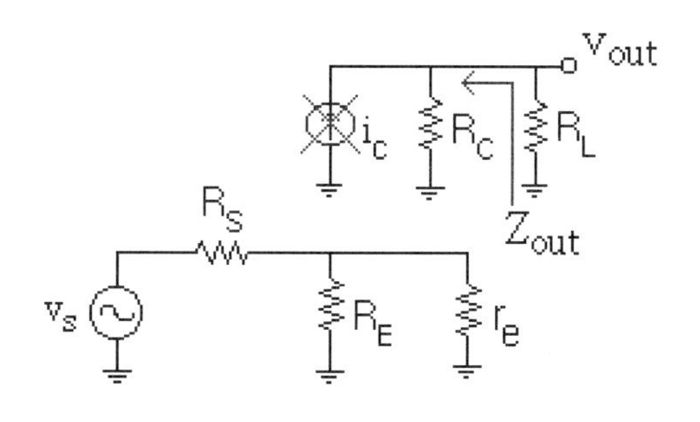

回顧共射放大器的分析參數，

$$Z_{in} = R_1 \parallel R_2 \parallel (1+\beta)r_e$$

$$A = \frac{v_{out}}{v_{in}} = \frac{-i_c \times R_C}{i_e \times r_e} = -\alpha \frac{R_C}{r_e}$$

或近似為

$$A = -\frac{R_C}{r_e}$$

$$Z_{out} = R_C$$

發現共基放大器與共射放大器除了輸入阻抗很低、相位無反轉之外，非常類似。

將所有分析參數代入分離式交流模型（如上圖所示），以分壓、放大、分壓的方式，即可快速計算放大器的總電壓增益 A_t

$$A_t = \left(\frac{Z_{in}}{R_S + Z_{in}}\right) \times (A) \times \left(\frac{R_L}{Z_{out} + R_L}\right)$$

上式中輸入阻抗 Z_{in} 等於交流射極電阻 r_e，其值很小，會影響總電壓增益的獲得，而輸出阻抗 Z_{out} 等於集極電阻 R_C，其值又遠大於輸入阻抗，這兩者之間的極大差異，導致鮮少直接使用 CB 放大器串級 CB 放大器，但也正是因為輸入阻抗很小，卻可以改善 CE 放大器串級 CB 放大器的頻率響應特性（詳細討論參閱第 13 章）。

Note 另外還有一種常見的共基放大器，請自行練習瞭解分析參數：Z_{in}，A，Z_{out}。

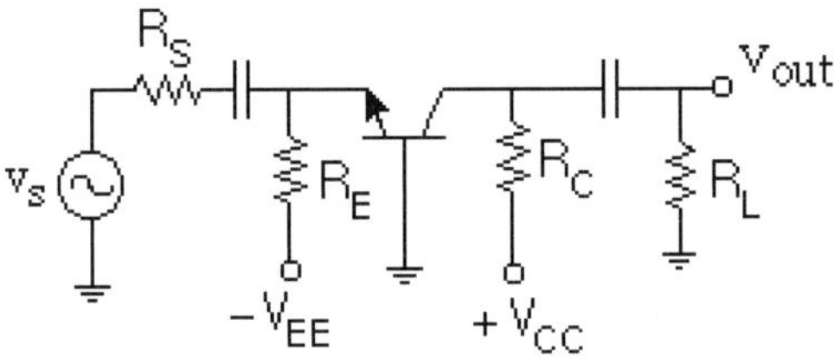

R_S V_{out} v_S R_E R_C R_L $-V_{EE}$ $+V_{CC}$

補充

初學放大器，先練習化簡交流等效電路，藉由過程瞭解輸入阻抗 Z_{in}，電壓增益 A，輸出阻抗 Z_{out}。瞭解後再練習直接從放大器電路中，求得這些分析參數，例如，

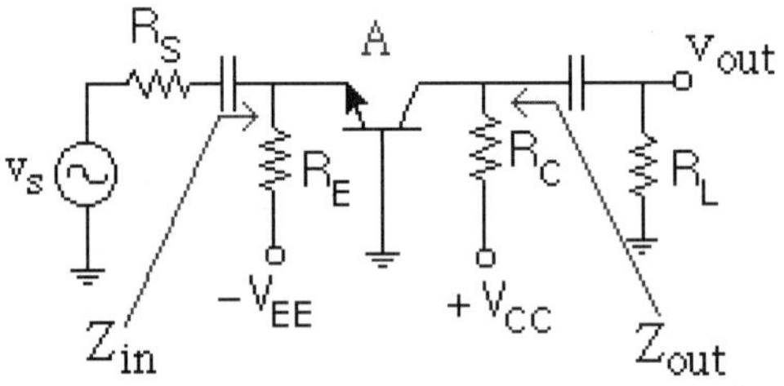

R_S A V_{out} v_S R_E R_C R_L $-V_{EE}$ $+V_{CC}$ Z_{in} Z_{out}

補充

若是使用**轉導放大器**處理：直接在共基放大器電路上標示交流射極電阻 r_e，如右圖所示。

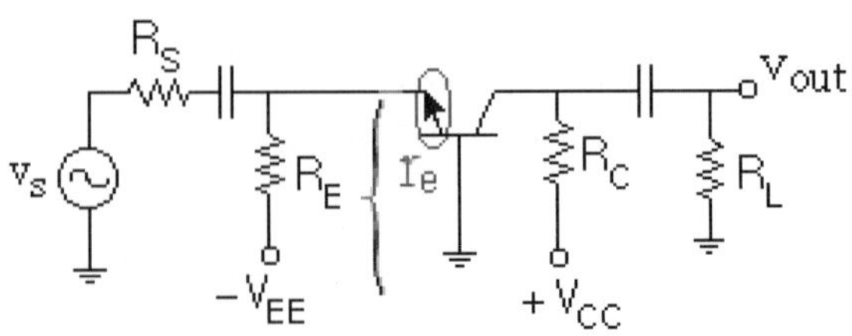

R_S V_{out} v_S R_E r_e R_C R_L $-V_{EE}$ $+V_{CC}$

觀察並注意送入電晶體基極的電壓橫跨在那些參數上，以及輸出端從何處接出，又與那些參數有關，尤其是輸出電阻 r_o 是否有任一端接地，若是 r_o 兩端都不接地，則不考慮其作用。由上圖可見送入電晶體基極的電壓橫跨在交流射極電阻 r_e 上，輸出電壓相關於 $(R_C \| R_L)$（從輸出端節點放入一測試電流，有分流效果就是並聯處理，反之沒有分流效果就是串聯處理），因此放大器總電壓增益 A_t 可以表示為

$$A_t = (\text{分壓項})(\text{轉導項})$$

$$A_t = (\frac{R_i}{R_S + R_i})(\frac{i_c(R_C \| R_L)}{i_e r_e}) = (\frac{R_i}{R_s + R_i})(\frac{\alpha(R_C \| R_L)}{r_e})$$

上式中 R_i 為輸入阻抗，$\alpha = i_c / i_e$，代入轉導值 $r_e = \alpha / g_m$，上式可以化簡為

$$A_t = (\frac{R_i}{R_S + R_i})\, g_m (R_C \| R_L)$$

8-3-3 放大器比較

從第 7 章開始介紹放大器，到目前為止總共討論過三種放大器組態：共射、共集、共基放大器組態，各自輸入信號 v_{in} 與輸出信號 v_o 的相關位置，示意如下圖所示。

共射組態放大器	共集組態放大器	共基組態放大器
交流信號從射極導入接地	交流信號從集極導入接地	交流信號從基極導入接地

其中共射放大器又可區分為射極電阻沒有作用的一般共射放大器，以及射極電阻有作用的淹沒共射放大器兩種，各自電路安排如下所示。

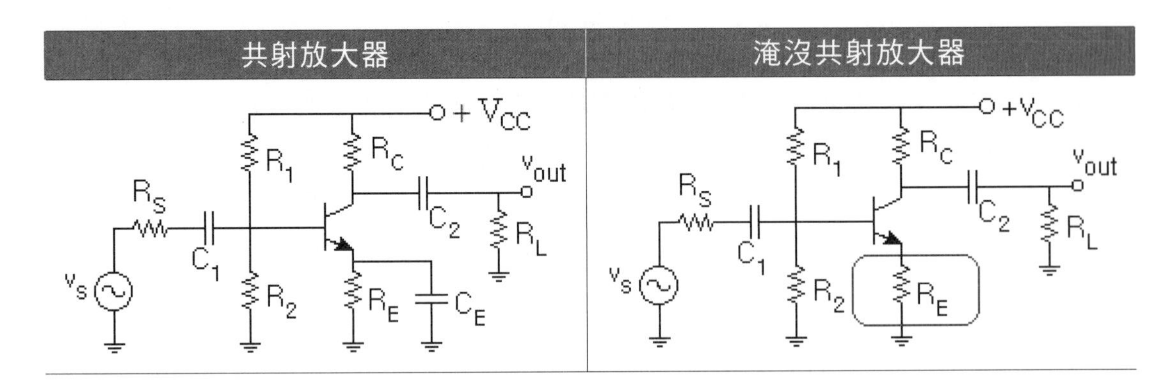

另外共集放大器則有使用單一電晶體的一般共集放大器，以及使用兩個電晶體的達靈頓放大器兩種，各自電路安排如下所示。

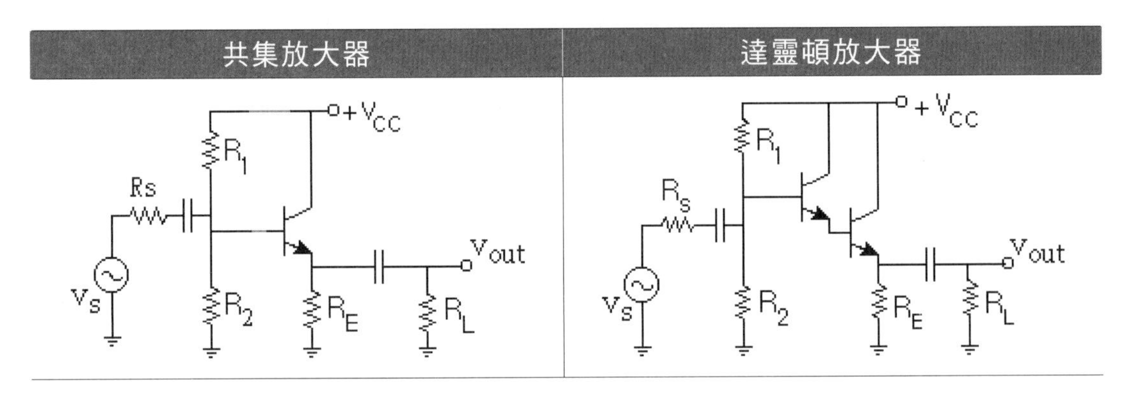

總結以上三種組態放大器的特性，如下表格所示。

	電壓增益	電流增益	輸入阻抗	輸出阻抗
共射組態	高	高	高	中等
共集組態	低，<1	高	很高	很低
共基組態	高	低，<1	低	中等

三種組態放大器的特性顯然各有不同，應用時可依電路需要選用所需的放大器，例如共集組態的放大器，輸入阻抗很高，輸出阻抗很低，就非常適用於多級放大器的輸出級，因為輸入阻抗很高，可以確保將前一級的輸出幾乎無損耗的送入，並且輸出阻抗很低，同樣可以將本級的輸出幾乎無損耗的傳送到負載。

3 範例

如圖電路，$\beta = 100$，$v_s = 10\,mV$，求總電壓增益 A_t。

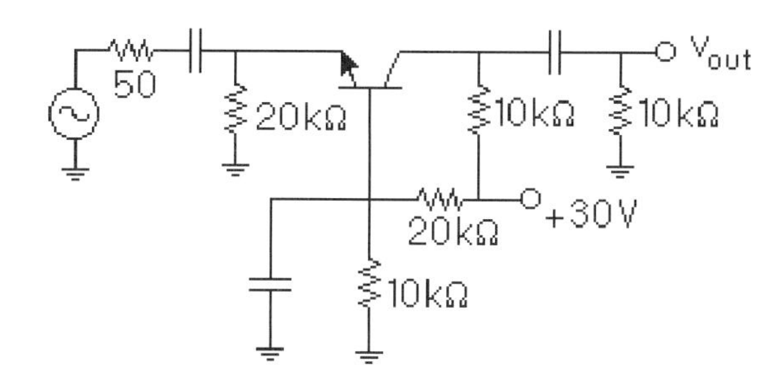

解

已知 $\beta_{DC} = \beta_{ac} = \beta$，求 I_E

20kΩ
10kΩ
20kΩ
+30V
10kΩ

$$V_{th} = 30V \times \frac{10}{20+10} = 10\ V \quad , \quad R_{th} = \frac{20 \times 10}{20+10} = 6.67\ k\Omega$$

$$I_E = \frac{10-0.7}{20 + \dfrac{6.67}{101}} = 0.4635\ mA$$

求 r_e：$r_e = \dfrac{25\ mV}{I_E}$

$$r_e = \frac{25\ mV}{0.4635} = 53.94\ \Omega$$

計算三個重要參數：$\alpha = \dfrac{\beta}{1+\beta} = 0.99$，

$$Z_{in} = R_E \,||\, r_e = 53.8\ \Omega$$

$$A = \alpha \frac{R_C}{r_e} = 0.99 \frac{10000\,\Omega}{53.94\,\Omega} = 183.54$$

$$Z_{out} = R_C = 10\,k\Omega$$

根據**分離式交流模型**，計算總電壓增益 A_t。

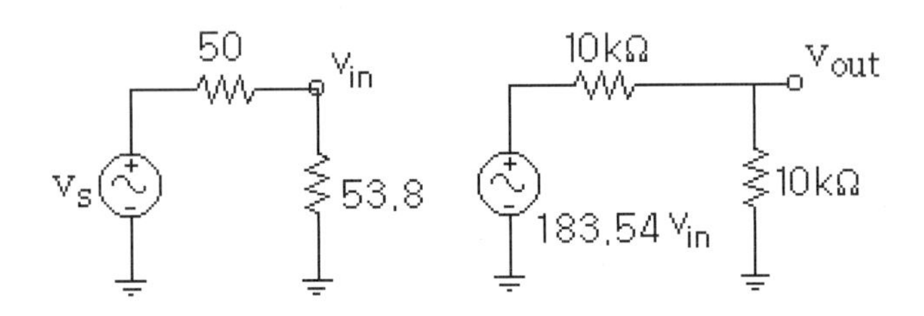

$$v_{in} = 10\,mV \times \frac{53.8}{50 + 53.8} = 5.183\,mV$$

$$Av_{in} = 183.54 \times 5.183 = 951.29\,mV$$

$$v_{out} = 951.29\,mV \times \frac{10}{10 + 10} = 475.65\,mV$$

$$A_t = \frac{475.65}{10} = 47.57$$

或直接計算總電壓增益 $A_t = \left(\frac{Z_{in}}{R_S + Z_{in}}\right) \times (A) \times \left(\frac{R_L}{Z_{out} + R_L}\right)$

$$A_t = \frac{53.8}{50 + 53.8} \times 183.54 \times \frac{10}{10 + 10} = 47.57$$

意即 v_s 放大 47.57 倍，而且 v_{out} 與 v_s 同相（相位差 0 度）

4 範例

如圖電路，$\beta = 100$，$v_s = 10\,mV$，求總電壓增益 A_t。

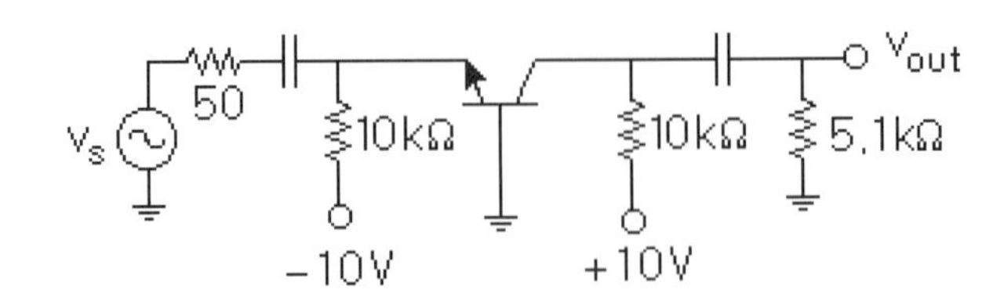

解

已知 $\beta_{DC}=\beta_{ac}=\beta$，求 I_E

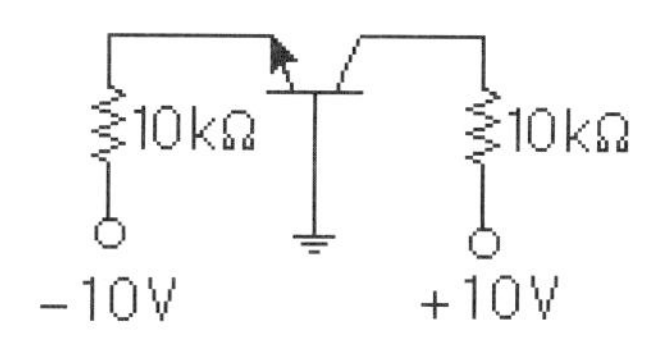

$$I_E=\frac{10-0.7}{10}=0.93\text{ mA}$$

求 r_e：$r_e=\dfrac{25\text{ mV}}{I_E}$

$$r_e=\frac{25\text{ mV}}{0.93\text{ mA}}=26.88\,\Omega$$

計算三個重要參數：$\alpha=\dfrac{\beta}{1+\beta}=0.99$，

$$Z_{in}=R_E\parallel r_e=10k\parallel 26.88=26.81\,\Omega$$

$$A=\alpha\frac{R_C}{r_e}=0.99\frac{10000\,\Omega}{26.88\,\Omega}=368.3$$

$$Z_{out}=R_C=10\text{ k}\Omega$$

根據**分離式交流模型**，計算總電壓增益 A_t

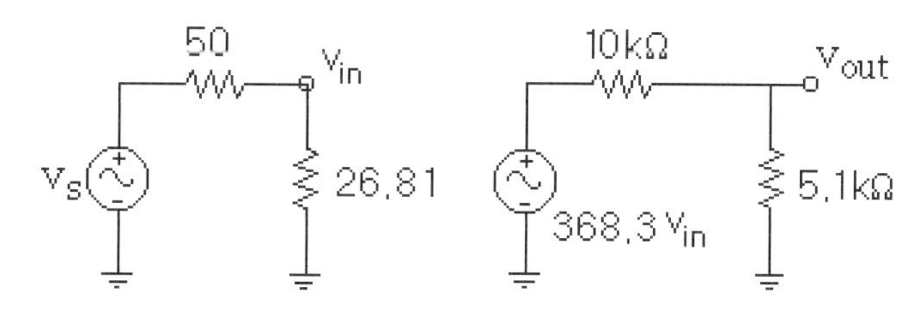

$$v_{in}=10\text{ mV}\times\frac{26.81}{50+26.81}=3.49\text{ mV}$$

$$Av_{in}=368.3\times 3.49=1285.4\text{ mV}$$

$$v_{out} = 1285.4\ \text{mV} \times \frac{5.1}{10+5.1} = 434.14\ \text{mV}$$

$$A_t = \frac{434.14}{10} = 43.41$$

或直接計算總電壓增益 $A_t = \left(\frac{Z_{in}}{R_S + Z_{in}}\right) \times (A) \times \left(\frac{R_L}{Z_{out} + R_L}\right)$

$$A_t = \frac{26.81}{50+26.81} \times 368.3 \times \frac{5.1}{10+5.1} = 43.42$$

意即 v_s 放大 43.42 倍，而且 v_{out} 與 v_s 同相（相位差 0 度）。

補充

1. 使用轉導放大器的方式計算總電壓增益 $A_t = (分壓項)(轉導項)$。
2. 請務必練習如何直接從電路中，不畫出交流等效電路，而可以看出放大器重要分析參數為何。

練習 4

如圖電路，$\beta = 100$，求總電壓增益 A_t。

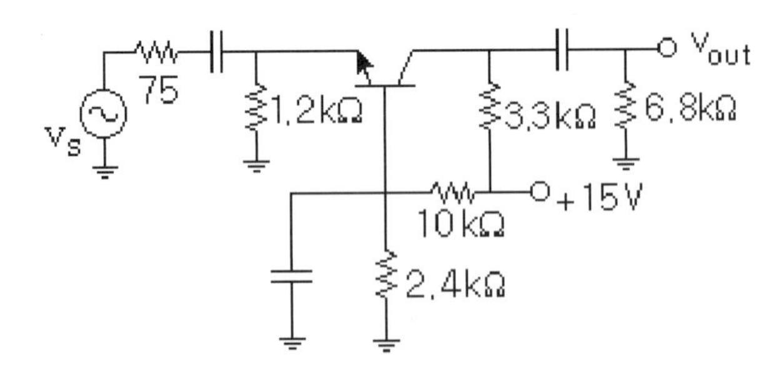

Answer $r_e = 13.834\ \Omega$，$Z_{in} = 13.7\ \Omega$，$A = 236.18$，$Z_{out} = 3.3\ \text{k}\Omega$，$A_t = 24.524$

如圖電路，$\beta=100$，求總電壓增益 A_t。

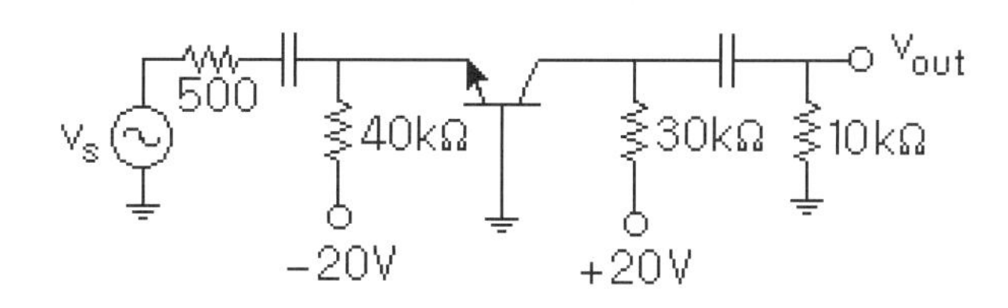

Answer $r_e=51.814\,\Omega$，$Z_{in}=51.7\,\Omega$，$A=573.27$，$Z_{out}=30\,k\Omega$，$A_t=13.44$。

經之前說明與例題後，請參考隨書電子書光碟以程式進行相關例題模擬：

8-3-A　共基放大器 Pspice 分析

8-3-B　共基放大器 MATLAB 分析

8-4 串級放大器※＊

將一放大器的輸出接至下一級放大器的輸入，就可以串接成**多級放大器** (Multistage amplifier)，如下圖所示的共射 CE 串級共集 CC 放大器，

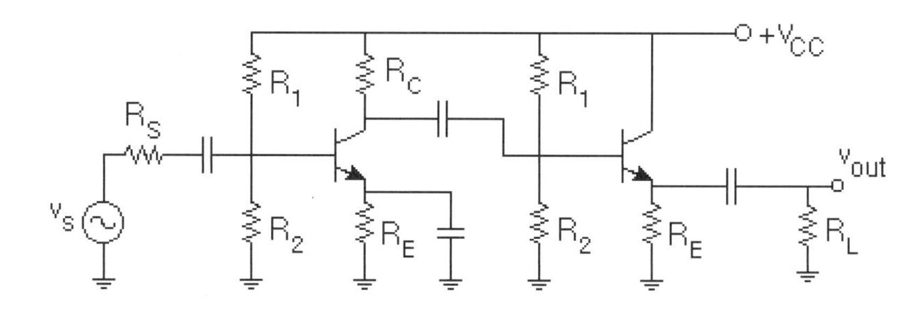

或者是淹沒共射串級共集放大器，

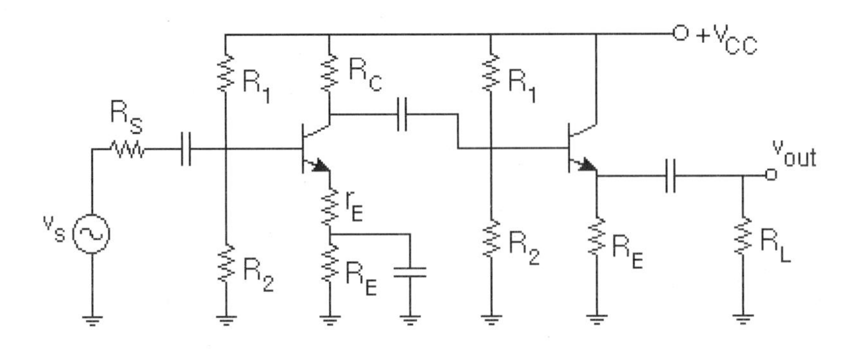

或者是淹沒共射串級達靈頓放大器，

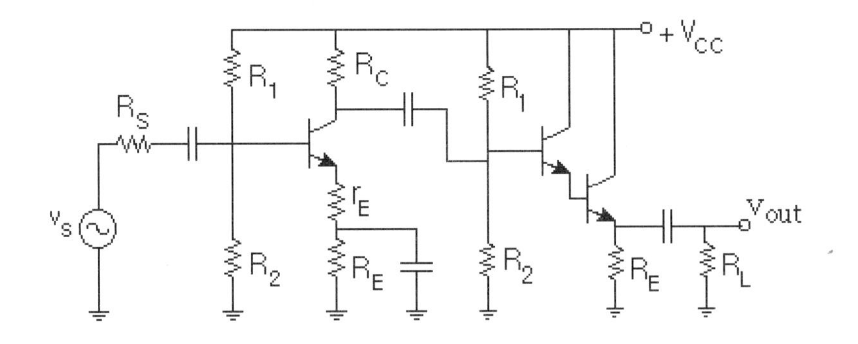

或者是共射直接串級共集放大器，

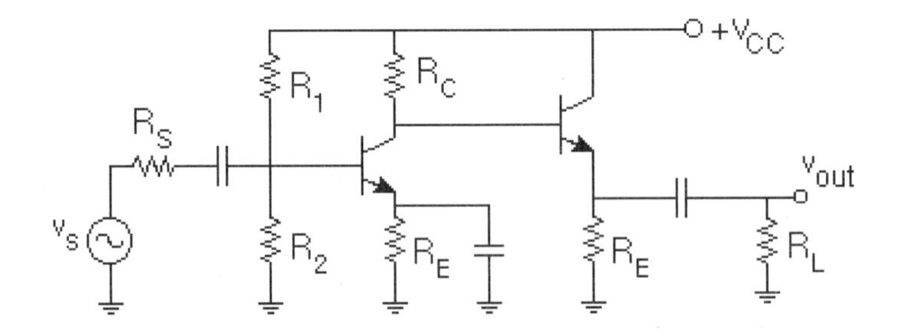

或者共射 CE 串級共基 CB 放大器。

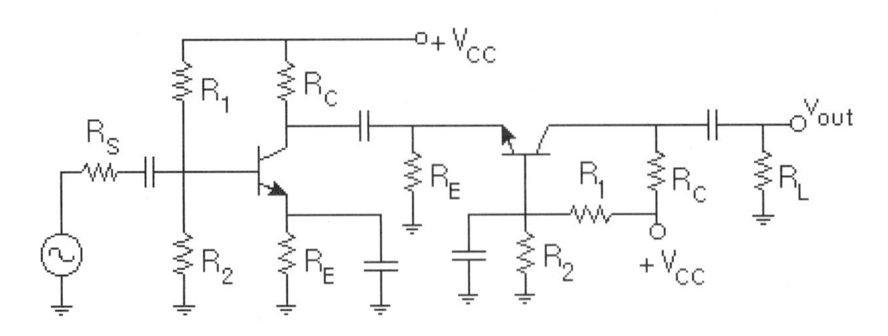

上述共射串級共集放大器的特點在於共集放大器的輸入阻抗很高，輸出阻抗很低。所以可以將第一級的輸出，在低損耗的情況下，送進第二級放大器，並且驅動低阻抗的負載，譬如，8Ω的低功率喇叭。若是串級共基 CB 放大器，則著眼於可以改善頻率響應特性。

8-4-1 直流分析

舉兩級共射串級共集放大器為例。

Step1 所有電容 C 斷路，移開所有斷路的部份。

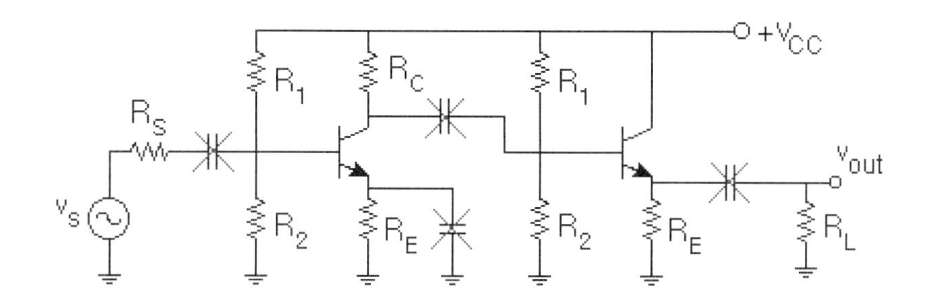

Step2 此為分壓偏壓電路。

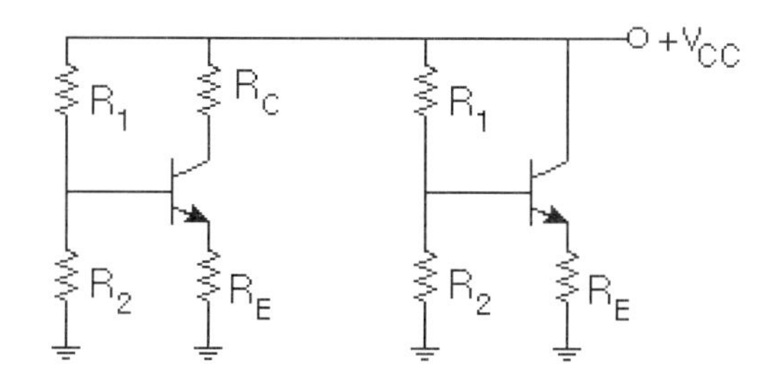

8-4-2 交流分析

Step1 從共射放大器中，看出 dc 直流部分的分壓偏壓。

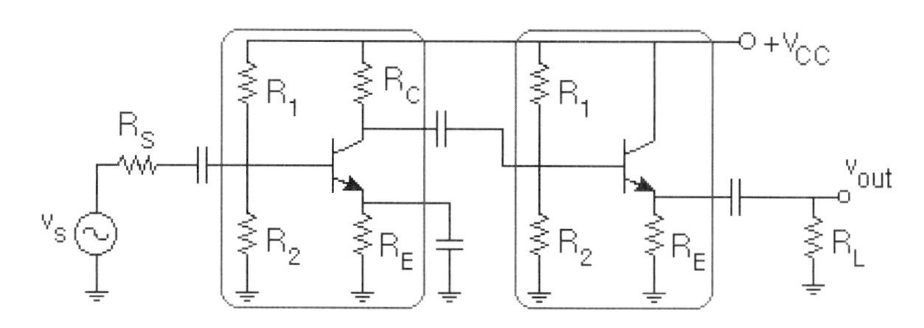

Step2 分別針對各級，利用戴維寧定理：設定參考點，求戴維寧電阻 R_{th} ，從參考端看入，有分流效應。

$$R_{th} = \frac{R_1 \times R_2}{R_1 + R_2}$$

戴維寧電壓 V_{th} 為 a、b 參考端的電壓，即為 R_2 的分壓，

$$V_{th} = V_{ab} = V_{CC} \times \frac{R_2}{R_1 + R_2}$$

Step3 如右圖電路，求 I_E

$$I_E \cong I_C = \frac{V_{th} - V_{BE}}{R_E + \dfrac{R_{th}}{1+\beta_{DC}}} \cong \frac{V_{th} - 0.7}{R_E + \dfrac{R_{th}}{\beta_{DC}}}$$

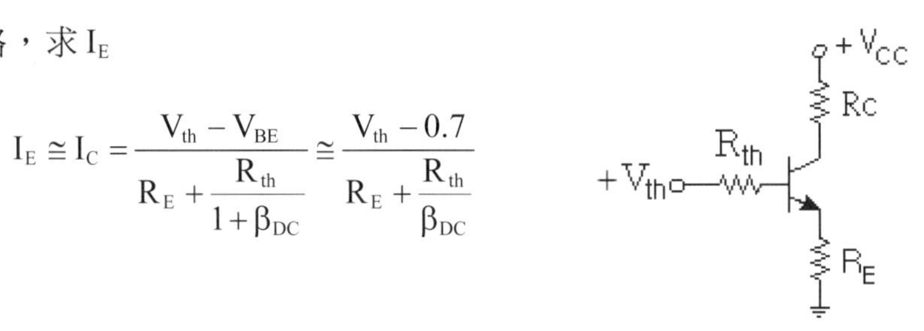

Step4 求交流射極電阻 r_e

$$r_e = \frac{25\ \text{mV}}{I_E}$$

Step5 回顧單級共射的分析參數：A 為不包括負載電阻作用的電壓增益

$$Z_{in} = R_1 \parallel R_2 \parallel (1+\beta) r_e$$

$$A = \frac{v_{out}}{v_{in}} = \frac{-i_c \times R_C}{i_e \times r_e} = -\alpha \frac{R_C}{r_e}$$

或近似為

$$A = -\frac{R_C}{r_e}$$

$$Z_{out} = R_C$$

以及共集放大器的分析參數：A_v 為包括負載電阻作用的電壓增益

$$Z_{in} = R_1 \parallel R_2 \parallel (1+\beta)(r_e + R_{EL})$$

$$A_v = \frac{v_{out}}{v_{in}} = \frac{i_e R_{EL}}{i_e(r_e + R_{EL})} = \frac{R_{EL}}{r_e + R_{EL}}$$

R_E 並聯 R_L 為 R_{EL}，若 R_{EL} 遠大於 r_e， A_v 可近似為

$$A_v \cong 1$$

$$Z_{out} = R_E \parallel \left(r_e + \frac{R_S \parallel R_1 \parallel R_2}{(\beta+1)} \right) \cong R_E \parallel \left(r_e + \frac{R_S \parallel R_1 \parallel R_2}{\beta} \right)$$

或近似為

$$Z_{out} \cong r_e + \frac{R_S \parallel R_1 \parallel R_2}{(1+\beta)}$$

Step6 觀察第一級的負載電阻的位置，發現正是第二級輸入阻抗 Z_{in2} 的位置，得知可以應用"**上一級的輸出是下一級的輸入**"的觀念，將單級放大器中所使用的分離式交流模型直接套用。

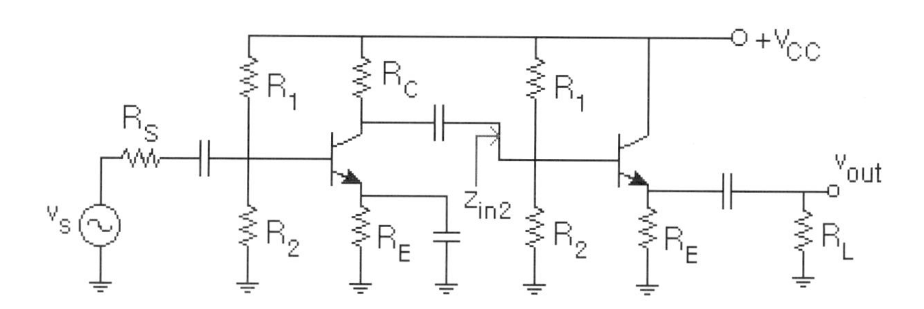

總結

分離式交流模型分析放大器

以**分壓、放大、分壓、放大、分壓**的方式，計輸出電壓 v_{out} 或總電壓增益 A_t 。

$$v_{in1} = v_S \times \frac{Z_{in1}}{R_S + Z_{in1}} \quad , \quad v_{out1} = v_{in2} = A_1 v_{in1} \times \frac{Z_{in2}}{Z_{out1} + Z_{in2}}$$

$$v_{out} = A_2 v_{in2} \quad , \quad A_t = \frac{v_{out}}{v_s}$$

或

$$A_t = \left(\frac{Z_{in1}}{R_S + Z_{in1}}\right) \times (A_1) \times \left(\frac{Z_{in2}}{Z_{out1} + Z_{in2}}\right) \times (A_2)$$

補充

負載電阻 R_L 不預先並聯射極電阻 R_E 的處理。

$$A = \frac{v_{out}}{v_{in}} = \frac{i_e R_E}{i_e(r_e + R_E)} = \frac{R_E}{r_e + R_E}$$

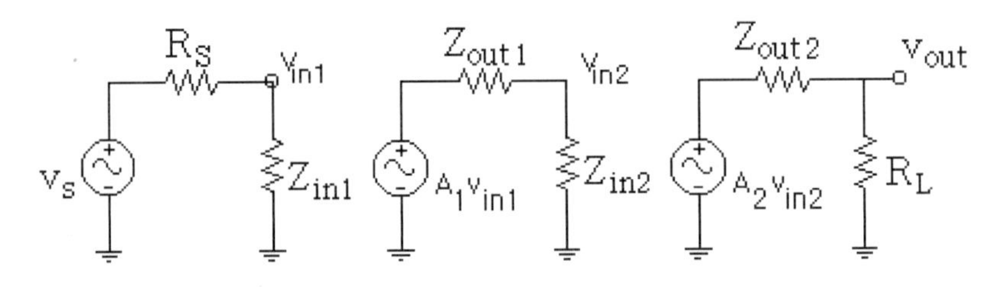

5 範例

如圖電路，β = 100，求總電壓增益 A_t 。

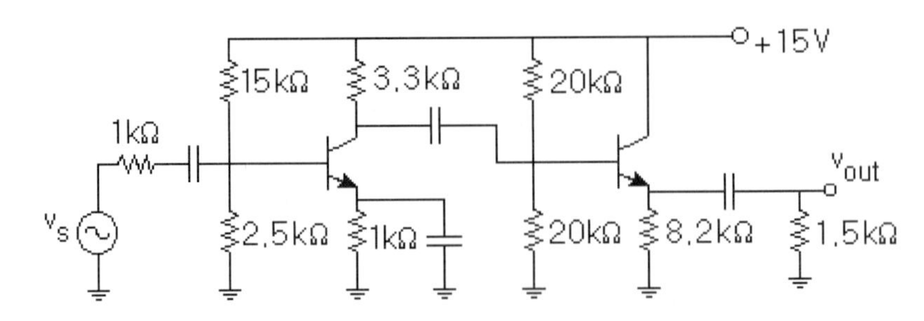

解

觀察電路，可知第一級為 CE 放大器，第二級為 CC 放大器，求 I_E，取 $\beta \cong 1+\beta$

CE 放大器：

$$V_{th} = 15V \times \frac{2.5}{15+2.5} = 2.14\ V \quad , \quad R_{th} = \frac{15 \times 2.5}{15+2.5} = 2.14\ k\Omega$$

$$I_{E1} = \frac{2.14-0.7}{1k + \frac{2.14k}{100}} = 1.41\ mA$$

CC 放大器：

$$V_{th} = 15V \times \frac{20}{20+20} = 7.5V \quad , \quad R_{th} = \frac{20 \times 20}{20+20} = 10k\Omega$$

$$I_{E2} = \frac{7.5-0.7}{8.2k + \frac{10k}{100}} = 0.82mA$$

求 r_e

$$r_{e1} = \frac{25mV}{I_{E1}} = \frac{25mV}{1.41mA} = 17.73\ \Omega$$

$$r_{e2} = \frac{25mV}{I_{E2}} = \frac{25mV}{0.82mA} = 30.49\ \Omega$$

CE 放大器：

$$Z_{in} = R_1 \parallel R_2 \parallel (1+\beta) r_{e1} = 15 \parallel 2.5 \parallel (101)\frac{17.73}{1000} = 0.976\ k\Omega$$

$$A_1 = -\frac{R_C}{r_{e1}} = -\frac{3.3\ k}{(\frac{17.73}{1000})k} = -186.13$$

$$Z_{out1} = R_C = 3.3\ k\Omega$$

CC 放大器：$R_{EL} = R_{E2} \parallel R_L = 8.2 \parallel 1.5 = 1.268\ k\Omega$

$$Z_{in2} = R_1 \parallel R_2 \parallel (1+\beta)(r_{e2} + R_{EL}) = 20 \parallel 20 \parallel (101)(\frac{30.49}{1000} + 1.268) = 9.29\ k\Omega$$

$$A_2 = \frac{R_{EL}}{r_{e2} + R_{EL}} = \frac{1268}{30.49+1268} = 0.977$$

計算輸出阻抗：使用 $Z_{out} = R_E \| \left[r_e + \dfrac{R_S \| R_1 \| R_2}{\beta + 1} \right]$，其中第二級 R_S 的位置，是第一級 Z_{out1} 的位置。

$$Z_{out2} = R_{E2} \| \left(r_{e2} + \frac{Z_{out1} \| R_1 \| R_2}{(1+\beta_2)} \right) = 8.2 \| \left(\frac{30.49}{1000} + \frac{3.3 \| 20 \| 20}{(1+100)} \right) = 54.7\Omega$$

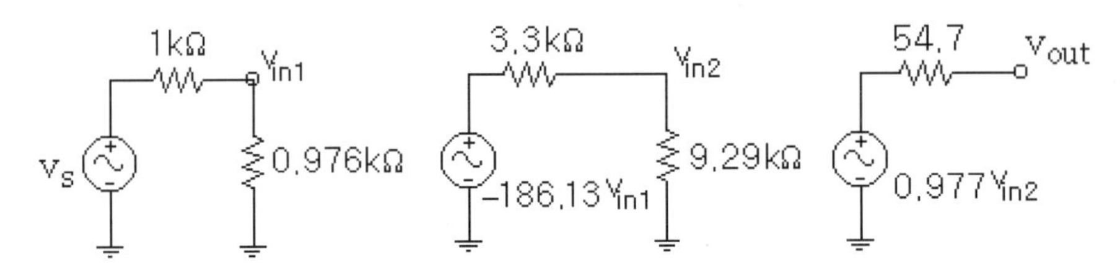

根據分離式交流模型，計算 v_{out}、A_t。

$$v_{in1} = 10\text{ mV} \times \frac{0.976}{1+0.976} = 4.94\text{ mV}$$

$$A_1 v_{in1} = -186.13 \times 4.94 = -919.48\text{ mV}$$

$$v_{out1} = v_{in2} = -919.48\text{ mV} \times \frac{9.29}{3.3+9.29} = -678.47\text{ mV}$$

$$v_{out} = A_2\ v_{in2} = 0.977 \times -678.47 = -662.87\text{ mV}$$

$$A_t = \frac{-662.87}{10} = -66.29$$

意即 v_s 放大 66.29 倍，而且 v_{out} 與 v_s 反相（相位差 180 度）。

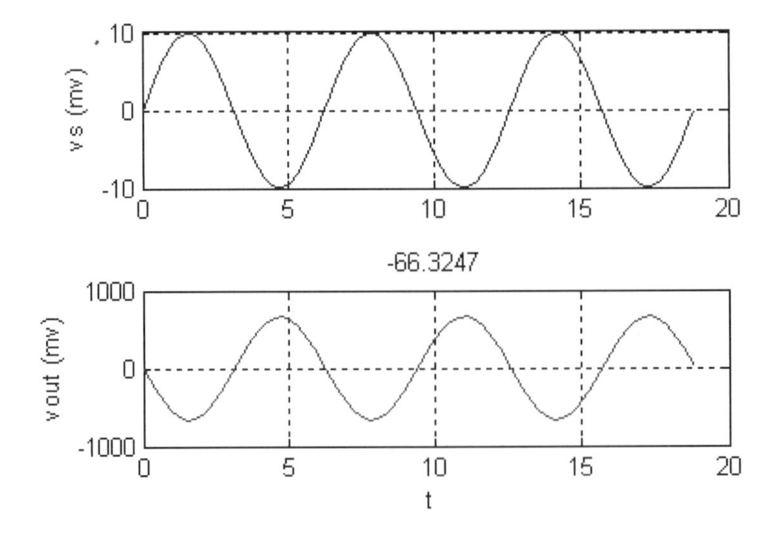

6 範例

如圖電路，$\beta = 100$，求總電壓增益 A_t。

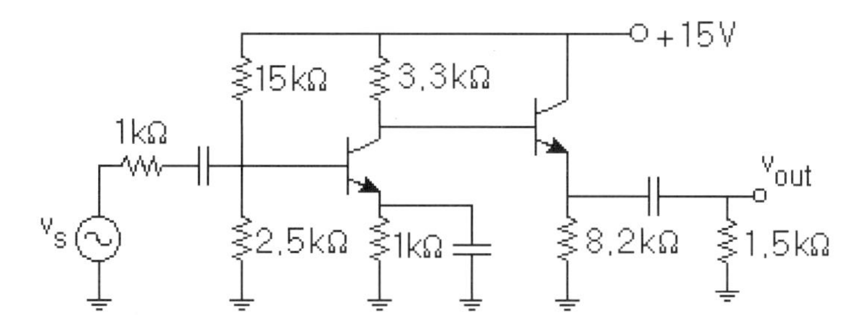

解

觀察電路，可知第一級共射直接交連第二級共集，求 I_E，取 $\beta \cong 1+\beta$

CE 放大器：

$$V_{th} = 15V \times \frac{2.5}{15+2.5} = 2.14\ V \quad , \quad R_{th} = \frac{15 \times 2.5}{15+2.5} = 2.14\ k\Omega$$

$$I_{E1} = \frac{2.14-0.7}{1k + \dfrac{2.14k}{100}} = 1.41\ mA \quad , \quad \alpha = \frac{\beta}{1+\beta} = \frac{100}{1+100} = 0.99$$

$$I_{C1} = \alpha I_{E1} = 0.99 \times 1.41 = 1.4\ mA$$

$$V_{C1} = V_{CC} - I_{C1}R_{C1} = 15 - 1.4 \times 3.3 = 10.38\ V$$

CC 放大器：

$$V_{B2} = V_{C1} = 10.38\ V$$

$$I_{E2} = \frac{10.38-0.7}{8.2} = 1.181\ mA$$

求 r_e

$$r_{e1} = \frac{25mV}{I_{E1}} = \frac{25mV}{1.41mA} = 17.73\ \Omega$$

$$r_{e2} = \frac{25\ mV}{1.181\ mA} = 21.17\ \Omega$$

CE 放大器：

$$Z_{in} = R_1 \,||\, R_2 \,||\, (1+\beta)r_{e1} = 15 \,||\, 2.5 \,||\, (101)\frac{17.73}{1000} = 0.976\ k\Omega$$

$$A_1 = -\frac{R_C}{r_{e1}} = -\frac{3.3k}{\left(\frac{17.73}{1000}\right)k} = -186.13$$

$$Z_{out1} = R_C = 3.3\ k\Omega$$

CC 放大器：$R_{EL} = R_{E2} \| R_L = 8.2 \| 1.5 = 1.268\ k\Omega$

$$Z_{in2} = (1+\beta)(r_{e2} + R_{EL}) = (101)(\frac{21.179}{1000} + 1.268) = 130.2\ k\Omega$$

$$A_2 = \frac{R_{EL}}{r_{e2} + R_{EL}} = \frac{1268}{21.17 + 1268} = 0.984$$

計算輸出阻抗：使用 $Z_{out} = R_E \| \left[r_e + \frac{R_S \| R_1 \| R_2}{\beta + 1} \right]$，其中第二級 R_S的位置，是第一級 Z_{out1} 的位置，並且沒有 R_1與 R_2 。

$$Z_{out2} = R_{E2} \| \left(r_{e2} + \frac{Z_{out1}}{(1+\beta_2)} \right) = 8.2 \| \left(\frac{21.17}{1000} + \frac{3.3}{(1+100)} \right) = 53.5\ \Omega$$

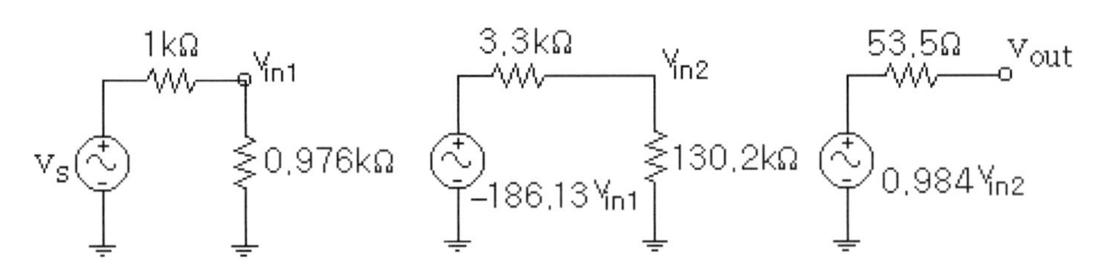

根據分離式交流模型，計算 v_{out} 、 A_t 。

$$v_{in1} = 10\ mV \times \frac{0.976}{1 + 0.976} = 4.94\ mV$$

$$A_1 v_{in1} = -186.13 \times 4.94 = -919.48\ mV$$

$$v_{out1} = v_{in2} = -919.48\ mV \times \frac{130.2}{3.3 + 130.2} = -896.75\ mV$$

$$v_{out} = A_2 v_{in2} = 0.984 \times -896.75\ mV = -882.4\ mV$$

$$A_t = \frac{-882.4}{10} = -88.24$$

意即 v_s 放大 88.24 倍，而且 v_{out} 與 v_s 反相（相位差 180 度）。

7 範例

如圖電路，$\beta = 100$，求總電壓增益 A_t。

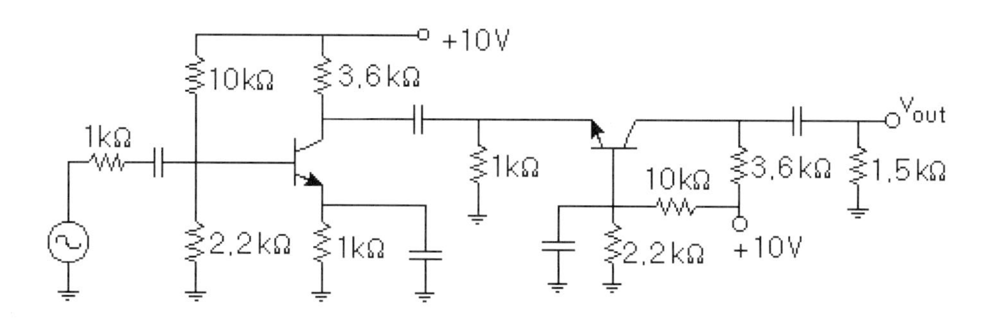

解

這是共射 CE 串級共基 CB 放大器，回顧第 7 章範例 2 單級共射放大器，可知交流等效電路如下圖所示（提醒注意：筆算會有誤差）。

計算中頻帶總電壓增益，

$$A_t = \left(\frac{1.01}{1+1.01}\right)(-155.38)\left(\frac{22.54}{3600+22.54}\right)(155.58)\left(\frac{1.5}{3.6+1.5}\right) = -22.48$$

8 範例

如圖電路，$\beta = 100$，$r_{\pi1} = 1\,\text{k}\Omega$，$r_{\pi2} = r_{\pi3} = 0.5\,\text{k}\Omega$，求總電壓增益 A_t。

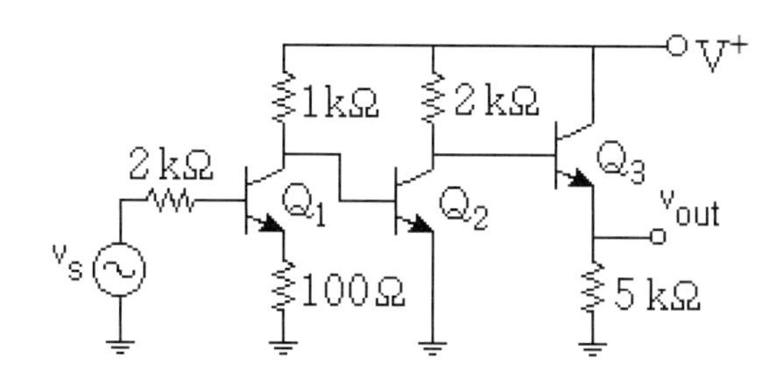

解

這是淹沒共射，共射與共集放大器串接而成的串級放大器，已知β與 r_π ，可求出交流射極電阻

$$r_{e1} = r_{\pi 1}/(1+\beta) = 9.901\,\Omega$$

$$r_{e2} = r_{e3} = 0.5\,k\Omega/101 = 4.9505\,\Omega\text{ ，}$$

輸入阻抗：

$$Z_{in1} = (1+\beta)/(r_{e1}+R_{E1}) = 11.1\,k\Omega$$

$$Z_{in2} = (1+\beta)r_{e2} = 500\,\Omega$$

$$Z_{in3} = (1+\beta)/(r_{e3}+R_{E3}) = 505.5\,k\Omega$$

電壓增益：

$$A_1 = -R_{C1}/(r_{e1}+R_{E1}) = -9.0991$$

$$A_2 = -R_{C2}/r_{e2} = -404$$

$$A_3 = R_{E3}/(r_{e3}+R_{E3}) = 0.999$$

輸出阻抗：

$$Z_{out1} = R_{C1} = 1\,k\Omega$$

$$Z_{out2} = R_{C2} = 500\,\Omega$$

$$Z_{in3} = R_{E3} \,||\, (r_{e3}+R_{C2}/(1+\beta)) = 24.631\,\Omega$$

綜上結果可得交流等效電路如下圖所示。

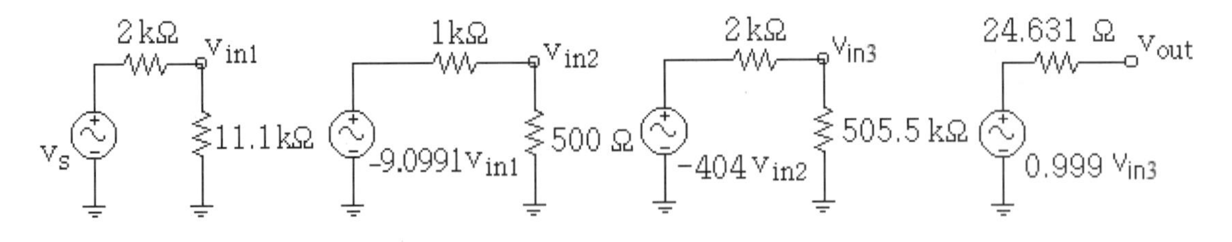

計算總電壓增益為

$$A_t = (11.1/13.1)(-9.0991)(0.5/1.5)(-404)(505.5/507.5)(0.999) = 1033.2$$

如圖電路，$\beta = 100$，求總電壓增益 A_t。

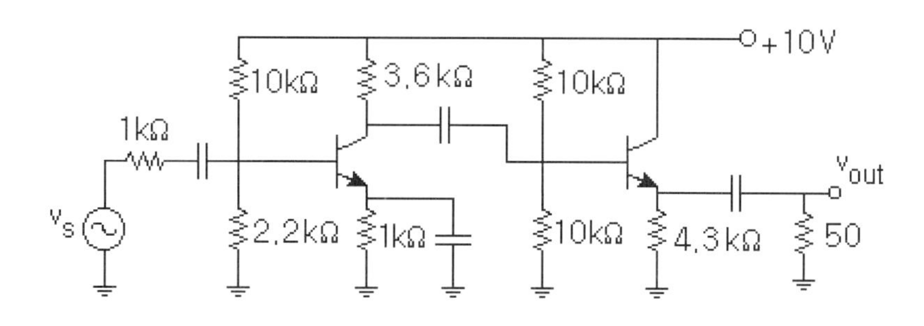

Answer $r_{e1} = 23.06\,\Omega$，$r_{e2} = 25.29\,\Omega$，$Z_{in1} = 1.02\,k\Omega$，$Z_{in2} = 3.01\,k\Omega$，$A_1 = -156.09$，$A_{v2} = 0.662$，$Z_{out1} = 3.6\,k\Omega$，$Z_{out2} = 45.5\,\Omega$，$A_t = -23.69$。

如圖電路，$\beta = 100$，求總電壓增益 A_t。

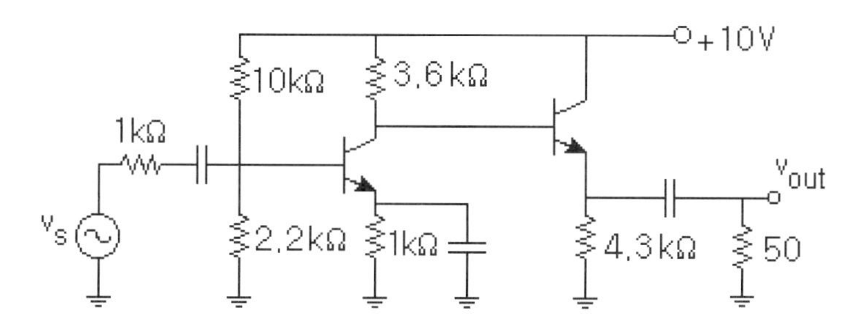

Answer $r_{e1} = 23.06\,\Omega$，$r_{e2} = 19.77\,\Omega$，$Z_{in1} = 1.02\,k\Omega$，$Z_{in2} = 6.99\,k\Omega$，$A_1 = -156.09$，$A_2 = 0.714$，$Z_{out1} = 3.6\,k\Omega$，$Z_{out2} = 54.7\,\Omega$，$A_t = -37.09$。

8 練習

如圖電路，$\beta = 100$，求總電壓增益 A_t。

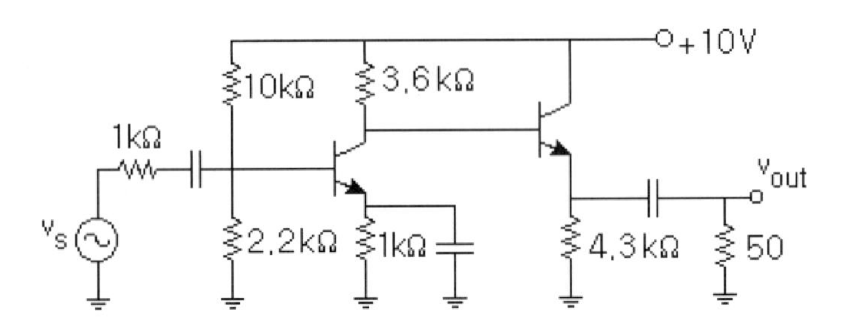

Answer $r_{e1} = 23.06\,\Omega$，$r_{e2} = 19.77\,\Omega$，$Z_{in1} = 1.02\,k\Omega$，$Z_{in2} = 6.99\,k\Omega$，$A_1 = -156.09$，$A_2 = 0.714$，$Z_{out1} = 3.6\,k\Omega$，$Z_{out2} = 54.7\,\Omega$，$A_t = -37.09$。

9 練習

如圖電路，$\beta = 100$，$r_{\pi 1} = 1\,k\Omega$，$r_{\pi 2} = r_{\pi 3} = 0.5\,k\Omega$，求總電壓增益 A_t。

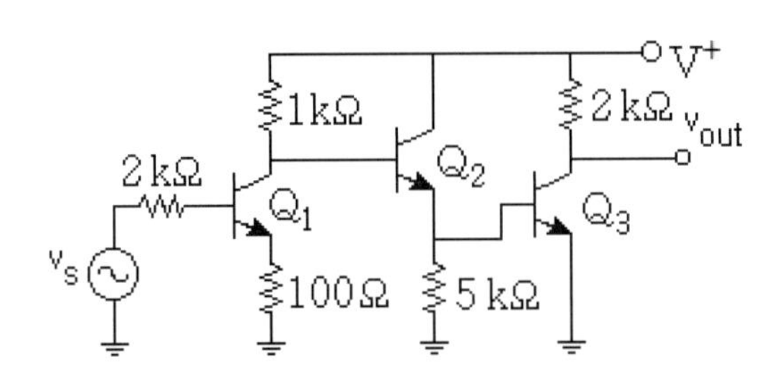

Answer $Z_{in1} = 11.1\,k\Omega$，$Z_{in2} = 505.5\,k\Omega$，$Z_{in3} = 500\,\Omega$，電壓增益 $A_1 = -9.0991$，$A_2 = 0.999$，$A_3 = -404$，輸出阻抗 $Z_{out1} = 1\,k\Omega$，$Z_{in2} = 14.808\,\Omega$，$Z_{out3} = 500\,\Omega$，$A_t = 3016.3$。

經之前說明與例題後，請參考隨書電子書光碟以程式進行相關例題模擬：

8-4-A　共射串級共集放大器 Pspice 分析

8-4-B　共射串級共集放大器 MATLAB 分析

8-4-C　共射直接交連共集放大器 Pspice 分析

8-4-D　共射直接交連共集放大器 MATLAB 分析

8-5 疊接放大器

如下圖所示為 BJT 的**疊接電路**(Cascode circuit)，第一級輸入端為共射 CE 放大器，第二級輸出端為共基 CB 放大器，電晶體 Q_1 與 Q_2 完全相同，並且偏壓在主動區。

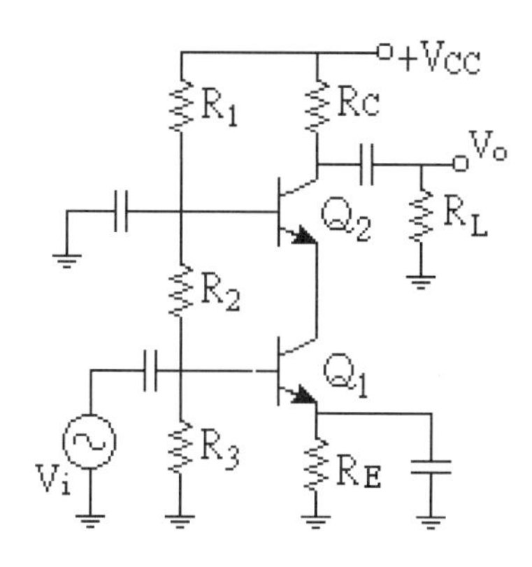

各級電壓增益為

$$A_{CE} = -\frac{\alpha_1 r_{e2}}{r_{e1}} \quad , \quad A_{CB} = \frac{\alpha_2 (R_C \parallel R_L)}{r_{e2}}$$

疊接電路的總電壓增益定義為 $A_t \equiv \dfrac{V_o}{V_i}$

$$A_t = A_{CE} \times A_{CB} = \left(-\frac{\alpha_1 r_{e2}}{r_{e1}}\right) \times \left(\frac{\alpha_2 (R_C \parallel R_L)}{r_{e2}}\right) = -\frac{\alpha_1 \alpha_2 (R_C \parallel R_L)}{r_{e1}}$$

或近似為

$$A_t \cong -g_{m1}(R_C \parallel R_L)$$

疊接電路的總電壓增益似乎沒有明顯的串級放大器乘數效果，但在頻率響應上，有比單級共射放大器更寬廣的頻寬的優點。

9 範例

如圖電路，$\beta=100$，$V_{BE(on)}=0.7\text{ V}$，$V_A=\infty$，$V_{CE1}=V_{CE2}=4\text{ V}$，$I_{C1}=I_{C2}=I_C$，求總電壓增益 A_t。

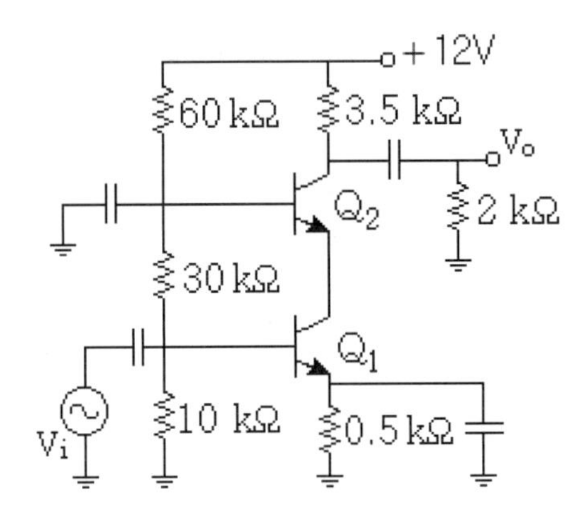

解

計算 I_E 電流：$V_{10\,k\Omega}=12\text{V}\times10/(60+30+10)=1.2\text{ V}$

$$I_C\cong I_E=\frac{1.2-0.7}{0.5\,k\Omega}=1\text{ mA}$$

計算 g_m：熱電壓 V_T 假設為 26 mV

$$g_{m1}=g_{m2}=\frac{I_C}{V_T}=\frac{1\text{mA}}{26\text{mV}}=38.5\,\text{mA}/\text{V}$$

總電壓增益 A_t 為

$$A_t=-(38.5\text{m})(3.5\text{k}\parallel2\text{k})=-49$$

以上是近似的快速解決，其非近似計算留做練習。

如圖電路，$\beta = 100$，$V_{BE(on)} = 0.7\,V$，$V_A = \infty$，求總電壓增益 A_t。

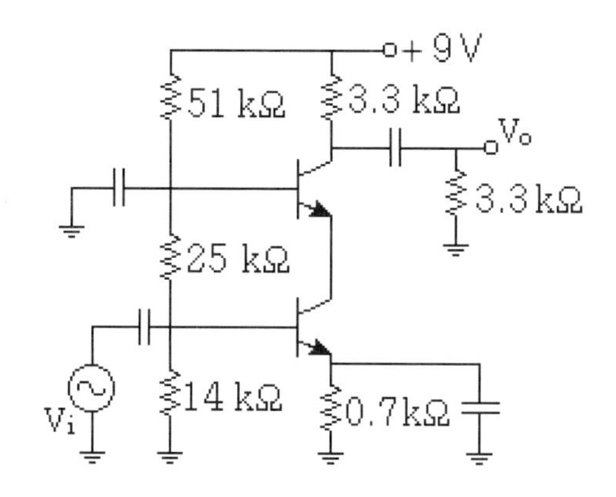

Answer $I_C = 1\,mA$，$g_m = 38.5\,mA/V$，$A_t = -63.53$。

習題

8-1　如圖電路，$\beta = 300$，$v_s = 100\ mV$，求總電壓增益 A_t。

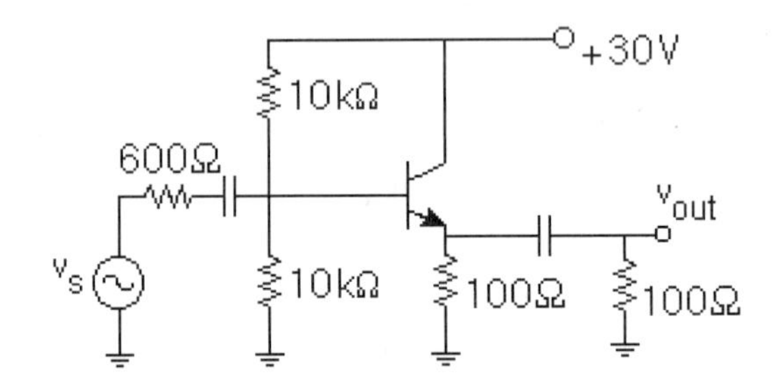

8-2　如圖電路，$\beta = 100$，$v_s = 100\ mV$，求總電壓增益 A_t。

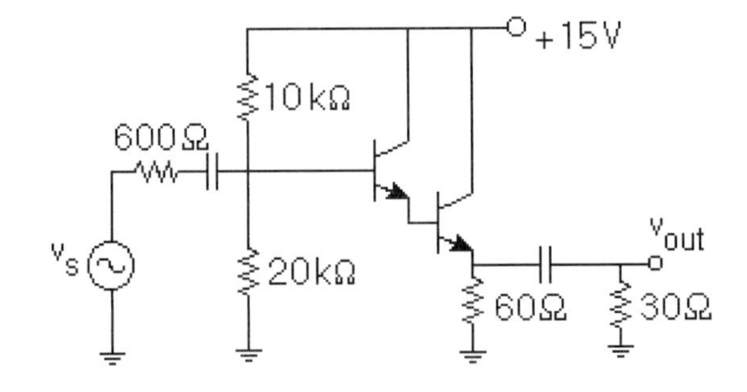

8-3　如圖電路，$\beta = 100$，$v_s = 10\ mV$，求總電壓增益 A_t。

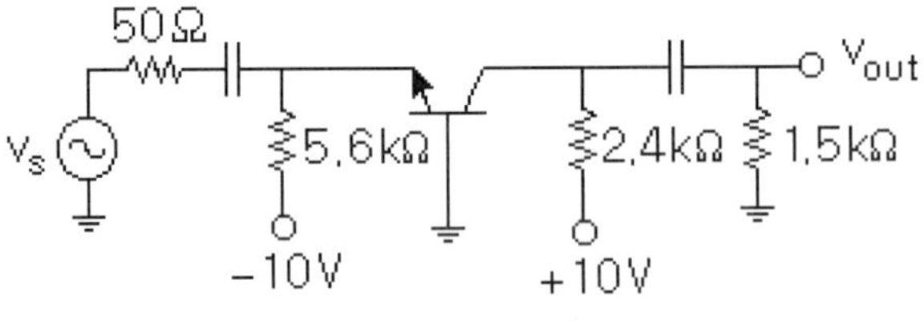

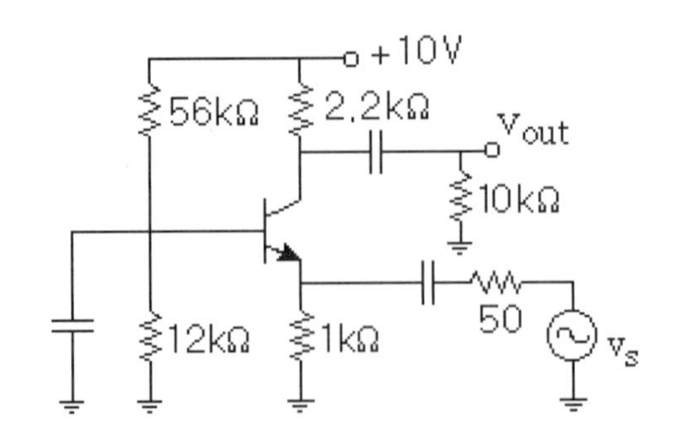

8-4　如圖電路，$\beta = 100$，$v_s = 10\ mV$，求總電壓增益 A_t。

8-5 如圖電路，$\beta=100$，求總電壓增益 A_t。

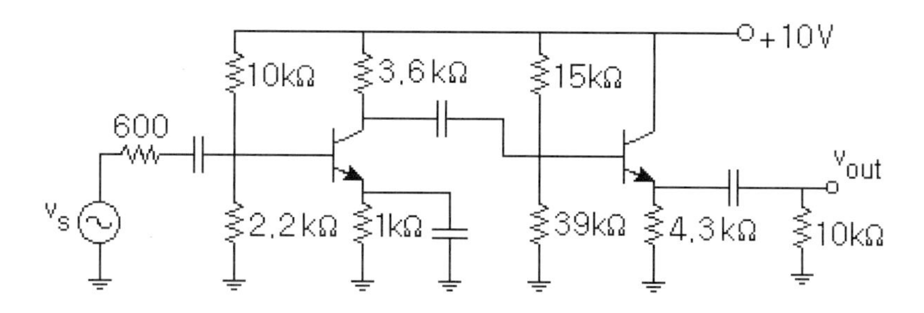

8-6 如圖電路，$\beta=100$，求總電壓增益 A_t。

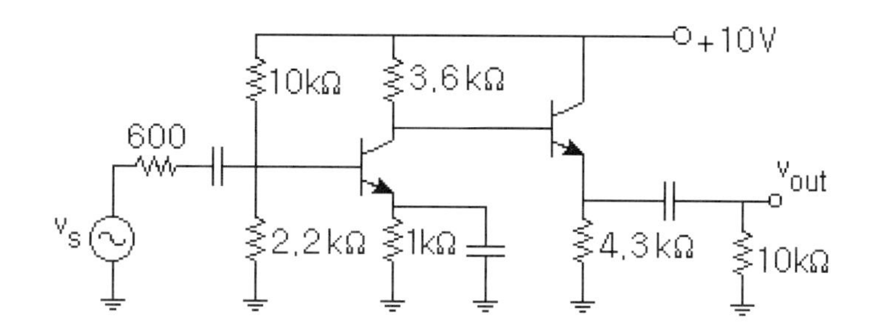

8-7 如圖電路，$\beta=200$，求總電壓增益 A_t。

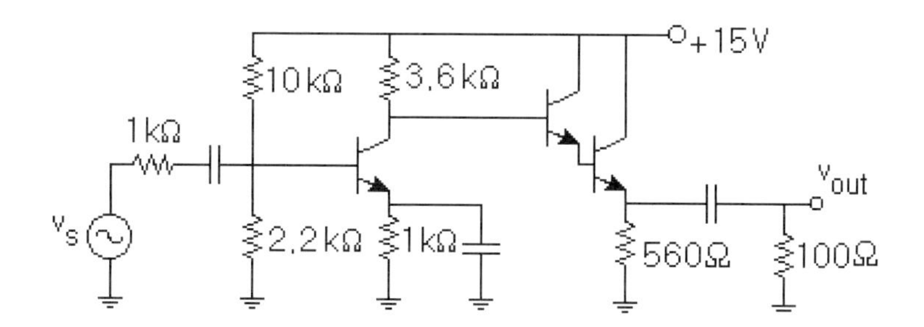

8-8 如圖電路，$\beta=100$，求總電壓增益 A_t。

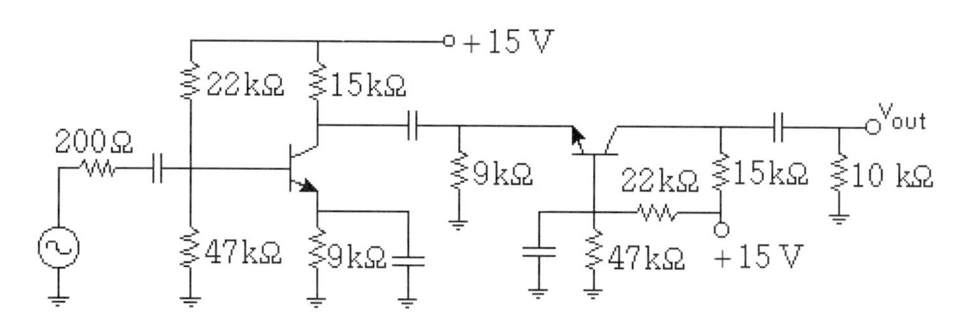

8-9　如圖電路，$\beta = 100$，$r_{\pi 1} = 1\,\text{k}\Omega$，$r_{\pi 2} = r_{\pi 3} = 0.5\,\text{k}\Omega$，求總電壓增益 A_t。

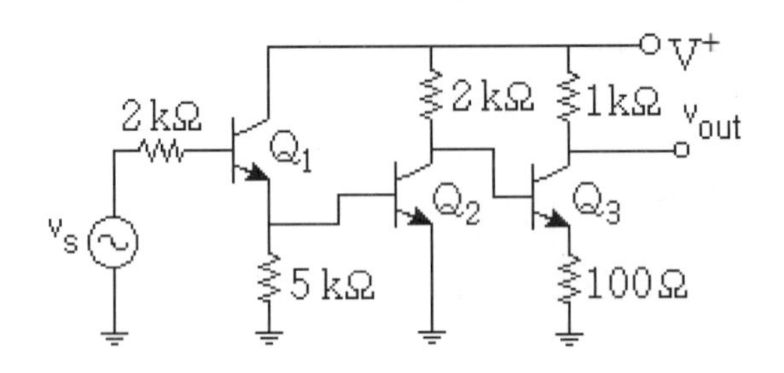

8-10　如圖電路，$\beta = 120$，$V_{BE(on)} = 0.7\,\text{V}$，$V_A = \infty$，$V_T = 26\,\text{mV}$，求總電壓增益 A_t。

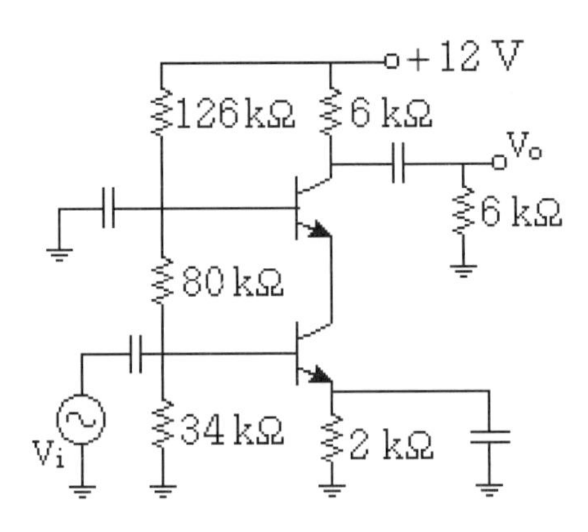

場效電晶體

研究完本章，將學會

- 場效電晶體
- 閘極偏壓
- 自給偏壓分析
- 分壓偏壓分析
- 源極偏壓分析
- 電流源偏壓分析

9-1 場效電晶體※＊

前面章節所討論的電晶體，是一種電流控制型的裝置，這種裝置不論是 npn 或 pnp 型態，都是藉由兩種載子：電子與電洞，來完成電路設定的動作，因此稱為雙載子接面電晶體，簡稱 BJT。本章要介紹的元件是一種單極性的動作，簡稱 JFET 的接面場效電晶體，它屬於電壓控制型的裝置。對 n 通道 JFET 而言，電流是由電子流產生；若是 p 通道 JFET 則電流是由電洞產生。

9-1-1 基本觀念

接面場效電晶體（**J**unction **F**ield **E**ffect **T**ransistor，簡稱 JFET）有 n 通道與 p 通道兩種結構，如下圖左顯示 n 通道 JFET，中央部分是 n 型半導體，兩旁是 p 型半導體，三個端點分別為：

下端點：**源極**(Source)，簡稱 S，因為電子從此出發進入元件內部。

上端點：**汲極**(Drain)或**洩極**，簡稱 D，因為電子從此洩放出去。

左端點：**閘極**(Gate)，簡稱 G，兩 p 型區內部相連接通，構成一道閘門通道，其寬度可以決定電流大小。

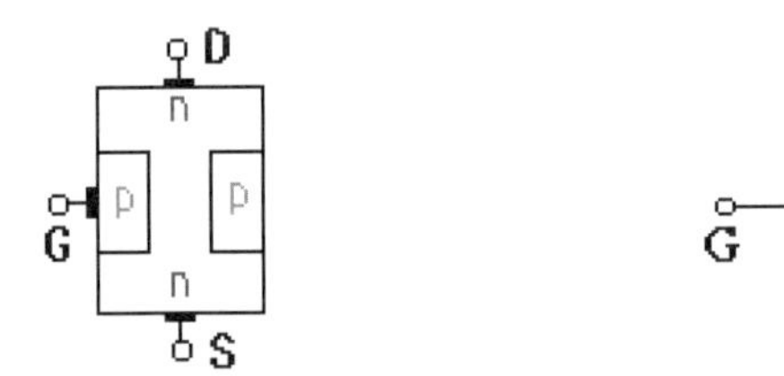

如上圖右顯示 n 通道 JFET 的電子符號，通道以垂直線表示，箭頭指向通道是沿用 pn 二極體的概念，因為閘極與通道正好構成一個 pn 二極體；另外，p 通道 JFET 的結構與電子符號，如下圖所示。

同樣比照雙載子電晶體的處理習慣，討論以 n 通道 JFET 為主，若想瞭解 p 通道 JFET 的特性，只要將“電壓極性相反，電流方向相反”即可。

9-1-2 洩極特性曲線

n 通道 JFET 的偏壓電路，如下圖所示，其外加偏壓有：

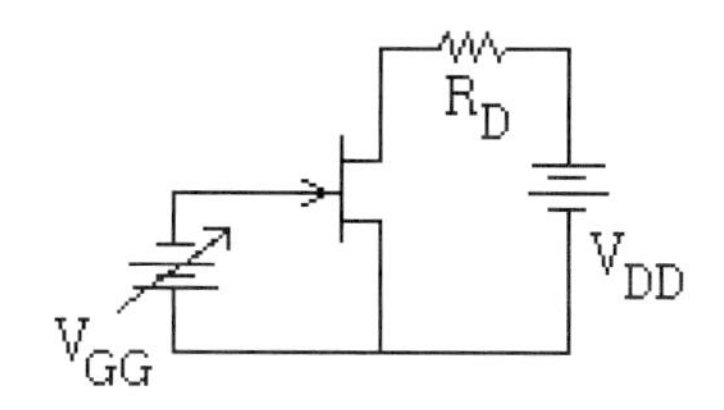

1. V_{DD}：正端接洩極 D，負端接源極 S，使電子從源極經過通道流向洩極。
2. V_{GS}：負端接閘極 G，正端接源極 S，造成閘源極之間逆偏壓，因而在 p 型區附近產生空乏區。此空乏區的大小與通道寬度成反比，意即藉著改變閘極偏壓可以對通道寬度加以控制，進而達成限制流過通道電流的目的。

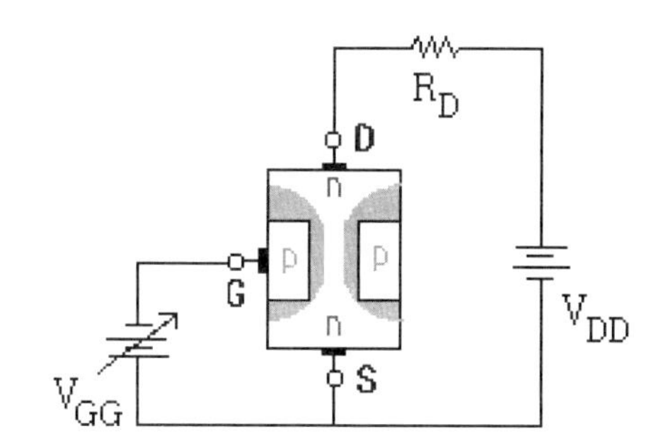

所謂**洩極特性曲線**(Drain characteristic curve)，就好像是電晶體 BJT 的集極特性曲線，其動作分析如下：

Step1 調整 $V_{GS} = 0$，然後調整 V_{DD}，記錄 I_D 與 V_{DS} 值，畫出第一條曲線。

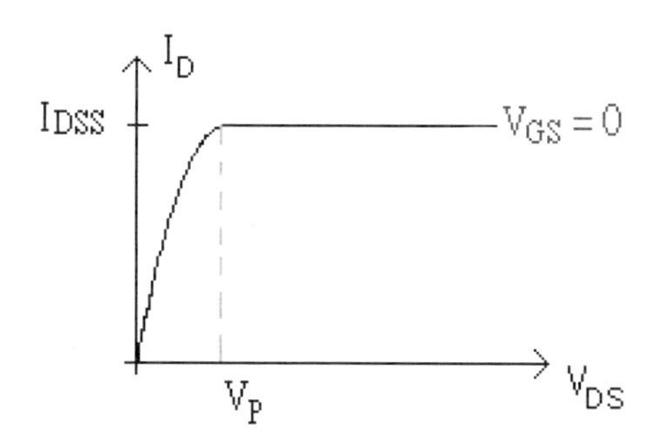

其中 I_{DSS} 為最大電流，當 $V_{GS} = 0$， V_p 為**夾止電壓**(Pinchoff voltage)。

Step2 調整 $V_{GS}=-0.5\text{ V}$（或 -1 V），然後調整 V_{DD}，記錄 I_D 與 V_{DS} 值，畫出第二條曲線。因為 V_{GS} 電壓愈負，空乏區範圍愈大，導致通道寬度變小，流通電流 $I_S=I_D$ 也愈小，示意圖如右所示。

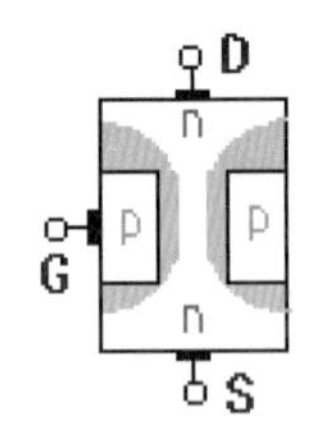

Step3 重複上述步驟，V_{GS} 每隔 -0.5 V（或 -1 V），直到某一臨界值 $V_{GS(off)}$，此時，通道到剛好被空乏區完全封閉，示意圖如右所示。

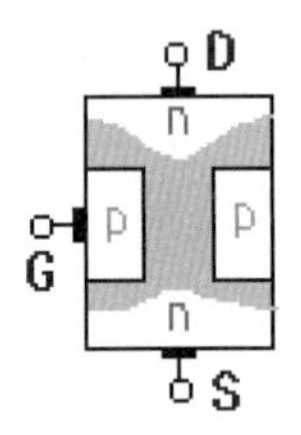

綜上所有結果，最後所得到的洩極特性曲線，如下圖所示。

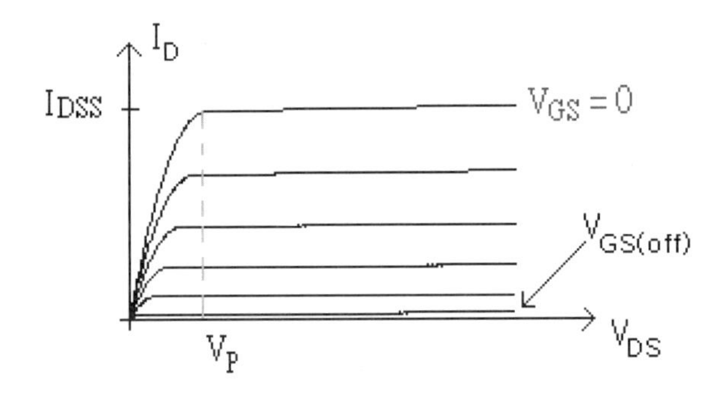

特性曲線圖中，主要可以區分為 3 區：

1. **歐姆區**(Ohmic region)或稱**非飽和區**(Nonsaturation region)：V_{DS} 從 0 到 V_p 的陰影區域。

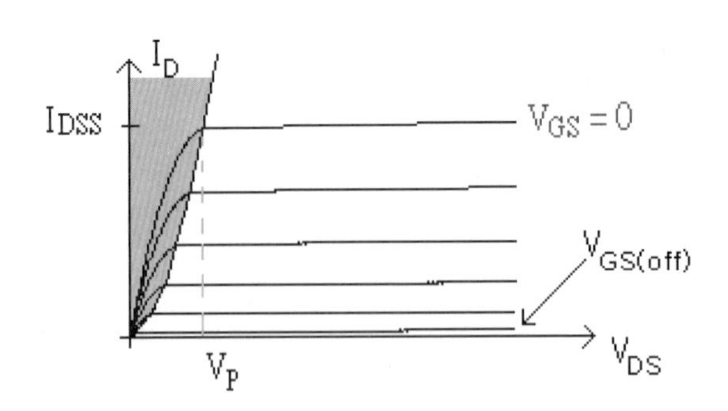

2. **飽和區**(Saturation region)： V_{DS} 從 0 到 $V_{DS(max)}$ 的陰影區域。

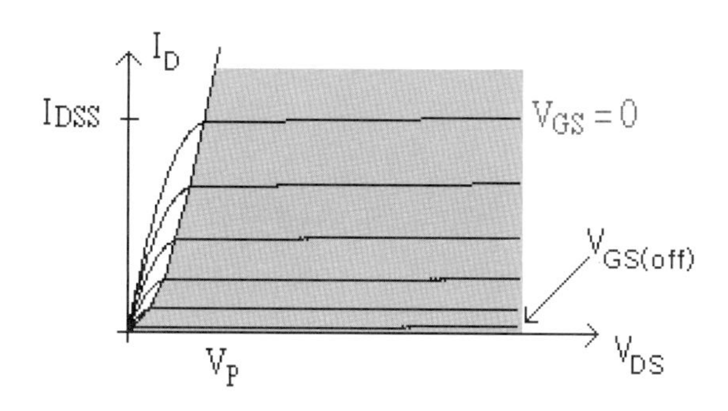

3. **截止區**(Cutoff region)： $V_{GS(off)}$ 以下的區域。

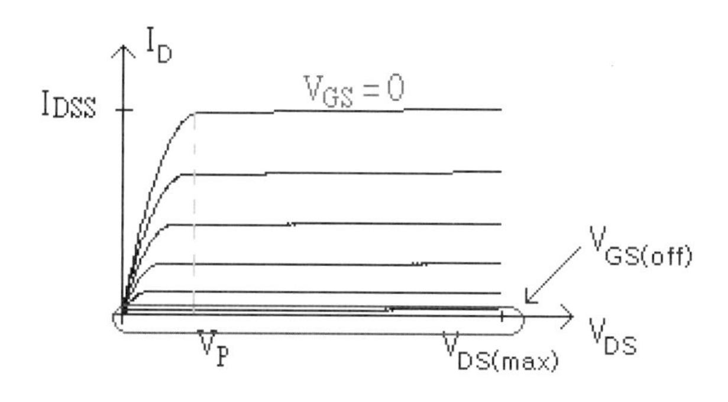

V_p 與 $V_{GS(off)}$

資料手冊通常是標示 V_p 或 $V_{GS(off)}$，由已知任一值可知另一項的值，關係式為

$$V_P = \left|V_{GS(off)}\right|$$

9-1-3 轉換電導曲線

直接由洩極特性曲線中找出對應的 $V_{GS} - I_D$ 點即可，如下圖所示。

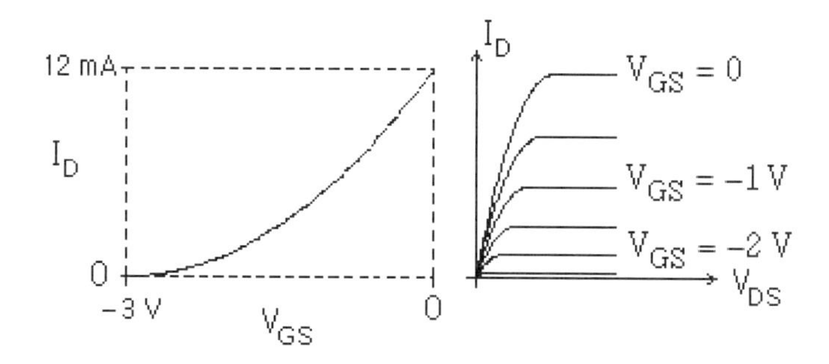

此**轉換電導曲線**(Transfer characteristic)屬於拋物線，可用數學式表示為

$$I_D = I_{DSS}\left(1-\frac{V_{GS}}{V_{GS(off)}}\right)^2$$

因為上式是平方的關係，故稱 JFET 為**平方律元件**。通常資料手冊不列出轉換電導曲線，但是根據 I_{DSS}、$V_{GS(off)}$ 已知值，不難自行畫出整條轉換電導曲線，或計算出某一 V_{GS} 值所對應的 I_D 值。

1 範例

2N5668 之 n 通道 JFET 的 $I_{DSS} = 9\text{ mA}$，$V_{GS(off)} = -3\text{ V}$，求 I_D，當 $V_{GS} =$ (a)0 (b) −1 V (c) −2 V。

解

方程式：$I_D = I_{DSS}\left(1-\frac{V_{GS}}{V_{GS(off)}}\right)^2$

(a) $I_D = 9\text{mA}\left[1-\frac{0}{-3}\right]^2 = 9\text{ mA}$

(b) $I_D = 9\text{mA}\left[1-\frac{-1}{-3}\right]^2 = 4\text{ mA}$

(c) $I_D = 9\text{mA}\left[1-\frac{-2}{-3}\right]^2 = 1\text{ mA}$

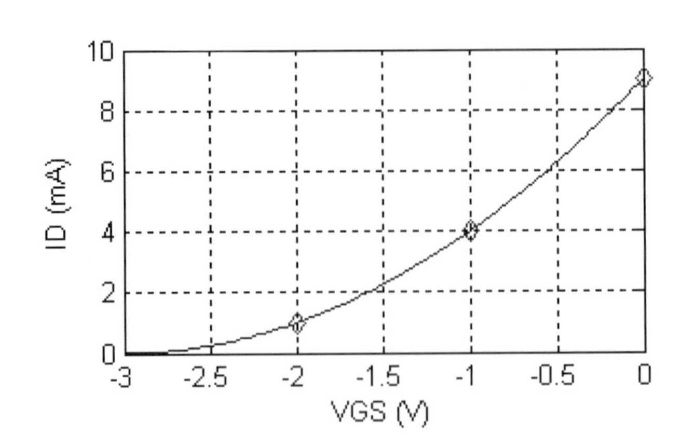

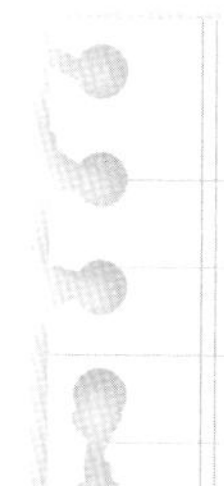

經之前說明與例題後，請參考隨書電子書光碟以程式進行相關例題模擬：

9-1-A 場效電晶體 Pspice 分析

9-1-B 場效電晶體 MATLAB 分析

n 通道 JFET 的 $I_{DSS} = 32\ mA$，$V_{GS(off)} = -8\ V$，求 I_D，當 $V_{GS} = -4\ V$

Answer 8 mA。

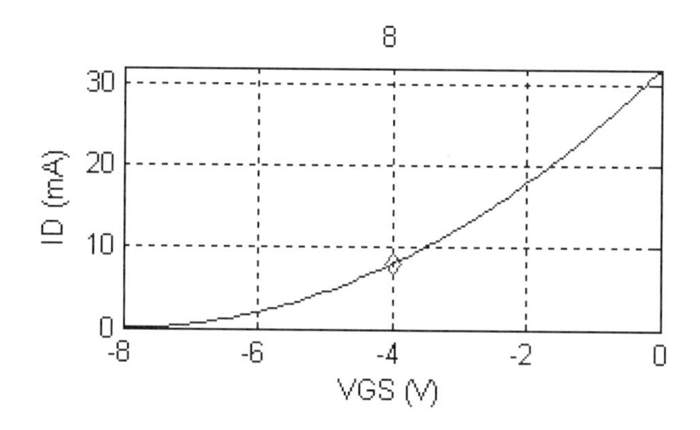

閘極偏壓

與 BJT 的基極偏壓電路類似，如下圖所示為 JFET 的**閘極偏壓**(Gate bias)電路，此種偏壓電路沒有回授抵補作用，因此在實際應用上較少採用。

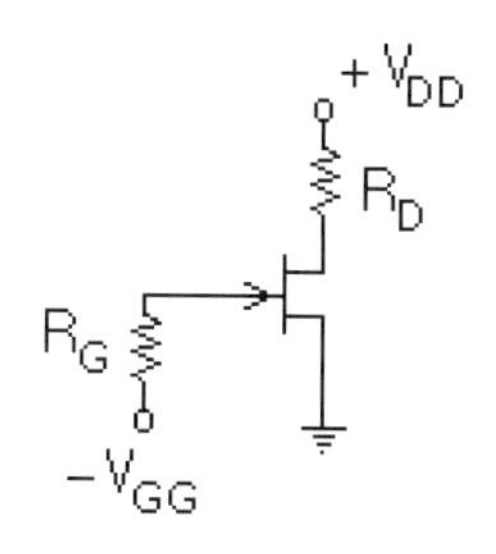

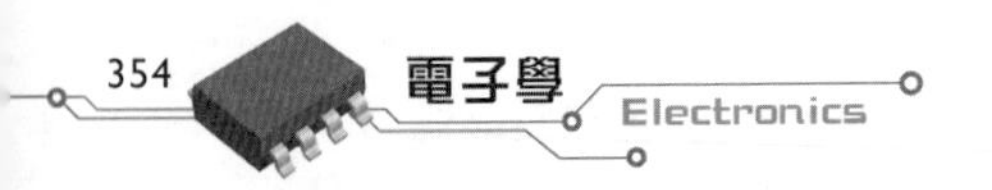

分析

因為閘極接逆向偏壓，致使無電流流過接面，即

$$I_G = 0$$

因此

$$V_{R_G} = I_G R_G = 0$$

$$V_{GS} = V_G - V_S = -V_{GG} - 0 = -V_{GG}$$

代入 $I_D = I_{DSS}\left(1 - \frac{V_{GS}}{V_{GS(off)}}\right)^2$，求出 I_D，然後再求出 V_{DS}

$$V_D = V_{DD} - I_D R_D \quad , \quad V_{DS} = V_D - V_S = V_D$$

其中(V_{DS}, I_D)即為靜態工作點 Q 點，或者直接針對轉換電導曲線 $V_{GS} - I_D$，以(V_{GS}, I_D)為 Q 點。閘極偏壓是一種很差的偏壓方式，原因是 JFET 的參數變化範圍太大，例如，2N5459 的參數範圍為

$$4\ \text{mA} \le I_{DSS} \le 16\ \text{mA}$$

$$|-2\text{V}| \le V_{GS(off)} \le |-8\text{V}|$$

假設 $V_{GG} = V_{GS} = -1\,\text{V}$，畫一垂直線，它與最大值、最小值的轉換電導曲線分別相交於 $Q_1(-1\,\text{V}, 11.25\,\text{mA})$、$Q_2(-1\,\text{V}, 1\,\text{mA})$，如下圖所示；由此結果可知，JFET 的 Q 點範圍在 Q_1、Q_2 之間，意即洩極電流的變化量將高達 11.25 mA，顯見閘極偏壓不是穩定的偏壓方式。

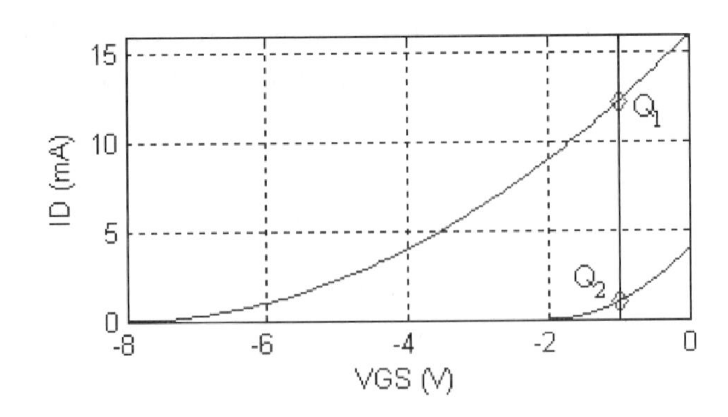

2 範例

如圖電路，n 通道 JFET 的 $I_{DSS}=10\text{ mA}$ ， $V_{GS(off)}=-4.5\text{ V}$ ，求(a)靜態工作點 Q 點 (b) V_{DS} 。

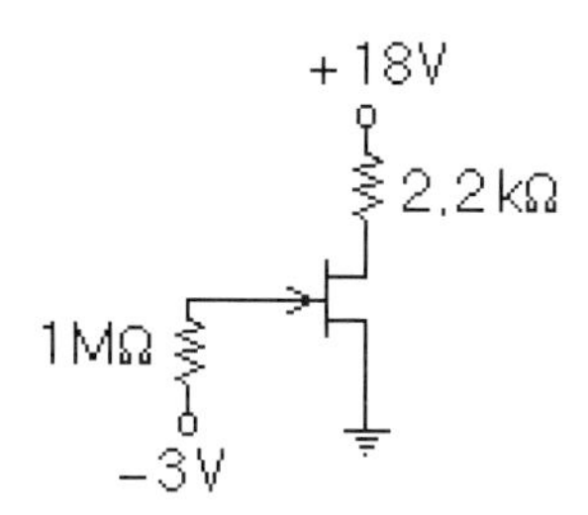

解

(a) 聯立方程式：

$$I_D=I_{DSS}\left[1-\frac{V_{GS}}{V_{GS(off)}}\right]^2=10\text{ mA}\left[1-\frac{V_{GS}}{-4.5}\right]^2\cdots\cdots(1)$$

$$V_{GS}=V_G-V_S=-3\cdots\cdots(2)$$

將(2)式代入(1)式

$$I_D=10\text{ mA}\left[1-\frac{-3}{-4.5}\right]^2=1.11\text{ mA}$$

即 Q(−3 V ，1.11 mA)。

(b) $V_{DS}=V_{DD}-I_DR_D=18-(1.11\text{m})\times(2.2\text{k})=15.56\text{ V}$

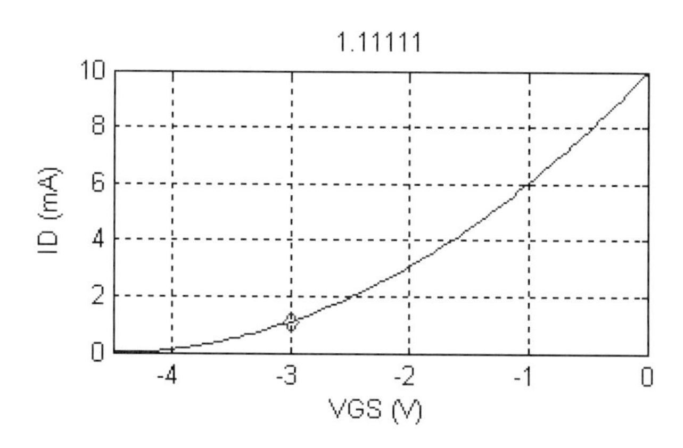

如圖電路，n 通道 JFET 的 $I_{DSS} = 8\text{ mA}$， $V_{GS(off)} = -4\text{ V}$，求(a)靜態工作點 Q 點　(b) V_{DS}。

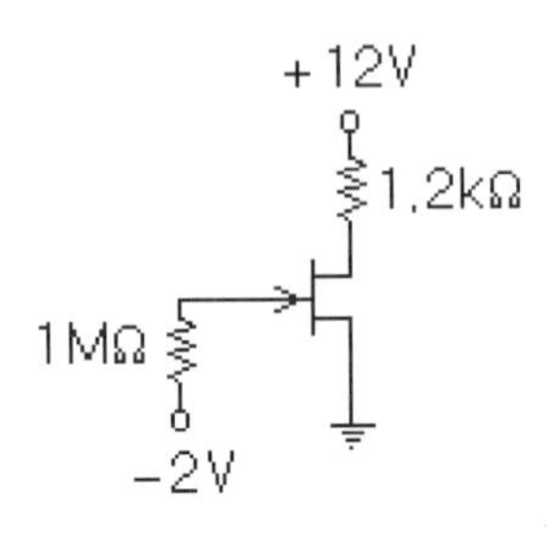

Answer　(a) Q(−2 V , 2 mA)　(b) $V_{DS} = 9.6\text{ V}$。

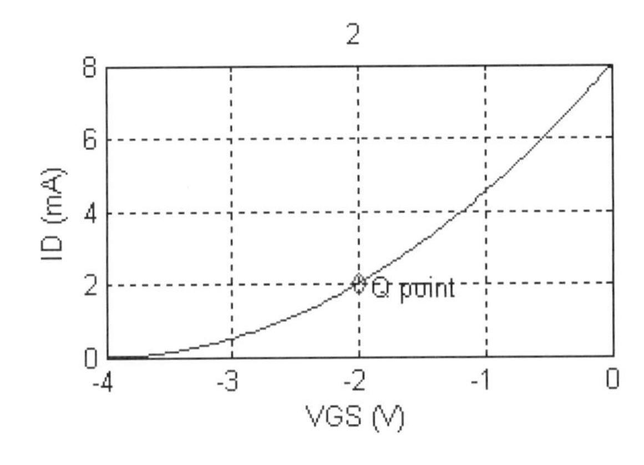

9-3 自給偏壓分析※＊

如下圖所示的**自給偏壓**(Self-Bias)電路，其中 R_S 為回授電阻，具有回授效果，使得洩極電流的變化有抵補的作用，故而此電路較為實用。

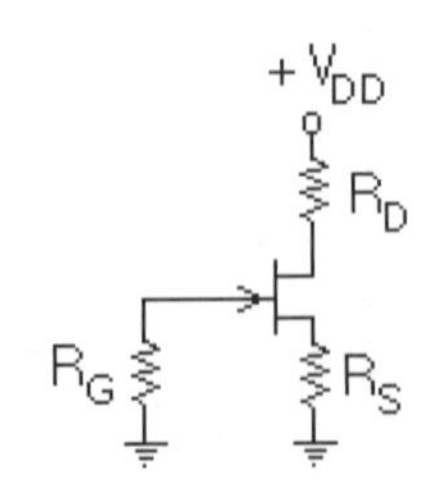

分析

聯立(1)轉換電導 (2)偏壓方程式，求靜態工作點 Q。

$$I_D = I_{DSS}\left(1-\frac{V_{GS}}{V_{GS(off)}}\right)^2 \cdots\cdots(1)$$

$$V_{GS} = V_G - V_S = -I_D R_S \cdots\cdots(2)$$

將(2)式代入(1)式，可求出 I_D，再代回(2)式求 V_{GS}，此即為 Q (V_{GS}, I_D)。

Q 點穩定作用

根據(2)式 $V_{GS} = V_G - V_S = -I_D R_S$，可知：

1. $I_D \uparrow$，$I_D R_S \uparrow$，V_{GS} 愈偏向負壓，因而導致 $I_D \downarrow$。
2. $I_D \downarrow$，$I_D R_S \downarrow$，V_{GS} 負壓愈小，因而導致 $I_D \uparrow$。

或者根據(2)式作圖，顯然偏壓方程式是通過原點的直線，因此 Q 點的變化幅度比閘極偏壓電路小，如下圖所示。

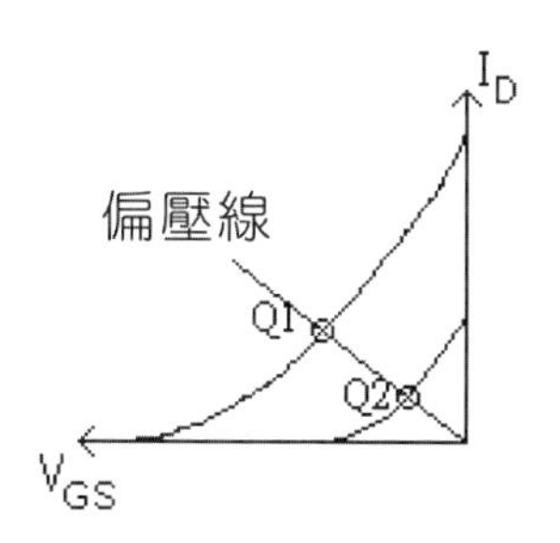

3 範例

如圖電路，n 通道 JFET 的 $I_{DSS} = 12\ mA$，$V_{GS(off)} = -4\ V$，求(a)靜態工作點 Q 點 (b) V_{DS}。

+15V
2kΩ
10 MΩ
1kΩ

解

(a) 聯立方程式：

$$I_D = I_{DSS}\left[1-\frac{V_{GS}}{V_{GS(off)}}\right]^2 = 12\ \text{mA}\left[1-\frac{V_{GS}}{-4}\right]^2 \cdots\cdots(1)$$

$$V_{GS} = V_G - V_S = -I_D R_S = -I_D \cdots\cdots(2)$$

將(2)式代入(1)式

$$I_D = 12\left(1-\frac{-I_D}{-4}\right)^2 = 12\left(1-\frac{I_D}{2}+\frac{I_D^2}{16}\right) = 12 - 6\ I_D + 0.75\ I_D^2$$

$$0.75\ I_D^2 - 7\ I_D + 12 = 0$$

$$I_D = \frac{7 \pm \sqrt{(-7)^2 - 4(0.75)(12)}}{2\times 0.75} = 7.07\ \text{mA}\ \ \text{or}\ \ 2.26\ \text{mA}$$

上式中 $I_D = 7.07$ mA 不合，即 $I_D = 2.26$ mA ，代回(2)式

$$V_{GS} = -I_D = -2.26\ \text{V}$$

即 Q(−2.26 V ，2.26 mA)。

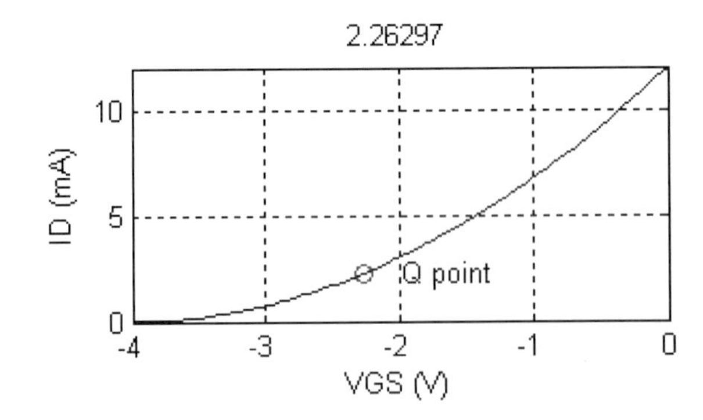

(b) $V_{DS} = V_{DD} - I_D(R_D + R_S) = 15 - (2.26\ \text{m})\times(3\text{k}) = 8.22\ \text{V}$ 。

經之前說明與例題後，請參考隨書電子書光碟以程式進行相關例題模擬：

9-3-A 自給偏壓 Pspice 分析

9-3-B 自給偏壓 MATLAB 分析

如右圖電路，n 通道 JFET 的 $I_{DSS} = 8$ mA，$V_{GS(off)} = -6$ V，求靜態工作點 Q。

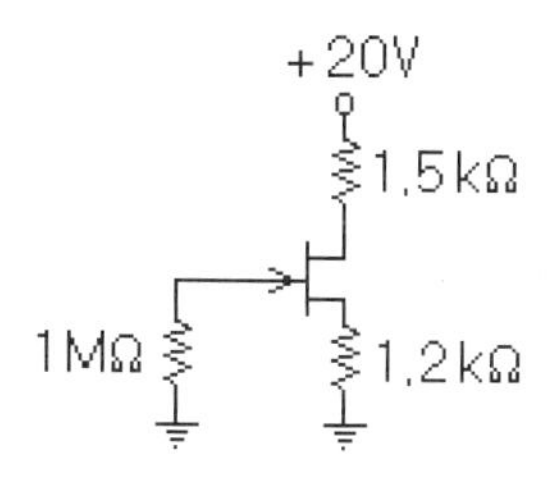

Answer Q(–2.77 V , 2.31 mA)。

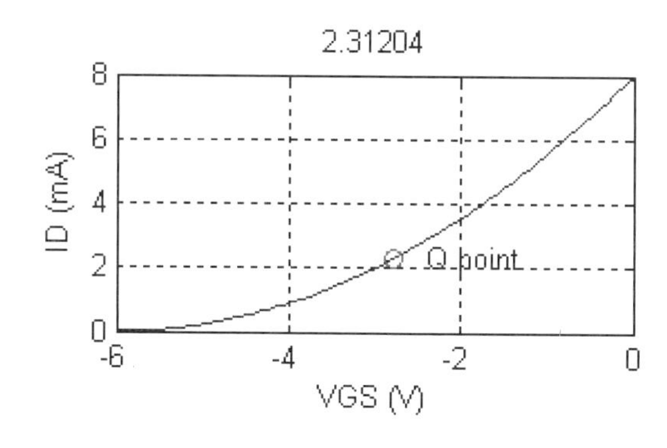

9-4 分壓偏壓分析※＊

JFET **分壓偏壓**(Voltage-Divider bias)電路，如右圖所示，特點在一對分壓電阻 R_1 與 R_2，故名分壓偏壓，分析方法如同自給偏壓，不同的是 $V_G \neq 0$。

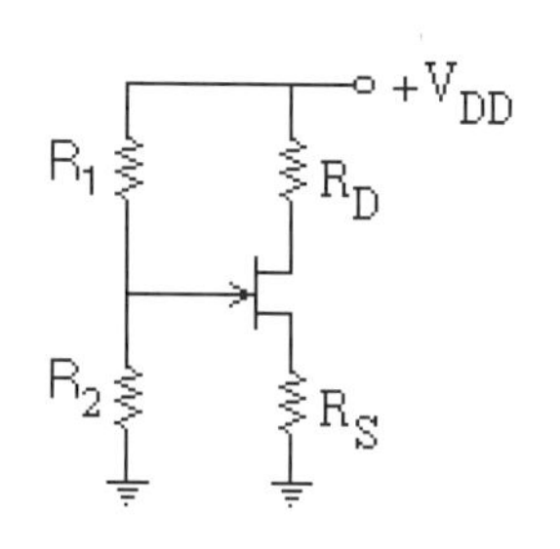

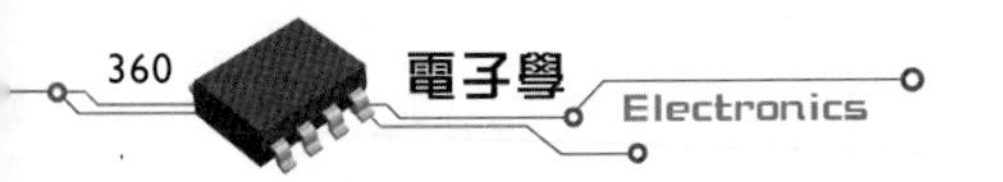

分析

$$I_D = I_{DSS}\left(1-\frac{V_{GS}}{V_{GS(off)}}\right)^2 \cdots\cdots(1)$$

$$V_{GS} = V_G - V_S = V_G - I_D R_S \cdots\cdots(2)$$

其中 $V_G = V_{DD} \times \dfrac{R_2}{R_1 + R_2}$，將(2)式代入(1)式，可求出 I_D，再代回(2)式求 V_{GS}，此即 Q 點。

Q 點穩定作用

因為分壓偏壓，使得閘極電壓不為零，其值愈大，偏壓線愈平，相交於轉換特性曲線範圍值的變化範圍也就愈小。可見分壓偏壓確實可以改善前述偏壓方式，Q 點變化範圍仍然太大的缺點。

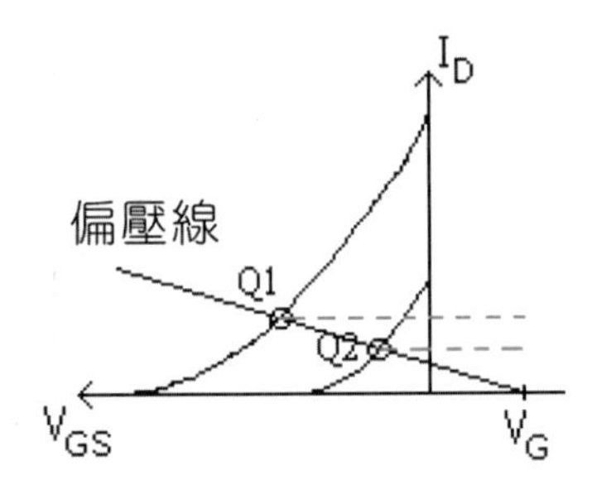

4 範例

如圖電路，n 通道 JFET 的 $I_{DSS} = 10\text{ mA}$，$V_{GS(off)} = -3.5\text{ V}$，求(a)靜態工作點 Q 點　(b) V_{DS}。

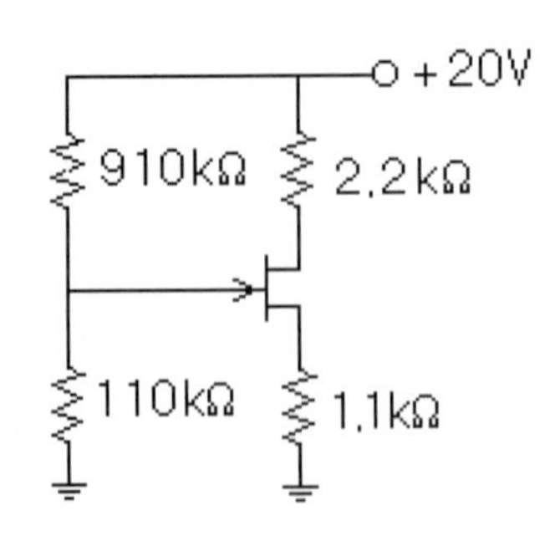

解

(a) 聯立方程式：

$$V_G = 20V \times \frac{110}{910+110} = 2.16\ V$$

$$I_D = I_{DSS}\left[1-\frac{V_{GS}}{V_{GS(off)}}\right]^2 = 10mA\left[1-\frac{V_{GS}}{-3.5}\right]^2 \cdots\cdots(1)$$

$$V_{GS} = V_G - V_S = 2.16 - 1.1\,I_D \cdots\cdots(2)$$

將(2)式代入(1)式

$$I_D = 10mA\left[1-\frac{2.16-1.1\,I_D}{-3.5}\right]^2$$

$$I_D = 10mA\,[1.62-0.31\,I_D]^2 = 10(2.62 - I_D + 0.096\,I_D^{\ 2})$$

$$I_D = 26.2 - 10\,I_D + 0.96\,I_D^{\ 2} \quad , \quad 0.96\,I_D^{\ 2} - 11\,I_D + 26.2 = 0$$

$$I_D^{\ 2} - 11.46\,I_D + 27.29 = 0$$

$$I_D = \frac{11.46 \pm \sqrt{11.46^2 - 4(1)(27.29)}}{2} = 3.31\,mA$$ （不合之值=？）

將 $I_D = 3.31\,mA$ 代入(2)式

$$V_{GS} = 2.16 - (1.1)(3.31) = -1.48\ V$$

即 Q(−1.48 V ，3.31 mA)。

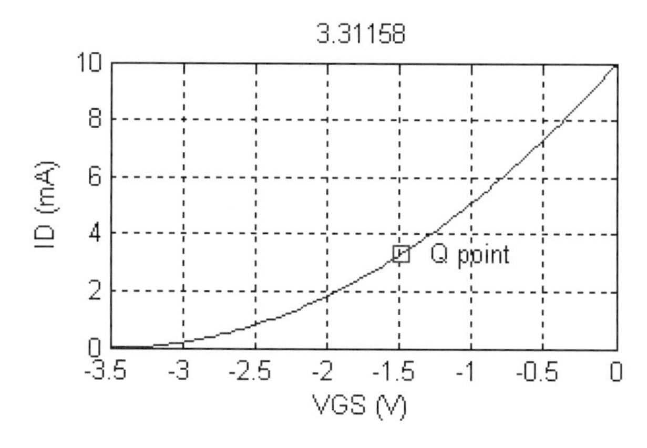

(b) $V_{DS} = V_{DD} - I_D(R_D + R_S) = 20 - (3.31\,m)\times(3.3k) = 9.08\ V$

經之前說明與例題後，請參考隨書電子書光碟以程式進行相關例題模擬：

9-4-A　分壓偏壓 Pspice 分析

9-4-B　分壓偏壓 MATLAB 分析

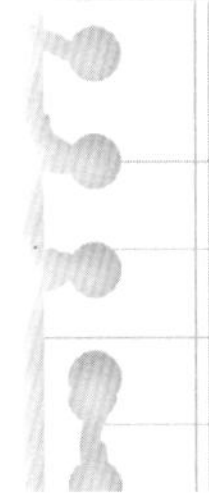

練習 4

如圖電路，n 通道 JFET 的 $I_{DSS}=12\ mA$， $V_{GS(off)}=-5\ V$，求(a)靜態工作點 Q 點　(b) V_{DS}。

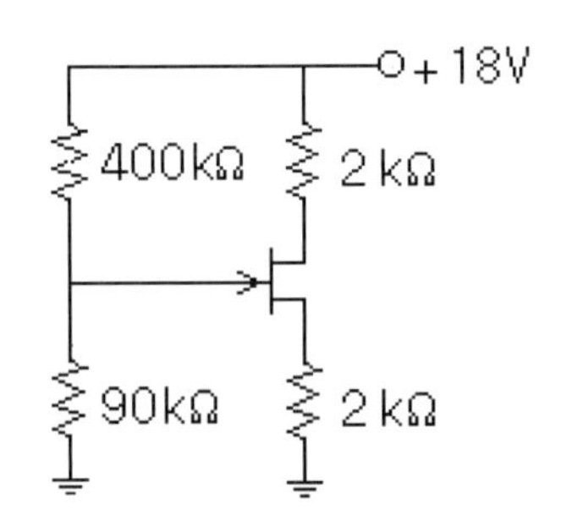

Answer　(a)Q(−2.53 V , 2.92 mA)　(b) $V_{DS}=6.32\ V$。

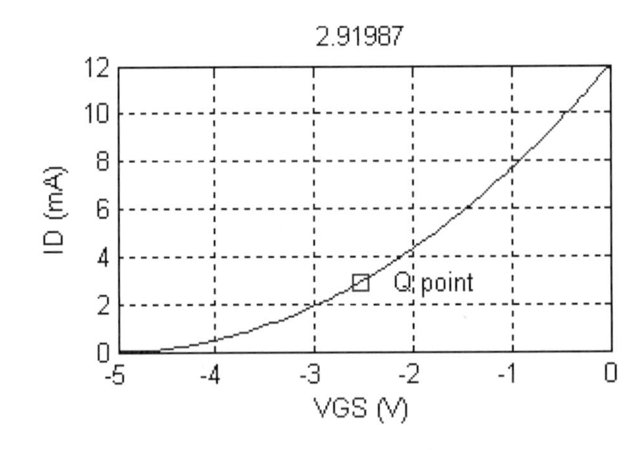

源極偏壓(Source bias)電路，如下圖所示，特點在源極有一偏壓 V_{SS}，故名源極偏壓，分析方法類似前述的分壓偏壓。

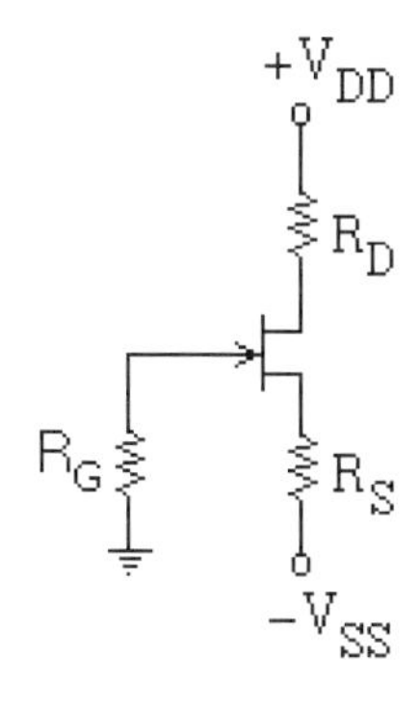

分析

$$I_D = I_{DSS}\left(1-\frac{V_{GS}}{V_{GS(0ff)}}\right)^2 \cdots\cdots(1)$$

$$V_{GS} = V_G - V_S = V_{SS} - I_D R_S \cdots\cdots(2)$$

將(2)式代入(1)式，可求出 I_D，再代回(2)式求 V_{GS}，此即 Q 點。

Q 點穩定作用

因為源極偏壓電壓不為零，其值愈大，偏壓線愈平，相交於轉換特性曲線範圍值的變化範圍也就愈小。就如同前述分壓偏壓的效果一般，因此，可以改善 Q 點變化範圍太大的缺點。

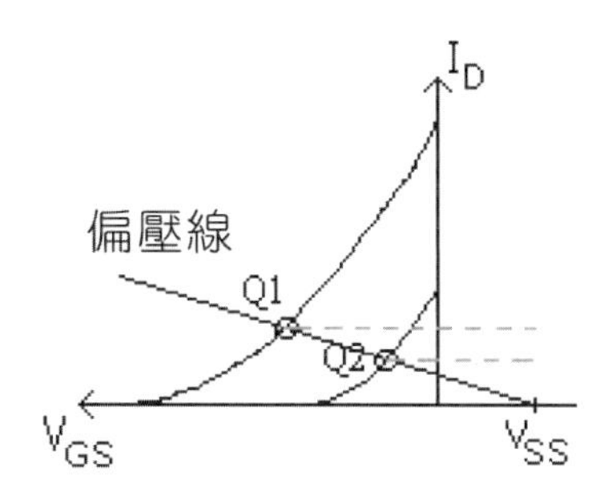

5 範例

如圖電路，n 通道 JFET 的 $I_{DSS} = 10\text{ mA}$，$V_{GS(off)} = -4\text{ V}$，求(a)靜態工作點 Q 點　(b) V_{DS}。

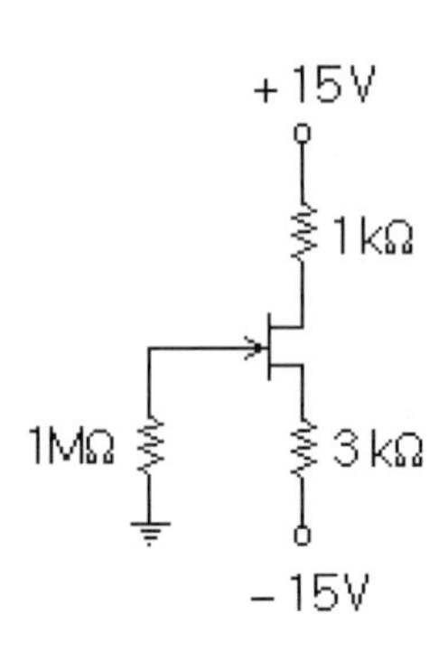

解

(a) 聯立方程式：電流 mA 為單位，電阻 kΩ 為單位。

$$I_D = 10\left(1 - \frac{V_{GS}}{-4}\right)^2 \cdots\cdots(1)$$

$$V_{GS} = 15 - 3\,I_D \cdots\cdots(2)$$

將(2)式代入(1)式，解方程式後，得

$$I_D = 5.36\text{ mA}$$

將 $I_D = 5.36\text{ mA}$ 代入(2)式

$$V_{GS} = 15 - (3)(5.36) = -1.08\text{ V}$$

即 Q(−1.08 V，5.36 mA)。

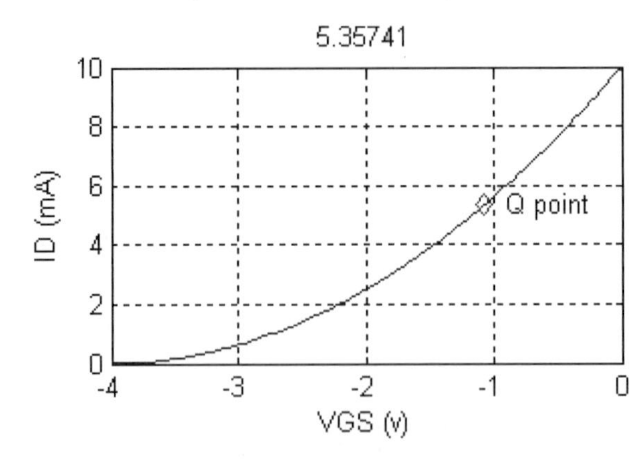

(b) $V_{DS} = (V_{DD} + V_{SS}) - I_D(R_D + R_S) = 30 - (5.36\text{ m}) \times (4\text{k}) = 8.56\text{ V}$

經之前說明與例題後，請參考隨書電子書光碟以程式進行相關例題模擬：

9-5-A　源極偏壓 Pspice 分析

9-5-B　源極偏壓 MATLAB 分析

9-6 電流源偏壓分析※

電流源偏壓(Current Source bias)電路，如下圖所示，特點在源極下方有一電晶體 BJT 所構成的電流源，故名電流源偏壓。

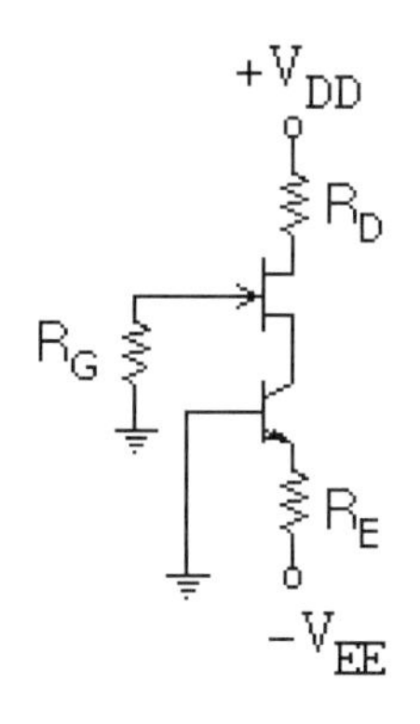

或

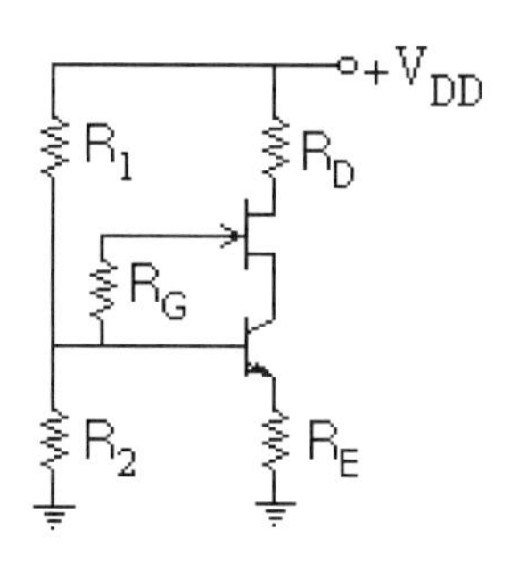

分析

要有穩定的 Q 點，必須讓 I_D 不受 V_{GS} 影響才行

對雙電源電路而言：

$$I_C = I_D \cong \frac{V_{EE} - 0.7}{R_E}$$

對單電源電路而言：

$$I_E \cong I_C = I_D \cong \frac{V_B - 0.7}{R_E}$$

其中 $V_B = V_{DD} \times \dfrac{R_2}{R_1 + R_2}$ 。

Q 點穩定作用

I_D 等於 I_C，I_C 由電晶體電流源控制，完全不受 V_{GS} 影響，因此 I_D 可以視為固定值，意即 Q 點的變化範圍等於 0，如右圖所示。

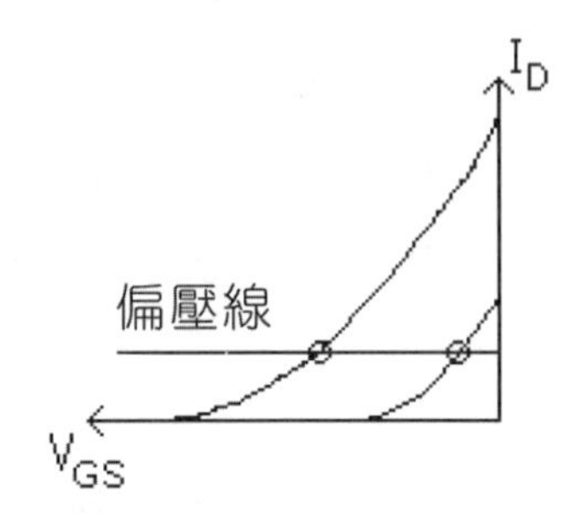

6 範例

如圖電路，求(a) I_D (b) V_D。

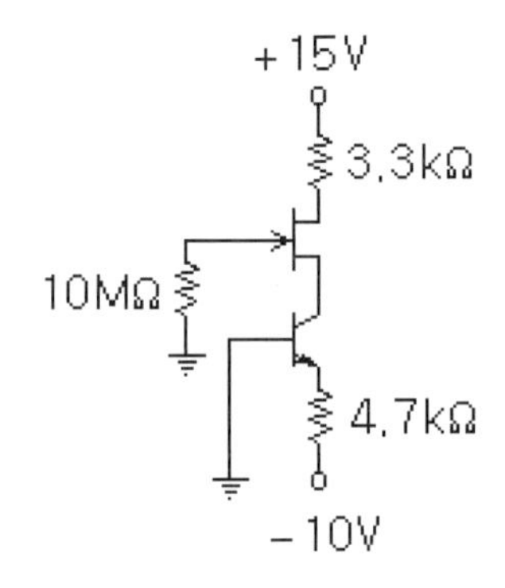

解

(a) 根據節點分析法：

$$I_C = I_D \cong \frac{-0.7 - V_{EE}}{R_E} = \frac{-0.7-(-10)}{4.7k} = 1.98\ \text{mA}$$

(b) $V_D = V_{DD} - I_D R_D = 15 - (1.98\ \text{m}) \times (3.3\text{k}) = 8.47\ \text{V}$

經之前說明與例題後，請參考隨書電子書光碟以程式進行相關例題模擬：

9-6-A 電流源偏壓 Pspice 分析

習題

9-1 n 通道 JFET 的 $I_{DSS} = 12\ mA$ ， $V_{GS(off)} = -5\ V$ ，求 I_D ，當 $V_{GS} = -3\ V$ 。

9-2 如圖電路，n 通道 JFET 的 $I_{DSS} = 10\ mA$ ， $V_{GS(off)} = -4\ V$ ，求(a)靜態工作點 Q 點 (b) V_{DS} 。

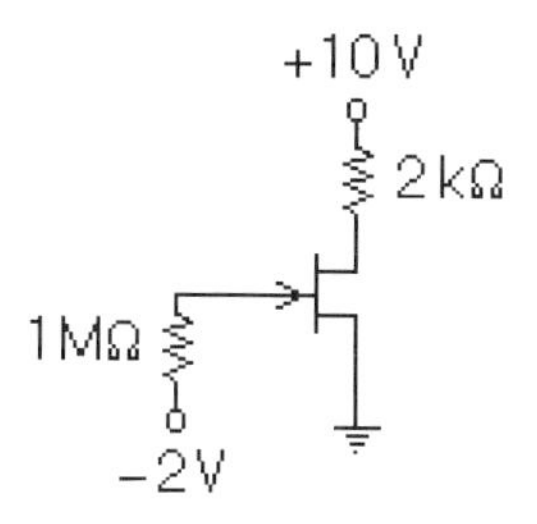

9-3 如圖電路，n 通道 JFET 的 $I_{DSS} = 10\ mA$ ， $V_{GS(off)} = -4\ V$ ，求(a)靜態工作點 Q 點 (b) V_{DS} 。

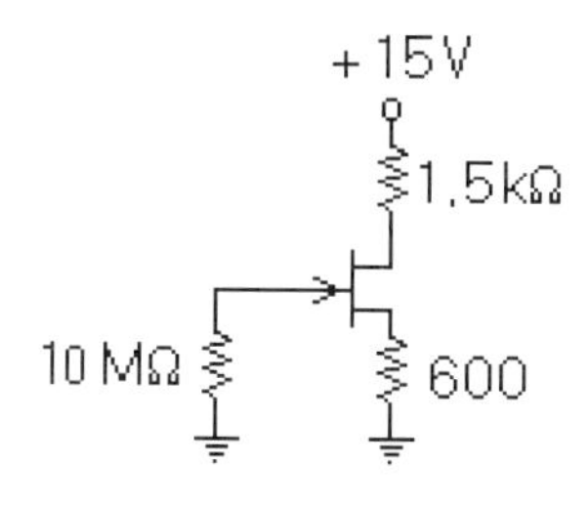

9-4 如圖電路，n 通道 JFET 的 $I_{DSS} = 12\ mA$ ， $V_{GS(off)} = -6\ V$ ，求(a)靜態工作點 Q 點 (b) V_{DS} 。

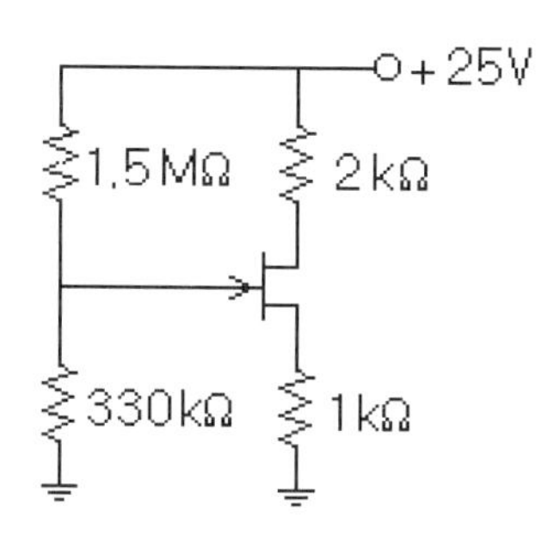

9-5　如圖電路，n 通道 JFET 的 $I_{DSS} = 16\ mA$， $V_{GS(off)} = -4\ V$，求(a)靜態工作點 Q 點　(b) V_{DS}。

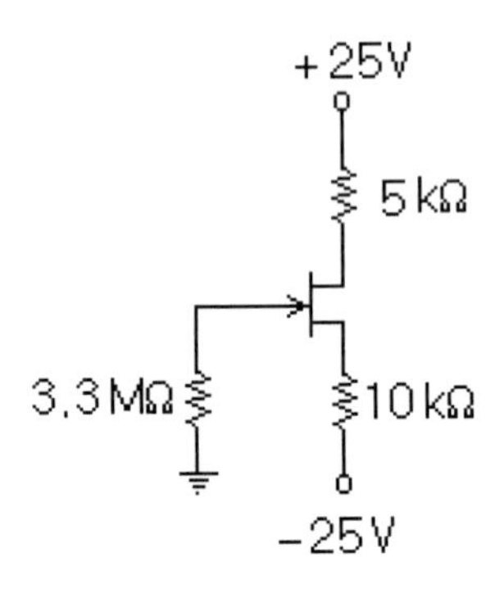

9-6　如圖電路，求 I_D。

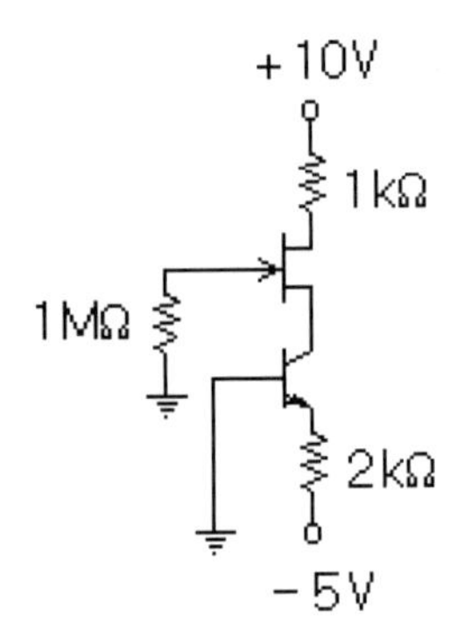

直接相關題目，不再詳列計算過程，若仍然有問題，請自行參考文中相對範例

第 1 章

1-1 $R_{th} = 6\ k\Omega$ ， $V_{th} = 27\ V$ ， $I = \dfrac{27}{6+1} = 3.86\ mA$

1-2 $R_{th} = 6\ k\Omega$ ， $V_{th} = 9\ V$ ， $I = \dfrac{9}{6+1} = 1.29\ mA$

1-3 $R_{th} = 6\ k\Omega$ ， $V_{th} = 3\ V$ ， $I = \dfrac{3}{6+1} = 0.43\ mA$

1-4 $R_{th} = 6\ k\Omega$ ， $V_{th} = 1\ V$ ， $I = \dfrac{1}{6+1} = 0.143\ mA$

1-5 $R_{th} = 4\ k\Omega$ ， $V_{th} = 6\ V$ ， $I = \dfrac{6}{4+1} = 1.2\ mA$

1-6 $v_o = -(g_m \times v_\pi)R_L = -(g_m \times v_S)R_L$ ， $A_t = v_o / v_s = -g_m R_L$

1-7 KVL： $v_s + v_\pi = 0$ ， $v_o = -(g_m \times v_\pi)R_L = -(g_m \times -v_s)R_L$ ， $A_t = v_o / v_s = g_m R_L$

1-8 KCL：求出流經電阻 R_E 的電流為 $v_\pi(1/r_\pi + g_m)$

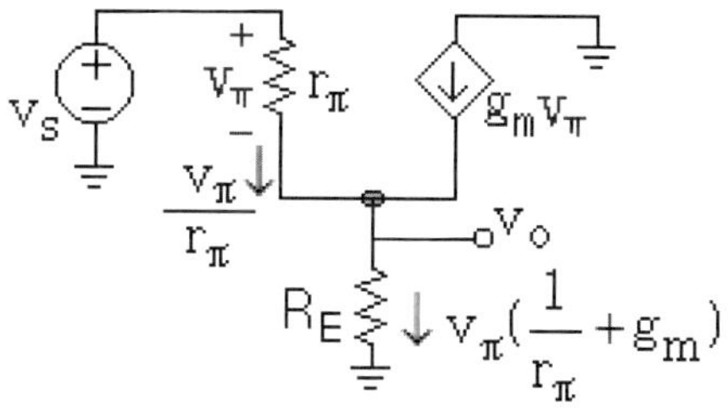

$$v_s = v_\pi + v_\pi(1/r_\pi + g_m)R_E = v_\pi(1 + (1/r_\pi + g_m)R_E) \text{ ， } v_o = v_\pi(1/r_\pi + g_m)R_E$$

$$A_t = \frac{v_o}{v_s} = \frac{v_\pi(\frac{1}{r_\pi} + g_m)R_E}{v_\pi[1 + (\frac{1}{r_\pi} + g_m)R_E]} = \frac{(\frac{1}{r_\pi} + g_m)R_E}{1 + (\frac{1}{r_\pi} + g_m)R_E} = \frac{(1 + g_m r_\pi)R_E}{r_\pi + (1 + g_m r_\pi)R_E}$$

1-9 電阻 R_E 上的 KCL

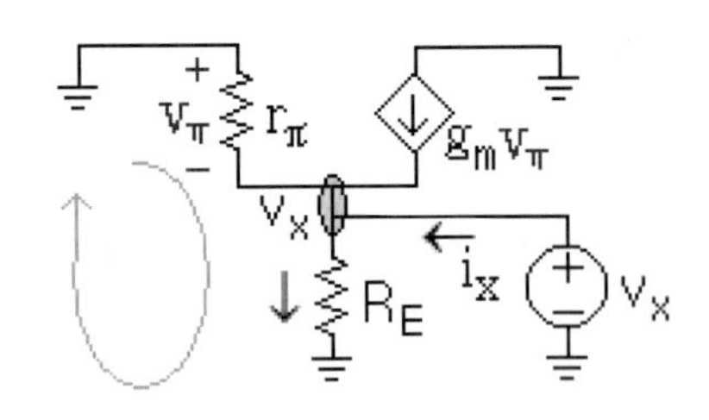

$$\frac{v_\pi}{r_\pi}+g_m v_\pi+i_x=\frac{v_x}{R_E}$$

電路左邊的 KVL 方程式：$v_\pi+v_x=0$，

將 $v_\pi=-v_x$ 代入上式並且化簡，可得

$$i_x=v_x\left(\frac{1}{r_\pi}+g_m+\frac{1}{R_E}\right)$$

$$R_o=\frac{v_x}{i_x}=\frac{1}{\frac{1}{r_\pi}+g_m+\frac{1}{R_E}}=\frac{r_\pi R_E}{r_\pi+(1+g_m r_\pi)R_E}$$

第 2 章

2-2 $V_D=0.7\text{ V}$，$V_R=9.3\text{ V}$，$I=\dfrac{10-0.7}{2.2\text{ k}\Omega}=4.23\text{ mA}$

2-3 $V_{out}=12-0.7-0.3=11\text{ V}$，$I=\dfrac{11}{5\text{ k}\Omega}=2.2\text{ mA}$

2-4 下方二極體逆偏，形同斷路，因此，$V_D=12\text{ V}$，$V_{out}=0\text{ V}$，$I=0\text{ mA}$

2-5 $I=\dfrac{(12+4)-0.7-0.3}{5\text{ k}\Omega}=3\text{ mA}$，$V_{out}=12-0.7-0.3=11\text{ V}$，

或 $V_{out}=-4+3\times 5=11\text{ V}$

2-6 $V_{out}=0.7\text{ V}$，$I_{1\text{k}\Omega}=\dfrac{10-0.7}{1\text{ k}\Omega}=9.3\text{ mA}$，$I_{D1}=I_{D2}=\dfrac{I_{1\text{k}\Omega}}{2}=4.65\text{ mA}$

2-7 右邊二極體逆偏，形同斷路，$I=\dfrac{(12+4)-0.7}{5\text{ k}\Omega}$ $=3.06\text{ mA}$

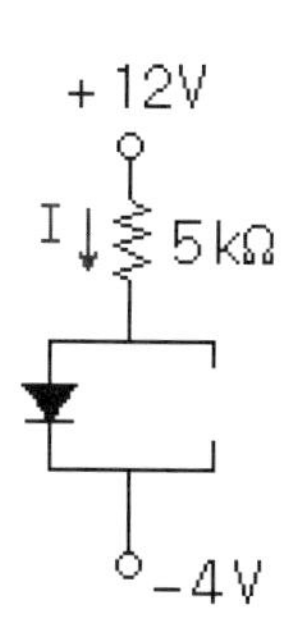

2-8 Ge 二極體只需要 0.3V 就導通，形同短路，因此，Si 二極體也會被短路 $V_{out}=12-0.3=11.7\text{ V}$，$I=\dfrac{11.7-(-4)}{5\text{ k}\Omega}=3.14\text{ mA}$

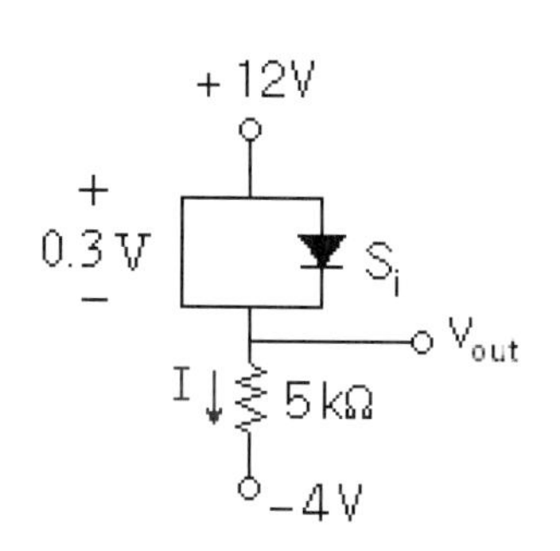

2-9 左邊二極體逆偏，形同斷路，右邊二極體順偏，形同短路，壓降 0.7V，因此，$V_{out}=12-0.7=11.3\text{ V}$，$I=\dfrac{11.3}{5\text{ k}\Omega}=2.26\text{ mA}$

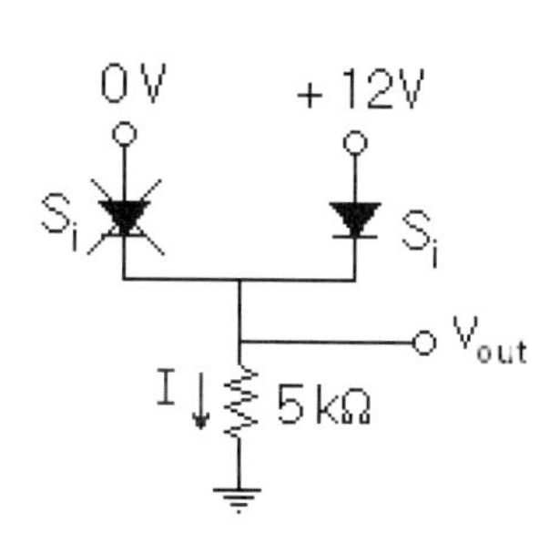

2-10 $V_{th}=V_{4k\Omega}=24\times\dfrac{4}{8+4}=8\text{ V}$，

$R_{th}=\dfrac{8\times4}{8+4}=2.67\text{ k}\Omega$，

$I=\dfrac{8-0.7}{2.67+1}=1.99\text{ mA}$

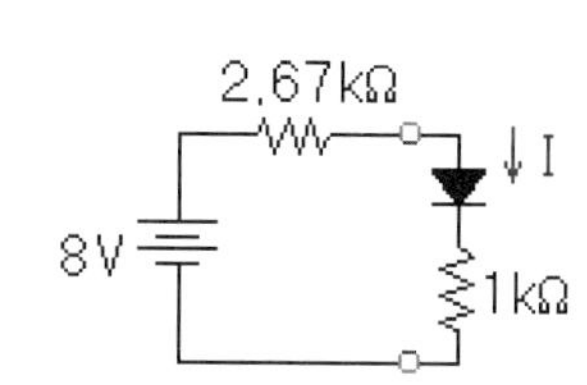

第 3 章

3-1　(a) $V_{DC} = 8.77$ V　(b) $I_{DC} = 8.77$ mA　(c) PIV = 28.28 V　(d) $f_{out} = 60$ Hz

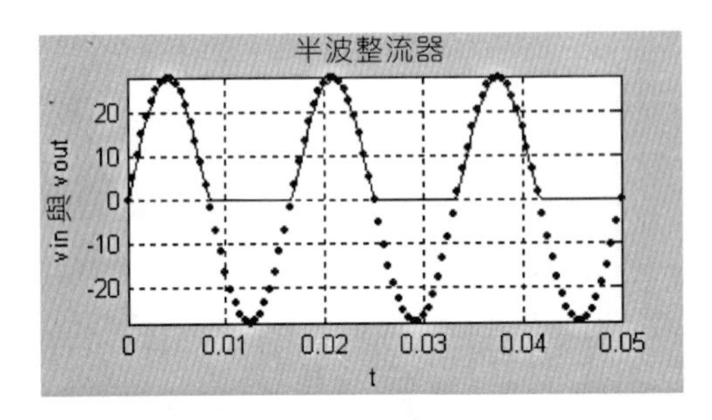

3-2　(a) $V_{DC} = 8.55$ V　(b) $I_{DC} = 8.55$ mA　(c) PIV = 27.58 V　(d) $f_{out} = 120$ Hz

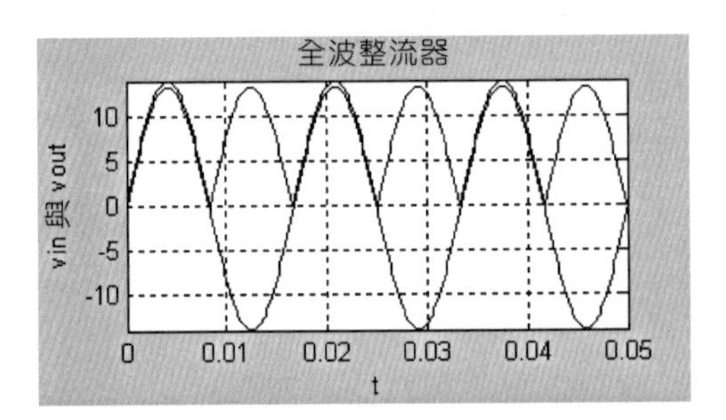

3-3　(a) $V_{DC} = 17.1$ V　(b) $I_{DC} = 17.1$ mA　(c) PIV = 27.58 V　(d) $f_{out} = 120$ Hz

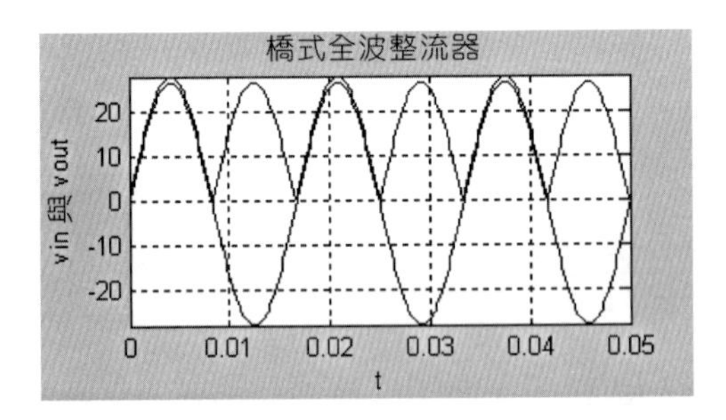

3-4　$V_{DC} = 27.5$ V，$I_{DC} = 27.58$ mA　(a) $V_{rip} = 4.6$ V　(b) $V_{DC(精確值)} = 25.29$ V

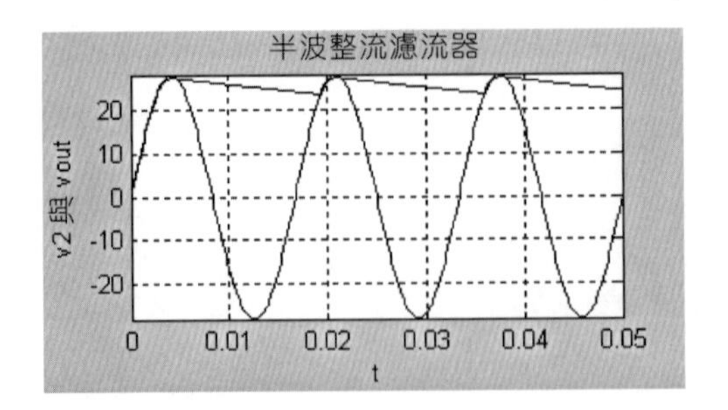

3-5　$V_{DC} = 13.45$ V，$I_{DC} = 13.45$ mA　(a) $V_{rip} = 1.12$ V　(b) $V_{DC(精確值)} = 12.89$ V

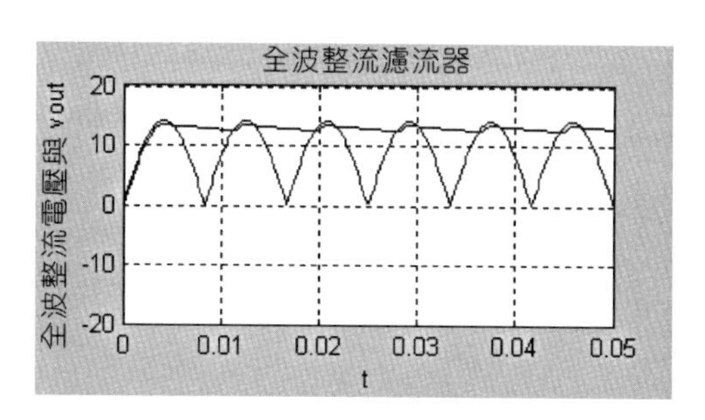

3-6　$V_{DC} = 26.89$ V，$I_{DC} = 26.89$ mA　(a) $V_{rip} = 2.24$ V　(b) $V_{DC(精確值)} = 25.77$ V

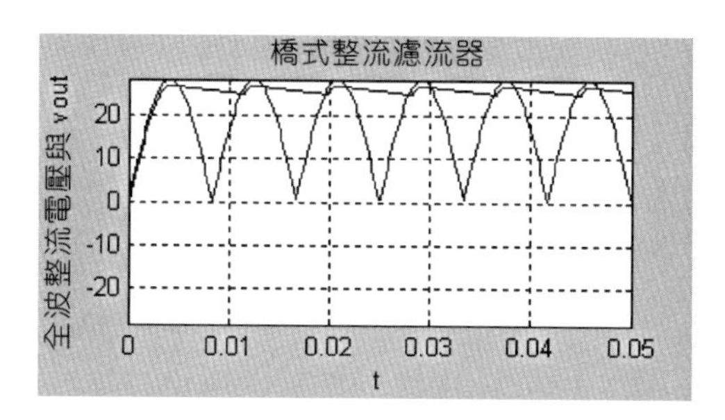

3-7　(a) 截波位置電壓 = 2.7 V

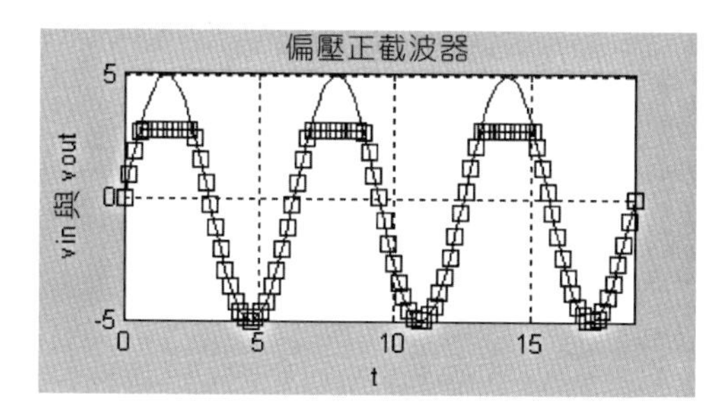

(b) 截波位置電壓 = −1.3 V

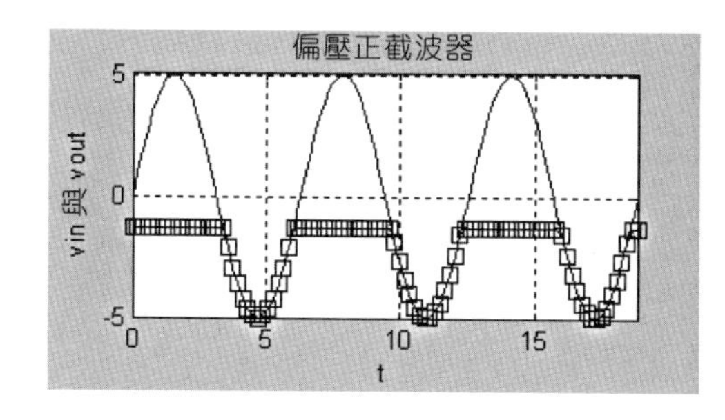

3-8 (a) 截波位置電壓＝1.3 V

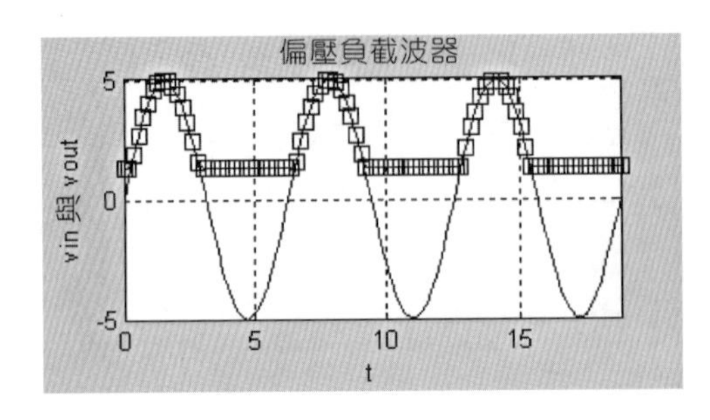

(b) 截波位置電壓＝–2.7 V

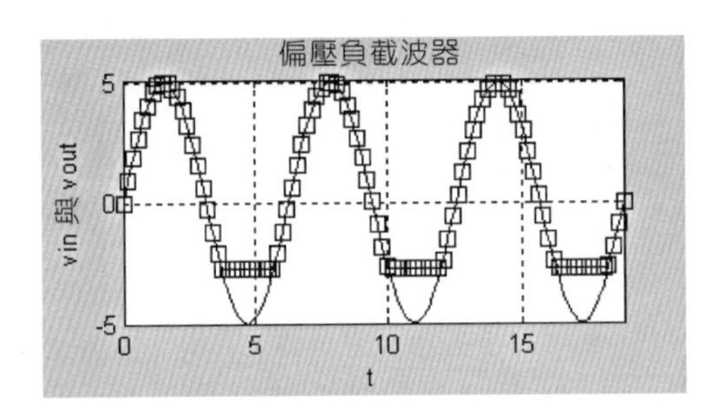

3-9 (a) 截波位置電壓＝2 V，最低電壓＝–4.3 V

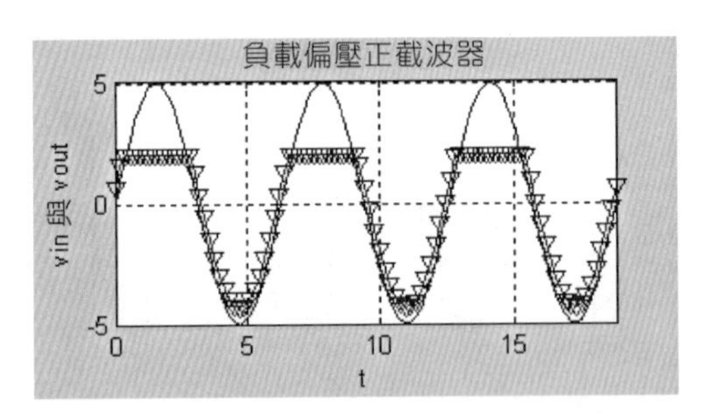

(b) 截波位置電壓＝–2 V，最低電壓＝–4.3 V

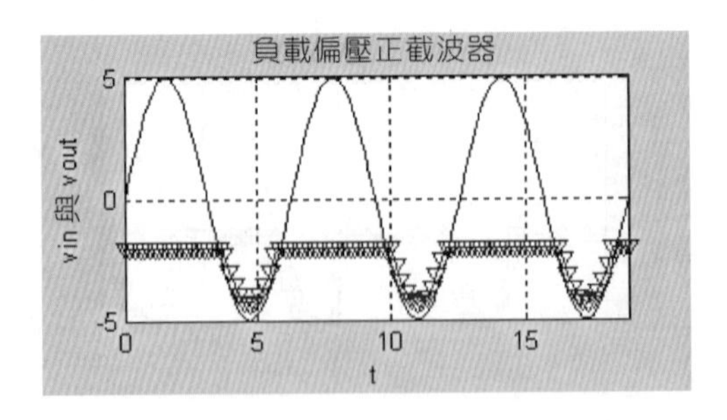

3-10 (a) 截波位置電壓 = 2 V，最高電壓 = 4.3 V

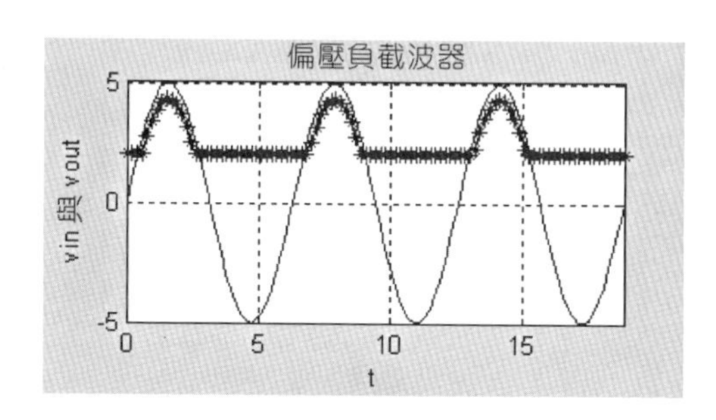

(b) 截波位置電壓 = –2 V，最高電壓 = 4.3 V

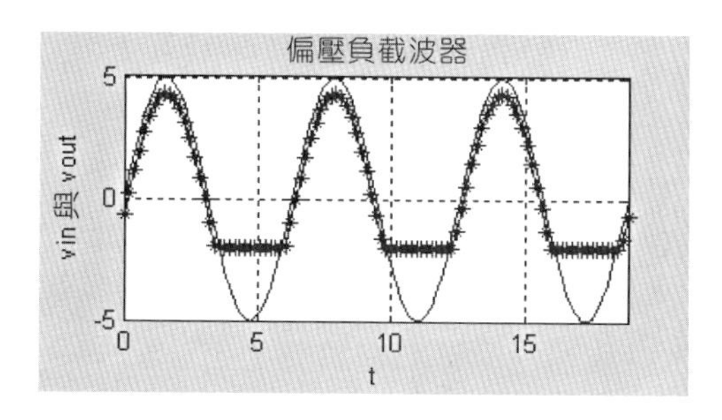

3-11 (a) 截波位置電壓 = 0 V，最低電壓 = –6.3 V

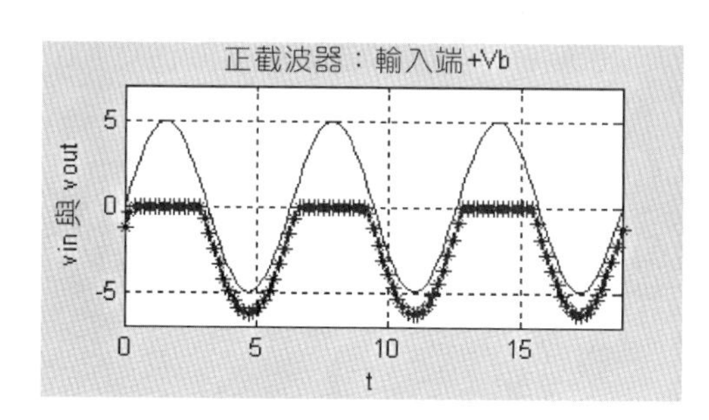

(b) 截波位置電壓 = 0 V，最低電壓 = –2.3 V

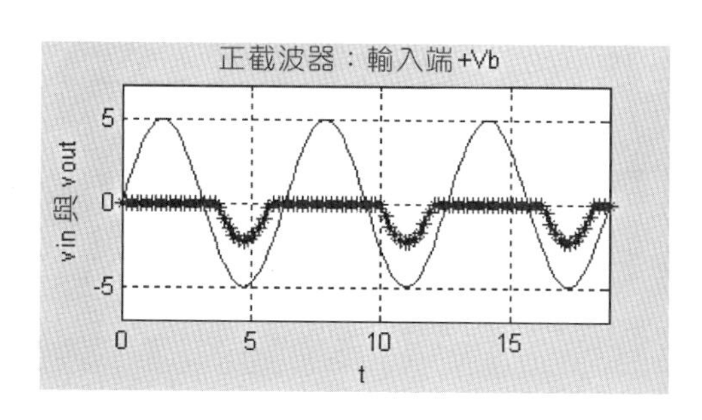

3-12 (a) 截波位置電壓 = 0 V，最高電壓 = 2.3 V

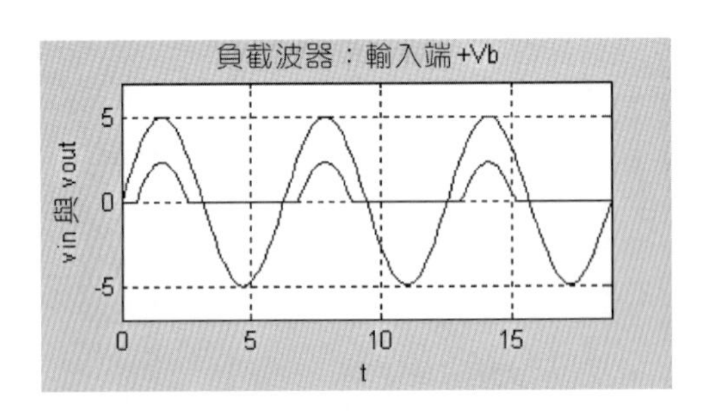

(b) 截波位置電壓 = 0 V，最高電壓 = 6.3 V

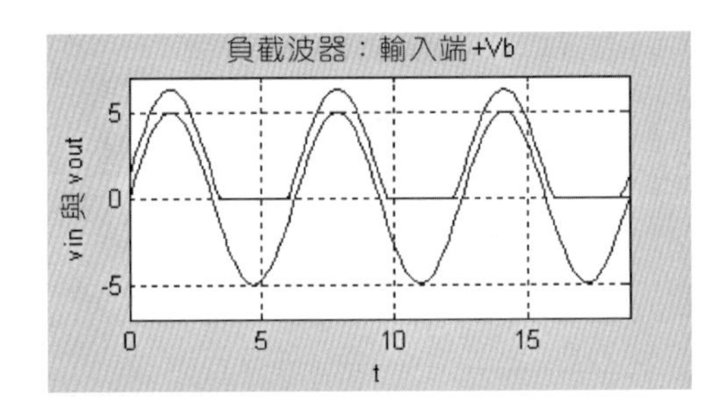

3-13 高截波位置電壓 = 3.7 V，低截波位置電壓 = −2.7 V

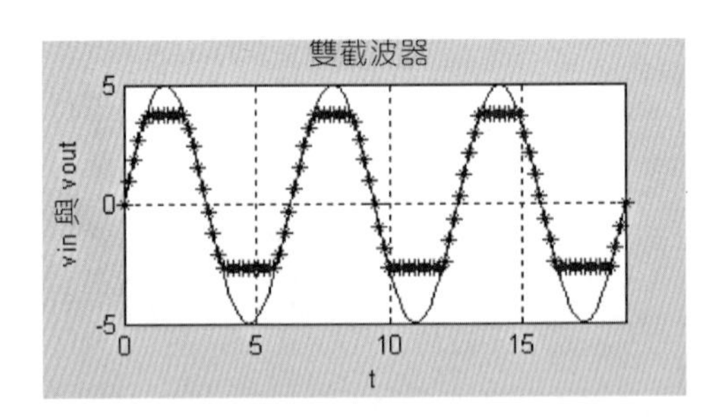

3-14 (a) 定位位置電壓 = −9.3 V，最高電壓 = 5.7 V，最低電壓 = −24.3 V

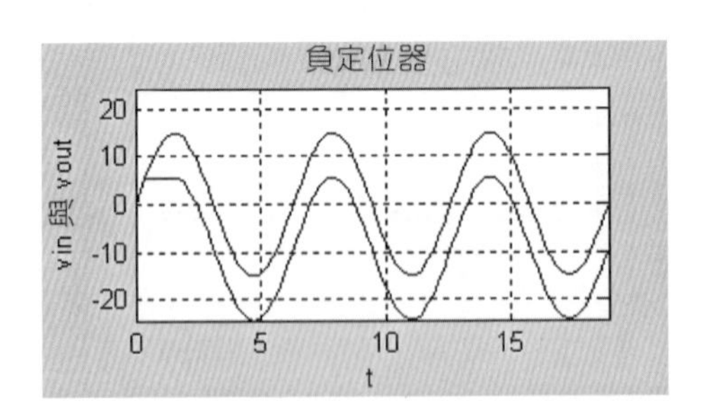

(b) 定位位置電壓 = –19.3 V，最高電壓 = –4.3 V，最低電壓 = –34.3 V

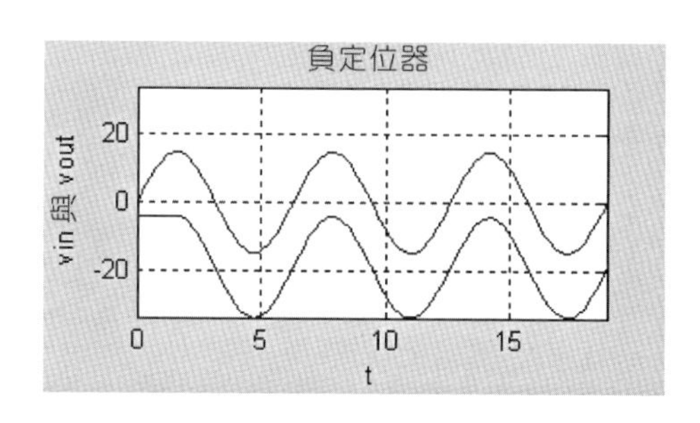

3-15 (a) 定位位置電壓 = 19.3 V，最高電壓 = 34.3 V，最低電壓 = 4.3 V

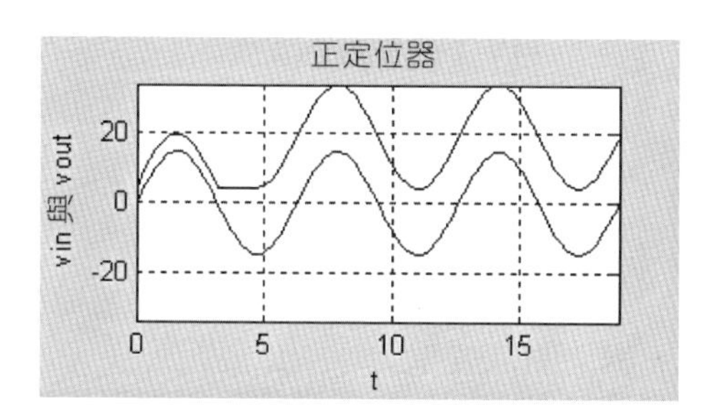

(b) 定位位置電壓 = 9.3 V，最低電壓 = – 5.7 V，最高電壓 = 24.3 V

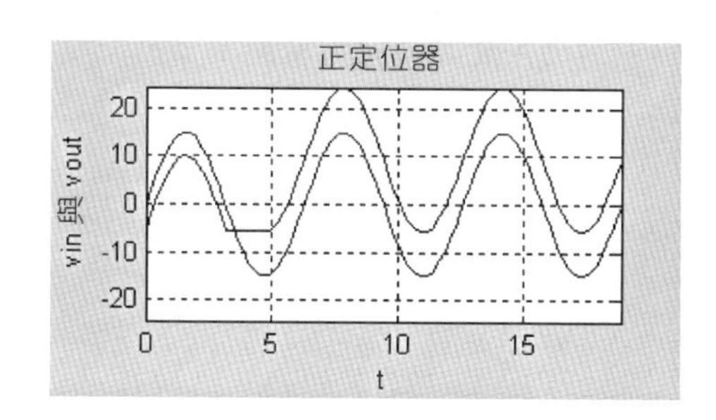

3-16 (a) 負載電壓 = 168.28 V，PIV = 168.98 V
(b) 負載電壓 = 252.52 V，PIV = 168.98 V
(c) 負載電壓 = 336.56 V，PIV = 168.98 V

第 4 章

4-1 (a) 15~30V 大於 $V_Z = 5$ V，表示足以提供稽納二極體工作在崩潰區所需的電壓，因此，輸出電壓為

$$V_{out} = 5 \text{ V}$$

(b) 以節點分析法求稽納電流，因電路屬串聯關係，可知 $I_S = I_Z$

當 $V_S = 30$ V時，最大稽納電流為

$$I_S = \frac{30-5}{1\,k\Omega} = 25\ mA$$

當 $V_S = 15$ V時，最小稽納電流為

$$I_S = \frac{15-5}{1\,k\Omega} = 10\ mA$$

4-2 (a) 當 $V_S = 30$ V時，以分壓定理計算 R_Z 上的電壓

$$V_{R_Z} = (30-5)\times\frac{10}{1000+10} = 0.25\ V$$

輸出電壓為

$$V_{out} = V_Z + V_{R_Z} = 5 + 0.25 = 5.25\ V$$

當 $V_S = 15$ V時，R_Z 上的電壓為

$$V_{R_Z} = (15-5)\times\frac{10}{1000+10} = 0.1\ V$$

輸出電壓為

$$V_{out} = V_Z + V_{R_Z} = 5 + 0.1 = 5.1\ V$$

(b) 輸出電壓變化量

$$\Delta V_{out} = 5.25 - 5.1 = 0.15\ V$$

或

$$\Delta V_{out} = (30-15)\times\frac{10}{1000} = 0.15\ V$$

4-3 (a) 以節點分析法求稽納電流

$$I_S = \frac{30-5}{1\,k\Omega} = 25\ mA \quad , \quad I_L = \frac{5}{1\,k\Omega} = 5\ mA$$

$$I_Z = I_S - I_L = 25 - 5 = 20\ mA$$

(b) $V_Z = 5\ V$，表示負載電阻分壓至少要有 5 V 以上，即

$$V_{th} = 30 \times \frac{R_L}{1 + R_L} \geq 5 \quad , \quad \frac{R_L}{1 + R_L} \geq \frac{5}{30} = \frac{1}{6}$$

$$6R_L \geq 1 + R_L \quad , \quad R_L \geq \frac{1}{5} = 0.2\ k\Omega$$

4-4 (a) $v_{out} = 10\ V$

(b) $\Delta v_{out} = (40 - 20) \times \frac{10}{1000} \times \frac{15}{1500} = 2\ mV$

4-5 5 V / 0 / -6 V

4-6 $I_{LED} = \frac{15 - 2.5}{0.47\ k\Omega} = 26.6\ mA$

4-7 首先求總電容值

$$C_t = \frac{1}{4\pi^2 L f_r^2} = \frac{1}{4\pi^2 (2 \times 10^{-3})(1 \times 10^6)^2} \cong 12.67\ pF$$

電容器是串聯形式，令 $C_1 = C_2 = C$

$$C = 2C_t = 25.34\ pF$$

4-8 次級圈峰值電壓 $V_{2p} = \sqrt{2} \times 110 \times \frac{1}{10} = 15.56\ V$，這是整流濾波器，因此

$$V_{DC} \cong 15.56 - 1.4 = 14.16\ V$$

得 LED 的電流

$$I_{LED} = \frac{14.16 - 2}{1\ k\Omega} = 12.16\ mA$$

第 5 章

5-1 (a) $I_C = 1.9\ mA$，$I_E = 2\ mA$

$$\alpha_{DC} = \frac{I_C}{I_E} = \frac{1.9}{2} = 0.95$$

(b) $\beta_{DC} = \frac{\alpha_{DC}}{1 - \alpha_{DC}} = \frac{0.95}{1 - 0.95} = 19$

5-2 (a) $I_{C(sat)} = \dfrac{8}{400} = 20\ \text{mA}$，$V_{CE(off)} = 8\ \text{V}$

(b) $I_B = \dfrac{3-0.7}{27} = 85.19\ \mu\text{A}$，$I_C = \beta_{DC}\ I_B = 8.52\ \text{mA}$

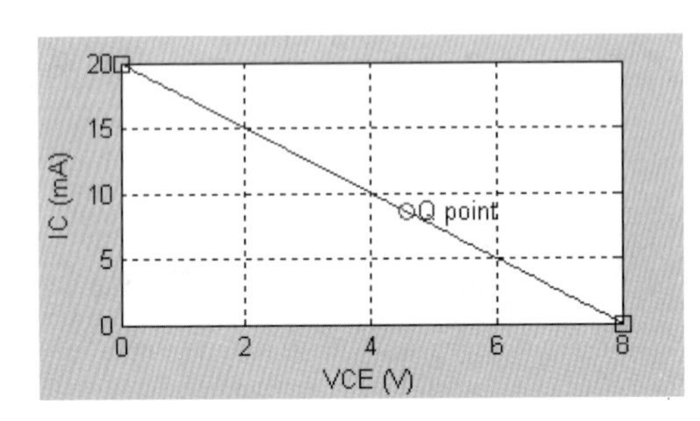

5-3 解電晶體電路，記住"兩個迴路，三個字：KVL"

(a) 直流負載線為 $I_C = \dfrac{V_{CC} - V_{CE}}{R_C + \dfrac{R_E}{\alpha_{DC}}}$

$I_{C(sat)} = \dfrac{10}{4.4 + \dfrac{3.3}{0.99}} = 1.25\ \text{mA}$ ， $V_{CE(off)} = 10\ \text{V}$

(b) $I_E = \dfrac{4-0.7}{3.3} = 1\ \text{mA}$，$V_E = 3.3\ \text{V}$，

$\alpha_{DC} = \dfrac{\beta_{DC}}{1+\beta_{DC}} = \dfrac{100}{1+100} = 0.99$ ， $I_C = \alpha_{DC}\ I_E = 0.99\ \text{mA}$

$V_C = 10 - 0.99 \times 4.7 = 5.35\ \text{V}$ ， $V_{CE} = V_C - V_E = 5.35 - 3.3 = 2.05\ \text{V}$

即 Q(2.05 V，0.99 mA)

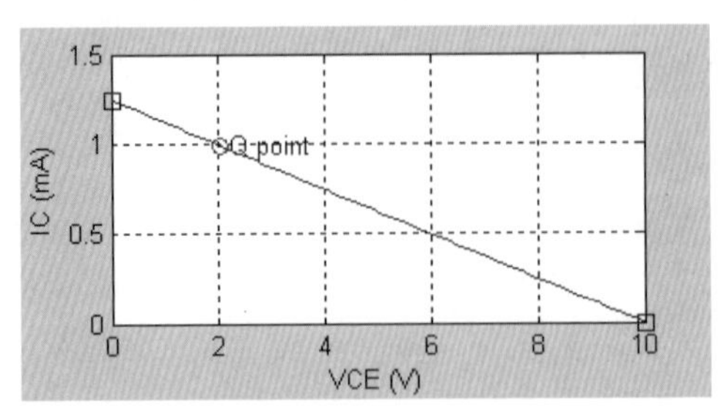

5-4 (a) 直流負載線為 $I_C = \dfrac{V_{CC} - V_{CE}}{R_C + \dfrac{R_E}{\alpha_{DC}}}$

$I_{C(sat)} = \dfrac{10}{4.4 + \dfrac{3.3}{0.99}} = 1.25\ \text{mA}$ ， $V_{CE(off)} = 10\ \text{V}$

(b) $I_B = 0$，$I_E = 0$，$I_C = 0$，$V_E = 0$，$V_C = V_{CC} - I_C \times R_C = 10 - 0 = 10$ V

$V_{CE} = V_C - V_E = 10$ V，即 Q(10 V，0 mA)，位置在截止點上

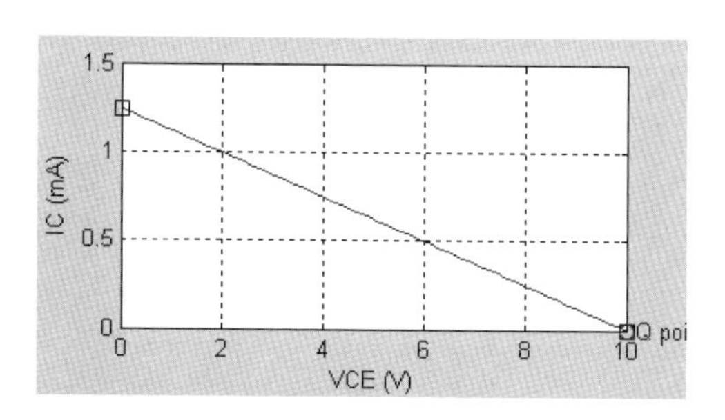

5-5　$\beta_{DC1} = 100$，$\beta_{DC2} = 50$，$V_{E2} = 5 - 1.4 = 3.6$ V

$$I_{E2} = \frac{3.6}{0.18\text{k}} = 20 \text{ mA}，I_{C2} = \alpha_{DC} I_{E2} = \frac{\beta_{DC}}{1+\beta_{DC}} I_{E2} = \frac{50}{1+50} \times 20 = 19.61 \text{ mA}$$

$$I_{B2} = \frac{I_{C2}}{\beta_{DC}} = \frac{19.61}{50} = 392.2\ \mu\text{A}$$

$$I_{E1} = I_{B2} = 392.2\ \mu\text{A}，I_{C1} = \alpha_{DC} I_{E1} = \frac{100}{1+100} \times 392.2 = 388.32\ \mu\text{A}$$

$$I_{B1} = \frac{388.32}{100} = 3.88\ \mu\text{A}$$

請比較近似法是否可行？

第 6 章

6-1　$I_B = \dfrac{15 - 0.7}{470\ \text{k}\Omega} = 30.43\ \mu\text{A}$

$$I_C = \beta_{DC} I_B = 100 \times 30.43 = 3.04 \text{ mA}$$

$$V_{CE} = 15 - (3.04\text{m}) \times (2.2\text{ k}) = 8.31 \text{ V}$$

即靜態工作點 Q(8.31 V，3.04 mA)；直流負載線方程式為

$$I_C = \frac{V_{CC} - V_{CE}}{R_C} = \frac{15 - V_{CE}}{2.2\ \text{k}\Omega}$$

飽和電流 $I_{C(sat)}$：$V_{CE} = 0$，$I_{C(sat)} = \dfrac{15}{2.2\text{k}} = 6.82$ mA

截止電壓 $V_{CE(off)}$ ： $I_C = 0$ ， $V_{CE(off)} = V_{CC} = 15\text{ V}$

連接兩端點，即為直流負載線，如下圖所示

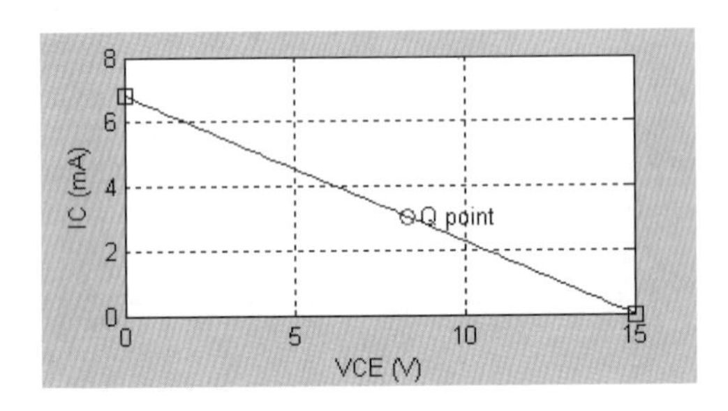

6-2 $I_{C(中央)} = \dfrac{I_{C(sat)}}{2} = 3.41\text{ mA}$ ，

$$I_{C(中央)} = \beta_{DC}\, I_B = 100 \times \frac{15-0.7}{R_B} = 3.41\text{ mA}$$

$$R_B = 419.36\text{ k}\Omega$$

6-3 使用 $I_B = \dfrac{V_{CC}-0.7}{R_B + (1+\beta_{DC})R_E}$ ，或 $I_E = \dfrac{V_{CC}-0.7}{R_E + \dfrac{R_B}{1+\beta_{DC}}} = (1+\beta_{DC})\, I_B$

$$I_B = \frac{15-0.7}{470+(1+100)(0.8)} = 26\ \mu\text{A}$$

$$I_E = (1+\beta_{DC})I_B = 101 \times 26 = 2.63\text{ mA}$$

$$I_C = \beta_{DC}\, I_B = 100 \times 26 = 2.6\text{ mA}$$

$$V_{CE} = 15-(2.6\text{m})\times(2.2\text{ k})-(2.63\text{m})\times(0.8\text{ k}) = 7.18\text{ V}$$

即靜態工作點 Q(7.18 V，2.6 mA)；直流負載線方程式為

$$I_C = \frac{V_{CC}-V_{CE}}{R_C + \dfrac{R_E}{\alpha_{DC}}} \qquad 或 \qquad I_C \cong \frac{V_{CC}-V_{CE}}{R_C + R_E}$$

飽和電流 $I_{C(sat)}$ ： $V_{CE} = 0$ ， $\alpha_{DC} = 0.99$ ， $I_{C(sat)} = \dfrac{15}{2.2+\dfrac{0.8}{0.99}} = 4.99\text{ mA}$

截止電壓 $V_{CE(off)}$ ： $I_C = 0$ ， $V_{CE(off)} = V_{CC} = 15\text{ V}$

連接兩端點，即為直流負載線，如下圖所示

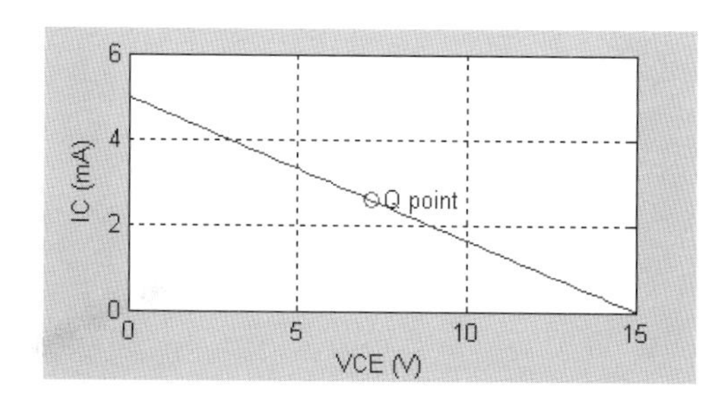

6-4　使用 $V_{CC} = (I_C + I_B) \times R_C + I_B \times R_B + V_{BE}$ ，

$$V_{CC} = (\beta_{DC} I_B + I_B) \times R_C + I_B \times R_B + V_{BE} = (\beta_{DC} + 1) I_B \times R_C + I_B \times R_B + V_{BE}$$

即

$$I_B = \frac{V_{CC} - V_{BE}}{R_B + (\beta_{DC} + 1) R_C}$$

或

$$I_C = \frac{V_{CC} - V_{BE}}{(1 + \frac{1}{\beta_{DC}}) R_C + \frac{R_B}{\beta_{DC}}} \cong \frac{V_{CC} - V_{BE}}{R_C + \frac{R_B}{\beta_{DC}}}$$

代入數據：

$$I_C \cong \frac{25 - 0.7}{2 + \frac{330}{150}} = 5.79 \text{ mA}$$

$$V_{CE} = 25 - (5.79 \text{ m}) \times (2 \text{ k}) = 13.43 \text{ V}$$

即靜態工作點 Q(13.43 V，5.79 mA)；直流負載線方程式為

$$I_C = \frac{V_{CC} - V_{CE}}{R_C + \frac{R_E}{\alpha_{DC}}} \qquad \text{或} \qquad I_C \cong \frac{V_{CC} - V_{CE}}{R_C + R_E}$$

飽和電流 $I_{C(sat)}$ ： $V_{CE} = 0$ ， $I_{C(sat)} = \frac{25}{2} = 12.5 \text{ mA}$

截止電壓 $V_{CE(off)}$ ： $I_C = 0$ ， $V_{CE(off)} = V_{CC} = 25 \text{ V}$

連接兩端點，即為**直流負載線**，如下圖所示

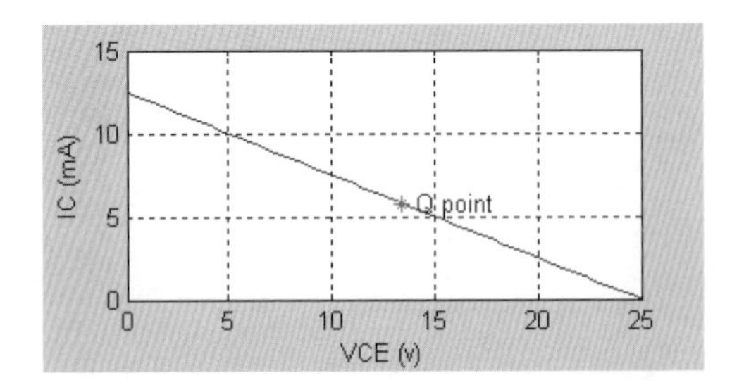

6-5 $$I_B = \frac{V_{th} - 0.7}{R_{th} + (1+\beta_{DC})\, R_E}$$

或

$$I_E = \frac{V_{th} - 0.7}{R_E + \dfrac{R_{th}}{1+\beta_{DC}}} = (1+\beta_{DC})\, I_B$$

$$V_{th} = 10 \times \frac{330}{820+330} = 2.87\,\text{V} \quad , \quad R_{th} = R_1 \,||\, R_2 = \frac{820 \times 330}{820 + 330} = 235.3\Omega$$

代入數據：$\alpha_{DC} = 0.99$

$$I_E = \frac{2.87 - 0.7}{750 + \dfrac{235.3}{1+100}} = 2.88\ \text{mA}$$

$$I_C = \alpha_{DC} \times I_E = 0.99 \times 2.88 = 2.85\ \text{mA}$$

$$V_{CE} = 10 - (2.85\ \text{m}) \times (1\ \text{k}) - (2.88\ \text{m}) \times (0.75\ \text{k}) = 4.99\ \text{V}$$

即靜態工作點 Q(4.99 V，2.85 mA)；直流負載線方程式為

$$I_C = \frac{V_{CC} - V_{CE}}{R_C + \dfrac{R_E}{\alpha_{DC}}} \quad \text{或} \quad I_C \cong \frac{V_{CC} - V_{CE}}{R_C + R_E}$$

飽和電流 $I_{C(sat)}$ ： $V_{CE} = 0$ ， $I_{C(sat)} = \dfrac{10}{1 + \dfrac{0.75}{0.99}} = 5.69\ \text{mA}$

截止電壓 $V_{CE(off)}$ ： $I_C = 0$ ， $V_{CE(off)} = V_{CC} = 10\ \text{V}$

連接兩端點，即為**直流負載線**，如下圖所示

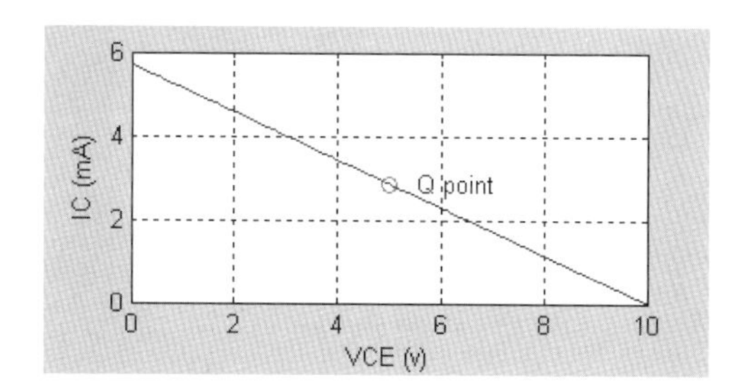

6-6 $$I_B = \frac{V_{EE} - 0.7}{R_B + (1+\beta_{DC})\,R_E}$$

或

$$I_E = \frac{V_{EE} - 0.7}{R_E + \dfrac{R_B}{1+\beta_{DC}}} = (1+\beta_{DC})\,I_B$$

代入數據： $\alpha_{DC} = 0.99$

$$I_E = \frac{20 - 0.7}{3.9 + \dfrac{5.1}{1+100}} = 4.89\ \text{mA}$$

$$I_C = \alpha_{DC} \times I_E = 0.99 \times 4.89 = 4.84\ \text{mA}$$

$$V_{CE} = (20+20) - 4.84 \times 2.2 - 4.89 \times 3.9 = 10.28\ \text{V}$$

即靜態工作點 Q(10.28 V，4.84 mA)；直流負載線方程式為

$$V_{CC} + V_{EE} = I_C \times R_C + V_{CE} + I_E \times R_E$$

$$I_C = \frac{V_{CC} + V_{EE} - V_{CE}}{R_C + \dfrac{R_E}{\alpha_{DC}}} \qquad \text{或} \qquad I_C \cong \frac{V_{CC} + V_{EE} - V_{CE}}{R_C + R_E}$$

飽和電流 $I_{C(sat)}$ ： $V_{CE} = 0$ ， $I_{C(sat)} = \dfrac{20+20}{2.2 + \dfrac{3.9}{0.99}} = 6.52\ \text{mA}$

截止電壓 $V_{CE(off)}$ ： $I_C = 0$ ， $V_{CE(off)} = V_{CC} + V_{EE} = 40\ \text{V}$

連接兩端點，即為**直流負載線**，如下圖所示

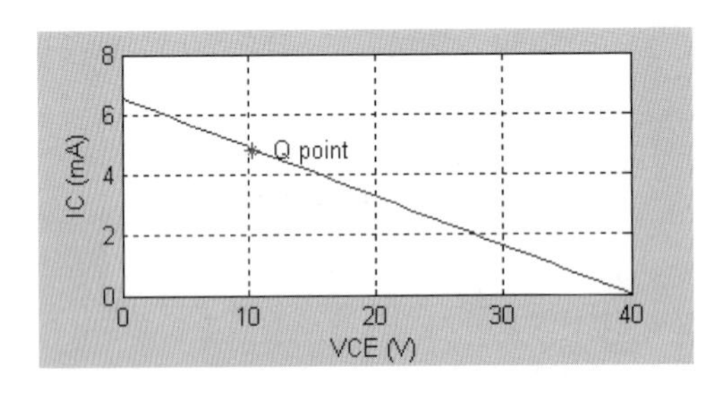

6-7 PNP 電晶體為 NPN 電晶體的互補元件

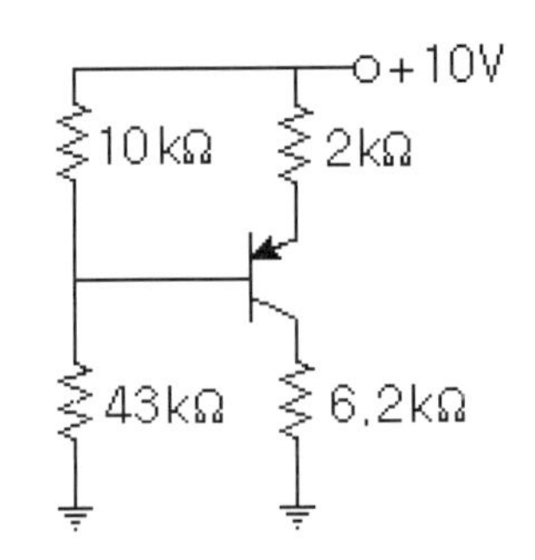

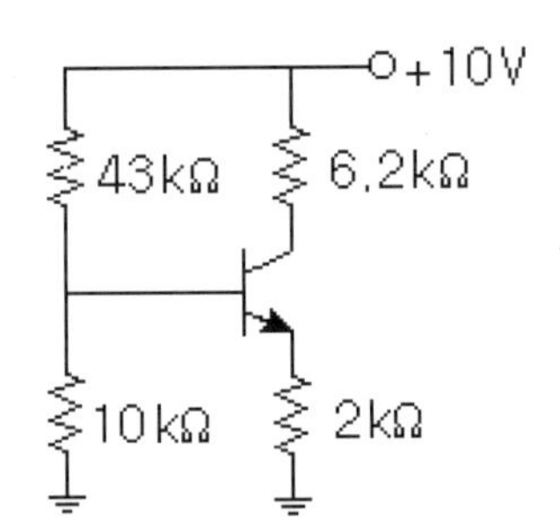

$$I_B = \frac{V_{th} - 0.7}{R_{th} + (1+\beta_{DC})\,R_E}$$

或

$$I_E = \frac{V_{th} - 0.7}{R_E + \dfrac{R_{th}}{1+\beta_{DC}}} = (1+\beta_{DC})\,I_B$$

$$V_{th} = V_{CC} \times \frac{R_2}{R_1 + R_2} = 10 \times \frac{10}{43+10} = 1.89\ \text{V}$$

$$R_{th} = \frac{R_1 \times R_2}{R_1 + R_2} = \frac{43 \times 10}{43+10} = 8.11\ \text{k}\Omega$$

代入數據：$\alpha_{DC} = 0.99$

$$I_E = \frac{1.89 - 0.7}{2 + \dfrac{8.11}{1+100}} = 0.57\ \text{mA}$$

$$I_C = \alpha_{DC} \times I_E = 0.99 \times 0.57 = 0.56\ \text{mA}$$

$$V_{CE} = 10 - (0.56\text{m}) \times (6.2\ \text{k}) - (0.57\text{m}) \times (2\ \text{k}) = 5.39\ \text{V}$$

對 PNP 電晶體而言，就是 $V_{EC} = 5.39$ V；即靜態工作點 Q(5.39 V，0.56 mA)

6-8 第 1 級 PNP 電晶體為 NPN 電晶體的互補元件，即

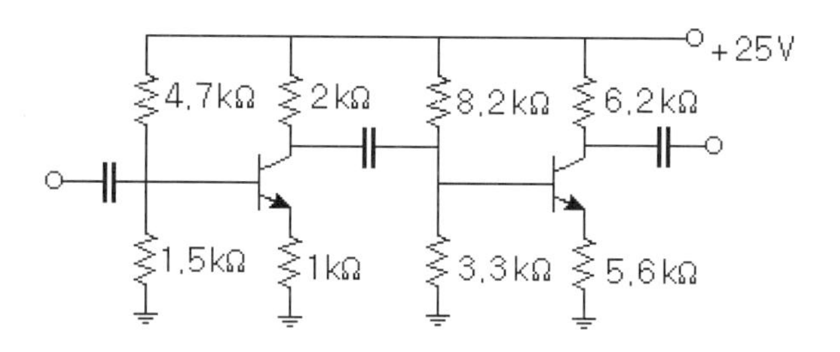

$$I_B = \frac{V_{th} - 0.7}{R_{th} + (1+\beta_{DC})\, R_E}$$

或

$$I_E = \frac{V_{th} - 0.7}{R_E + \dfrac{R_{th}}{1+\beta_{DC}}} = (1+\beta_{DC})\, I_B$$

$$V_{th} = 25 \times \frac{1.5}{4.7+1.5} = 6.05\ \text{V} \quad , \quad R_{th} = \frac{R_1 \times R_2}{R_1 + R_2} = \frac{4.7 \times 1.5}{4.7+1.5} = 1.14\ \text{k}\Omega$$

代入數據：$\alpha_{DC} = 0.99$

$$I_E = \frac{6.05 - 0.7}{1 + \dfrac{1.14}{1+100}} = 5.29\ \text{mA}$$

$$I_C = \alpha_{DC} \times I_E = 0.99 \times 5.29 = 5.24\ \text{mA}$$

$$V_{CE} = 25 - (5.24\text{m}) \times (2\ \text{k}) - (5.29\text{m}) \times (1\ \text{k}) = 9.23\ \text{V}$$

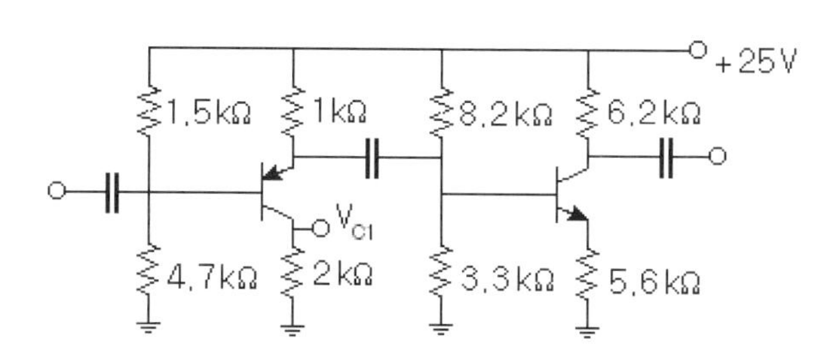

對 PNP 電晶體而言，就是 $V_{EC} = 9.23\ V$；所以

$$V_{C1} = (5.24m)\times(2\ k) = 10.48V$$

$$P_D = I_C V_{EC} = (5.24m)\times(9.23) = 48.37\ mW$$

第二級：同上步驟

$$V_{th} = 25\times\frac{3.3}{8.2+3.3} = 7.17\ V \quad , \quad R_{th} = \frac{8.2\times3.3}{8.2+3.3} = 2.35\ k\Omega$$

$$I_E = \frac{7.17-0.7}{5.6+\frac{2.35}{1+100}} = 1.15\ mA$$

$$I_C = \alpha_{DC}\times I_E = 0.99\times1.15 = 1.14\ mA$$

$$V_{C2} = 25-(1.14m)\times(6.2\ k) = 17.93\ V$$

$$V_{CE} = 25-(1.14m)\times(6.2k)-(1.15m)\times(5.6k) = 11.49\ V$$

$$P_D = I_C V_{CE} = (1.14m)\times(11.49) = 13.1\ mW$$

第 7 章

7-1 範例直接相關題目，只列出答案，若有疑問，請再參考範例說明

(a) $I_E = 0.92\ mA$， $r_e = 27.14\ \Omega$ (b) $I_E = 0.98\ mA$， $r_e = 25.43\ \Omega$

7-2 交流射極電阻亦可使用 r_e'

$$V_{th} = 10V\times\frac{5}{10+5} = 3.33V \quad , \quad R_{th} = \frac{10\times5}{10+5} = 3.33k\Omega$$

$$I_E = \frac{3.33-0.7}{0.5k+\frac{3.33k}{150}} = 5.04mA \quad , \quad r_e = \frac{25mV}{I_E} = \frac{25mV}{5.04mA} = 4.96\Omega$$

計算三個重要參數：$1+\beta \cong \beta$，$\alpha \cong 1$

$$Z_{in} = R_1 \,||\, R_2 \,||\, \beta r_e = 10k \,||\, 5k \,||\, 150\times\left(\frac{4.96}{1000}\right)k = 0.61\ k\Omega$$

$$A = -\frac{R_C}{r_e} = -\frac{1k}{4.96} = -201.61$$

$$Z_{out} = R_C = 1\ k$$

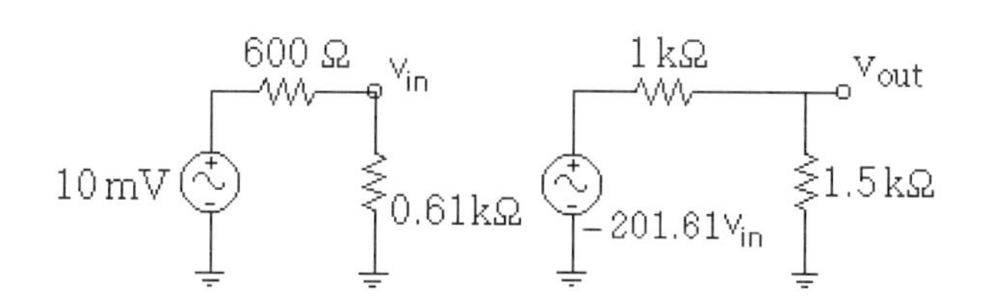

根據分離式交流模型，假設 $v_s = 10$ mV，計算 v_{out}、A_t

$$v_{in} = 10\text{mV} \times 0.61\text{k}/(0.6\text{k} + 0.61\text{k}) = 5.04 \text{ mV}$$

$$Av_{in} = -201.61 \times 5.04\text{mV} = -1016.11 \text{ mV}$$

$$v_{out} = -1016.11\text{mV} \times \frac{1.5\text{k}}{1\text{k} + 1.5\text{k}} = -609.67\text{mV}$$

$$A_t = \frac{v_{out}}{v_S} = \frac{-609.67\text{mV}}{10\text{mV}} = -60.97$$

意即：v_s 放大 60.97 倍，而且 v_{out} 與 v_s 反相（相位差 180 度）

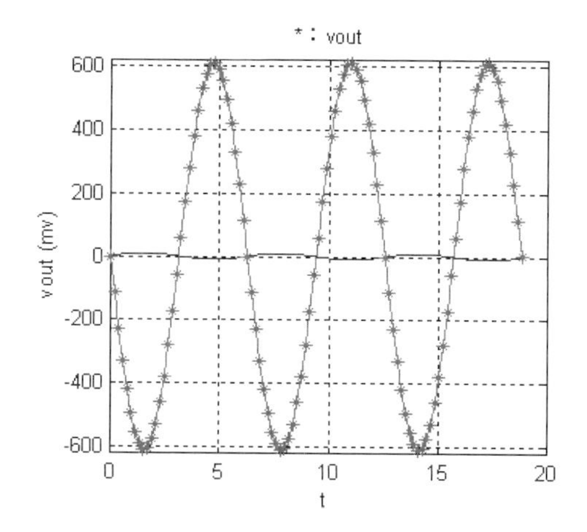

7-3　僅列出答案，若計算過程有疑問，請自行參考內文介紹

$Z_{in} = 3.194$ kΩ，$A = -1.967$，$Z_{out} = 1$ kΩ，$A_t = -0.994$

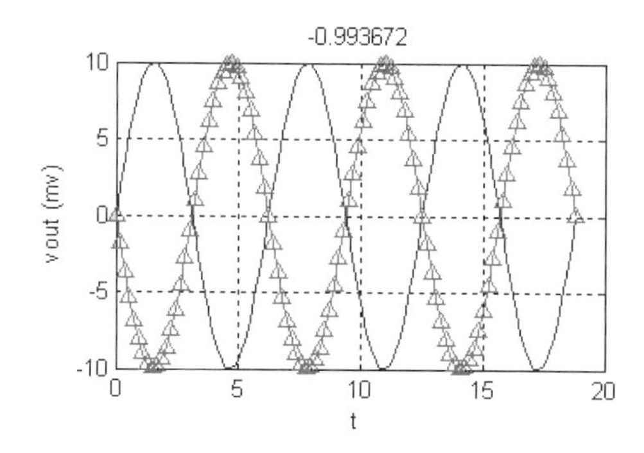

7-4　僅列出答案，若計算過程有疑問，請自行參考內文介紹

$Z_{in} = 7.66\,\text{k}\Omega$ ， $A = -10.32$ ， $Z_{out} = 5.6\,\text{k}\Omega$ ， $A_t = -5.85$

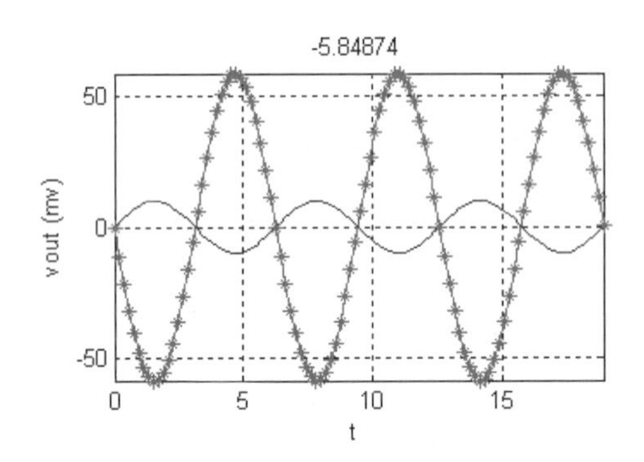

7-5　僅列出答案，若計算過程有疑問，請自行參考內文介紹

$Z_{in1} = Z_{in2} = 2.587\,\text{k}\Omega$ ， $A_1 = A_2 = -360.12$ ， $Z_{out1} = Z_{out2} = 10\,\text{k}\Omega$ ， $A_t = 9611.5$

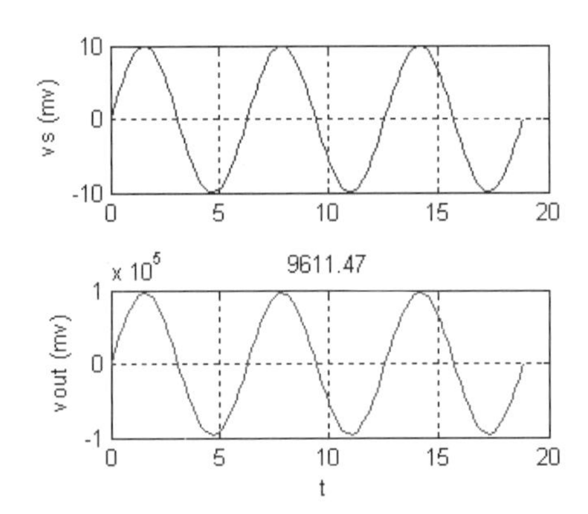

7-6　僅列出答案，若計算過程有疑問，請自行參考內文介紹

$Z_{in1} = Z_{in2} = 32.271\,\text{k}\Omega$ ， $A_1 = A_2 = -0.997$ ， $Z_{out1} = Z_{out2} = 10\,\text{k}\Omega$ ， $A_t = 0.368$

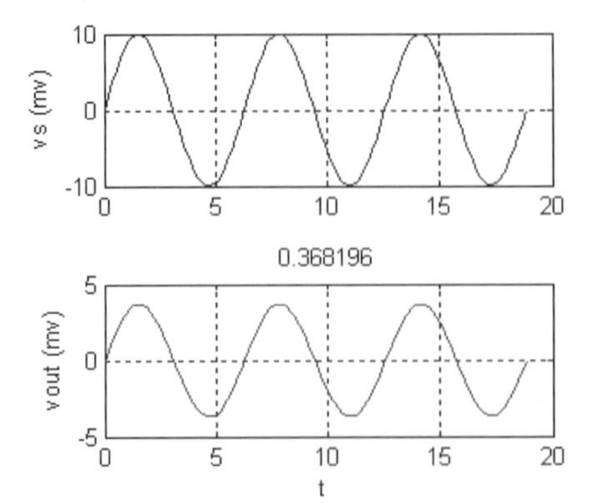

7-7 僅列出答案，若計算過程有疑問，請自行參考內文介紹

$Z_{in1} = 9.62\ k\Omega$ ， $A_1 = -25.8383$ ， $Z_{out1} = 9.1\ k\Omega$

$Z_{in2} = 9.85\ k\Omega$ ， $A_2 = -25.6$ ， $Z_{out1} = 7.5\ k\Omega$ ， $A_t = 237.274$

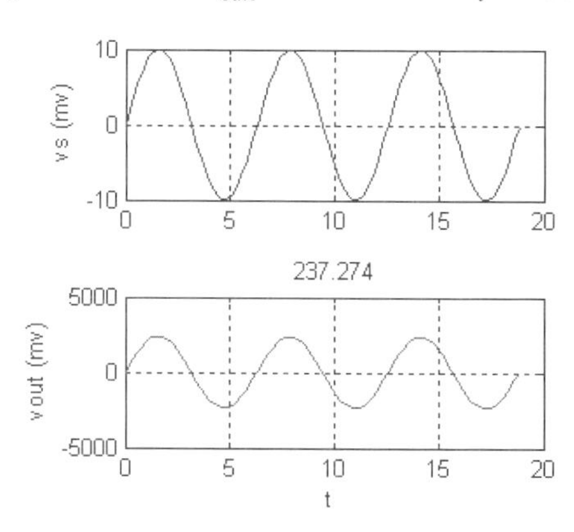

第 8 章

8-1 僅列出答案，若計算過程有疑問，請自行參考內文介紹

$r_e = 0.204\ \Omega$ ， $Z_{in} = 3.757\ k\Omega$ ， $A_v = 0.996$ ， $Z_{out} = 1.9\ \Omega$ ， $A_t = 0.859$

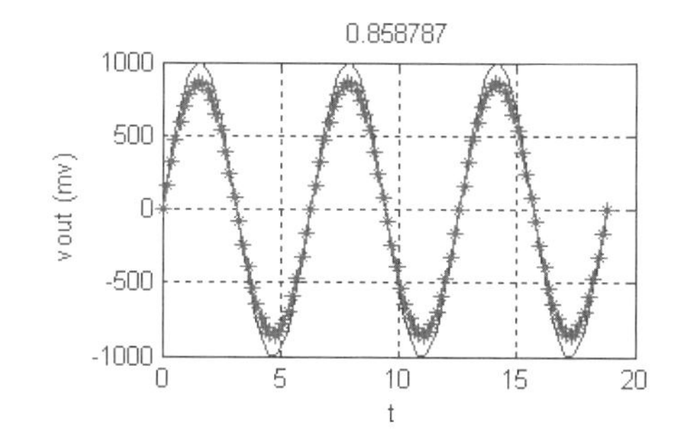

8-2 僅列出答案，若計算過程有疑問，請自行參考內文介紹

$r_{e1} = 17.808\ \Omega$ ， $r_{e2} = 0176\ \Omega$ ， $Z_{in1(b)} = 207.617\ k\Omega$ ， $Z_{in2(b)} = 2.038\ k\Omega$

$Z_{in} = 6.46\ k\Omega$ ， $A_v = 0.983$ ， $Z_{out} = 0.404\ \Omega$ ， $A_t = 0.899$

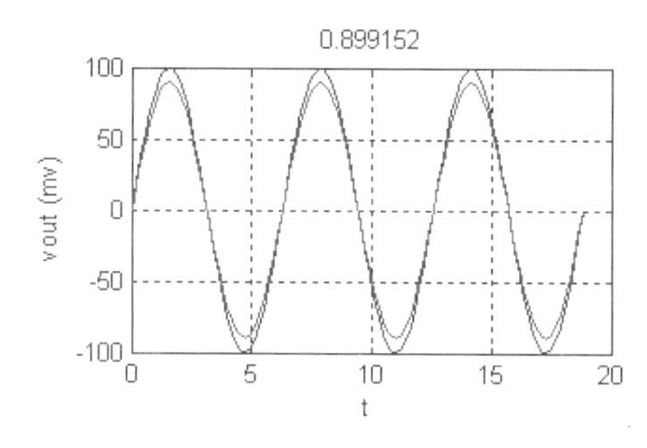

8-3 $r_e = 15.054\,\Omega$，$Z_{in} = 15\,\Omega$，$A = 157.85$，$Z_{out} = 2.4\text{ k}\Omega$，$A_t = 14.02$

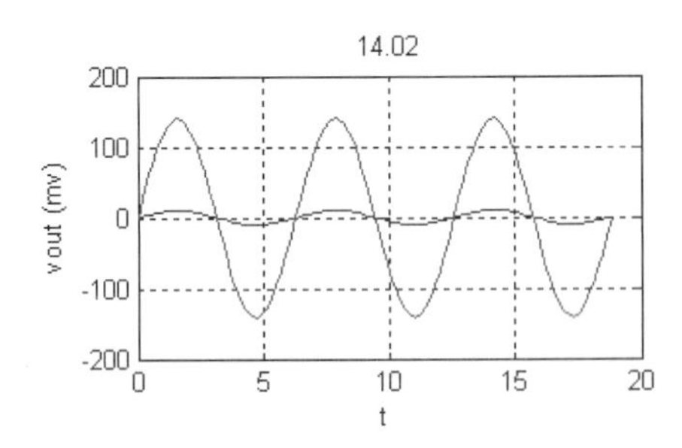

8-4 $r_e = 25.78\,\Omega$，$Z_{in} = 25.1\,\Omega$，$A = 84.5$，$Z_{out} = 2.2\text{ k}\Omega$，$A_t = 23.17$

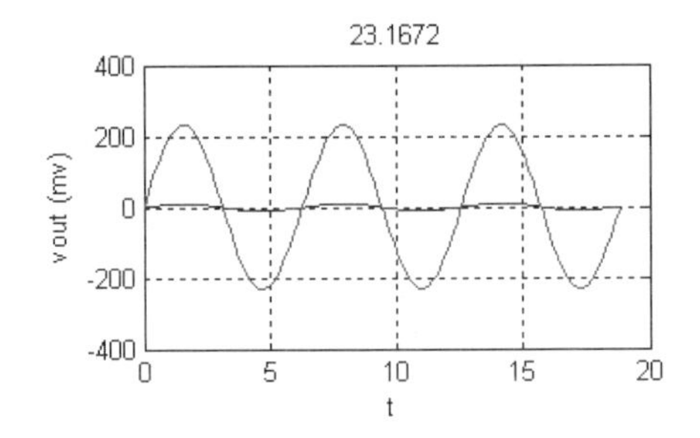

8-5 $r_{e1} = 23.06\,\Omega$，$r_{e2} = 16.89\,\Omega$，$Z_{in1} = 1.02\text{ k}\Omega$，$Z_{in2} = 10.46\text{ k}\Omega$，$A_1 = -156.09$，$A_{v2} = 0.994$，$Z_{out2} = 3.6\text{ k}\Omega$，$Z_{out2} = 43.2\,\Omega$，$A_t = -72.614$

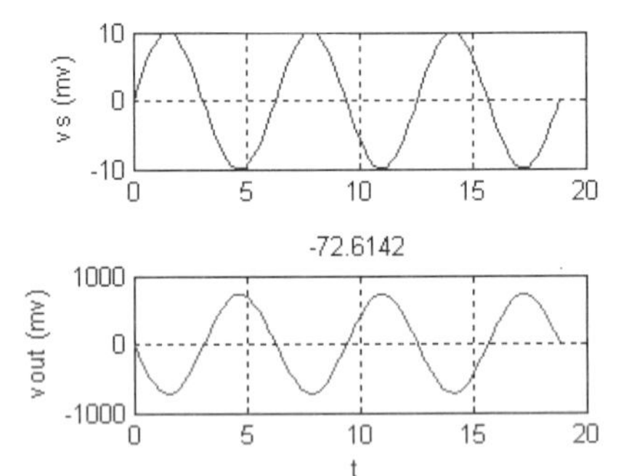

8-6 $r_{e1} = 23.06\,\Omega$，$r_{e2} = 19.77\,\Omega$，$Z_{in1} = 1.02\text{ k}\Omega$，$Z_{in2} = 305.7\text{ k}\Omega$，$A_1 = -156.09$，$A_{v2} = 0.994$，$Z_{out1} = 3.6\text{ k}\Omega$，$Z_{out2} = 54.7\,\Omega$，$A_t = -96.37$

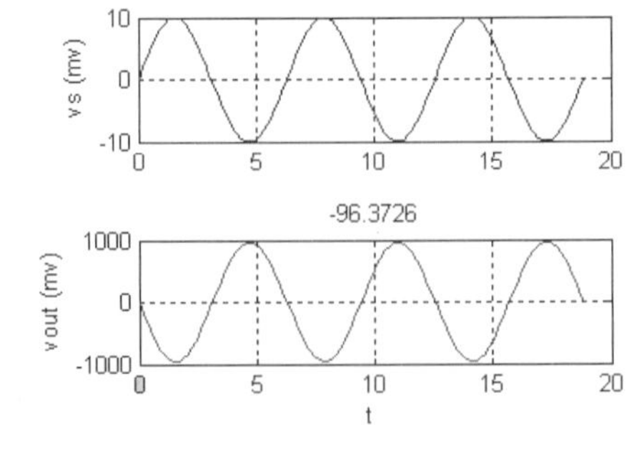

8-7 $r_{e1} = 12.58\,\Omega$，$r_{e2} = 434.12\,\Omega$，$Z_{in1} = 1.05\,k\Omega$，$Z_{in2} = 3602.5\,k\Omega$，
$A_1 = -286.14$，$A_{v2} = 0.952$，$Z_{out1} = 3.6\,k\Omega$，$Z_{out2} = 452\,\Omega$，$A_t = -139.49$

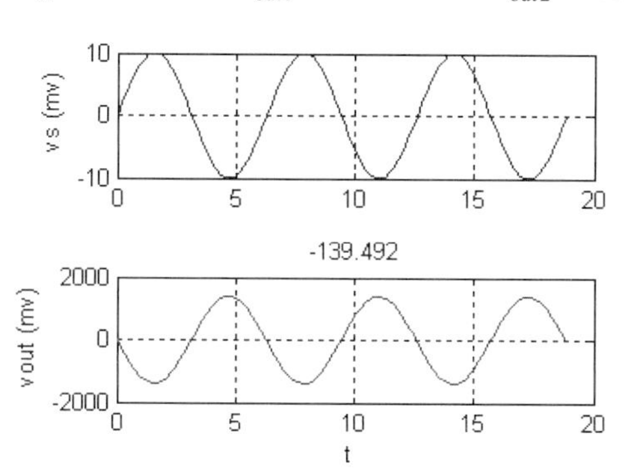

8-8 $A_t = -226.89$

8-9 $Z_{in1} = 505.5\,k\Omega$，$Z_{in2} = 500\,\Omega$，$Z_{in3} = 10.6\,k\Omega$，電壓增益 $A_1 = 0.998$，$A_2 = -404$

$A_3 = -9.53$，輸出阻抗 $Z_{out1} = 29.53\,\Omega$，$Z_{out2} = 2\,k\Omega$，$Z_{out3} = 1\,k\Omega$，$A_t = 3039.8$

8-10 $V_{34k} = 12 \times \dfrac{34}{240} = 1.7\,V$，$I_C \cong I_E = \dfrac{1.7 - 0.7}{2\,k\Omega} = 0.5\,mA$

$g_m = I_C / V_T = 0.5m / 26m = 19.2\ mA/V$，$A_t = -(19.2\,m)(6k \| 6k) = -57.6$

第 9 章

若是範例直接相關題目，僅列出答案；計算過程有疑問，請自行參考內文介紹

9-1 $I_D = 1.92\,mA$

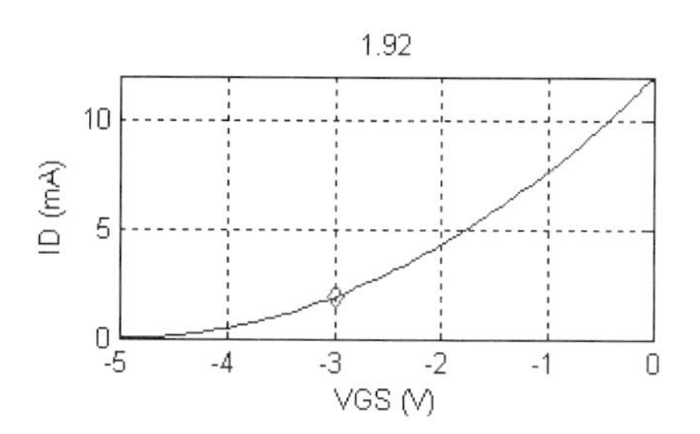

9-2 (a) Q(−2 V , 2.5 mA)

(b) $V_{DS} = V_{DD} - I_D R_D$

$= 10 - (2.5m) \times (2k) = 5\,V$

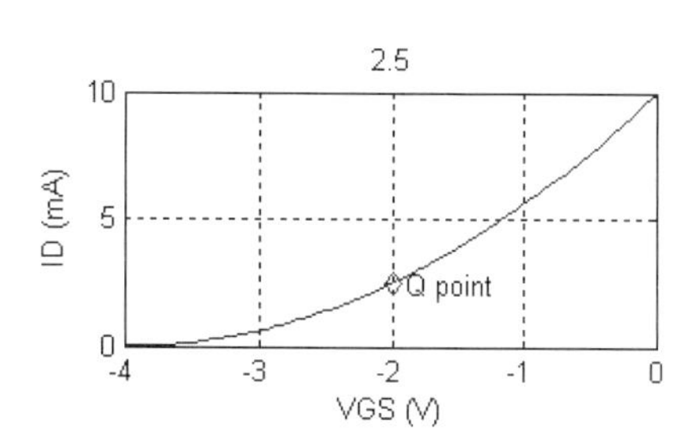

9-3 (a) Q(−1.81 V , 3.01 mA) (b) $V_{DS} = 8.68$ V

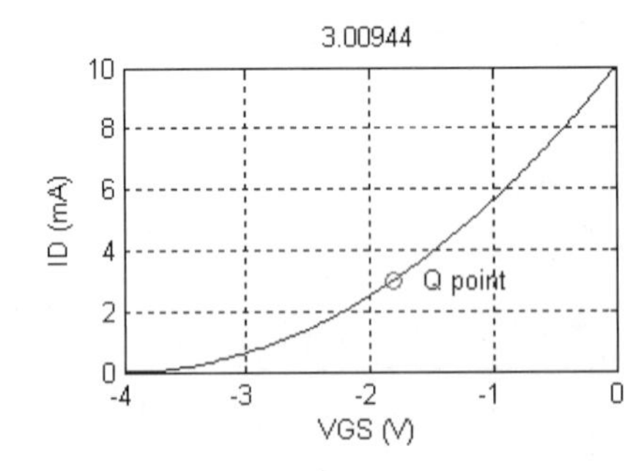

9-4 (a) Q(−1.69 V , 6.2 mA) (b) $V_{DS} = 6.41$ V

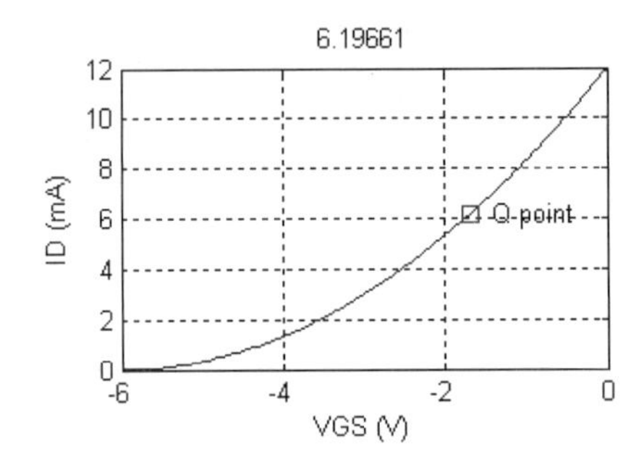

9-5 (a) Q(−2.35 V , 2.74 mA) (b) $V_{DS} = 8.98$ V

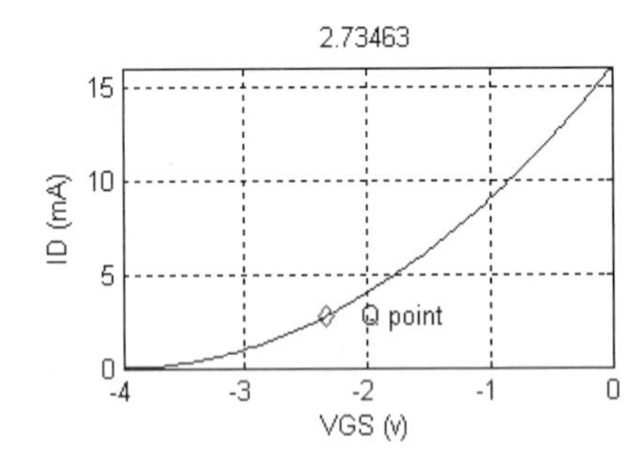

9-6 $I_C = \dfrac{-0.7-(-5)}{2\ \text{k}\Omega} \cong I_D = 2.15\ \text{mA}$

國家圖書館出版品預行編目資料

電子學/葉倍宏編著. -- 三版. -- 新北市：新文京開發出版股份有限公司, 2021.07-
冊； 公分

ISBN 978-986-430-741-8（上冊：平裝附光碟片）

1. 電子工程 2. 電子學

448.6 110009882

電子學（上）（第三版） （書號：**C156e3**）

編著者 葉倍宏
出版者 新文京開發出版股份有限公司
地址 新北市中和區中山路二段 362 號 9 樓
電話 (02) 2244-8188（代表號）
FAX (02) 2244-8189
郵撥 1958730-2
初版 西元 2009 年 06 月 30 日
二版 西元 2014 年 09 月 10 日
三版 西元 2021 年 07 月 10 日

建議售價：450 元
法律顧問：蕭雄淋律師
ISBN 978-986-430-741-8

NEW
WCDP

新文京開發出版股份有限公司

新世紀・新視野・新文京 — 精選教科書・考試用書・專業參考書